高职高专教育“十二五”规划建设教材

特种经济动物饲养

（适用于畜牧、兽医、特种动物养殖专业）

张恒业　主编

中国农业大学出版社
·北京·

内 容 简 介

全书分为6大模块、5个基础知识项目、17个养殖技术项目。每种动物在介绍生物学、经济学特性基础上，重点以技术任务的形式介绍场舍建造、饲料配制、饲养管理、繁殖育种、产品采收等内容。知识和内容丰富，涉及动物种类较多，操作性指导性强，既可作为高职高专院校涉农类专业的应用教材，又可作为教学、科研单位和生产一线专业技术人员的参考书。

图书在版编目(CIP)数据

特种经济动物饲养/张恒业主编. —北京：中国农业大学出版社，2012.7(2021.11重印)

ISBN 978-7-5655-0543-0

Ⅰ.①特… Ⅱ.①张… Ⅲ.①经济动物-饲养管理-教材 Ⅳ.①S865

中国版本图书馆CIP数据核字(2012)第112290号

书　　名 特种经济动物饲养
Tezhong Jingjidongwu Siyang

作　　者 张恒业 主编

策划编辑 康昊婷 姚慧敏 伍 斌　　**责任编辑** 冯雪梅
封面设计 郑 川　　**责任校对** 陈 莹 王晓凤
出版发行 中国农业大学出版社
社　　址 北京市海淀区圆明园西路2号　　**邮政编码** 100193
电　　话 发行部 010-62818525，8625　　读者服务部 010-62732336
编辑部 010-62732617，2618　　出 版 部 010-62733440
网　　址 http://www.cau.edu.cn/caup　　**E-mail** cbsszs @ cau.edu.cn
经　　销 新华书店
印　　刷 涿州市星河印刷有限公司
版　　次 2012年7月第1版　2021年11月第5次印刷
规　　格 787×980　16开本　24印张　440千字
定　　价 59.00元

编 写 人 员

主　编　张恒业（郑州牧业工程高等专科学校）

副主编　韩占兵（郑州牧业工程高等专科学校）
　　　　　张　玲（江苏畜牧兽医职业技术学院）
　　　　　王　云（遵义职业技术学院）

参　编　李芙蓉（江苏畜牧兽医职业技术学院）
　　　　　邬立刚（黑龙江农业职业技术学院）

要求，将全书分为6大模块、5个基础知识项目、17个养殖技术项目。每种动物在介绍生物学、经济学特性基础上，重点以技术任务的形式介绍场舍建造、饲料配制、饲养管理、繁殖育种、产品采收等内容。知识和内容丰富，涉及动物种类较多，操作性指导性强，既可作为高职高专院校涉农类专业的应用教材，又可作为教学、科研单位和生产一线专业技术人员的参考书。

本书编写过程中凝聚了各位编写人员的专业研究成果和实践经验，还吸收、参考了业界同仁的研究应用成果，在此一并表示感谢。其中，模块一全部内容，模块二中的水貂、狐、貉、麝鼠，模块三中的獭兔，由张恒业编写；模块三中的茸鹿、麝，模块五中的蟾蜍、蛇，模块六中的蝎子、蜈蚣，由张玲、李芙蓉编写；模块四中的雉鸡、鹌鹑、肉鸽、鸵鸟，由韩占兵、邬立刚编写；模块二中的果子狸，模块五中的牛蛙，模块六中的蜗牛，由王云编写。全书由张恒业统稿。

由于书中涉及内容较广，编写时间仓促，加之作者水平有限，错误和不妥之处在所难免，恳请广大读者批评指正。

编　者

2012年4月

前言

我国开发饲养特种经济动物起始于 20 世纪 80 年代，特种经济动物产业是伴随着养殖技术的研究和应用而逐步兴旺起来的。与普通畜禽比较，由于特种经济动物产品的使用价值具有独特性和高效性，市场的经济价值高，通过科学饲养可以取得良好的经济效益，所以，刺激了广大农民的养殖积极性，对繁荣农村经济，帮助农民致富起到了积极的作用。目前，特种经济动物生产作为一项新兴农业产业项目，产品作为特色优势农产品，丰富了我国农特产品市场，在对外贸易中占有重要的地位。

由于特种经济动物饲养历史短，动物驯化程度低，加上其种类繁多，进化程度千差万别，因此，饲养技术有别于普通的家畜家禽，必须针对动物特点，研究专项养殖生产技术，同时大力培养懂技术、会实践的专业技术人才，才能适应现代特种经济动物养殖业的集约化、工厂化和产业化趋势。高等职业教育是我国高等教育的一个重要类型，其任务就是面向生产、建设、服务和管理第一线需要，培养高素质、技能型、专门化人才。我国各省市的涉农类高职高专院校，大多开设有畜牧、兽医、特种经济动物以及特色养殖类专业，特种经济动物饲养课程应该成为这些专业的主干课程之一，通过课程的学习，一方面可以增加学生的专业知识面，扩大毕业生就业领域；另一方面，培养有专门化知识的人才从事特种经济动物生产，促进行业的健康、持续、稳定发展。

为了满足我国涉农高职高专院校相关专业人才培养需要，中国农业大学出版社于 2010 年 4 月在北京召开了“十二五”规划教材研讨会，来自全国 20 余所农业高职高专院校的专家教授参加了会议。会议将《特种经济动物饲养》列为“十二五”第一批规划教材。本书在编写过程中，作者认真研究农业高职高专院校的生源情况、专业定位、就业岗位和个性发展，经过一年多的认真调研、组稿和整理，终于完成了编写任务。《特种经济动物饲养》在内容构建上，本着“以工作任务过程为导向”的思路，按照“以能力为目标，以学生为主体，以教师为主导，以项目为载体”的

目　录

模块一　特种经济动物生产总论

【内容提要】了解经济动物的概念和饲养基本环节，是养殖各种动物的基础。本模块主要介绍特种经济动物的基本概念及分类，以及饲养动物的基本环节。

【知识目标】掌握特种经济动物的基本概念；了解经济动物饲养行业基本情况；熟悉经济动物饲养的基本环节，掌握动物开发、驯化、饲养中关键环节的控制。

【技能目标】能利用所学知识对不同类特种经济动物养殖提出发展建议；掌握特种经济动物开发驯养前的习性调查技术；熟悉特种经济动物驯养中部分动物的驯化技术、建场环境控制技术。

【典型知识】

编号	名称	内容提要
知识一	特种经济动物生产概述	特种经济动物的基本概念、分类、特征
知识二	特种经济动物生产行业及发展情况	特种经济动物饲养发展情况，行业现状，存在问题，发展建议和前景
知识三	特种经济动物的开发及引种	特种经济动物动物习性调查，捕捉，检疫要求，运输方法
知识四	特种经济动物驯化及饲养繁殖	特种经济动物的驯化，饲养基本原则，繁育基本措施
知识五	特种经济动物养殖场舍及环境	场舍场址选择，场舍建造基本原则，环境控制要求

知识一 特种经济动物生产概述

一、特种经济动物的概念

从应用方向来看，养殖特种经济动物与普通动物的目的基本大同小异。之所以称其为“特种”或“经济”，则是说明它与普通家畜、家禽有所区别。特种经济动物的名词出现在20世纪70年代，源于人本主义对人工饲养或使用动物的分类。这种“动物分类法”一般将动物分为6类：

1. *食用动物* 通常是指为人类的生活提供食物而饲养的家畜、家禽。如，猪、牛、羊、鸡、鸭、鹅等，其主要产品是肉、蛋、奶。

2. *役用动物* 通常是指为帮助人类劳役，为人的生活、生产提供劳动力而人工饲养的动物。如，马、驴、骡、耕牛、骆驼、驯鹿等。

3. *玩赏动物* 通常是指为人们玩乐，满足人类精神生活而人工饲养的动物。这类动物一般性情都比较乖巧、忠实、机敏，或者外形比较美观、奇特。包括观赏动物、伴侣动物等。如，玩赏动物中的鸟类、鱼类、兔类、鼠类等，伴侣动物中的犬、猫等。

4. *医用动物* 为人类或动物的医疗提供材料而人工饲养的动物。如，饲养金黄地鼠，幼龄鼠的肾组织可用于制备狂犬病疫苗；饲养医用猪，可提供医疗用的心脏及心脏瓣膜。

5. *实验动物* 为医药、生物、航天等学科的研究提供实验“模型”而饲养的动物。如，实验用的小鼠、大鼠、兔等。

6. *特种经济动物* 为获得具有特殊应用价值的动物产品而驯化饲养的一类动物。

二、特种经济动物的特点

特种经济动物不单指生物学分类上的哪类动物或哪种动物，从内涵来看应具有下述3个特征：

1. *产品具有较高应用价值* 相对于一般动物产品而言，特种经济动物的产品应用价值较高，使用少量的产品，即可获得更大的实际效用。如，少量的麝香、鹿茸即可达到理想的药效，高质量的貂皮具有很好的美学效果，特种食品具有较好的滋补或美味效果等。

2. *人工饲养可以取得良好经济效益* 特种经济动物产品的市场经济价值应高于其饲养成本，人类进行开发饲养可以获得一定的经济收益。也只有如此，人们才会去饲养开发它。

3. 有一定的驯化程度或经过努力可以驯化饲养　驯化是进行人工养殖的基础，特种经济动物应该能够驯化进行人工养殖。

因此，“特种经济动物”的概念可定义为：除常规动物、家畜家禽以外，全身或生成物具有较高经济价值和使用价值的半驯化或可驯化动物。

高职高专院校开设《特种经济动物生产技术》课程，其学习目标就是了解特种经济动物饲养的理论知识，学会典型特种经济动物饲养的实践技能，掌握特种经济动物生产的关键技术。

三、特种经济动物的分类

目前，我国所开发和饲养的特种经济动物，基本上包括如下几类：

1. 特种毛皮动物　以生产高档、珍贵动物毛皮、裘皮为主产品而饲养的特种经济动物。如，水貂、貉、狐、麝鼠、海狸鼠、水獭、艾虎、獭兔等。

2. 特种药用动物　以生产和采集特种动物药材为主而饲养的特种经济动物。如，梅花鹿、马鹿以生产鹿茸为主，林麝、马麝、原麝以采集麝香为主，棕熊以采集熊胆为主，蟾蜍以采集蟾酥、蟾衣为主，蝎子、蜈蚣、土元等全身可入药。

3. 特种食用动物　除常规家畜之外，以生产美味动物肉食品为主的特种经济动物。如，野猪、牛蛙、果子狸、蜗牛等。

4. 特种禽类动物　除了常规家禽（鸡、鸭、鹅）之外，人们驯化饲养的鸟类动物。种类较多，如，肉鸽、雉鸡、鹌鹑、鹧鸪、鸵鸟等，主要以生产特种禽肉、禽蛋为主，兼收羽毛、鸟皮等。

随着养殖业的发展，特种经济动物不仅数量会不断增加，动物产品综合利用程度也会逐步提高，按照主要经济用途对特种经济动物的划分，界限实际上已经越来越模糊。如，梅花鹿除生产鹿茸入药外，鹿肉等也是美味肉品；獭兔以生产兔皮为主，而兔肉也是高营养动物食品；果子狸肉味鲜美，其毛皮也是裘皮中的上品；蜗牛肉含 20 多种氨基酸，以食用为主，入药则有清热解毒，利尿等药效。

因此，在经济动物养殖生产行业，常常从养殖技术的相似度对特种经济动物进行分类，本书将以此分类，划分《特种经济动物生产》的课程模块。可以分为以下几类：

1. 特种毛皮兽动物　“兽”，一般指哺乳动物。以生产高档裘皮为主要产品，肉类为辅助产品的哺乳类动物，包括肉食动物水貂、狐、貉、果子狸，以及草食类的麝鼠、海狸鼠、獭兔等。

2. 特种药用食用兽动物　以生产动物药材、美味肉食为主要产品，毛皮及其他产品为辅的哺乳类动物。包括茸鹿、麝、野猪等。

3.特种禽类动物 “禽”,一般指人工养殖的鸟类。特种禽类主要包括雉鸡、鹌鹑、肉鸽、鸵鸟、鹧鸪等。

4.特种两栖及爬行类 离不开水或高湿环境的低等动物,其产品主要用于入药、肉食。本书介绍蟾蜍、牛蛙、蛇。

5.特种虫类动物 节肢类、昆虫类、软体类特种经济动物,用于入药或食用。本书介绍蝎子、蜈蚣、蜗牛。

知识二 特种经济动物行业及其发展情况

一、发展特种经济动物饲养业的意义

1.提供高档动物产品,满足人们物质需求和精神文化生活需要 人类对自然的开发利用,已使野生的动物资源日益减少,有的动物已濒临灭绝。而人工开发的特种经济动物,大部分种类属于野生保护动物物种。饲养特种经济动物不仅会使动物品种越来越多,而且产品产量也会越来越高。如,随着经济的发展,市场对貂皮等高档裘皮需求量猛增,对花色品种要求也在逐步提高,野生资源几乎已很难见到,而人工饲养很好地满足了这种需求。

2.促进乡镇发展多种经营,加快新农村建设步伐 特种经济动物的经济价值一般都很高,饲养效益较好。例如,毛皮动物按生产商品皮计算,利润率一般在30%~100%,是投资较少见效快的副业。从饲养方式和经营规模来看,特种经济动物可以零星饲养,也可以规模化经营。特种经济动物的食性和特点,也有利于利用各地饲料资源,有效转化农牧业生产中的粮食和动物副产品,有利于组织农村老弱闲散劳动力、城市下岗职工,发展集体或个体经济,增加居民收入,加快新农村建设步伐。

3.产品出口创汇,支援国家经济建设 我国的特种经济动物产品档次高,数量多、质量好,深受西方国家消费者欢迎,是传统的出口创汇商品,换汇率很高。如,我国传统出口的高档动物毛皮(“裘皮”),绝大部分属细毛皮,轻软柔韧,美观保暖,可供作各种高档防寒服装,有“软黄金”之称,在国际市场上销路好。进入新世纪后,世界各国经济飞速发展,西方发达国家是高档动物产品的消费大国,但他们的劳动力成本很高,特种经济动物养殖业属于劳动密集型产业,成为我国的优势产业,特种经济动物产品必将成为对外出口的拳头产品。

4.保护野生动物物种资源,维持生物多样性 世界人口爆炸性增长,各国对自然资源过度开发,以及人类对生态环境的严重破坏,已经造成动物生存环境日益丧

失或破碎化，对动物物种资源造成极大威胁。据世界自然保护联盟(IUCN)称，全世界已知的170万～200万个物种，每小时就有3个物种灭绝，目前有15 589个物种受到灭绝威胁，其中包括12%的鸟类、23%的兽类、32%的两栖类、42%的龟鳖类、18%的鲨鱼、27%的东非淡水鱼。

动物的灭绝不仅使地球上的物种减少，而且还会使原有的生态平衡遭受破坏。发展特种经济动物饲养业，实际上是贯彻和实施了野生动物的保护措施。随着人工驯养特种经济动物种类的不断增加，必然使越来越多的珍稀品种，在人工饲养条件下得到保护和繁衍，从而起到保存自然种源和活体基因库的重要作用。

二、我国特种经济动物生产行业现状

我国特种经济动物养殖起步于20世纪80年代，由养鸽热揭开帷幕，发展30多年来，种类由少变多，规模由小变大，养殖技术日益成熟，部分特种经济动物已经进入集约化生产阶段，成为一些地方的支柱产业。目前已经形成特种禽类、特种兽类和特种水产养殖等并驾齐驱的局面。

1. *养殖种类品种繁多* 据不完全统计，目前我国特种经济动物养殖种类有数十种，这些动物既有高等恒温动物，也有低等变温动物。总体可分为"四类""六型"，即，特种兽畜类、特种珍禽类、特种水产类、其他特种类，肉用型、药用型、皮羽型、蛋用型、玩赏型、特用型。其中"六型"分类不是十分严格，有的动物可以是多种类型。

2. *生产效益千差万别* 特种养殖业兴起和普及以来，多数的从业者获取了经济效益，但确有部分饲养者赔了钱；养同一种动物，有人取得了效益，而有的人却越养越赔，甚至被迫停产。出现这两种截然不同结果，有技术因素、市场因素，更多的是国家宏观调控和自身微观经营因素。因此，特种经济动物养殖既要注意技术的学习和创新，更要注意把握市场信息和行情。

3. *经营管理问题突出* 由于特种经济动物产品的特殊性，加上近年来传统养殖项目效益偏低，特种养殖已成为许多投资者的自愿选择。但是，我国特种养殖是争议较大的行业之一。

(1)开发饲养的动物品种"杂、乱、多" 目前通过媒体或其他渠道宣传的所谓特种经济动物有100多种，事实上，这些动物中的大多数是没有饲养和开发条件的。开发特种经济动物必须具备饲养和市场前提条件，如，产品有无应用价值、产品有无市场渠道、经济性状是否明显、饲养技术是否成熟、饲养能否取得经济效益等。对于经济性状不明显、产品没有市场、开发驯养技术尚未解决，以及国际法律上不允许人工捕捉饲养的动物，切不可盲目捕养。

(2)养殖区域规划缺乏宏观指导　特种经济动物对野生地环境依赖性强,不像常规家畜家禽那样可以在全国各地饲养,不同种类的动物一般只可以相对集中养在具备条件的特定区域,这些区域要考虑环境气候条件、饲料条件、光照条件等,否则,会造成动物难以生存、繁殖困难,或是产品质量低劣,达不到标准卖不上价钱。因此,在特种经济动物开发方面,国家主管部门应加强宏观规划,提出指导意见避免养殖者误听宣传,盲目上马。

(3)市场秩序混乱,炒种坑农害农现象严重　这是阻碍特种经济动物产业健康发展的最大顽疾。要防止不法经营者的误导和不切实际的宣传,以及个别媒体不顾声誉的推波助澜。农村广大群众信息来源有限,不可能有广泛的市场调查和生产经验,许多人在骗局中上当受骗,甚至倾家荡产。所以,特种经济动物从业者一定要广泛调查和咨询,不能盲目跟风。

(4)缺乏生产标准,养殖技术相对落后　由于我国专门从事特种养殖的专业技术人员不多,目前从技术层面,对特种经济动物的营养配置、疫病防制、品种选育、圈舍笼具等研究不够深入,尚缺乏必备的饲养生产标准。由于缺乏标准,不仅给技术管理带来困难,也造成饲养从业者无据可依。在缺乏成套技术的情况下,饲养者有的模拟常规畜禽养殖方法饲养特种经济动物,有的模仿其他养殖户的经验摸索养殖。由于品种退化,环境控制达不到要求、营养水平不足,致使动物潜在生产能力不能充分发挥,产品产量和质量下降;还有的盲目扩大群体,由于管理不当,导致疫病蔓延,有的甚至遭到毁灭性打击。

(5)产业化程度低,产品深加工不够　由于产业化程度低,没有形成产业链,大多数动物种类仍然停留在分散养殖、原料出售状态。农民出售商品多靠小贩上门收购,缺乏产品深加工的能力和意识,各种深层次的潜在利用价值没有很好地利用起来,这在很大程度上影响了养殖者的效益,扩大了养殖风险。实际上,特种经济动物的产品可以全面开发、多环节增值,因此,特种养殖业的根本出路也在于良性产业链条的建立,特别是后期的产品深加工,新型系列产品的开发及经营上。

三、我国发展特种经济动物生产应注意的问题

随着人们生活习惯和消费方式的多元化,精神生活水平的提高,裘皮、保健品市场需求快速增长,中药市场价格上扬,特别是动物药材、特种经济动物肉食等价格稳步上升。市场需求推动了特种养殖业的发展,养殖技术研究又为这一新兴产业奠定了良好的发展基础。虽然特种经济动物产品受市场影响较大,但只要规范管理,提高科技含量,把握市场信息,加强产业协作,因地制宜发展,特种养殖业一定能稳定持续发展。

1. 加强品种的选育与管理　针对特种经济动物生产状况，可利用杂交选育、人工授精等技术，对现有已经开发成熟的动物种类进行改良、提高，建立良种繁育体系，提高品种质量，形成理想的配套品系，为养殖户提供优良种源。政府主管部门和行业学（协）会应结合实际，组织制定品种标准，规范品种市场，严厉打击炒种、倒种等扰乱市场经济秩序行为，切实保护好广大养殖者的利益。同时，加强对动物品类的保护，有效保护自然资源；还要加强正面宣传，客观评价养殖品种的经济性状和经济价值，正确引导企业和个人参与生产，坚决摒弃过分夸大宣传，加重对欺骗行为的处罚。

2. 提高动物生产的科技含量　近几年来，广大特种动物科研工作者和养殖工作者研究总结了不少新技术、新经验，产生了不少新成果。如鹿、貉、貂、狐品种改良技术，鹿、狐的人工授精技术，狐、貉、貂的提前取皮技术，疫病防制及产品深加工、系列产品开发技术等，对促进产业发展发挥了很大作用。为促进生产规模化，还要进一步加强对特种经济动物的生产技术研究，组织对关键技术问题攻关，特别是营养需要、管理方式、疫病控制、笼舍建造等，形成以科技为核心的研究开发体系。同时，推广特种经济动物饲养技术，培养生产、服务一线人才，形成高素质、技能型、专门化人才队伍，为养殖户服务。

3. 加强对特种经济动物养殖的宏观计划与指导　地方政府要将特种经济动物行业纳入正常管理范畴，在生产规模、经营方式等方面制定总体计划，制定相应管理政策，引导和规范饲养经营行为；主管部门可以与科研、高校等单位结合，成立特种经济动物养殖协会，协调和指导开发生产，监督有关政策和法规的贯彻执行情况。

4. 引导群众依法开发饲养特种经济动物　国家法律对开发驯养野生动物有严格的规定，养殖者要学习相关法律。如，为保护拯救珍贵濒危野生动物，合理利用野生动物资源，《中华人民共和国野生动物保护法》规定："国家保护依法开发利用野生动物资源的单位和个人的合法权益"，"国家对野生动物实行加强资源保护、积极驯养繁殖、合理开发利用的方针，鼓励开展野生动物科学研究。在野生动物资源保护、科学研究和驯养繁殖方面成绩显著的单位和个人，由政府给予奖励。"因此，国家鼓励驯养繁殖野生动物，但驯养繁殖国家重点保护野生动物的，应当持有许可证。特别是对商业性经营利用驯养繁殖动物，一定要在法律法规允许的范围之内，如梅花鹿、马鹿等；因科学研究、中医药用的需按照野生动物保护法律法规的规定，办理相关的许可手续，如猴、黑熊等动物的养殖。

5. 注重特种经济动物产品的深加工　每种动物都有其自身的主要产品，如貉和蓝狐的毛皮，鹿的茸角和鸵鸟的肉等。也可研究开发其附属产品，如对貉肉进行加工可进入食品市场，开发茸肉兼用品种鹿，对鸵鸟皮进行深加工，会获取更大的利润，同时降低了养殖的风险。因此，应根据国际市场对动物产品的要求，加大产品开发力度，使特种经济动物产品向多样化、规格化、标准化方向发展，逐步走向产业化发展之路。同时，提高特种经济动物产品的加工质量，注重产品综合开发利用，保证特种养殖业稳定、持续发展。

知识三　特种经济动物的开发及引种

按照国家相关法律规定，禁止猎捕、杀害国家重点保护野生动物，因科学研究、驯养繁殖等需要捕捉国家一级保护野生动物的，必须向国务院野生动物行政主管部门申请特许猎捕证；猎捕国家二级保护野生动物的，必须向省级政府行政主管部门申请特许猎捕证，并且服从猎捕的限类、限量、限点和限期规定。从国外引进的特种经济动物，在开发后要特别做好防范工作，防止外来物种逃跑进入自然界，对生态环境造成破坏。在目前开发驯养的特种经济动物中，海狸鼠、麝鼠、牛蛙、非洲大蜗牛、福寿螺、巴西龟等，已被我国列入“外来入侵物种”名单。

为保证动物能够成活和繁殖生产，不对家养动物和人类造成威胁，动物引种开发环节应当遵从严格的程序，做好动物习性调查、捕捉、检疫、运输等工作。

一、习性调查

为了适应自然环境，野生动物在长期进化过程中形成了固有的各种生物学习性。捕捉开发动物前，一定要详细调查其野生习性，通过调查，获得动物在自然界中生存、生活、生产的基本资料，为科学饲养管理提供参考依据。需要调查的习性项目有以下几个方面。

1. *动物栖息环境*　也就是了解动物经常栖息的环境特点。动物生存在什么样的自然环境中、栖息的范围有多大、栖息区景色有何特点、四季气候和景观的变化对其栖息范围有何影响。调查此项内容，可帮助我们为动物家养提供科学合理的管理条件。如环境因素的控制、采用什么样的饲养方式、如何设计笼具圈舍等。

就温度条件而言，过去人们常常认为兽类的耐寒性较强，在北方的饲养场也容易忽视在某些时期对环境温度条件进行控制，从而造成不应有的损失。如，温度过低造成海狸鼠冻断尾巴、冻坏耳壳的现象也很常见。动物对寒冷的应激过程，增加了维持能量平衡的饲料消耗，这种“内部暖热”的成本要比外部供应热能的成本高几倍。寒冷可导致动物营养代谢的转变，内分泌机能失调，并可产生繁殖机能上的障碍，从而使生产性能降低。所以，在引种时必须对动物的生活习性做详细调查研究。

2. 动物采食习性　食物是动物的首要生活条件，要想做好动物饲养，必须研究动物的采食习性。野生动物的食性特点是在长期的系统发育过程中形成的，大致可分为肉食性、植食性和杂食性三种类型。根据其食物范围又可分为广食性和狭食性。动物在自然界中生活，能主动地寻找和选择食物，但在人工饲养条件下，只能采食人工确定和供应的饲料。这就需要对动物做详细的食性调查，也就是调查了解动物的食性类型，动物的采食偏好（喜欢吃食物的哪些部分或部位），动物的采食变化（在不同的生理时期、个体发育的不同阶段、每年的不同季节的变化）。采食习性调查可以帮助我们在开发饲养动物时，为动物提供更为科学合理的饲料条件。

例如，獐子喜食萝蕈（山挂面），梅花鹿喜食柞树枝叶和果实（橡子），水貂喜欢吃鱼类。除了有代表性的采食对象之外，各种动物都有一定的食性范围，不是仅采食一种食物，如，貉除了捕捉兔类、鼠类之外，还采食死尸；狐还会捕食雏鸟、鸟蛋等；鹿在植物生长季节主要以白桦、羊胡草、木贼、杨柳枝叶等为食，到了秋季草木枯萎之后，则主要以石蕊为食。在采食部位上也有变化，如，水貂夏、秋季节以捕鱼为主，而冬、春季节又可吃一些蟹类、冬眠的蛙类等，到了繁殖期则又适当采食部分植物种子、果实、嫩芽以补充体内维生素等营养的需要。鹿在冬、春季节多啃食树皮、细枝、嫩叶，甚至采食花蕾，在秋季又以橡子、山楂、榛子及其他果类为食。

3. 动物行为　调查了解动物的野生行为，有利于采取科学的管理措施。动物行为的调查主要包括以下几个方面：

一是群性活动规律。野生动物的群性基本有三种类型，即群居性、半群居性和独居性。大多数肉食性经济动物为半群居性和独居性动物，半群居性动物大多以家族为基本单位生活，独居性动物一般平时单独行动（尤其是雄性），仅在发情配种期寻找配偶，配种期过后仍独居。群居性动物可以数十只、上百只一起觅食活动，在群体内部有严格的“社会等级”之分。调查动物群性，对于开发后确定合理的饲养方式具有十分重要的指导意义。如，有的动物可以大群圈（池）饲养，有的动物只能小群体饲养，甚至成年后只能单笼饲养。

二是昼夜活动规律。野生动物的昼夜活动规律包括昼伏夜出、昼出夜伏、晨昏性活动、随意性活动等几种类型。例如，大多数的植食性野生动物属于昼出夜伏，如麝鼠、海狸鼠等，而獭兔天生为昼伏夜出，驯化后有所改变。水貂一般只在白天捕食，而狐多在夜间出洞活动，貉则属于无规律活动，但夜间的活动量相对较大。了解动物的昼夜活动规律，对于科学安排饲养管理规程具有指导意义。

三是季节活动规律。随季节的变化，野生动物的活动会发生很明显的变化。如地域迁徙、脱毛换羽、冬眠夏眠、繁殖间歇等。例如，麝鼠会随着食物等生存条件的变化而迁徙扩散，我国发现的野生麝鼠，大部分都是从前苏联的贝加尔湖、西伯利亚等地扩散而来。绝大多数的野生毛皮动物属于季节性换毛，如水貂在春、秋两季换毛，狐在春、夏、秋三季持续换毛。貉在冬季还有冬眠的习性。了解动物的季节性活动规律，可以指导我们更好地安排毛皮动物季节性生产活动。

四是发情繁殖规律。绝大多数野生毛皮动物的发情配种具有明显的季节性。如，水貂为春季配种、夏季产仔，一年只繁殖一胎；麝鼠尽管一年多胎，但也仅在春、夏、秋三季繁殖；狐、貉一年也仅配种产仔一窝。獭兔经过长期驯化饲养后，一年可以产多胎，不分季节，但夏季会出现繁殖间歇。

动物繁殖对场所也有特殊条件要求，如良好的隐蔽场所、洞穴、巢窝等。獭兔平时不打洞，但在产前和哺乳期则有强烈的打洞欲望。貉、獭兔在配种中对配偶也有一定要求，特别是雌性动物，表现为较强的择偶性。

二、捕捉及检疫

1. 野生捕捉　经过充分调查，完全搞清动物野生习性，经过主管部门批准，办理一定手续后，即可实施捕捉。捕捉可以采用网套、陷坑、麻醉枪、追捕等方法。

捕捉一定要避免对动物骨骼、韧带、肌肉、毛皮等机体的损伤，以免造成扭伤、骨折、感染，影响动物的健康和成活。

捕捉时要减少对动物的过分惊扰，避免精神（神经）上的创伤。受到惊吓同样可以影响采食，导致不能正常繁殖，甚至当代就不能成活。野生动物在个体自然生活过程中，很少遭受强烈的捕捉惊扰，对人常怀有敌意，胆小怕惊。追捕、惊吓会使其出现强烈的应激反应，造成神经机能的失调，血液循环、呼吸和消化系统的紊乱，捕到后，影响动物的采食和生存。所以，不提倡用追捕的方法捕获动物。

在对捕捉对象的选择上，性别是重要的因素，根据饲养要求，性别比例应进行适当搭配，不可滥捕。各种动物搭配比例是不同的，通常要公少于母，而且雌性动物容易成活。一般公、母比 1∶(5～10)，大型动物 1∶(2～3)即可。

捕捉动物应有一个合理的年龄比。一般情况下，幼龄动物具有易捕捉、易运输、易驯化、易饲养的特点，而且幼龄动物携带传染病原和寄生虫的几率也较小。

为了保证动物的成活，捕获的初期可以进行原地复壮，即在原产地临时饲养一个时期，补充因捕捉造成的机体和精神上的消耗，接受在人工饲养条件下的初步驯化，增强对新环境的适应性。

2. 动物检疫　检疫是指采取各种诊断和检查方法，对毛皮动物及其产品进行疫病检查，掌握动物群的疫情，监测动物免疫的状态，采取相应措施，以达到防止疫病发生与传播的目的。检疫是整个防疫措施中的重要内容之一。

对新引捕的动物及时进行检疫是十分必要的。这是因为动物在野生情况下活动范围大、活动量大、体质更健康，对疾病（特别是传染病）有更强的抵抗能力；野生情况下动物的生活密度极小，即便有的个体携带有传染病原，相互之间接触传染的机会也很少。而家养后，动物的生活条件将会变得优越，笼养或圈养使动物的活动量变小，生活密度加大，抗病力下降，因而很容易得病。另外，动物引捕后将要与人和其他家养动物接触，动物的毛、皮、肉等产品将直接由人类使用，若携带有人畜共患病原或可变异的病毒、细菌，则会对人类和畜禽产生极大的潜在威胁。因此，经济动物饲养中检疫是防止在引种、种兽串换污染以及感染人类的关键环节，应特别引起重视。

检疫后及时消灭病原体、清除病原携带者，可保护人和动物的健康。在检疫过程中，尤其要严格执行兽医法规，上报疫情、严肃处理，否则后患无穷。尤其是哺乳类特种经济动物的传染病及人畜共患病种类较多，根据我国国情，要重点检查口蹄疫、传染性非典型肺炎（SARS）、蓝舌病、流行性出血热、伪狂犬病、狂犬病、日本乙型脑炎、细小病毒感染（犬、猫、貉）、兔黏液瘤、兔出血症（兔瘟）、犬瘟热、貂阿留申病、炭疽、结核病、野兔热、巴氏杆菌病、钩端螺旋体病、布鲁菌病、禽流感等。

检疫应在引捕后立即进行，在当地完成最好，要注意对动物的隔离和检疫人员的自我防护。若条件不允许也可运回后进行，但在检疫和消灭病原、清除病原携带者前，决不允许混入大群或与人类接触饲养。

三、运输方式

野生动物有胆小怕惊、性暴易动的行为特征，运输比较困难。运输应特别注意尽量缩短路途时间，尽量避免运输途中时走时停，尽量避免中途变换交通工具。从运输的实际效果看，雄性比雌性的伤亡率高，成年比幼年的伤亡率高，肉食性动物比草食性动物伤亡率高，独居性动物比群居性动物伤亡率高。所以，在对动物运输时，必须根据其体型大小、食性及行为特征采取相应的措施。集中各方面经验，可灵活采取以下几种运输方法。

1. *麻醉运输*　装车前对动物进行麻醉，在其神志不清期间运达目的地。该方法适用于大型或凶猛动物的短时间运输。麻醉方法可以采用口服、注射或喷雾麻醉剂等，具体方法根据麻醉药物和动物的种类和体型而确定。要注意麻醉的时间不宜过长。

2. *遮光运输*　将动物包装在遮光的笼箱或车厢中，保持平稳安静，安全运抵目的地。该方法适用于大多数的哺乳动物和鸟类动物。由于处于黑暗的环境中，动物一般不会产生骚动，同时可以有效减少活动量，降低动物机体的能量消耗，从而提高运输的成活率。但要注意,遮光必须严密,同时又要透气,只有在给水或喂食时,才给以光亮。遮光不严密,露有透光孔隙时,动物就会向光亮处拥挤或逃避光亮,导致冲撞和不安。

3.淋水运输　运输中,在车棚顶部或包装笼箱上方设置水箱和喷头缓慢淋水,保持动物笼箱(容器)的湿润,避免干燥死亡。该方法多用于喜水性的动物,如麝鼠、海狸鼠等毛皮动物,更多用于低等的两栖类、爬行类、软体类动物。注意要根据动物的不同而确定淋水的量和滴水的速度;动物容器要铺设沙盘等,底部要有很好的渗水性,避免造成长时间在水中浸泡。

4.半饥饿运输　装车前将动物喂七八成饱,运输途中保证饮水或青绿多汁饲料的供应,减少或停止供应精饲料,使动物处于半饥饿状态。此法可减少动物途中的排泄量,减轻对笼箱的污染;适应于大多数的草食性毛皮动物,如獭兔、麝鼠、海狸鼠等。但要注意,路途的时间控制在 48 h 内,喂食次数和数量要根据不同动物的生物学特点而定,小型动物的代谢率较高,幼龄动物代谢较快,可适当增多喂食,同时要密切观察剩食和排粪情况,适当调整喂食量。

知识四　特种经济动物的驯化与饲养繁殖

一、驯化

1.概念和含义　在动物学上,驯化的原意是指改变野生动物的栖息环境、遗传基因,使其成为家禽、家畜的过程。其本质是对野生动物通过创造新环境,满足各方面必需的生活条件,采取科学的育种管理手段,达到对其行为的控制和生产运用。

动物的行为与生产性能有密切关系。掌握动物的行为规律和特点,通过人工定向驯化,可以促进生产性能的提高,产生明显的经济效益。因此,驯化工作是动物由野生变家养的关键环节。动物驯化不仅意味着使动物适应人工环境、按照人的意愿行动,还意味着使动物得到保护,不受天敌、疾病等侵害,生产性能明显提高,能更好地为人类服务。

2.驯化需要解决的关键问题　为了利于人工饲养管理,更好地开发利用动物的生产性能,对野生动物的驯化,需要解决好一系列的问题。按照进程,主要有以下几个方面的关键问题。

(1)人工环境的适应　动物与人类接触后,其生存的自然环境和社会环境发生了巨大的变化。初期,动物会表现出愤怒、反抗和恐惧,如果解决不好,会造成难饲养、难繁殖和难成活。如,紫貂是一种性情凶暴、容易产生应激和惊恐的肉食性动物，在遇到干扰或异物出现时，则表现出惊恐不安，准备殴斗，不停地奔跑，发出尖锐的叫声，这时的紫貂大脑皮层处于高度的紧张状态。这种状态的长期维持，对其身体的正常生理代谢机能将产生很大的影响，可以引起生殖机能紊乱、性腺发育不全、卵巢囊肿、胚胎吸收等各种生殖机能障碍，造成在人工饲养条件下不能繁殖。

因此，驯化初期阶段的主要任务是，在模拟野生环境的基础上，保持动物平静和安定，通过逐渐增加与人和人工环境的接触，使动物逐步适应人工环境和饲养条件。

(2)食性的训练和改变　为了降低饲养成本，便于管理操作，在人工条件下必须改变动物野生的采食方式和食性。改无规律的进食为定时定量采食，以适应人的工作规律；改采食相对单一的饲料为食用配合饲料，以降低饲料成本。在充分了解和掌握食性规律之后，灵活运用饲料条件，制订不同时期的饲料方案，对动物饲养和生产效益的提高都有很大的作用。

动物的食性特化是相对的，但也可随条件而产生分化。在人工饲养条件下，动物的食性也是可以改变的。长期的生产实践证明，肉食性动物适当搭配一部分植物性饲料，饲养效果更好。另外，必须了解，动物在不同的生理状况下对食物也可能产生特殊的要求。到了性活动期，在饲料中补充一定量的肉食，可以明显地提高繁殖力。

在野生动物的人工饲养中，正确认识与掌握动物食性的不变性与可变性，具有重要意义。对各种家养动物在配种期给予一定量的动物蛋白饲料，如蛋黄、牛奶等，可以明显地提高精液品质。对动物性食性的水貂和紫貂，在食物中搭配一定数量的瓜、薯类饲料，不但可以提高动物的食欲，而且能使动物营养全面，更好地生长发育，提高生产性能。

野生动物的食性是其在长期的进化和适应自然过程中形成的，突然改变食物性状和种类不仅会影响其采食量，还会影响其消化吸收功能，进而出现疾病甚至死亡。因此，食性的训练和改变必须循序渐进、逐步过渡。对饲料的配制首先要考虑动物的先天食性，可逐步添加成本低的人工饲料，抓住动物饥饿的时机，先少量喂食配合饲料，待其适应后再加大比例。

(3)形成一定的群性　独居性动物如水貂、狐等，由于性情孤僻，在性成熟后需要单独占据一定范围的领地作为自己的采食、配种繁殖场所。如果领地太小，或其他动物入侵，动物个体之间会发生你死我活的斗殴现象，直至把对方赶走。生产中如果发生同笼斗咬，则会造成严重的经济损失。而群居性动物群体内部、个体之间为争夺等级地位也会发生斗殴，但这种竞争相对比较平缓，一旦决出等级高低，动物之间仍然会同群和平共处。

动物具备一定的群居性，饲养管理起来具有诸多方便之处。如，可以大群大笼饲养，节约饲养场地。甚至还可以出场放牧，充分利用自然草资源，节约饲料投入。动物成群饲养还便于统一管理，减少饲养中的劳动工作量。因此，要通过选择或采取其他驯化手段，逐步培养独居性动物小群体生活的性情，为集约化经营提供条件。群性也是动物在长期进化中形成的，对独居性动物一定要在发育早期驯化，逐步改变群性。

(4)打破休眠　某些变温低等特种经济动物，如两栖爬行类、虫类动物(蟾蜍、牛蛙、蝎子、蜈蚣、蛇、蜗牛等)，在气候寒冷的冬季有冬休的习性。休眠会延长动物的生产周期，而且在休眠期间损伤率加大，影响经济效益。因此，对于此类动物要通过改善环境条件(主要是温度和光照)、补充食物等措施打破其休眠。

(5)提高繁殖性能　多数野生动物属季节性发情，部分动物为诱导性排卵，胚胎有潜伏期，由此造成了年产胎数少、配种受胎率低、产仔率低的现象。例如，水貂配种妊娠后会出现1～30天不等的胚胎滞育期，滞育期越长，胚胎损失率和胚胎吸收率越高，而且还造成产仔期不易推算，不易管理。獭兔发情后只有通过交配才可排卵，进行人工授精前不经刺激就不会排卵。因此，家养后要逐步改变动物的繁殖生理，使季节性发情繁殖变为常年性发情繁殖，使诱导性排卵逐步改变为自发性排卵，尽量缩短妊娠中的胚胎潜伏期，从而提高动物的繁殖力。这也是人工驯化的重要任务。

3.驯化的基本方法　动物行为驯化是在动物先天的本能行为(非条件反射)基础上建立起来的人工条件反射，是动物个体在后天获得的学习行为，驯化方式方法对动物的性能发展、形体发育和产品质量的提高均有较大影响。根据对动物的应用目的，驯化可分为个体驯化与群体驯化。在驯兽艺术团体或动物园内，由于驯养的动物数量很少，而且仅仅是要求动物听从指挥和指令，对大型兽类仅能做个体驯化；养殖生产上的驯化则多是做群体驯化。

群体驯化与个体驯化有很大不同，首先要求动物建立“群体性活动”的各种条件反射。由于动物的群体需要有一定的组成结构来完成群体活动，所有正常的动物群体内，都要有首领和骨干，而且不同的时期，年龄、性别的组成比例都有不同的变化，这种复杂的关系是保持群体生存斗争能力的基础，因此，群体驯化要特别注意这种结构和关系。

行为驯化是进行深度驯化和群体驯化的前提和基础，在动物学上，可采用下述的四种方法对动物进行行为驯化，饲养特种经济动物时可以参考。

(1)在发育早期驯化　幼龄动物的脑神经尚未发育完善，身体也具有较大的可塑性，驯化越早效果越好。如，出生后30日龄内未开眼的黄鼬，通过与母兽隔离的人工饲养，开眼之后即接触人工环境，能很好地接受人工管理。而在个体发育过程中接受母鼬哺乳的黄鼬，经过几年的人工驯化，也不易改变其“野性”行为。

（2）以个体带动群体驯化　用个别一两只驯化程度高的同类动物，带动全群动物驯化。如，利用已驯化的母鹿带领未驯化的仔鹿去放牧，幼龄动物有仿随学习的行为特点，可以逐步使未驯化的仔鹿得到驯化。梅花鹿在性活动期内，由于体内性激素水平高，产生了“易激怒”行为，群体中经常出现斗殴、顶撞等现象，有的鹿场就采用在公鹿群中混入一只雄性马鹿的方法，当梅花鹿顶撞、斗殴时，雄性马鹿会立即去顶开，这比人工看管鹿群更为有效。

（3）用已驯化的动物驯化未驯化的动物　种间关系对动物的驯化也有一定的作用。如，在山区放牧鹿群时，利用牧犬作为放牧工具；在草原地区放牧鹿群，多用骑马放牧方法。这都是将一些已驯化的动物作为驯化工具去驯化、指挥未驯化的动物，长期保持可达到间接驯化的目的。

（4）性活动周期加强驯化　动物性活动期，由于体内性腺的发育和性激素水平的增长，会使动物的活动变得特殊，容易产生离群求偶和易怒好斗的行为，影响物质在体内贮存和生理机能的转化。此时期，动物一般会出现采食量降低和食欲不振，如果还建立以食物为基础的条件反射，往往会失去或降低对动物控制的意义。因此，要根据动物性活动期的行为特点去掌握驯化动物，否则，易产生人身危险或生产上的损失。

由于驯化是以条件反射为基本生物依据的，条件反射依赖刺激条件而存在，可以不断地强化，也可以消退。若“条件”持续存在且不断加强和完善，则“反射”会不断得以巩固和完善；反之，动物的“反射”则会减弱甚至消失（忘记）。因此，不能把驯化看成是一劳永逸的事，在驯化中必须进行补充性驯化（个别调驯）或重复驯化，防止出现“回生”现象。

对一些生产、繁殖性能等性状的驯化，只能采用选择驯化的方法，即在饲养保种过程中通过逐代的选育，才能达到驯化的预定目标。

二、饲养方式

特种经济动物的饲养管理可以参考家畜家禽的饲养管理方法，但由于其性情、食性和饲养方式的不同，绝不能生搬硬套。因动物的体型大小、身体结构、性情习性、活动规律、采食方式等不同，特种经济动物一般可采用以下 4 种饲养方式。

1. 散放饲养　将动物的原种散放在经过选择的、面积较大的区域内，任其自由采食、活动和繁殖，只在固定的时间或季节收取动物及产品。该方式多适合于草食性动物的饲养。例如，选择大的沼泽区域，散放饲养麝鼠、海狸鼠、牛蛙等，可以充分利用自然的水生草资源，大量繁殖。这种方法的优点是节省人力财力，饲养成本较低，能够采收的动物产品也较多。缺点是对散放区的要求严格，如散放麝鼠，附近不能有水坝，不能有农庄农田，否则会造成严重的破坏。此外，捕捉动物、采收产品都有一定的难度，也不便于进行人工控制的选种选配。

2. 半散放饲养　是对散放饲养的改进。是将动物的原种散放在经过选择的一定区域内，建造围栏、围墙等，限制其逃跑和扩散，任其在散放区内自由采食、活动和繁殖，在固定的时间或适当的季节收取动物及产品。这种方式的优点是动物的饲养密度加大，单位面积的生产量加大，由于动物活动范围缩小，相对便于捕捉。缺点是要对饲养场地环境进行一定控制，需要种植、投放一定的食物，需要一定的财力投入。多数的草食性特种经济动物，个别的小型肉食性动物在条件许可的情况下，可以考虑采用此法。

3. 半密集型饲养　将动物置于普通的笼箱、圈舍、圈池或池塘中，人工进行一定程度的环境控制，提供饲料和必要的生活条件，定期或按时采收动物产品。半密集型饲养是以人工操作为基础的饲养，适合于我国的国情，目前在广大的农村和饲养场应用较多。其优点是饲养密度较大，单位面积动物产量高，由于动物饲料有保证，生产效率较高。其缺点是生产投入高，人员劳动强度大。

4. 密集型饲养　是今后动物饲养业的发展方向，目前国内外许多畜禽饲养场已采用了此饲养方式。是将动物放置在现代化程度较高的笼舍中，对环境温度、湿度、光照和通风等进行严格控制，投放高效的人工配合饲料，在一定季节或时机采收动物产品。该方式是以生产自动化为主体，动物处于高强度的生产状态，动物单产高，人力花费小。但生产设备投资大，需用的生产启动资金多。目前国内外獭兔、水貂、鹌鹑等特种经济动物已经采用。

三、饲养原则

由于特种经济动物食性的特殊性，在饲料调配、饲料投放等方面要注意以下原则。

1. 逐步训练和改变食性范围　目的是营养获得更全面，饲料成本更低。动物的食性是可以通过人工训练而发生改变的，如水貂等肉食性动物的饲料中适当搭配一部分玉米、麸皮等植物性饲料；梅花鹿、麝鼠等草食性动物饲料中适当加入鱼粉等动物性饲料，营养会更全面，饲养效果更好。在初食跨类食物时，动物并不习惯，但经过一段时间的坚持投喂，食欲会逐渐增强。很多在野生地动物不愿采食的食物，经过人工混喂训练后可以逐步采食。这对开辟动物的饲料来源、保证动物的营养是非常重要的。

2.合理搭配或配制饲料　动物在驯化初期，一般采取各类饲料分别投喂，或经过简单的混合搭配。进入适应期后，就要考虑配置全价饲料。配制饲料的原则：营养含量（浓度）要能满足不同类型或生理时期动物的营养需要；饲料的性状和适口性要能适应动物的食性需求；配制饲料的原料应尽量就地取材，品种应尽量多样化；饲料的原料及成品应品质优良。

3.投放饲料的方式方法要合理

（1）尽量使动物养成定时采食的习惯　定时采食可以使动物养成定时排泄的习惯，便于生产管理操作；长期定时喂料后，在投料前动物会形成条件反射，口腔和消化道会分泌大量的消化液，同时胃肠的蠕动加快，能提高动物的食欲和消化率。此外，定时投料可以使消化道有一定的工作和休息时间，保护了动物的消化机能。一般来说，小型杂食动物由于代谢旺盛，食物的消化速度快，要勤添勤喂；大型动物代谢慢，一次性采食量较大，肉食性动物的食物营养浓度大，这样的动物每天可少喂几次；休情期和空怀期动物可少喂，繁殖期动物则要勤喂，特别是妊娠期雌性动物由于营养需求多，而腹腔容积又被挤占，需要少添勤喂。

（2）对动物的投料要定量　定量喂料可以根据动物的实际需要量，尽量少投饲料，减少饲料在料盆和粪便中的浪费，提高饲料的消化利用率，达到节约饲料的目的。定量喂料还可避免因动物贪食而损伤消化机能。一般来讲，动物的食量需在实践中摸索研究，投放的量保证动物每顿吃七八成饱即可。

（3）投放饲料要讲究顺序　在喂料时，一般要先投放适口性差的饲料，后投放适口性好的饲料，以保证动物的采食量；先投放高营养的饲料，后投放低营养的饲料，以保证营养的获取量。

（4）投放饲料要讲究方式　饲料最好要专设容器（料槽、料盆、草架等），防止践踏污染和浪费饲料。投料前和投料时，最好能给动物以声、光等信号，利于形成条件反射，便于进行驯化。为了使动物之间形成竞争，加快采食速度，避免挑食和浪费，可考虑采用小群体集体采食，但要避免大欺小、强欺弱现象。

4.饲料的更新要逐步过渡　随着季节的更替，人工饲料的来源会发生变化；随着动物生理时期、年龄等的变化，饲料的料性或料型也需要变化。由于动物在长期采食过程中，会对习惯了的饲料产生适应性，饲料的突然改变会打破消化系统的正常平衡，可能出现消化不良、肠炎、拉稀等。因此，饲料更新需要逐步过渡，至少需要 5～7 天的时间，每隔 2～3 天更换 1/3。

5.安排好饮水问题　饮水量要根据动物的生理时期、饲料的料型、季节的不同而确定。饮用水要清洁、温暖。

四、管理原则

由于特种经济动物的驯化程度低，野性强，对环境过度敏感，管理上要注意以下原则。

1. 保持环境的安静和安定　动物的野性很强，对环境十分敏感。异常的声响、灯光，陌生的人、动物或物体都可能造成动物的精神紧张、惊慌不安、行为失常，轻者出现减食、拒食，重者发病甚至死亡。

保持环境安定和安静的措施：①将场址选在偏僻安全处，远离村镇、城市，远离交通主干道、车站、码头。②饲养区要相对封闭，拒绝陌生人和动物的侵入打扰，特别要注意避免狗、猫等伴侣动物的鸣叫和出入。③场区及附近要禁止有大噪声，场内不准鸣放鞭炮，禁止汽车大声鸣笛，禁止播放高音喇叭。④在动物配种、妊娠、产仔、哺乳时期要采取特殊的管制措施。

2. 控制好动物生存环境的卫生　圈舍不干净、笼箱不卫生、空气不清洁，会使环境中病原体滋生，造成动物患病。特种经济动物野性强，患病后不易治疗。因此圈舍、笼箱应每天清扫、整理，定期清洗、消毒。相对封闭的圈舍应经常保持通风或定时进行通风。不可将粪便等长期堆积存留在场舍之内。

3. 注意冬季防寒夏季降温　尽管动物都有一套防寒和避暑的本领，例如休眠、洞居、迁移等，但在人工饲养条件下由于生存领域所限，动物自身调节的可能性已严重受限。此外，依靠生理调节也会增加动物的基础代谢，影响其生产力。因此，很有必要为动物提供适宜的环境温度、湿度，减少无谓的消耗、损失和死亡。

4. 注意加强动物的运动　动物在野生条件下，有着足够宽阔的活动范围，而人工饲养条件将动物局限于小小的笼圈中，动物运动的场地大大减少。运动量的减少会使动物体质下降、膘情肥胖、抗病力变弱，进而影响到健康和繁殖。因此，饲养中要尽量加大笼圈的底面积和空间，配套动物笼圈可专设运动场，或设置共用运动场供动物定期分批运动。也可以定期引逗或驱赶动物在笼内运动，对于群居性动物要尽量多对动物实施放牧或放养。

5. 加强“三防”工作　逃跑、自残和疾病是特种经济动物饲养中的三个突出问题。

(1)防逃　动物逃跑发生的原因主要有四方面：一是动物饲养的密度过大，而每只动物都要有自己的活动领地，太拥挤会使动物性情变得急躁，出逃的欲望增强。二是饲养区内食物严重缺乏，或饲料营养不平衡，动物试图出逃寻找食物。三是饲养区生活条件恶化，如环境不安定、气温或湿度不适等，动物试图寻求安全的场所。四是在特殊时期，如配种繁殖期，动物由于体内激素水平的变化，性情发生变化，动物出逃愿望增强，目的是寻求配偶。针对上述原因，首先要注意笼圈内动物的饲养密度，保证每只动物有一定的活动空间。其次，保证动物有足够的食物、平衡的营养。特别对肉食性动物更应注意，优化生产区环境，保证动物生活舒适。在特殊时期可设置屏障，防止动物逃跑。

(2)防自残　特种经济动物有时会发生自残现象，表现为动物之间打斗、咬嚼、撕咬或自身啃咬等伤亡现象。打斗的原因与逃跑有所相似，特别是由于成年动物的领域性增强，需要扩大生存空间而争斗。因此，动物达到一定年龄后要及时合理分群。缺乏某些维生素或矿物质，会造成动物出现“异食癖”，咀嚼自己的身体某些部位，损伤皮毛。

(3)防病　特种经济动物疾病防治十分重要。动物家养后，仍有一定程度的野性，野生动物发病的前期症状是不明显的，而病症一旦出现则往往已到了后期，着手治疗已为时过晚。动物的驯化程度低保定治疗十分不便，治疗的效果也不好。因此，经济动物疾病更讲究以预防为主、治疗为辅，包括卫生管理和消毒防疫。

五、繁殖

特种经济动物生产和育种是一个数量增加、质量提高的过程，实际也是物种和种群繁殖优化过程。由于动物的种类和进化程度不同，其繁殖生理和繁殖行为差别很大，在开发饲养中所采取的育种手段和措施也不同。

1.繁殖行为　每种动物在长期的进化过程中，逐渐发展并形成了一系列生理学和神经学机制，这些机制保证在个体生命达到成熟时出现一种独特的、具有繁衍种族的生物学行为，即性行为。特种经济动物由于驯化历史短，其繁殖行为具有明显的季节性和周期性。进入繁殖期后，动物的行为和食性会出现一系列的变化。

(1)繁殖期行为变化　性行为是动物一种普遍的行为，每个动物都是性行为的产物，每种动物在繁殖期都有自己固有的性行为。与平时相比较，主要表现出“性激动”。雄性动物为争夺配种权而性情暴躁、相互争斗；雌性动物为护仔而性情暴躁，会顶斗同类和其他动物；因寻求配偶，动物出逃的愿望增强，不易管理；动物性情变得凶猛，甚至有时顶人。饲养管理中，这些变化必须引起注意。

(2)繁殖期食性变化　由于繁殖期的特殊需要，动物的食欲和食性会发生一定程度的变化。在食欲方面，雄性动物为了在有限的配种期发挥更大的作用，会出现不主动觅食，食欲不振、采食量下降，个别甚至停食；相反，雌性动物在繁殖妊娠期和育仔期会食欲大增，大量吸收营养，满足育仔需要。在食性方面，雌性动物在妊娠期和育仔期的食性范围会变宽，草食性动物会捕食一些小型动物或昆虫，肉食性动物会吃一些鲜嫩的植物茎叶或果实。由此，可起到补充营养的作用。

(3)动物求偶行为　雄性动物在交配前表现为求爱的追逐、舔舐和嗅闻雌性动物的外阴部,雌性则积极地靠近和寻找雄性,并表现出亲密感,这也是雌性已进入发情期的外部特征。不同动物在交配前的求爱表现、行为的强度和持续时间有差异。生产中可以充分利用动物交配前的性反应进行公、母之间的发情刺激,或用于试情。

例如,在狐的繁殖季节,在养狐场周围就能听到狐特殊的"嗷嗷"吼叫声,越是晚上叫声越频繁,这是狐求偶的叫声。此外,作为狐传递性信号的气味比平时也浓。发情的公、母狐放到同一笼后开始相互嗅闻阴部,而后公狐则围绕母狐的四周频频排尿,以圈定自己的势力范围,向其他同类个体显示此母狐已被它"占有"。母狐则表现温驯,很快双方站立,用前肢互推对方进行戏耍性咬斗,嬉戏后,母狐表现静立翘尾,等待交配。

(4)动物交配行为　当雌性接受雄性的求爱时,雄性会出现爬跨行为,将交配器官(阴茎)置入雌性生殖器内,通过特有的行为方式完成授精过程。雄性射精完毕后,一般都会有一段交配不应期,对雌性失去兴趣,暂时失去性活动表现,甚至出现相互撕咬现象;而雌性一般仍会有性兴奋表现。

2.影响动物繁殖力的因素　动物自身因素、自然环境因素和营养管理因素,通过不同的途径直接或间接地影响着动物的发情周期、发情强度、精液品质或排卵质量、配种能力以及胚胎的发育,最终影响到动物繁殖力。

(1)动物自身因素　不同动物种类和不同个体动物的遗传,决定着动物的先天繁殖能力。同种动物的不同品种、品系间繁殖力存在着明显的差异,不同个体之间差异也很大。遗传主要影响雄性动物精液的质量和授精能力,从而影响受精卵数目;同样,雌性动物的发情、排卵、妊娠、泌乳等也与遗传有显著的相关。

(2)自然环境因素　自然环境的光照、温度以及食物条件变化会显著影响动物的繁殖力,也造成了动物繁殖的季节性和周期性。

一是光照变化的影响。地球上任一地区,太阳的照射时间每天都发生着变化,且变化规律年年如此。例如,我国处在北半球,在一年当中的"冬至→春分→夏至"时段,每天日照时间逐步由短变长,而在"夏至→秋分→冬至"时段日照时间则逐步由长变短,照射时间每年如此都呈"正弦曲线"变化。不同地区随着纬度的加大,曲线的"振幅"越大。大多数野生动物正是受栖息区日照的规律性变化影响,形成了季节性繁殖规律。根据影响方式,可把动物分为两种:

长日照动物:繁殖生理活动对长日照敏感,当每年日照时间长于 12 h 时,其生殖器官开始发育,生殖机能逐步成熟并达到能配种繁殖。这类动物的生殖系统一般是在"春分"后开始发育,"秋分"前后发情配种,冬、春季节产仔,如鹿科动物。

短日照动物：繁殖生理活动对短日照敏感，当每年日照时间短于 12 h 时，其生殖器官开始发育，生殖机能逐步成熟并达到能配种繁殖。这类动物的生殖系统一般是在“秋分”后开始发育，“春分”前后发情配种，夏、秋季节产仔，如水貂、狐、貉等。

在特种经济动物养殖生产中，可以根据日照规律对繁殖生理的影响，进行“控光养殖”，通过有规律人为增加或减少光照可以调控其繁殖生产周期。但在动物开放养殖中，也一定要避免无规律光照（如随意开灯关灯或环境过暗），导致季节性繁殖动物的繁殖失败。

二是温度的影响。在动物的繁殖季节或繁殖期内，睾丸及卵巢会逐步发育成熟，而产生的生殖细胞数量和质量则受环境温度影响。环境温度过高或过低都不利于繁殖功能的发挥。通常情况下，高温对动物繁殖的危害比低温更大。例如，公狐的阴囊依靠收缩和松弛会对睾丸周围温度有一定调节能力，但当配种后期气温过高时会超过自身调节能力，致使公狐精液品质下降，配种能力迅速降低。再如在高温季节，獭兔的精子密度小、畸形率高，配种受精率极低。因此，环境温度制约着动物生殖机能的发挥程度。

三是食物的影响。动物在长期的进化过程中，一般都选择在食物丰富期到来前发情、配种，在食物丰富季节妊娠、哺乳。食物充足时繁殖质量和数量高，食物缺乏时繁殖能力差，甚至不繁殖。例如在温带地区，春季植物萌发，冬眠动物出蛰，食物丰富且鲜嫩；秋季果实成熟、小动物膘肥，食物营养丰富且来源广泛，此二季节是动物繁殖的适宜季节。热带地区，旱季气温高、空气干燥、植物干枯、生活条件恶劣，不适于动物繁殖；雨季空气湿润、草木旺盛，食物丰富，适宜于动物繁殖。寒带地区，冬季漫长冰冻、食物奇缺、动物不繁殖；夏季阳光充沛、土表化冻，动物活跃，是繁殖的适宜季节。

（3）营养管理因素　在人工饲养条件下，营养水平会直接影响动物的精子、胎儿、乳腺等发育，从而影响动物的繁殖力。营养缺乏，雄性的精液品质和配种能力都显著降低，雌性的泌乳力下降。满足动物各个生物学时期营养需要，是提高其繁殖力的重要条件。饲养方式、笼舍结构、环境的噪声也会间接地影响到动物的繁殖性能。例如，矮小的狐笼影响公狐的配种能力，笼舍结构不合理会影响狐的成活率，诱发北极狐的自咬症等。

3. 提高动物繁殖力的措施　由于特种经济动物的驯养历史都不长，对人工环境不适应，繁殖性能一般都比较低下，甚至不能繁殖，需要采取适当的措施提高其繁殖性能。

（1）加强驯化和选育工作　动物由野生变家养，由于缺乏隐蔽条件而易受各种环境因素的干扰，使动物惊恐或激怒，从而影响繁殖力。通过驯化可改善动物的行为，可以使动物逐步适应人工环境，保证神经—内分泌系统对生殖器官的正常调节，可以使动物在相对不安定的环境下正常配种、产仔、哺乳，可有效提高其繁殖能力。另外，对动物的驯化，是开展野生动物人工授精工作、改革繁殖技术的一项重要基础条件。

野生动物大多具有刺激排卵的生物学特性，影响到人工繁殖的效果。随着动物驯化程度的提高和逐代的驯化，这种生物学特性也可以像家畜一样发生改变，使动物相对集中发情、集中配种、集中管理，提高繁殖成活率。

随着驯化程度的提高，还要考虑培育优质高产的优良种群，只有良种才能产出优秀后代。因此，在建场时就应引入高产的优良种源，随着饲养工作的进展还要不断选育，不断淘汰那些生产性能低、母性差、毛色差的种用动物及其后裔，保留那些生产性能优良者及其后裔。一般经过 3～5 年的精选和淘汰，就会使种群品质大大提高。

种群的年龄组成对繁殖也有直接关系，饲养场的种群一定要考虑有适宜的年龄结构。

（2）平衡和强化饲料营养水平　繁殖力与饲养水平密切相关，优越的饲料条件、日粮营养全价能使动物的繁殖力得以充分发挥。国内有些水貂饲养场以糠菜和玉米面为主，加少量鱼粉混合作为水貂的饲料，或用变质的动物性饲料饲喂，或饿一顿、饱一顿投放饲料，是导致繁殖失败的根本原因。

在繁殖期保持适宜的营养水平和管理措施，能有效地防止胚胎吸收和流产。研究繁殖期动物的特殊营养需求（如对维生素 C、维生素 E、矿物质、蛋白质的需要），并及时补充，可使动物的繁殖力得以提高。

（3）加强和提高管理水平　管理上造成繁殖出现问题，主要是由于笼舍设计不合理、在阴暗的室内饲养、不合理增加光照、噪声以及环境嘈杂等，这些因素会严重影响到发情、配种、妊娠、产仔和哺乳各个环节，影响动物的繁殖力。

布氏杆菌病、钩端螺旋体病、加德纳菌病等都是影响生殖能力的传染病，严重时会导致生产的失败，造成重大损失。通过检疫和接种疫苗等措施，防止疾病的流行和发生，也是保证繁殖力的重要措施。

（4）改变光照和温度　在满足正常生活条件的基础上，人工改变光照、温度等对繁殖有重要影响，可提高其繁殖力。如，在水貂交配前增加光照、配种期内提高温度，可缩短妊娠期，提高胎产仔数；模拟法控光养水貂，可使水貂在南方正常繁殖，也可使水貂在北方达到两年繁殖三胎。

（5）补充外源性激素　野生动物在人工饲养条件下，神经－内分泌系统机能失调现象比较常见。激素可调整动物的内分泌机能,促使动物同期发情排卵、超级排卵,并能促进胚胎着床,防止胚胎吸收和流产,从而提高繁殖力。例如,在配种前补充促黄体释放激素(LRH)已经使紫貂繁殖力有了明显的提高。在配种后补充黄体激素(LH),可使水貂产仔率提高。在母狐的发情期采用外源性激素处理,可增加母狐的排卵数。

总之,特种经济动物由野生变家养后,繁殖力提高的潜力很大,应根据其生物学特性,适当吸取畜牧业先进繁殖手段,研究其繁殖技术。

知识五 特种经济动物养殖环境及场舍

一、场舍场址选择

特种经济动物大多属半驯化野生动物,其生长发育和繁殖活动对野生原产地的地理位置、海拔高度、日照规律、温度湿度等一般都有高度的依赖性。人工开发饲养后,人类所提供的饲养环境无论在宏观上或微观上都与自然生态环境有着差异,这种差异会在一定程度上影响和干扰动物正常的生活规律。因此,必须充分考察和参照其野生生态习性,选择适宜的饲养场地,创造适宜的饲养条件和饲养管理方式。

场址选择的基本原则是,满足动物生活习性的基本要求,保证其生理机能能正常进行、生产潜力能充分发挥,人工管理工作比较方便,交通比较便利,疾病防治能够合理统一。应当从地势、风向、土质、水源、位置等方面综合考察。

1. 地势　鹿、兔、狐等动物场一般选择地势高燥、平坦而稍有缓坡的场所,这样的地方一般比较干燥,排水良好;还要求背风向阳,地下水位要低。有的饲养场(如麝鼠、海狸鼠)可建在低洼的地方,但低洼的地方潮湿、湿度大,细菌和各种病原体大量繁殖,往往造成病患增多,影响动物的健康和生产。也不宜把场舍建在高寒处和大风口,以免冬季寒流侵袭,导致幼仔大量死亡。

2. 风向　风向关系到圈舍的冬季防寒和夏季通风防暑问题。我国北方冬季寒冷,冬季大多为寒冷的西北风,应着重注意圈舍的防寒问题,应当坐北朝南或坐西北朝东南,不提倡圈舍的长轴朝向西北,造成西北风穿堂而过。南方夏季炎热,夏季东南风较多,应使棚舍的长轴对着东南,在炎热的夏季获得更多的穿堂风。

3. 土质　饲养场土质不仅对饲料、动物体健康有影响,而且对建筑物也有影响。一是影响农作物生长,二是影响场区的温度湿度控制,三是影响场内的卫生和防疫。沙质土壤易漏水漏肥,比较贫瘠不利于植物的生长,此外,沙土过分松散,建筑棚舍地基不坚固。纯黏质土壤也缺乏肥力,不利于绿化及饲料生长,渗水性能很差，遇到雨天容易淤涝，场内泥泞一片、舍内阴暗潮湿，既容易造成动物患病死亡，又给饲养场管理带来不便。此外，黏土含水分多时冬季容易冻结，热胀冷缩容易导致建筑物变形开裂。一般来讲，饲养场首选应建在壤质土上，以便通透排水、种植饲料，不易导致圈舍潮湿，而且土壤的保温性能也比较好。

4. *水源* 饲养场除了动物和工作人员饮用水之外，清洁卫生和种植饲料饲草也要用大量的水。因此，水源要充足，水质要良好。防止水源遭受污染，避免水中化学元素超标或不足。可用的水源有地下的泉水、山中的溪水和城市自来水。其中泉水为首选，其次为溪水和自来水；江河水往往从城镇、村庄通过，容易受到污染，塘坝水容易滋生致病微生物，只能用于浇灌植物和饲料地，不得饮用和冲刷卫生。

5. *位置* 特种经济动物饲养场的位置应交通方便、供电正常、远离干扰。

从交通方面而言，因为人员出入，饲料饲草、产品及建筑物资等运输量较大，应当具有便利的交通条件，但又不能距离铁路、公路太近，避免噪声污染和病原污染，一般要离铁路 1 km 以外，高速公路及国道 500 m 以外。

饲养场的运行离不开充足的电力，如照明、通风、饲料加工、排粪清污等，因此，饲养场的位置不能远离电力供应线。

饲养场不能建在城市、村庄等居民聚集区附近，避免相互之间形成干扰。如果二者距离过近，不仅会影响居民区的环境卫生，还会严重影响饲养场的卫生防疫；二者之间往往通过空气、水源、人员走动、各种动物的流窜造成病原体的相互感染。所以与居民区之间必须至少保持 500 m 的间距，并处于居民点的下风向。

饲养场的位置最好远离各类工厂、交易市场，特别是和畜牧业有关系的工厂、市场，如屠宰场、畜产品加工厂、畜产品仓库、农贸市场、牲畜交易市场等。这些地方都是各种牲畜频繁来往的地方，与动物疾病有关的各种病原微生物在这些地方会大量存在，至少与这些场所保持 1 km 以上距离，而且位居其上风头。

二、场舍建造基本要求

1. *建筑物布局要求* 特种经济动物饲养场一般要分为生活管理区、动物饲养区、兽医隔离区等三大块。其中动物饲养区是主体。

生活管理区，既是职工生活、休息和娱乐的场所，也是饲养场对外交流，饲料加工、后勤服务等生产保障的区域。应当和动物饲养分区设置，以免各种闲杂人等与生产者互相影响或互相感染。但这一区域也不能离生产区太远，否则会给职工上下班带来困难。饲料区车辆流动和人员出入较为繁杂，机器噪声和粉尘较大，要与职工生活区域和动物饲养区域保持一定距离。饲养场的各种附属建筑，包括办公室、业务洽谈室、技术室、消毒室、车库以及供水、供电、供热等设施可以单独设置区域,但为了便于对内对外联系,一般安排在饲养场的最前边,并用围墙和饲养区隔开。

动物饲养区,应作为饲养场建筑的重点加以考虑。从总体上看,这一区域应放在整个场区的上风向,尤其是核心种群,更应放在安静且环境舒适的上风向。繁殖群应放在核心群靠外的地方,与育成群比较接近,这样便于动物群周转。商品舍可安排在靠近大门口的地方,这样有利于商品动物的随时出售。

兽医隔离区,用于患病动物的隔离、治疗以及兽医人员诊断、解剖、化验等技术工作。包括隔离室、兽医室、病尸解剖化验处理室等。由于在此集中了饲养场的患病动物及病尸,是各种病菌最多的地方,所以应当远离生产区。但这一区域又和生产区关系很密切,不能把它置于场外,所以,应设在生产区下风向最远处,并严格管理,除兽医人员和患病动物的饲养人员外,其他人员不得入内。

2.棚舍或房舍建筑基本要求　建筑棚舍或房舍必须考虑符合动物的生活习性,有利于动物的生存和生产,还应考虑便于各种人工操作,保护动物免遭各种敌害侵袭。所以,建筑棚舍和房舍应对温度、湿度、通风、卫生、防寒、防暑、防害、防盗等进行综合考虑。

(1)具备防寒防暑功能　选用比较保温的建筑材料,设计时力求冬季能够防寒保温,尤其是产房应当有加温设备。屋顶设置隔热层,选用隔热材料,并要达到一定的厚度。另外,在棚舍或房舍的走向、通风、换气等方面与降温相配合。

(2)具有通风、透光、防潮湿功能　如果通风不良,空气一定很污浊,细菌含量会明显增加,从而使动物病大幅度增加,尤其是呼吸道疾病必将泛滥。光照往往影响动物的繁殖和换毛,棚舍要能够采光,但光线不能过强或过弱。一般来讲,动物棚舍要宽大明亮,大门大窗,必要时可设天窗或排风扇;地基可适当提高,排水设施齐全,温暖地区可将粪尿沟设在舍外边,减少舍内的有害气体,降低舍内的湿度。

(3)具有卫生防疫条件　舍内的墙壁、地面应当光滑平整,以便于消毒;四面墙壁应当有 1 m 高的水泥墙裙,既可防潮又便于消毒和清洗。舍内两列笼具之间的主干道不得少于 1.2 m。为了便于防疫和饲养管理,每栋棚舍或房舍不宜过大,一般长度不超过 25 m。

(4)能够防害防盗　兽害是造成经济动物损失的一个重要原因,特别是草食性动物和鸟类动物、低等动物的反抗能力较差,很多动物都可能侵害它。常见的害兽如猫、犬,野生的鼠、蛇、刺猬、黄鼠狼、狐、狼、猫头鹰等。为此,建造兔舍时就必须考虑防止野兽进入舍内。门窗夜里要关严,夏季开窗通风时,应当增设纱窗。在盗贼比较猖獗的地方,棚舍或房舍还应当有防盗贼的功能。

(5)材料和空间要求　建筑材料应当经济实用,物美价廉。要因地制宜,使用本地最多、效果最好的建筑材料。特殊部位应当使用特殊材料,如地面容易被粪尿及各种消毒液腐蚀,应当选用防酸水泥做地面、墙裙、墙面等。屋顶可选常用的机瓦,也可以选择稻草加机瓦。具体棚舍或房舍的大小应当依所养动物的多少而定。

3.饲养场地配套设施要求　围墙围栏、场区道路,以及卫生防疫、供水排污、场区绿化等都需要建造配套设施。

(1)围墙围栏　饲养场一定要修建围墙或围栏,一是防止围墙外的动物、人随意进入形成干扰,二是保证场区的安全和防疫。建围墙可以根据资金和档次选取材料和样式,砖石结构、金属网、木板栏均可。围墙高度以 1.8～2.0 m 为适宜,饲养场内各小区间,可设较小的防疫沟或围墙,结合植树绿化形成隔离带。

(2)防疫设施　场大门内及各饲养小区的入口处应设相应的消毒设施,如车辆消毒池、人的脚踏消毒槽、喷雾消毒室、更衣换鞋间等。装设紫外线杀菌灯的消毒室,应强调有效消毒时间(3～5 min),配备定时装置(定时指示灯或定时铃声)。

(3)供水设施　饲养场用水量包含生产用水、生活用水和消防用水等。人员用水一般可按每人每天 10～40 L;动物用水包括饮用、饲料清洗调制、刷洗食具、圈舍清扫、动物体清洁等,不同动物和季节差别很大。供水设施包括处理设施、加压设施和管道设施。要注意各种设施管道的合理设计。

(4)排水设施　为了保证场地干燥,饲养场还应设立排水系统,及时排除雨水、雪水及场内的生产污水。如果采用暗沟排水,沟的铺设不宜过长,超过 50 m 应增设沉淀井,以免污物淤塞,影响排水。沉淀井距供水水源至少应有 200 m 以上的间距。暗沟深度应在冻土层以下,以免因受冻而阻塞。

(5)贮粪场(池)　贮粪场应设在生产区的下风处,与住宅保持至少 500 m、与动物棚舍至少保持 100 m 的卫生间距(当建有围墙及防护设备时减少到 50 m)。贮粪池的大小因动物类别而定,深度以不受地下水的浸渍为宜。一般建成深 1 m、宽 9～10 m、长 30～50 m。底部用黏土夯实或做成水泥池底,以防粪液渗漏流失。

(6)饲养场的绿化　绿化不仅可改善场区小气候、净化空气,而且可起到防疫作用。在场界周边宜种植的乔木有大叶杨、旱柳、垂柳、榆树以及常绿针叶树等;宜种植的灌木有河柳、紫穗槐、刺榆、醋栗和榆树梅等。特别是饲养场的北侧、西侧,应种植加宽混合林带,起到防风阻沙的作用。棚舍间的空地以种植草坪为主。办公区以美化环境为主,适宜种植观赏植物及花卉。

三、饲养场环境保护

动物和人类赖以生存的环境保持着一种非常脆弱的相对平衡。当这种平衡被打破时，环境就会恶化，导致环境污染，危害动物和人类。实践证明，对环境的污染可以在较短的时间内造成，而消除和治理这种污染则需要付出更大的时间和代价，有的污染甚至根本无法治理。特种经济动物饲养场所产生的污染物主要是粪尿、废水、废气以及动物的尸体，如果不进行科学处理，就会污染环境，而受害者不仅是本场的人员和动物，更会危害社会。饲养场的环境保护是指对周边空气、水源、土壤、生物物种等的保护，一是防止兽场对周边环境造成的污染，二是防止周边环境污染对兽场动物健康造成危害。

1. *饲养场主要污染源及其危害* 养殖场主要的污染源有臭气、粪便、污水、蚊蝇等。

(1)空气污染 特种经济动物饲养场对空气所造成的污染，主要是动物的粪尿或其他废弃物产生的气体和难闻的气味。有恶臭气味的气体包括硫化物(硫化氢、甲基硫醇等)、氮化物(氨、甲基胺等)、脂肪族化合物(酪酸、丙烯醛、吲哚、粪臭素等)。恶臭气体能够刺激嗅觉神经与三叉神经对呼吸中枢发生作用，影响人、兽的呼吸机能，刺激性臭味亦会使血压及脉搏发生变化。恶臭物质一般来说是有害物质，有的具有强烈的毒性，如硫化氢、氨等。多数臭味是由数种气体混合而成，即使没有毒性，也会刺激人们的嗅觉器官，使之产生不愉快的感觉，严重者影响工作效率。

(2)水体污染 饲养场排出的粪便污水、生活污水等都含有大量的碳氢化合物、蛋白质、脂肪等腐败性有机物，成分涉及范围广、产生量大，如果不加处理随意排放，受害规模也会非常广泛。饲养场对水体的污染主要包括有机物污染、微生物污染。

饲养场排出的废水中，腐败性有机物在水中首先使水质混浊，如果水中氧气充足，则好气菌发挥作用，可分解有机氮为氨、亚硝酸盐，最终成为硝酸盐类的稳定无机物；但是，水中的溶解氧在常温下一般为 5～10 mg/L，当溶解氧耗尽时，则有机物会进行厌氧分解，产物为甲烷、硫化氢、硫醇之类的恶臭，使水质恶化。

天然水中常生存着各种各样的微生物，其中主要是腐物寄生菌。当水中有机物含量增高时，微生物的含量也随之增多。水流被病原微生物污染后，可引起某些传染病的传播与流行，如副伤寒、马鼻疽、布氏杆菌病、炭疽病、钩端螺旋体病、土拉杆菌病等。很多传染病发生的原因，常常是由于水源被患病动物和带菌者的排泄物、尸体以及兽医院、医院以及屠宰场、制革厂、洗毛厂污水污染所致。

(3)土壤污染　饲养场动物的粪肥一定要经过发酵灭菌等处理，如果未经处理或处理不当，未被杀死灭活的病原微生物和寄生虫卵会在土壤中长期生存或继续繁殖，保存或扩大了传染源。如，深埋于土壤中的炭疽杆菌芽孢可存活数年，接种在粪池中的都柏林沙门菌可以生存5～8个月。一般说来，粪便中引起动物发病的病毒经过堆肥和沤肥处理后即失去致病力，但个别病毒仍可经过施肥而造成感染。

(4)昆虫及其他　饲养场的动物以及饲料、粪便等，易于招引或滋生蝇、蚊、牛虻等。这些昆虫会骚扰附近的居民，污染环境，并传播疾病。此外，动物经常嘶叫所形成的噪声，动物可能逃逸等也会对周围环境造成影响。

2.环境保护的主要措施　要合理规划，妥善处理粪便、污水，开展场区绿化。

(1)合理设计规划　场区合理规划是饲养场搞好环境保护的先决条件，如果事先没有从环境保护角度进行合理规划设计，不仅会影响将来的生产，导致环境条件恶化，甚至为以后环境的保护和治理带来很大困难。

饲养场要按照要求从地势、风向、土质、水源和地理位置等方面选好场址，使用适当宽阔的面积以便于布局。场内功能区、建筑物一定要规划分区，防止自身的交叉污染。

(2)妥善处理动物粪尿　动物粪尿一定要做无害处理，科学利用。可以把动物的粪便、垫草、废弃饲料等在规划的固定场所堆捂或坑埋，利用微生物发酵，分解其中的有机物，同时能有效杀死病原体菌与寄生虫卵。发酵处理后的动物粪便施用到农田，可以为土壤增加优质的腐殖质类肥料。据研究，处理后的粪尿肥效会大大提高。

(3)科学处理场区污水　动物饲养过程中，清洗饲料、洗刷食具、冲刷兽舍等会产生大量的废水。废水中含有饲料残渣、动物粪尿以及微生物，甚至一些病原微生物。如污水不加处理，直接排至场外或用于施肥，将会严重污染环境，产生危害。

污水的处理主要可以通过以下的措施：一是通过分离设备将污水中固形物与液体分离，污水中的固形物一般只占1/6～1/5，将这些固形物分出后，一般可作堆肥处理，施于农田。二是通过生物滤塔使污水分离、净化。生物滤塔是依靠滤过物质附着在滤料表面所建立的生物膜，来分解污水中的有机物，以达到净化的目的。通过这一过程，污水中的有机物浓度大大降低，得到相当程度的净化。达到水的重复利用。三是沉淀，粪液或污水沉淀的主要目的是使一部分悬浮物质下沉，达到污水净化的目的。国内特种经济动物饲养场一般都采用沉淀池沉淀的方法进行污水处理。

(4)加强环境绿化　绿化不仅可以改善饲养场周围的环境，还可以减少污染，在一定程度上能够起到保护环境的作用。

一是可以改善场内温度、湿度、气流等状况。在高温时期，树叶的蒸发，吸收空气中的湿热，从而使气温有所降低，同时也增加了空气中的湿度。由于树叶阻挡阳光，造成树木附近与周围空气的温差，会产生轻微的对流作用；同时也显著降低树阴下的辐射强度。

二是可以净化空气。饲养场的动物饲养集中，密度高，在一定的区域内耗氧量大，排出的二氧化碳也比较集中，还有少量氨等有害气体排出。在饲养场周围种植玉米、大豆、棉花或向日葵会从大气中吸收二氧化碳、氨而促其生长，植物还能吸收大气中的二氧化硫、氟化氢等。

三是可以减少尘埃 植物叶子表面粗糙不平，多绒毛，有些植物的叶子还能分泌油脂或黏液，能滞留或吸附空气中的大量尘埃。当含尘量很大的气流通过林带时，由于风速降低，可使大粒灰尘下降，其余的粉尘及飘尘可被树木枝叶滞留或被黏液物质及树脂所吸附，使大气中含尘量大为减少，空气因而变得洁净。

四是可以减弱噪声。植被等对噪声具有吸收和反射的作用，可以减弱噪声的强度，树叶的密度越大，则减音的效果也越显著。

五是可以减少空气及水中细菌含量。树木可以使空气中含尘量大为减少，使细菌失去了附着物，细菌数目也相应减少；同时，某些树木的花、叶能分泌可以杀死细菌、真菌的物质。

六是可以起到防疫作用。饲养场外围的绿化林带和隔离林带，可以防止人或场外动物任意往来，减少疫病传播的机会。

(5)防止昆虫滋生　饲养场由于动物及废弃物较多，容易滋生蚊、蝇等骚扰人、兽。为防止这些昆虫的滋生，可采取以下的措施：

一是保护环境的清洁、干燥。饲养场内及周围能积水的坑、沟、渠、洼要疏通或填平，防止积水。兽舍的地面最好使用水泥材料，保持干燥。当粪便中的水分低于50％时，蛆即不滋生。

二是防止昆虫在粪便中繁殖、滋生。动物的剩食要及时清理，动物的粪便要经常打扫。粪池加盖，堆粪场远离居民区与兽舍，用腐熟堆肥法处理粪便。

三是适时使用化学杀虫剂。饲养场可使用一些非剧毒农药杀虫。

四是使用电气灭蝇灯。利用荧光吸引蚊蝇，并用电流奖其杀死。

(6)注意水源保护　严禁将污水直接排入水源，这是避免水源被污染的首要条件。工农业生产单位和居民生活所排出的污水，必须经过无害化处理，使其达到国家规定的各项卫生指标。

作为动物饮用水的水质，应符合我国“生活饮用水卫生标准”。为了确保水质的良好和安全，对水源还应作好保护工作。利用地面水作为水源，应考虑水源容纳污物及其自净能力，要求排除废水的生产单位对所排污水必须加以处理；取水点或集中式供水的水源尽可能在上游，其周围 50 m 以内不要有污染源；不得将污水排入废井或渗井中，以免污染地下水；必要时对饮用水加以净化与消毒。

应尽量用深层地下水作为水源，此种水源多为井水，应注意水井的位置免受地面水的污染，并应注意平时的卫生管理。

【知识与技能测试】

一、名词解释：食用动物，役用动物，医用动物，实验动物，玩赏动物，特种经济动物，驯化，密集饲养，半密集饲养，散放饲养，半散放饲养，自残，短日照动物，长日照动物

二、简答：

1. 特种经济动物的基本概念和特点。
2. 特种经济动物的类别和代表动物。
3. 我国特种经济动物行业存在的问题和发展注意事项。
4. 如何驯化特种经济动物的野生习性？
5. 引捕野生经济动物要注意什么问题？为什么必须进行检疫？
6. 调运种用特种经济动物可以采取哪些方式？
7. 动物驯化的基本含义以及要解决的关键问题。
8. 特种经济动物饲养管理要遵从哪些基本原则？
9. 提高特种经济动物繁殖力可以采取哪些措施？
10. 选择建设特种经济动物养殖场要考虑哪些因素？建场有哪些基本要求？
11. 动物养殖场污染环境的因素有哪些？如何进行环境保护？

模块二　特种毛皮兽类经济动物

项目一　水貂

【项目提要】水貂是世界著名的珍贵毛皮动物，其毛皮品质华贵，貂油、貂肉等产品应用广泛。本项目介绍水貂的生物学特性、繁殖育种，貂笼建造，水貂的饲养管理，以及貂皮的采收。

【知识目标】了解水貂的分类分布、形态特征、生态习性；了解水貂的繁殖生理及配种、饲料配制等相关知识。

【技能目标】能利用所学知识进行水貂场的建设与引种；掌握水貂的人工配种技术；掌握水貂各阶段的饲养要点。

【典型知识及工作任务】

编号	名称	内容提要
典型知识	水貂的生物学特性	水貂的分类、形态特征、生态习性
任务一	水貂的繁殖育种技术	水貂的繁殖规律、配种技术，育种技术
任务二	貂笼建造及饲料配制	貂笼的设计建造，水貂的营养需要、饲料配制
任务三	水貂的饲养管理	水貂生理时期的划分，以及各个时期的饲养管理要点
任务四	毛皮兽皮毛采收	皮毛成熟识别，宰杀采皮技术，皮毛初加工及原料皮贮运

【典型知识】水貂的生物学特性

一、分类与经济价值

水貂属于哺乳纲、食肉目、鼬科、鼬属的一种小型珍贵毛皮动物。在野生状态下，有美洲水貂和欧洲水貂两种。现在世界各国人工饲养的均为美洲水貂的后裔。

美洲水貂主要分布在北美洲的阿拉斯加到墨西哥湾，拉布拉达到加利加利福尼亚以及俄国的西伯利亚等地区。美洲水貂共有11个亚种，其中经济价值最高，与家养水貂关系最密切的有三个亚种。

水貂的经济价值极高，主要商品是貂皮。水貂皮、狐狸皮与波斯羔羊皮，为世界裘皮市场的三大支柱商品。水貂肉营养价值丰富，味道香美；貂油(脂肪)可作为化妆品的医疗。

二、形态特征

水貂身体细长、颈部较长，头小而粗短，耳壳小，四肢短，趾间具微蹼，尾较长。肛门的两侧分布一对发达的臭腺。水貂毛被多呈褐色和深褐色，颌下，胸部及腹部常分布不规则的自斑。为了商业目的，经多代选育，其褐色被毛的颜色逐步加深，白斑缩小或消失。随着水貂养殖业的发展，一些新的毛色突变种不断出现，通过毛色育种，培育出多个不同毛色的新品种(称之为彩貂)，资料显示，已有42种色型的水貂出现在养殖场中，但是，真正形成饲养规模的新色型品种有16个。

人工养殖品种体型粗大美观、体质坚实健壮、毛绒质量好。标准色型品种水貂的毛色深褐，针毛平齐而光亮、绒毛细密而丰满。雄性水貂的体重和体长均大于雌性水貂，一般成龄公貂体重1.8～2.5 kg，体长40～45 cm，尾长18～23 cm；成年母貂体重0.8～1.3 kg，体长34～38 cm，尾长15～17 cm。水貂的外形见图2-1。

三、生态习性

1.栖息场所　在野生状态下，水貂主要栖居在河边、湖边以及沼泽和植物生长茂盛的湿地中，利用位于石下或树根下被遗弃的河狸或麝鼠的洞穴或原木空心作为巢穴，也会自己挖洞筑巢。巢洞一般长2.5～3.5 m、深1 m左右，巢内多铺以鸟兽的羽毛或干草，有一个或多个洞口位于水面之上。在水貂的领地里，除了一个经常使用的主要巢穴外，还有许多临时巢穴，其他水貂也经常使用水貂领地间重叠部分的临时巢穴。

2.活动规律　水貂主要在夜行及晨昏活动，有时白天也活动。公貂活动频繁。其活动半径为8 km左右，母貂活动范围离其巢穴较近，在8～20 hm^2 以内。

图 2-1 水貂外形

在食物短缺时，水貂一夜能跑出 20 km 左右寻找食物，跑动时速为每小时11～13 km。

水貂善于游泳和潜水，能潜入 5～6 m 深的水下，并能在水下游数十米远，所以在水下能很容易搜寻并捕捉鱼、青蛙、淡水螯虾和麝鼠，在笼养的条件下，水貂仍保持喜欢嬉水的习性。

3. 先天食性　水貂为肉食性动物。其食物对象主要有小型哺乳动物、鱼、青蛙、淡水螯虾和其他水栖动物，还捕食爬行动物、昆虫、软体动物、鸟类及其卵或幼鸟等。水貂也能采食一些植物，有贮食习性。

4. 性情凶野　水貂天性好斗，野生貂敢于攻击比其大许多倍的敌手，进攻凶猛，常常抓住对手或猎物的颈部并咬其致命部位。笼养水貂攻击性弱，一般不主动进攻。生产中，捕抓成年水貂时，需戴上特制手套以防咬伤。一般情况下，水貂间的争斗造成的伤害程度不大，而在配种季节，严重的争斗可以导致死亡。

5. 胆小机敏　水貂的听力、视力较弱，但嗅觉敏锐，主要通过嗅觉发现猎物及天敌。当水貂受到刺激（特别在配种期），或其标记领地范围时，肛门骚腺即释放出一种特殊气味的物质。在原产地，水貂的天敌主要有赤狐、红猫、大角猫头鹰和郊狼等。

6. 换毛规律　水貂每年的春季和秋季各换毛一次，具有鲜明的周期性和规律性。每年的秋分时节过后，随着日照时间逐渐缩短，水貂开始脱夏毛换冬毛，至 11 月中旬至 12 月中旬冬毛完全成熟（是屠宰取皮的最佳时间）；春分时节过后，随着日照时数的逐渐增加，水貂开始脱冬毛长夏毛，至 7 月上旬完成夏毛的生长发育。

任务一　水貂的繁殖育种

【相关知识】繁殖生理

水貂为季节性繁殖动物，其繁殖和换毛受日照规律的影响。每年在2～3月发情、交配，4月末或5月初产仔，一般每胎平均产仔5～6只。仔貂一般10～11月龄达到性成熟，6.5～7.5月龄毛皮成熟。在野生条件下，大部分水貂的寿命只有1.5～2.5年，个别可达6年以上。家养水貂寿命可达12～15年，有8～10年的生殖能力，种用水貂一般可利用年限为3～5年。

1. 发情与交配　公貂在发情交配季节，睾丸内睾酮的分泌是连续而不间断的，因此发情呈连续性过程，只要与母貂接触，环境条件许可，随时会出现追逐、求偶、勃起、爬跨、交配等一系列生殖活动，甚至有的通过视觉、嗅觉与母貂相遇，也会出现"咕咕"求偶、隔笼趋向异性、阴茎勃起等反射性的性兴奋。

母貂为季节性多次发情。在每年的配种季节，母貂一般可出现2～4个发情周期，每个周期有1～3天的"发情持续期"、5～6天的"间情期"。在发情持续期，母貂体内激素分泌旺盛，性欲强烈、易于接受交配，出现排卵和受孕；间情期母貂不愿接受交配，即使强制交配，也不易排卵受精。

水貂交配时，公貂追逐并衔住母貂颈部皮毛，爬跨于母貂背上，前肢紧抱后腹，后躯极力弓向前方，臀部频繁向前抖动；母貂则向外侧偏尾巴，伸展后躯，并将臀部抬起配合公貂将阴茎置入阴道。公貂是阵发性的多次射精，射精时后肢微微颤动，母貂则微微低吟。在一个交配季节，公貂一般能交配10～20次，交配的时间随交配的次数和体质的情况而有很大的变动幅度，多数为30～50 min。少数则短至3～5 min，最长可达8 h。

水貂每次交配的射精量为0.2～0.3 mL，每毫升精液中的精子数为1 400万～8 600万个。水貂的精子呈蝌蚪形，长度为70 μm。精子在母貂生殖道内的存活时间，经解剖检查发现，配后24和48 h仍有大量前进运动的精子，72 h大部分精子都已僵死。由此推断，在交配后48 h甚至60 h，精子仍有受精的能力。

2. 排卵与受精　母貂为诱导性排卵，交媾动作或类似的刺激(如公貂爬跨、阴道采样等)，可通过一系列神经激素作用，促使卵泡迅速发育，经36～37 h发育到直径为1.5～1.75 mm时成熟，卵泡破裂排出卵子。水貂的卵子是球形，直径约0.1 mm。

母貂受刺激诱导后一次排卵3～17个。在每年较早的发情期里，卵巢排出一批成熟卵后会发生闭锁现象，卵泡形成无活性的黄体(不分泌孕酮，也称为黄体休眠期），前批成熟卵泡排卵的同时，其他处于不同发育阶段的卵泡自行萎缩退化，下一批新卵泡需要5～6天才重新发育成熟，在此期间无论交配刺激或注射激素均不能引起排卵，故称为排卵不应期。黄体休眠期过后，母貂进入下一个发情期，新一批卵泡又发育成熟，并分泌滤泡激素，无论前次排卵是否受精，仍可通过交配刺激再次排卵。

卵子排出后进入输卵管，借助于滤泡液和卵巢内的液体流动和输卵管内的纤毛摆动慢慢向前移动，12 h以内到达输卵管上段受精；超过12 h达不到受精部位，就会中途死亡或丧失受精能力。在卵子排出以前数小时，精子已被射入阴道内子宫颈口附近，靠自身运动，并借助于子宫和输卵管肌肉收缩及纤毛摆动，经子宫体、子宫角和输卵管，到达输卵管上段受精部位，与卵子相遇、结合、受精，形成受精卵。

水貂是在交配后60 h、排卵后12 h内完成受精过程的。超过这个期限，由于精、卵失去活力，而不能发生受精作用。

3. 妊娠与分娩 母貂交配结束（两次以上交配以最后一次为准）至分娩这段时间为妊娠期。妊娠天数个体之间差异较大，一般为40～55天（37～91天，平均47天）。妊娠期长短与产仔数量有一定关联，产仔数量多者妊娠期短。妊娠期可分为3个阶段：

（1）卵裂期 交配后的6～8天。即交配结束，经排卵、受精，形成合子；合子沿输卵管向子宫角缓慢移动，并进行细胞分裂：首先经5～6次均等分裂形成桑葚胚，然后继续分裂成实囊胚（表面为滋胚层，内部为内细胞团），最后形成腔囊胚（在内细胞团的一边形成空腔，腔渐变大，内细胞团贴附在腔壁上）称为胚泡；胚泡移动到子宫角。

（2）滞育期 也叫潜伏期，是胚泡到达子宫角至附植前的阶段，时间持续5～31天。由于子宫黏膜还不完全具备附植条件，胚泡进入子宫角后，处于发育异常缓慢、相对静止的游离状态，不同母貂之间滞育期差异很大，由此造成水貂妊娠期差异较大。

滞育期的长短，主要受母貂血浆中孕酮含量的直接影响。孕酮分泌量低是胚泡滞育长，而孕酮的增加需依赖光照时间的逐步延长。所以，最后一次交配日期较晚的母貂，比结束交配早的母貂滞育期短。在滞育期，由于胚泡处于游离状态，既可以从一侧子宫角移到另一侧子宫角，胚泡死亡率此期很高，滞育期越长死亡率越高。

（3）胚胎期 为胎儿发育期，即胚泡附植并迅速发育到胎儿出生的阶段，通常是25～30天。大多数母貂在交配结束10～20天后，卵巢黄体分泌孕酮增加（血浆中浓度超过45 μg/mL），子宫内壁黏膜开始增厚并形成皱褶，使胚泡附植具备条件;子宫腺分泌子宫乳供胚泡在附植前后的营养物质。附植时,首先是胚泡外围的透明带黏着在子宫壁有小血管的位置上,进而浸入子宫壁,子宫壁开始生出胎盘膜。附植成功后,胚胎的营养来源由子宫乳改为由母体血液供应。

在多次交配的情况下,如果后次交配的受精卵得到发育,那么前次交配所形成的胚泡有部分要死亡,被母体吸收或排出体外(即早期流产)。这一方面是由于子宫内膜还不具备使前次胚泡着床的条件;另一方面是由于后次交配刺激,引起生殖道肌肉频繁收缩造成的。实践证明,用不同公貂双重交配,母貂所产后代大部分来自后次交配的受精卵。

就群体而言,水貂产仔时间多在 4 月中旬至 5 月下旬产仔,集中在 5 月 1 日前后的 10 天内。

一、配种技术

1. 配种时间　我国北方养殖水貂,一般在 2 月末到 3 月末配种,历时 20～25 日,配种旺期在 3 月中旬。经验证明,我国东北地区应从 3 月 4 日或 5 日开始,3 月 12 日以前初配基本结束,3 月 20 日或 21 日完成复配,其繁殖效果好。彩色水貂开始配种日期,一般比标准貂晚 1～2 天,经产母貂比初产母貂发情早,因此配种初期尽力先配经产母貂,后配初产母貂,争取到配种旺期时本场母貂达到全配。

2. 配种方式　准确适时的配种是取得高产丰收的基础。本着早发情早结束配种,晚发情晚结束配种,并在水貂发情旺期结束配种的原则。目前,生产实践中主要采用同期复配和异期复配两种配种方式。

(1)同期复配　在母貂的一个发情周期内交配 2 次或 2 次以上。一般 3 月下半月后才发情初配的母貂,采用同期复配的方式,即初配后的第二天或第二、第三天连续配种(即 1+1、1+2、1+1+1 方式)。少数母貂往往交配 1 次后便拒绝再交配,形成单次配种现象。

(2)异期复配　在母貂的不同发情周期内配 2 次或 2 次以上。3 月 15 日以前即达成初配的母貂,可采取异期复配方式,即初配后 6 天左右再补配 1～2 次(即 1+7 或 1+7+1 方式)。

统计表明,在母貂发情旺期采取 1+7、1+7+1 配种方式受孕率最高,胎平均产仔数多;由于母貂交配后具有排卵不应期(5～6 天),因此应在初配后的 1～2 日,或间隔 6～9 天进行复配,若无规律交配,间隔日数不合理,易造成空怀。配种时,凡是被公貂爬跨而未受配的母貂,应尽量在两日内进行交配,如果仍未受配,待下一发情周期再放对交配。

3. 发情鉴定　准确进行发情鉴定,是确保水貂适时配种的关键,也是提高受胎率和产仔数的前提。

(1)鉴定时间　公貂的发情鉴定进行 2 次，分别安排在精选定群的 11 月中旬和 1 月上旬。用手触摸睾丸的发育情况，以大、中、小或好、中、差做标记，然后逐个淘汰单睾、隐睾、睾丸弹性差及患睾丸炎的公貂。

母貂的发情鉴定分 4 次，分别在 1 月 30 日、2 月 10 日、2 月 20 日及配种前进行，通过鉴定每只母貂发情出现的早晚及所处发情阶段，逐个用罗马数字标记清楚。

(2)鉴定方法　发情鉴定可采用外生殖器官检查、行为观察、放对试情等方法，而阴道黏液涂片显微观察最为准确。

一是外生殖器官检查法。在发情季节里，通过观察母貂外阴色泽、阴毛、阴门及分泌物变化，判断所处的周期阶段，从而确定最佳配种时机，见表 2-1。

表 2-1　母貂发情周期外生殖器官变化

<table>
<tr><th colspan="2" rowspan="2">期别</th><th colspan="2">生理变化</th><th colspan="4">形态表现</th><th rowspan="2">受配和排卵</th></tr>
<tr><th>卵泡</th><th>动情激素</th><th>阴毛</th><th>阴门</th><th>分泌物</th><th>色泽</th></tr>
<tr><td colspan="2">未发情</td><td>未发育</td><td>分泌较少</td><td>成束</td><td>紧闭</td><td>无</td><td>淡粉色</td><td>拒配</td></tr>
<tr><td rowspan="3">发情期</td><td>Ⅰ期
(初期)</td><td>正在发育</td><td>逐渐增多</td><td>逐渐分开</td><td>逐渐肿胀显露</td><td>无</td><td>粉红色</td><td>拒配或交配，但不排卵</td></tr>
<tr><td>Ⅱ期
(旺期)</td><td>发育成熟，排卵</td><td>分泌旺盛</td><td>完全分开</td><td>肿胀外翻</td><td>湿润有黏液</td><td>乳白色</td><td>易交配，并能排卵</td></tr>
<tr><td>Ⅲ期
(末期)</td><td>排出或大部分老化死亡</td><td>逐渐减少</td><td>逐渐合拢</td><td>逐渐消肿</td><td>逐渐变干燥</td><td>黄白色</td><td>难配但有时可受配</td></tr>
</table>

一般母貂在发情Ⅰ期和Ⅲ期较难达成交配；Ⅱ期是排卵适期，容易达成交配并受孕。但也有少数母貂，虽然发情，但外阴部变化不明显，称之为“隐性发情”。

二是行为观察法。通过观察母貂的食欲、行为等判断发情阶段。发情后呈现兴奋状态，活动量增多，食欲下降；时而嗅舔生殖器，排尿频繁，尿色深绿，时而发出“咕咕”的求偶叫声。

三是放对试情法。放对时发情母貂有求偶表现，公貂爬跨时，翘尾抬臀，温驯地接受交配，有的害怕或躲避公貂，但不进攻公貂。未发情的母貂对公貂表现敌对行为，抗拒爬跨，向公貂进攻，常发出刺耳的尖叫声。

以上三种方法应结合进行，“以外生殖器检查为主，以放对试情为准”，在检查外生殖器有明显变化，有发情表现情况下，才能进行放对，避免盲目性。放对试情是对外生殖器检查结果的实际检验，更加准确。每次发情鉴定的结果都要在小室箱上标记清楚，并登记在发情记录本上，对于发情不好的母貂要尽早查找原因，并及时采取补救措施。

4. 配种操作事项

(1)编制放对计划　按照选配原则，根据每只母貂发情早晚及所处阶段不同，对母貂进行排队。发情早者在先配，发情晚的后配；Ⅱ期在前，Ⅰ期在后。同时发情者，老貂在前，小貂在后。老龄母貂尽量编给青年公貂，青年母貂尽量编给老龄公貂。放对时必须严格按照已经编制的配种计划，有条不紊地进行，不允许错抓乱配。

(2)配种阶段的划分　为保证配种工作有条不紊进行，根据时间进程可把配种期分 3 个阶段。

初配阶段，在 3 月上旬前，重点配发情程度较好的母貂。此期不要急于赶进度，母貂不能乱抓，要特别注意训练种公貂，特别是培训小公貂参加配种，并进行精液品质检查，尽量提高公貂的利用率。

复配阶段，在 3 月中旬，主要对已初配的母貂进行复配(1＋7)，对尚未初配的母貂进行初配，同时复配(1＋1)，此期为配种落点的关键时期，要求所有母貂都要达成初配和复配。

补配阶段，在 3 月下旬，在继续完成复配的基础上，对已经结束配种，但怀疑未孕的母貂或精液品质不良公貂配过的母貂，进行查空补配。

(3)放对方法　一般把母貂放入公貂笼内进行配种。初配阶段的放对宜在早饲后 30～60 min 进行。天气转暖时，可在早晨饲喂前和下午各进行 1 次。

放对时，先捉住母貂，确认处于发情旺期后，送到公貂笼门前进行逗引，公貂有求偶表现，发出“咕咕”叫声，此时可将母貂头颈送入笼内，等公貂叼住母貂颈背部后，顺势将母貂送到公貂腹下。如果公貂见到母貂后有敌对表现，要立即分开，更换公貂交配或停放 1 天。

真正交配的公貂，叼住母貂后颈皮肤，两前肢紧抱母貂腰部，腹部紧贴母貂臀部，腰荐部与笼底呈直角。射精时，两眼眯缝，臀部用力向前推进，睾丸向上抖动，后肢微微颤动，母貂则时而发出低微叫声。

假配时，公貂的腰荐部与笼底呈锐角，后躯弯度不大，经不起母貂移动，并无射精动作。误配时，公貂阴茎插入母貂肛门内，母貂立即发出尖叫声，应立即将其分开。

水貂交配时间多半为 40～50 min，越到配种后期，交配时间越长。交配时间达 10 min 以上的，一般都有效。交配后，为防止公、母貂发生咬架现象，应将母貂立即放回原笼里。同时填好配种卡片。

(4)公貂的合理利用　要提高公貂利用率，关键在于对当年首次参加配种公貂的调教。首次参配的公貂胆怯、易受惊扰，甚至害怕母貂，最好选择发情好、性情温驯的经产母貂与之交配，保证首配成功。在每天放对配种时要先用小公貂，以后陆续过渡到老公貂，对个别小公貂制服不了的母貂，可改换老公貂来配种。

体况较瘦的公貂，配种持久力弱，到后期交配能力下降，但发情早、性欲强，因此在初配期要注意充分利用；体况较肥的公貂，一般发情稍晚，初期交配能力弱，但不要因此而放弃不管，应耐心调教，一旦利用上，越到后期交配能力越强。

要控制公貂的配种次数，整个配种期里，公貂交配不应超过 20 次。初配阶段，每只公貂每日只能交配 1 次；复配阶段不宜超过 2 次，其间隔不能少于 4 h。连续两天交配 4 次的公貂，应休息半天或 1 天。要特别注意保护有特殊配种技能的公貂。

(5)辅助交配措施　难以配种的母貂可采取以下办法解决：交配时不抬尾者，可用细绳扎住尾尖，人工提尾，以使公貂交配；不会支撑举臀者，可从笼下用手或木棍托起其后腹，以使公貂交配；被咬伤而拒配的母貂，待其伤愈后，选择性情温驯，交配能力强的公貂与之交配；配种后期被咬伤者，为了不错过配种时机，可采用局部麻醉药封闭后放对；外阴部有发情表现，但拒配或撕咬公貂者，可用胶布缠住嘴和前肢，选择善于控制母貂的强壮公貂与之交配；生殖机能失调的母貂，可在 3 月中旬或下旬后，肌内注射 1 次绒毛膜促性腺激素 170 IU/只，注射后 4～9 天内放对。

二、育种技术

水貂育种是提高生产性能的经常性工作，为达到理想的育种目的，应在遗传学理论的指导下，根据裘皮市场需求及现有貂群的品质水平，制定具体的措施。

1. *育种方向和指标*　水貂育种工作的任务，是要培育和利用好优良品种。育种的重点是毛绒品质、色型、繁殖力、生命力和适应性、体质、体型。以下提出一些建议性的育种指标。

(1)毛色　具有本品种的毛色特征，全身一致，无杂色毛，颌下或腹下白斑不超过 1 cm^2。按国际贸易的统一分色方法，标准貂可分为最最黑、最黑、黑、最最褐、最褐、褐、中褐、浅褐八个毛色等级。良种貂要达到最最褐色以上、底绒呈深灰色，最好针毛达到漆黑色、绒毛达到漆青色。腹部绒毛呈褐色或红褐色调的必须淘汰。彩貂应具备各自的毛色特性，个体之间色调均匀。褐色系应为鲜明的青褐色，带黄或红色调的应淘汰。灰蓝色系应为鲜明的纯青色，带红色调的应淘汰。白色系应为纯白色,带黄或褐色调的应淘汰。

(2)光泽　决定貂皮华美度,要求毛绒光泽度强。

(3)毛绒长度　测背正中线1/2处两侧,针毛长25 mm以下,绒毛长15 mm以上,针绒毛长比值为1∶0.65以上,而且毛峰平齐,具有弹性,分布均匀,绒毛柔软,而且灵活。

(4)毛绒密度　平时活体每平方厘米有毛纤维12 000根以上,干皮要在30 000根以上,且分布均匀。

(5)体重　成龄公貂2 000 g以上,母貂900 g以上。

(6)体长　测量鼻尖至尾根长度,成龄公貂45 cm以上,母貂38 cm以上。

(7)繁殖力　公貂在一个配种季节能交配10次以上,所交配母貂受孕率在85%以上;母貂胎产仔6只以上,年末成活4.5只以上。

2.选种　选种是选优去劣的过程,是育种的基础,是不断改善和提高貂群品质和毛皮质量的有效方法。在实际生产中,水貂选种是一项经常性的重要工作,可分3个阶段进行。

(1)初选　在每年6月幼貂分窝前后进行。根据配种期和产后公、母貂的表现,淘汰不良种貂。成年公貂选择性情温驯、配种能力强、精液品质好、所配母貂产仔率高、产仔数多的继续留种;成年母貂选择发情正常、交配顺利、妊娠期短(55日以内)、产仔早、产仔数多、乳量足、母性强、后代成活率高的继续留种。仔貂选择出生早、同窝仔数多、发育正常、成活率高和系谱清、双亲品质好的个体。凡符合选种条件的成年貂全部选留,仔貂应比计划数多留30%~50%。

(2)复选　每年9—10月进行。成年貂除了个别患病、体质恢复差者外,都可继续留用。育成貂则要选择那些生长发育好、体质健壮、体型大、食欲旺盛、健康无病、换毛早的个体继续留用。复选数应高于计划留种数的20%~25%。复选时,还应对所有种貂进行一次血检,全面检查阿留申病等危害较大的传染病。血检可采用血清碘凝集反应或对流免疫电泳法,把阳性的个体予以淘汰。

(3)精选　一般在11月下旬取皮前完成,以免与取皮期工作发生冲突。根据选种条件、育种计划对所有复选后的种貂逐只进行综合鉴定,最后按计划定群。精选时应将毛色和毛绒品质列为重点,掌握好以下几点标准:

①毛色和毛绒品质:标准水貂要求毛色越深越好,背腹毛色基本一致;针毛平齐、灵活、有光泽,长度适宜;绒毛厚密,呈青灰色;针、绒毛长度比在1∶0.65以上;被毛分布均匀,无白针,胸、腹白斑小或仅限于唇下。

②体型与体质:要求体型大,体质好,无疾病。公貂后肢粗壮,尾长而蓬松,经常翘尾。母貂体型细致紧凑,臀部宽,头部小,略呈长三角形。凡是短、粗、胖体型

的个体不能留种。

③公母比例：标准貂的公、母比应为 1∶(3～4)。规模较大、技术力量较强的老貂场，选种比例可稍大些；反之，种貂数量少、技术力量又比较薄弱的新貂场或专业户，选留种貂的比例要小些。

④年龄组成：因 2～3 岁的成年水貂遗传性稳定，生产性能好，应占貂群的 70%左右，4 岁的占 10%以下，其余补充育成貂。个别 5～6 岁的水貂如生产性能特别优良，也可留用。

3. 选配　选配就是为了获得优良的后代而确定个体交配关系的过程，也是选种的继续。目的是为了在后代中巩固提高双亲的优良品质，创造新的有益变异。选配得当与否同样对繁殖能力和后代品质有重要影响。因此，它也是育种工作必不可少的关键一环。

水貂在选配时应遵循的原则：

①在毛绒品质上，公貂的品质优于母貂或接近母貂。

②在年龄上，以 2～3 岁公、母貂交配效果较好，也可采用育成公貂配成年母貂或成年公貂配育成母貂。

③在体型上，不应采用以大公配小母，小公配大母以及小公配小母等做法。

④三代以内无血缘关系。

任务二　貂笼建造及饲料配制

一、笼舍建造

1. 貂棚　貂棚是安放笼箱的简易建筑。貂棚结构简单，只需棚柱，棚梁和棚顶，不需建造四壁。貂棚可用砖瓦、木草、竹苇或钢筋水泥等做材料，一般为脊式结构，棚长 50～100 m，高 2 200 cm，宽 3 500 cm，棚间距 4 m 左右，棚檐高 1.1～1.7 m，貂棚的走向，可根据貂场的地理位置及当地的地形地势而定。貂棚结构见图 2-2。

2. 貂笼　多用铁丝编制，也可用花眼铁皮制成。网眼为 2.5～3.5 m，笼底用较粗的 10～12 号铁丝，其余五面用 14～16 号铁丝编制。种貂笼的长宽高为 60 cm×45 cm×45 cm，皮貂笼为 60 cm×25 cm×45 cm。见图 2-3。

3. 窝箱　可用 1.5～2.0 cm 厚的小规格木板制作，种貂窝箱长 45 cm、宽 35 cm、高 45 cm，皮貂箱规格可减小到 25 cm、35 cm、35 cm。貂笼和窝箱分别制作好后，安装于貂棚的两侧，多半安装成双层的，也有单层安放的。见图 2-3。

有的貂场将貂笼和窝箱的宽度缩小为 25～30 cm，将貂棚宽度扩大为 8 m，每

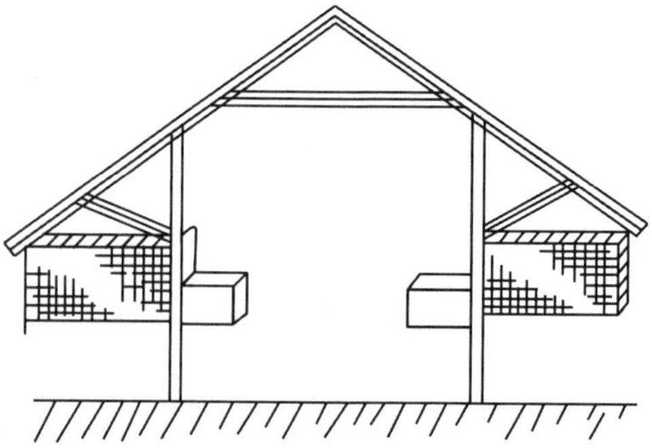

图 2-2　貂棚结构图

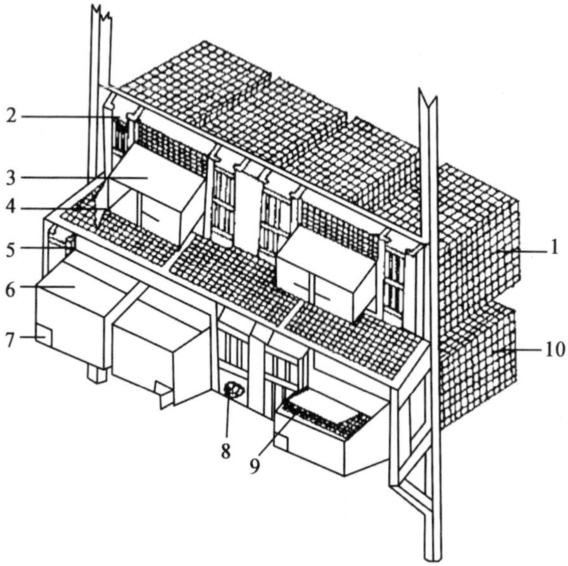

上层：皮用貂笼舍　下层：种貂笼舍

图 2-3　水貂双层笼舍图

1,10. 貂笼　2,5. 喂饲门　3,6. 窝箱　4,7. 窝箱门　8. 饲盘　9. 箱内网盖　10. 铁丝网

栋貂棚中单层安放 4 排笼舍，中间 2 排养皮貂，靠棚檐两排养种貂。这样的宽式貂棚，同样的面积，养貂数量比原先双层笼舍养貂数量还多，管理操作也很方便。由于中间光线较弱，故对提高毛皮质量有良好作用，值得推广(图 2-4)。

笼舍要符合如下要求：①笼箱内壁不能留有钉头、毛刺，以免损伤水貂毛皮；②笼内安装饮水盒，水盒要易于加水和洗涮消毒；③笼箱与地面留 40～50 cm 高的

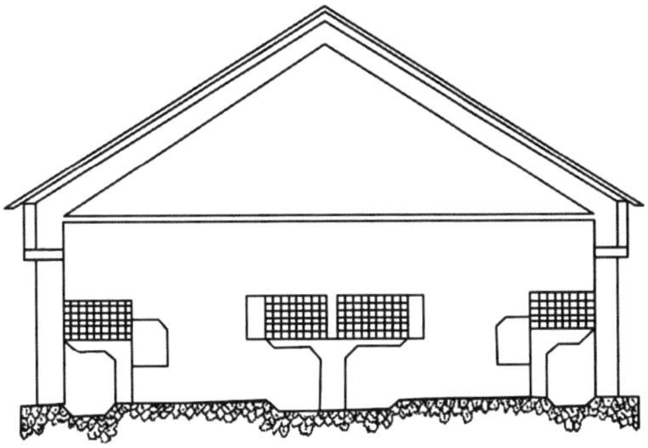

图 2-4 水貂棚舍示意图

距离，貂笼之间至少留 5 cm 间隙，以防互相咬伤；④食碗用粗铁丝作碗架固定，防止水貂采食时拱翻。

4.养貂的设备及工具 养貂需要配置加工、调配饲料的工具，如，洗涤设备（水池、水槽、盆、水缸等），熟制设备（膨化机、烤炉、蒸煮炉、笼屉、锅灶等），粉碎设备（粉碎机、小型绞肉机等），饲料调配设备（搅拌机、调配槽、桶盆、洗刷工具、刀、勺等），捕捉网、串笼箱、水盆、食盆、铁锹、铁铲、扫帚及保护用品。

二、饲料配制

水貂各生理时期日粮营养水平推荐值见表 2-2，对维生素的需要量见表 2-3。根据当地的饲料条件和貂群状况，可参照标准灵活应用。

表 2-2 水貂各生物学时期日粮营养水平推荐值 单位：%

养 分	时 期			
	生长前期	毛绒生长期	繁殖期	泌乳期
代谢能/(MJ/kg)	16.72	16.30	16.30	16.72
粗蛋白	38	34	38	42
粗脂肪	19	20	14	22
赖氨酸	2.0	1.7	1.98	2.18
蛋氨酸	1.0	1.1	1.22	1.34
钙	0.6～1.0	0.6～1.0	0.6～1.0	0.8～1.2
磷	0.6～0.8	0.6～0.8	0.6～0.8	0.8～1.0
食盐	0.5	0.5	0.5	0.6

表 2-3 水貂对维生素的需要量

饲养时期	月份	维生素 A /IU	维生素 D /IU	维生素 B_1 /mg	维生素 B_2 /mg	维生素 C /mg	维生素 E /mg
准备配种期	12 至翌年 2	500～800	50～60	0.5～1.0	0.2～0.3	10	2～2.5
配种期	3	500～800	50～60	0.5～1.0	0.2～0.3	10	2～2.5
妊娠期	4	800～1 000	80～100	1～2	0.4～0.5	10～25	5～3
哺乳期	5—6	1 000～1 500	100～150	1～2	0.4～0.5	10～20	3
育成期	7 至翌年 8	300～400	30～40	0.5	0.5	10	2～3
恢复期	♂4—8 ♀7—8	400	40～50	0.5	0.5	10	2～3
冬毛生长期	9—11	300～400	30～40	0.5	0.5	10	—

配制水貂日粮要考虑以下几点：

1. 肉食性特点　水貂消化器官和消化酶适应于动物性饲料，日粮必须以动物性饲料为主，适当配一定比例的作物籽实、蔬菜等植物性饲料。

2. 生理时期变化　水貂不同生理时期，其营养需要区别很大。配种期水貂食欲差、机体消耗大，日粮要少而精；母貂妊娠后期胎儿发育快，日粮营养要求全价、体积小；产仔哺乳期需要质量高、数量大的日粮。

3. 当地饲料条件　应充分利用当地饲料资源，降低饲料成本。沿海地区以海杂鱼为主，搭配肉类及副产品，添加酵母和维生素 B_1；内陆江河湖泊地区，以熟制杂鱼为主，繁殖季节搭配部分肉类，添加维生素 E、维生素 B_1；内陆以肉或肉类副产品为主配制日粮时，要除去过多脂肪，并添喂矿物质、维生素 A 和维生素 B_1。

4. 饲料的理化特性　肉、鱼类饲料呈酸性，谷物饲料原为碱性，被机体吸收后呈弱酸性；蔬菜类和骨粉呈碱性，乳类和血呈弱碱性。因此，酵母不能与骨粉搭配，因骨粉呈碱性，酵母中的 B 族维生素遇到碱性饲料，就会被破坏，失去其营养价值，蚕蛹能破坏维生素 A 等，所以两种饲料也不能搭配。

任务三　水貂的饲养管理

一、生理时期划分

水貂一年的生活周期为划分准备配种期、配种期、妊娠期、产仔哺乳期、恢复期、幼貂育成期、冬毛生长期等 7 个生理时期。各个生理时期相互关联、互相影响，每一时期都是以前一时期为基础的。见表 2-4。

表 2-4 水貂生理时期划分

月份	1	2	3	4	5	6	7	8	9	10	11	12
种公貂	准备配种期		配种期	恢复期					冬毛生长期			准备配种期
种母貂	准备配种期		配种期	妊娠	产仔泌乳期		恢复期		冬毛生长期			准备配种期
仔貂					哺乳期		育成期		冬毛生长期			准备配种期

二、准备配种期

准备配种期(12 月下旬至 3 月上旬)中心任务是促进生殖器官正常发育,调整适宜体况,保证水貂按时进入配种期。

1. *饲养要点* 准备配种期前期,主要是增加营养,提高膘情,为越冬做准备。饲料中动物性饲料比例达到 70% 以上。日粮量要达 400～500 g,日粮代谢能 1 400～2 300 kJ,可消化蛋白质 30～35 g、脂肪 10 g。准备配种期后期,主要是调整营养,平衡体况,以促进生殖器官尽快发育,此期需要全价蛋白质饲料和多种维生素,热量标准可适当降低,日粮量 300 g,代谢能调整到 1 003～1 250 kJ,可消化蛋白质 20～30 g、脂肪 5～7 g。由于公貂在配种期起主导作用,所以此期公貂的饲养标准可高于母貂。

此外,在准备配种期的后期,每只貂每天可另喂葱 2 g、酵母 4 g、羽毛粉 1 g、食盐 0.5 g、氯化钴 0.001 g,隔日逐只喂鱼肝油 1 500 IU,维生素 E 10 mg;交替日逐只喂维生素 B_1 10 mg,维生素 C 25 mg。在日粮配比不变的前提下,根据水貂的类型、年龄、性别、体型、体质确定每只每日的饲料量,1 月每只日均 300 g 左右,月初至月末逐渐下降,2 月每只日均 275 g 左右,上中旬相对较低,下旬略升高。

2. *管理要点* 主要做好以下几点:

(1) 调整好种貂体况 水貂体况与繁殖力密切相关,在满足营养和确保健康的前提下,到配种前要把种公貂的体况调整至中等略偏上水平,母貂的体况调整到中等略偏下水平。统计表明,母貂临近配种前的体重指数在 24～26 g/cm 时其繁殖力最高。

$$体重指数=\frac{体重(g)}{体长(cm)}$$

一般成年貂从 11 月中旬开始,青年貂兽从 12 月中旬开始调整。可以通过调整饲料配比、控制饲料给量、合理调整垫草、增加活动量等方法来进行调整。

(2)做好发情鉴定 准确地进行水貂的发情鉴定是确保水貂在发情旺期适时

配种的关键，也是提高产胎率和产仔数的前提。鉴定方法见“繁殖育种技术”相关内容。

（3）做好防寒保暖　为使水貂安全越冬，从10月中下旬开始，就应在窝箱内添加柔软的垫草。

（4）搞好卫生　窝箱、笼具内要保持清洁、干燥，经常检查、打扫，严防垫草湿污，以免水貂感冒而引起肺炎死亡，1月应对种兽进行一次犬瘟热和病毒性肠炎疫苗接种。

（5）加强饮水　通常水貂每日需要饮水300～900 mL，缺水对水貂的影响比缺饲料还严重，所以，要保证饮水充足。在高纬度地区，水易结冰，可添加干净散雪或碎冰块，每日添加2～3次。

（6）加强运动　为了提高水貂的配种能力，从1月下旬开始增加运动量，每日人为逗引在笼内运动10 min左右。从2月中旬开始，可将发情较好的母貂抓出，在公貂笼上来回移动，或将母貂装入串笼中，放入公貂笼内，用异性刺激促使公貂发情。据现场统计，进行异性刺激，公貂利用率可提高15%～20%。

（7）做好配种准备工作　2月底以前，应做好配种前的一切准备工作，如编号，制定配种方案，维修自动捕貂箱、串貂笼、捕貂网等，准备好捕貂用的棉手套、配种记录表格等。

三、配种期

配种期时间为3月上旬至中旬。在配种期，水貂性活动剧烈，食欲下降，体质消耗大，尤以公貂最为明显。

1. 饲养要点　日粮应由品质新鲜、营养丰富、适口性强和容易消化吸收的饲料组成；要适当控制饲料的体积，既满足水貂的营养需要，又不使胃肠太满，以免影响配种动作灵活性，保持交配率和精液品质。日粮标准基本与准备配种期相同：代谢能1 000～1 500 kJ、蛋白质25～30 g，动物性饲料占75%～80%、日粮量250 g。

如有配种能力强而又食欲不振者，可用少量鸡蛋、禽肉、鲜肝、鱼块等加少许葡萄糖诱喂。每天喂2次，每只配种公貂每日中午补充牛奶40 g、肉40 g、蛋15 g及足够的维生素A、维生素D、维生素E、维生素B。以肉类或肉类副产品为主的日粮还应补加骨粉。

2. 管理要点　做好以下几点：

（1）合理安排放对时间　一般早饲后1 h内不宜放对，中午让貂至少休息3 h。

（2）注意饮水　放对前应将水盒内的水倒尽，待交配后再添加清洁的饮水或干净的雪。

(3)防止跑貂 配种期每日都要捉貂放对，抓貂时要稳、准。要随时检查与维修笼舍，防止跑貂；跑出的貂一定要设法及时抓回，以免遗失种貂，造成乱配，引起系谱混乱，影响配种进度。

(4)添加垫草 要根据气温的变化，增减垫草，同时要勤换垫草，保持垫草的干燥，以防因小室潮湿而发生感冒等疾病。

四、妊娠期

妊娠期时间为3月下旬至4月中旬，饲养管理的中心任务是保证胚胎正常生长发育。

1. 饲养要点

①饲料保持品质新鲜，绝不能喂腐烂变质、酸败发霉的饲料。日粮中不准搭配死因不明的牲畜肉、难产死亡的母畜肉、带有甲状腺的气管和含有雄激素的畜禽副产品等。凡是没有把握的饲料，即使数量极少，也不能利用。

②饲料必须优质全价，易于消化，适口性强。妊娠期营养消耗很大，母貂不仅要维持自身的生理活动，还要为胎儿生长发育、产后泌乳贮备营养，春季换毛还要消耗营养。

日粮标准为：代谢能1 045～1 254 kJ、可消化蛋白质30～35 g、可消化脂肪8～10 g、动物性饲料占75%～80%。此期饲料中鱼、肉、粮食、蔬菜的热量比分别为75%、5%、18%和2%；重量比分别为62.5%、3.0%、3.8%和7.0%，另加23.7%的水。每日每只还需添加酵母4 g、羽毛粉1 g、盐0.5 g、氯化钴0.001 g。每周一、三、五逐只喂鱼肝油1 500 IU，维生素E油10 mg；每周二、四、六逐只喂维生素B_1 10 mg、复合维生素B 5 mg、维生素C 25 mg、微量元素添加剂0.5 g。日粮总量控制在250～325 g，4月初至月末逐渐上升。

2. 管理要点

①防止惊吓：饲养操作要轻，禁止在场内乱串与喧哗，谢绝参观，严禁各种动物进场。

②添加垫草：小室内经常保持清洁、干燥和充足的垫草。

③加强饮水：保证有充足清洁的饮水，笼舍内不得有粪便堆积，饮水盒和食盘每周用0.1%高锰酸钾溶液消毒1次。

④注意观察：每日要注意观察与记录每只貂活动、采食、排粪便等情况，以便及时发现问题。妊娠后期要推算母貂的预产期，并写在记录本和窝箱上。产仔前要准备好产仔登记表。

五、产仔哺乳期

产仔哺乳期时间在4月下旬至6月中旬。中心任务是促进排乳，确保仔貂多成活并迅速生长发育。

1.饲养要点

要保证营养充足、饲料新鲜。为促进乳汁分泌，应注意催乳饲料的供给，如增加牛乳、羊乳和蛋类（或喂些豆浆）饲料，并将饲料调稀，有条件的可煮些鱼汤或猪蹄汤加入饲料。饲料量要充足，母貂能吃多少就给多少。饲料要易消化，营养价值要高。

日粮标准为：总代谢能达到1 045～1 254 kJ、可消化蛋白质为25～30 g、日粮配比及添加饲料的添加量同妊娠期。日粮总量不限，一般为500 g左右（按老龄貂计算）。脂肪对泌乳有很大意义，因此，应在哺乳母貂的日粮中加入全脂乳。以鱼为主的日粮，应补给动物脂肪（肉汤也可），并在饲料中保证供应鲜碎骨或骨粉，以及各种维生素。

2.管理要点

①昼夜值班：值班员每2 h巡查1次，及时发现母貂产仔，随时添加饮水，对落地、受冻、挨饿的仔貂和难产母貂及时救护，做好产仔保活工作，但必须保持场内肃静。

②注意气候骤变：注意在小室中加足垫草，以利保温。垫草添加量以占小室1/3为宜，垫好后把四角和底压实，中央留两个窝（直径20 cm左右）。遇有大风雨天气，必须在貂棚迎风一侧加以遮挡，以防寒流侵袭仔貂，招致感冒继发肺炎而大批死亡。

③保持环境安静：产仔母貂喜静怕惊，过度惊恐容易造成母貂弃仔，咬伤甚至吃掉仔貂。要避免场内和附近有振动大、奇特声音干扰。

④仔貂代养：对缺乳、产仔多和母貂有恶癖的，应及时将仔貂进行代养。本着代大留小、代强留弱的原则，先将代养母貂引出窝箱外，再用窝箱内草擦拭被代养仔貂身体，之后放入箱内，或将仔貂放在窝箱出口的外侧，由母貂主动衔入窝内。

⑤搞好卫生管理：新生仔貂由于单纯哺乳，其粪便由母貂舔食；20日龄左右开始采食饲料以后，母貂不再食其粪便，而此时仔貂排便尚无定点，母貂还经常向小室内叼入饲料喂仔，加之天气日渐暖和，各种微生物易于滋生，故必须及时清除粪便、湿草、剩余饲料等污物。同时还要搞好饲料品质的卫生检查和食具的消毒，避免发生传染病。

六、恢复期

公貂从配种结束开始，母貂从断乳开始，成年水貂进入恢复期，一直持续到9月中旬性器官再度发育为止。此期公貂持续180～190天(3月下旬至9月中旬)，母貂持续90～100天(6月下旬至9月中旬)。由于公貂配种、母貂泌乳，体质消耗很大，变得消瘦，必须使种貂尽快恢复体质，为下一年度繁殖、生产奠定基础。

公貂结束配种后30天内、母貂断乳后30天内，给予配种期或产仔哺乳期的日粮，等到体质恢复后，再改喂恢复期的日粮。见表2-5。

表2-5 恢复期日粮

性别	总热量/kJ	各类饲料占热量比/%			营养成分含量/g		
		动物性饲料	谷物性饲料	果蔬类饲料	蛋白质	脂肪	碳水化合物
公貂	752～1 003	60	32	8	16～24	3～5	16～22
母貂	585～836	60	32	8	13～20	2～4	12～18

七、冬毛生长期

冬毛生长期是指9月下旬至12月中旬这段时间。不论是幼年貂或成年貂，9～11月均为冬毛生长期。中心任务是促进水貂正常换毛，并获得质量好、张幅大的毛皮。日粮在育成期的基础上，增加一定比例的肉食及脂肪性饲料，如果营养不足，则换毛延迟，冬毛生长缓慢，底绒发空，针毛长短不齐或毛峰弯曲。

日粮标准为:代谢能1 400～2 300 kJ、蛋白质27～35 g、脂肪10～16 g、碳水化合物15～17 g。每日饲喂量为:9月480 g，10月500 g，11月510 g。日粮中应多搭配一些含硫氨基酸多的蛋白质饲料，如血粉、羽毛粉等。

冬毛生长期日粮中大量采用兔头、兔骨架时，会造成针毛弯曲，降低毛皮质量。以海杂鱼、江杂鱼为主的饲养场，在此期应适当增加脂肪(一般占日粮干物质的10%左右)，以提高毛皮品质和毛的光泽度。各类饲料的热量比参见育成期标准。

冬毛生长期应注意直射光线的照射，皮用貂宜养在貂棚的阴面，否则，直射光线会使黑褐色水貂毛色变浅。此期，场内不能乱用灯光，以免影响毛皮成熟和生殖器官的发育。

从秋分开始换毛以后，应在小室中添加少量切成10 cm长的稻草或麦秸，以起自然梳毛的作用。同时要搞好笼舍卫生、及时检查维修笼舍，防止污物沾染毛绒或锐利刺物损伤毛被。添喂饲料时勿将饲料沾在皮兽身上。10月检查换毛情况，发现缠结毛应及时梳毛除掉。

八、仔幼貂养育

1.仔貂的生长发育　仔貂在3月龄之前生长发育较快，尤其是在断乳后头两个月(45～105日龄)是水貂生长发育最快的时期；5.5月龄后，体重增长缓慢。1.5月龄前，公母貂生长速度、生长强度差异不显著，母貂2.5月龄、公貂3.5月龄时，体重达到成年貂的50%以上。见表2-6。

表2-6　仔幼貂的生长发育情况　g

性别	项目	月龄								
		初生	1	2	3	4	5	6	7	8
公	体重	11	120～170	710	1 200	1 600	1 810	2 000	2 100	2 100
	日增重	—	5.8	13	16	13	7	6	3	—
母	体重	10	150～180	540	750	900	950	1 000	1 050	1 050
	日增重	—	5.2	6.3	7	5	2	2	2	—

2.哺乳期仔貂的养育

(1)防止意外死亡　4月下旬至5月中旬，是提高仔貂成活率的关键时期。据有关资料统计，仔貂生后1～3日龄死亡率最高，占仔貂从产仔到断乳期间总死亡数的70%～80%。初生仔貂早期死亡原因很多，比如压死、咬死等，也有与妊娠期饲养管理有关。死亡现象主要有：

一是死胎、烂胎。在妊娠期喂变质饲料，饲料单一或者营养不全价所致。

二是饿死。仔貂出生后24 h内若吃不上初乳，会失去吸吮能力而饿死；吃不上奶的原因一是母貂缺奶，二是母貂母性不强不会或不愿意喂奶。母貂缺奶的原因一是遗传因素，二是妊娠期营养不良(饲料单一、动物性饲料供给不足、营养不全价等)。

三是冻死。窝箱保温不良、产仔在笼网上、仔貂长时间落在地上，都可被冻死。不同日龄的仔貂对窝箱温度有要求，要调整好温度保证仔貂成活，1～25日龄窝箱温度要达到35℃，25～30日龄达到30℃，30～40日龄达到27℃，40日龄以上保持10～25℃。如果温度过低，出现仔貂冻僵但没完全死亡的，若及时急救，多数可以存活。

(2)代养哺乳　正常情况下，一只母貂可以哺育6～7只仔貂，窝产仔数过多(8只以上)就要考虑用其他母貂代乳。个别情况下，如，母貂乳量不足，母性不强或有恶癖，也需要代乳。代乳时，选择“保姆”要考虑乳量充足、母性强、产仔期相差不超过1～2天。

(3)及时补料　仔貂 30 日龄前主要是靠母乳获得营养养育，此期的生长发育取决于母乳的质量；仔貂 20～25 日龄（尚未睁眼）即可开食，吃母貂叼入的饲料。仔貂开始吃食后，母貂泌乳能力明显下降，为保证饲料可被仔貂消化，日粮应新鲜、全价、易消化。可根据仔貂的只数和日龄，逐日增加料量；从 30 日龄起，仔貂采食量增加，为避免争食，可以将饲料分放在数个食盒里补饲。

(4)搞好卫生　从仔貂开始采食起，母貂不再捡食仔貂粪便，要及时清除剩食、粪便和湿草，以保持巢箱内的卫生。

3.幼貂的养育

(1)及时断乳　仔貂 40～45 日龄时可断乳。如果同窝仔貂发育均匀，可一次性全部断乳，按性别每 2～3 只放在 1 个笼里饲养；若同窝发育不均匀，可按体型大小、采食能力等情况分批断乳，将体质好、采食能力强的先行分窝，体小较弱的继续留给母貂抚养一段时间。分窝之前，对幼貂笼舍进行一次全面的洗刷和消毒，在窝箱内铺絮干燥的垫草；在分窝时应做系谱登记工作。

仔貂分窝时，应做好编号和谱系登记工作。编号方法是将出生年份的最后一位数（也可以用两位数）作为首号，之后编上幼貂的顺序号，公貂为奇数，母貂为偶数。

(2)安全过度　仔貂断乳后，开始独立生活，由于食物及环境都发生了很大变化，因此断乳后仔貂仍需要适应一段时间。分窝后的最初几日，应给予分窝前的日粮，每只补饲奶 10 g、蛋 5 个、肉 10 g，然后转为育成期的日粮。

(3)日粮供应，保证营养　幼貂育成期生长发育快，体重呈直线增长上升，营养水平决定着今后水貂的体型大小。应提供优质全价、易消化、适口性强的饲料，保证蛋白质、矿物质和维生素的供给。日粮中代谢能达到 1 045～1 463 kJ；可消化蛋白质从离乳到 2 月龄为 18～23 g，由 2～3 月龄时为 25～32 g。如果采取人工配料，饲料配比（热量比）为鱼类 60%、肉类 7%、粮食类 30%、蔬菜 3%；每只水貂每日投喂酵母 3 g、骨粉 1 g、食盐 0.5 g、鱼肝油 1 500 IU，维生素 E 油 10 mg、维生素 B_1 10 g、维生素 C 12.5 mg，在不浪费饲料的情况下满足供应，能吃多少就给多少。早、晚分饲比例为 35%、65%。在具体喂食时，还要根据每只个体的类型、性别、年龄、体况、食欲等区别对待。

(4)防止疾病　育成期正值高温多雨，各种疾病多发季节，要注意做好疾病防治工作。严把饲料品质关，建立合理的饲喂制度，每次喂饲力争在 1 h 内结束；喂后及时把食碗撤出，防止水貂因采食变质饲料而引发各种疾病。断乳后 1 周左右，对全群水貂进行犬瘟热和病毒性肠炎的预防接种。饲料要妥善保管，防止腐败变质，防止发生黄脂肪病、胃肠炎发生。各种工具、食具要经常消毒，保持清洁卫生，笼舍、地面要及时清扫和洗刷，不能积存粪便。

要注意遮阴避光，防止阳光直射笼舍出现中暑，中午把小室顶部的木盖打开，以便通风。要增加饮水次数，气温过高时，可往貂棚内地面或笼子上洒水降温。

任务四 毛皮兽皮毛采收

屠宰、取皮和皮张初加工，是特种毛皮动物养殖生产的最后一个环节。本部分内容将重点以水貂为例，学习特种毛皮动物皮毛的采收及初加工技术。该项技术包括动物的屠宰（处死）、剥皮、初加工等几个关键环节。

一、采皮准备工作

因为特种毛皮兽的换毛是受季节光照周期影响的，所以，一般情况下同类毛皮动物的皮毛成熟时间比较集中。大中型养殖场和养殖专业户在取皮期到来之前需要做好操作人员培训，除做好采皮设备、工具等相关准备工作外，主要是要学会识别成熟毛皮，确定好屠宰时机。

屠宰前要进行毛皮成熟鉴定，以便做到随成熟、随取皮，保证皮张质量，提高经济效益。毛皮成熟的早晚与品种、毛色、光照、温度、营养、年龄等密切相关。刚刚成熟的冬皮是最美观、最有利用价值的。取皮过早，皮板发黑、针毛不平齐；取皮过晚，毛绒光泽减退，针毛弯曲。

成熟的标志是：毛绒丰厚、针毛直立、被毛灵活、有光泽、尾毛蓬松。当动物转动身体时，颈部和躯体部位出现一条条“裂缝”，当吹开被毛时，若躯干部皮板呈白色，仅尾或头部略黑，即可屠宰取皮。

各种动物的取皮时间有较大差异。水貂、艾鼬取皮时间在 11 月中、下旬之后，银黑狐在 12 月中旬，蓝狐在 11 月中旬，貉在 11 月下旬，紫貂在 11 月初。海狸鼠和麝鼠在 11 月到翌年 3 月，毛丝鼠在 10 月至翌年 3 月，成年獭兔取皮在 11 月至翌年 2 月。

二、处死及屠宰

毛皮动物多为肉食动物，性情比较凶猛。处死过程应遵守“动物福利”，尽量做到无痛苦迅速致死；不能影响毛皮质量，要经济适用；动物处死后，尸体应摊放在清洁的木板或麻袋上，不要堆积在一起，防止沾污染物或受热闷掉毛。常用的动物处死方法如下：

1. 折颈椎脱臼法　适合较小型动物，如水貂、艾鼬等。将动物抓住后，左手压住背部，右手掌顶住动物鼻尖，将头向后背方向翻转，使下颌部朝上再用力向前下方推压，当手握有骨折感时，即第一颈椎脱臼，动物很快死亡。采用此方法动物死亡速度快，操作简便。但由于劳动强度大，不适于大、中型饲养场。

2. 注射药物法　致死药物常使用“司可林”（药物名：氯化琥珀胆碱），这是一种横纹肌松弛剂。用前先做 50 倍稀释，水貂、獭兔、麝鼠注射 1 mL，海狸鼠注射 2 mL，貉、狐注射 3 mL。可注射在动物任何部位。用此方法处死，动物死亡速度快，不挣扎，可减少皮毛的磨损或污染。体内药物无毒性，不影响肉品的利用。

3. 窒息法　是一种传统实用的大批量致死法。需要的设施：密闭木箱 1 个，长 15～20 m、直径 30 mm 的塑料胶管 1 条，固定动物的串笼多个。先将毛皮成熟的动物装入串笼，固定好后一层层垛在密闭箱内，盖紧箱盖，然后用胶管连接木箱与汽车排气管，发动汽车后，将尾气导入箱内，一般经 3～5 min 可致死。

4. 心脏注射空气法　一人用双手将动物保定，注射者一手触摸并固定动物心脏部位，另一手拿注射器，在心脏跳动最明显处插入注射针头，回抽后若有血液回流，即可注入空气。水貂、獭兔、麝鼠、海狸鼠等注入 5～10 mL，貉、狐等注入 10～20 mL，不久动物会因心血管空气栓塞而迅速死亡。

5. 棒击处死法　屠宰獭兔可用棒击法。方法是：提起动物的后肢，用直径 3～4 cm 的光滑粗胶棒猛击其后脑部，动物会因延脑的生命中枢损伤受到损伤而死亡。棒击不可用力过猛，否则会造成鼻孔出血。

6. 电麻处死法　如果大量宰杀动物，也可采用电麻后放血处死法。电麻的方法是：把电麻器放在动物两耳后部，打开开关通入 70 V，0.75 A 电流，动物会触电立即昏倒。然后倒悬动物体，用刀切断颈动脉，将血液放尽。电麻器是专用设备，形状如长柄钳子状。利用此法，要尽量防止血液污染毛绒，避免降低毛皮价值。

三、剥皮

屠宰之后，应在尸体尚有一定余温时剥皮，僵硬或冷冻的尸体剥皮十分困难。各种毛皮动物，应按其商品规格要求进行剥皮，剥皮方式主要有圆筒式、袜筒式和片状式三种，其中人工饲养的毛皮动物多采用圆筒式剥皮方法。如方法不当，易降低毛皮质量而影响售价和利用价值。

1. 圆筒式剥皮法　将动物尸体的后肢和尾部挑开，从后裆开始剥皮，使皮板向外翻出。如水貂、艾鼬、狐狸、貉、紫貂、海狸鼠、麝鼠等要求剥成圆筒式。圆筒皮剥取时要求做到开裆适当，皮形完整，头、鼻、眼、耳、尾、爪齐全，完整无损。

下面以水貂为例介绍其方法和步骤。

①挑裆：先用挑刀以一后肢爪掌中心挑开，沿股内侧长短毛界线向前延伸，横过离肛门 2.5～3 cm 处，直挑至另一后肢爪掌中心，再从肛门后缘中央进刀，沿尾

腹面的中线挑至尾长的 1/3 处,后由肛门后缘中央分别斜向挑至后肢开裆线处,留下带肛门的一小块三角形毛皮。挑开肛门两侧皮肤时,挑刀应紧贴皮肤,以免挑破肛门腺。

②剪除前肢脚掌:用骨钳从腕关节处剪掉两前肢的脚掌。

③剥皮:挑裆后,要用锯末洗净挑开处的污血。剥皮时先用手指插入后腿的皮肉之间,用手指细心地剥离整个后腿的皮,当剥到掌心时,用小刀把足趾剔出,将貂爪包在皮内,剪断趾骨,仅留下爪和少许趾骨在皮内。

两后肢完全剥离后,用剪刀柄在靠近挑裆末端处将尾部夹住(不能夹皮),左手用力抽出尾骨。注意不能把尾巴的皮拉断,然后将尾皮全部挑开。

把一支后腿挂在固定钩上,两手抓住已剥离的后档毛皮,由后部向前呈筒状翻剥。剥至公、母貂尿生殖孔时,将阴茎和阴道剪断,以防撕坏腹皮。剥到前肢时应小心,此处皮板较薄容易损坏;翻剥到头部时,要注意耳、眼、鼻、唇部皮张的完整,割眼孔和耳孔要提前下刀切割,边切变扯,勿使眼睑割破或耳孔过大。

2. *袜筒式剥皮法*　将动物被皮由头部向后剥离,保持头、腿、尾爪和胡须的完整。

操作时,用钩子钩住动物上腭,挂于较高处,用快刀沿着唇齿连接处切开,使皮肉分离,以退套方法逐渐由头部向臀部倒剥。眼和耳根处理如圆筒式剥皮法,四肢也采用退套法往下脱。当脱至爪处时,将最后一节趾骨剪断,使爪连于皮上。最后将肛门于直肠的连接处割断,抽出尾骨,将尾巴从肛门翻出,即剥成毛朝里,板朝外的圆筒板。

袜筒式剥皮法一般适用于张幅较小,价值高的珍贵毛皮动物,如紫貂、黄鼬、毛丝鼠等。

圆筒式、袜筒式容易去油和便于晾晒,不易造成粘板,且干燥均匀,可以更合理地利用毛皮。但防腐、贮藏管理和等级鉴别较困难。

3. *片状剥皮法*　片状剥皮法最为普遍,一般张幅较大的皮多采用片状剥皮法。剥皮时,先沿腹部中线,从腭下开口直挑至尾根,然后将前肢和后肢切开,最后剥离整个皮张。如獭兔、毛丝鼠常剥成片状皮。

下面介绍毛丝鼠片状皮的剥皮方法和步骤。

将动物尸体放在干净的工作台上,先用剪刀剪掉前肢的肘关节和后肢的膝关节,尾虽然没有多大用处,但是为了剥皮时抓取方便,可保留在 4.5 cm 左右。要切记剪掉附在皮上的公鼠生殖器,然后,从下腭部中央对着尾根部,用刀切开 1.2～2.5 cm 小口,将伞架铁条小心地插入切口的皮肤与胴体之间,经腹部中央笔直地通向生殖器处,千万不要戳破皮板或胴体,再用小刀沿着伞条沟槽的轨道,迅速而均匀地向前滑破毛皮，切忌形成锯齿状切口。滑破腹部皮之后，取下伞条，在刀口上散布锯末，以吸附油脂和体液，以防玷污被毛，然后用手指把破口处的毛皮轻轻地两侧剥开 2.5 cm 左右，再用一只手握住已剥离的毛皮，另一只手逐渐使胴体与皮分离。

在整个剥皮过程中，应随时在剥离之处撒上锯末。当剥到四肢时，先用手指将四肢基部的毛皮剥离，再用手抓住肢体有内向外抽出，使四肢部的毛皮呈筒状，皮板朝外。如果需要破开后腿，则将伞条插入一支腿皮筒里，用刀顺着伞条槽将皮破开。体两侧和四肢的皮剥离后，再把尸体翻过来剥离背部的皮。剥皮过程中，应随时用小刀轻轻地刮掉皮板上附着的肌肉和韧带，所有的脂肪都应在皮板干燥前去净，否则，皮板干燥后，处理是十分困难的。剥头皮时，应将尸体头部朝向操作者，当剥到耳部时，先用小叶刀把眼膜切断，否则，容易撕破眼眶周围的毛皮。当剥到鼻和嘴唇时，切断与皮肤连接处，于是使整个毛皮与胴体完全分离。

四、毛皮初加工

剥下来的鲜皮，皮板上常附着油脂、血迹和残肉等，这些物质对原料皮的晾晒、保管均有危害，易使皮板假干、油渍和透油，影响鞣制和染色。所以，必须在初步加工时除掉这些物质。

1. 刮油　也就是将附在皮板上的油脂和肌肉去净。刮油分为机器刮油和手工刮油两种方法。

①机器刮油：大型毛皮动物场以机器刮油为主，特别是水貂场。先将筒状生皮套在刮油机的木制辊轴上，拉紧后用铁夹固定两后肢和尾部。右手握刀柄，接通电源，机械刮油刀即开始旋转。刮油时，先从头部起刀，使刀轻轻接触皮板，同时向后推刀到尾部，依此推刮。使用刮油机时，起刀速度不能过慢，更不能让刀具停留在一处旋转，否则会因刀具旋转摩擦发热，损伤皮板，造成严重脱毛。皮板上残留的肌肉、脂肪和结缔组织用剪刀修刮干净。

②手工刮油：把筒皮套在合适的粗橡皮管上，也可用直径 3.5 cm 表面光滑的硬胶棒，用电工刀或竹刀刮去脂肪和肌肉。刮油时，把鼻端挂在工作台的钉子上。然后一手固定住皮张后部，使皮板平展无皱褶；另一手持刀平稳，用力均匀，从尾部和后肢开始向前刮，边刮边用锯末搓洗皮板和手指，以防脂肪污染毛绒。刮油时应转动皮板，平行向前推进，直至耳根为止。在刮乳房或阴茎部位时，用力要稍轻，其他部位也要用力适当，四肢和尾部要刮净。头部皮板上的肌肉往往无法用刀刮净，因此，在刮油完成后，要用剪刀将头部皮板上的肌肉剪除干净。

2. 洗皮　洗皮的目的是洗除油污，使毛绒洁净而达到应有的光泽。水貂、紫貂、貉、狐、毛丝鼠等珍贵毛皮动物的毛皮，刮油后要进行洗皮。洗皮也可用手工或专用机器，洗皮的辅料用锯末或粉碎的玉米芯。

手工搓洗，适用于少量皮张。先用锯末或粉碎的玉米芯搓洗皮板上的附油，再将皮板翻过来搓洗毛被。先逆毛后顺毛搓洗，然后抖掉搓洗物，以使毛皮达到清洁有光泽的目的。严禁采用麸皮或含有树脂的锯末来洗皮。

机械洗皮，一般采用转鼓或转笼洗皮，适应于大量洗皮。先将皮板朝外放进装有锯末的转鼓里，转几分钟后将皮取出，翻转皮筒，使毛朝外放进转鼓里重新洗皮。为了抖掉锯末或灰尘，再将洗完的毛皮放进转笼里转一下。转鼓和转笼的速度控制在 18～20 r/min，运转 8～10 min 即可。

洗皮用的锯末要过筛，除去其中的细粉，因过细的锯末会粘在绒毛内，不易去除。洗皮后用剪刀剪去附在后肢、尾和头部的残肉。

3. 上楦　刮油和洗皮后应及时上楦，其目的是使鲜湿的原料按商品规格要求呈对称形状，并可防止干燥后收缩或折皱。片状皮可伸展在木板上，用钉子或夹具固定四周，圆筒皮可套在楦板上固定。上楦要使用国家统一规格的楦板。水貂楦板规格见表 2-7。

表 2-7　水貂楦板规格描述

公貂楦板结构	母貂楦板结构
板长 110 cm、厚 1.1 cm	板长 90 cm、厚 1 cm
距板尖 2 cm 处，宽 3.6 cm	距板尖 2 cm 处、宽 2 cm
距板尖 13 cm 处，宽 5.8 cm	距板尖 11 cm、宽 5 cm
距板尖 90 cm 处，宽 11.5 cm	距板尖 71 cm 处、宽 7.2 cm
距板尖 13 cm 处，在板面中间开一个宽 0.5 cm、长 71 cm 的中透槽 在中槽两侧各开一条长 84 cm、宽 2 cm 的半槽	距板尖 13 cm 处，在板中间开一条长 70 cm、宽 0.5 cm 的中透槽 中槽两侧各开一条长 70 cm、宽 1.5 cm 的半槽
从楦板尖起，在板的两侧正中央开一条槽沟；距板尖 14 cm 处，两侧正中开一条长 14 cm 的透槽和中槽相通	由楦板尖到 13 cm 处的中间开一条槽沟；距板尖 12 cm 处，从板两侧侧面中间开一条两侧对称，长 13 cm 与中槽相通的透槽

下面以水貂皮为例简介上楦方法。

上楦时，先把专用纸套套在楦板上，再把貂皮毛朝外套在楦板上，拉住两前腿调整皮形，并把两前腿顺着腿筒翻入胸内侧，使露出的腿口和全身毛面平齐。然后翻转楦板，先上正头部，拉两耳使头部尽量伸长，再拉臀部，将尾基部尽量拉宽、固定，并使臀部边缘与尾根平齐，用图钉或细网片固定。尾部拉宽展平，使尾的长度缩短 2/3 或 1/2，，摆正后以细网片压在尾上，用图钉或小钉固定。背面上好后，再转过来上腹面，把两后爪翻出，拉宽两腿和腹侧，使腹皮下沿与臀皮下沿平齐，将两腿平直靠紧，用图钉固定，最后将下唇折入里侧。

不论片状皮还是圆筒皮上楦时，都应注意不得将皮拉伸或撑开过猛，以免造成板薄毛稀，尤其是有花纹和斑点的毛皮，更会因皮板变形而失去美观。

4. 干燥　皮张上楦后，应及时送入有通风和供暖设备的毛皮干燥车间内干燥。生皮最适宜的温度应是 18～25℃，空气相对湿度 55%～65%，严禁在火炉或火炕上高温（超过 28℃）烘烤，也不能在日光照射下干燥。否则，一旦闷板掉毛或退色将造成严重经济损失。

大型毛皮动物场和有条件的场点、专业户，最好采用一次上楦，控温鼓风干燥的方法。这种方法设备简单，效率高，能保证毛皮动物皮张质量，所需设备是 1 台电动鼓风机，带有一定数量气嘴的风箱 1 台。当接通电源时，鼓风机转动，将空气吹入风箱，风箱里的空气由气嘴吹出。上楦的毛皮动物皮张插在气嘴上，让空气通过皮筒将皮张吹干。在室温 20～25℃，每分钟每个气嘴喷出空气 0.29～0.36 m^2 条件下，24 h 左右皮张即可风干完毕。

小型场户可采用暖室自然干燥，在室温 18～25℃条件下晾干。

5. 下楦和整理　干燥的皮张要及时下楦。先去掉图钉，然后将鼻尖挂在固定的钉子头上，捏住楦板后端，将楦板抽出。如果皮张太干，可将鼻尖部沾水回潮后再下楦，防止拉破。可通过用手触摸的方法，来判断毛皮动物皮张是否干燥好。耳部、前腿内侧以及尾部是干燥最慢的部位。如果干燥过快，皮板会变得过硬而失去弹性，如果干燥得过慢，皮板就会发霉以致出现脱毛。

皮张下楦板后，要在风干室内至少再吊挂 24 h，使其继续干燥。干燥好的皮张要在暗光房间内后贮 5～7 天，然后出售。后贮是将皮张吊挂在室温为 5～10℃相对湿度为 65%～70%的条件下回潮。后贮期内贮藏室要保证每小时通风 2～5 次。

干燥后贮过的皮张要用锯末再次进行洗皮，将锯末逆着毛绒向毛内揉搓，最后将锯末彻底抖掉，用枝条轻轻抽打，以增加毛绒的光洁度，如果发现缠结毛，可用细梳子进行梳理。

五、原料皮贮运

经过初加工的原料皮最好尽快出售，出售前的贮存必须科学合理，以免接影响毛皮价值和级别。

1. 仓房建筑及设备　仓房建筑要坚固、屋基较高，房身达到一定的高度，屋顶不能漏雨，地面为水泥抹面或木板，墙根无鼠洞和蚁洞，墙壁能隔热防潮，库内通风良好，有足够的亮度，但要避免阳光直射皮张，门窗玻璃以磨砂玻璃或有色玻璃为宜。

2. 库房的管理　仓房内的温度，要求最低不低于5℃，最高不超过25℃，相对湿度保持在60%～65%为宜。库内应有温度计、湿度计、通风器，有条件的地方，还可设置吸湿器和调控器等。

①入库前的检查：为了防止原料皮在仓库内贮存时发霉和发生虫害，入库前要进行严格的检查。严禁湿皮和生虫的原料皮进入库内，如果发现湿皮，要及时晾晒，生虫皮须经药物处理后方能入库。

②货垛要求：同品种皮张必须按级分别堆码。垛与垛、垛与墙、垛与地面之间应保持一定距离，以利通风、散热、防潮和检查。垛与垛之间至少留出0.3 m的空隙，垛与地面之间应用15 cm高的垫板，人行道宽以1.7 m为宜。珍贵的毛皮要放在木架、箱或柜内保管。库内放防虫、防鼠药物。非同一品种的毛皮，货位之间必须隔开，不能混杂在一起。

③防潮防霉：原料皮返潮、发霉的表现是，皮板和毛被上产生白色或绿色的醭，轻者有霉味，局部变色，重者皮板呈紫黑色。因此，库房内应有通风，防潮设备。

④防虫防鼠：可使用药物防虫灭鼠。杀虫方法为，先用塑料布苫好货垛，四周下垂并盖住地面，然后用土压埋，只留一个投药口。操作人员将所需药物配好后投药。操作时一定要小心，切忌接触中毒或起火；投药后，严防其他人员接触货位，以免发生中毒。灭鼠将毒饵放在鼠洞外或鼠经常活动的地方，使其采食，一般4～5天后见效。同时要注意防潮、防霉、防虫和防鼠。

3. 包装　制裘用的小动物毛皮，张幅较小，皮板较薄，颜色鲜明并有花纹，因此，最忌尘土污染和阳光照射。应以品种、等级分别包装，按重量大小可每10张、50张或100张捆成一捆，皮张板对板毛对毛放置。用10 cm宽的纸条将头部缠好厚，再用绳子捆好，松紧适当，不伤毛绒，每捆两道绳，然后装入木箱或洁净的麻袋里，并撒入一定量的防虫剂。在包装袋上注明品种、等级和数量。

制裘大毛皮，皮张较厚，毛被有花纹，最忌摩擦、挤压和撕扯，因此大捆时要选择张幅大小基本相同的皮张，板对板，毛对毛，平顺的堆码，并撒上一定量的防虫药剂，外面用麻袋包装成大捆。

4. 运输　公路运输必须备有防雨设备，以免中途遭受雨淋。凡是长途运输的皮张，必须检疫、消毒后方能发运，以防病菌传播。

【知识与技能测试】

一、名词解释：

诱导性排卵，同期复配，异期复配，胚胎滞育期，体重指数，楦板

二、简答：

1. 水貂的生态习性特点。

2. 水貂的繁殖生理规律及繁殖时间参数。

3. 母貂的发情鉴定方法及配种操作技术。

4. 水貂的“三阶段选种方法”。

5. 毛皮动物皮毛采收的步骤和注意事项。

项目二 狐和貉

【项目提要】狐、貉，都属于犬科动物，养殖方法方式相似，都是世界著名的毛皮动物。由于其毛皮属于大毛细皮，风格豪放，养殖难度不大，在我国北方、南方均可饲养。本项目主要介绍狐、貉两种动物的生物学特性、繁殖育种，笼舍建造、饲料配制及饲养管理等技术。

【知识目标】了解狐、貉的分类分布、外形及毛色、习性食性；掌握狐貉自然配种繁殖技术、场舍建造及饲养管理技术。

【技能目标】能利用所学知识进行狐貉场建设；掌握配种繁殖技术；掌握狐貉各阶段饲养要点。

【典型知识及工作任务】

编号	名称	内容提要
典型知识	狐和貉的生物学特性	分类分布、外形毛色、习性食性
任务一	狐和貉的繁殖育种	繁殖特性，发情鉴定、配种技术、人工授精产仔保胎、仔兽哺育、选种育种
任务二	笼舍建造及饲料配制	笼舍建造、营养需要、饲养标准、饲料供应
任务三	狐和貉的饲养管理	饲养时期的划分，各期的饲养管理要点

【典型知识】狐和貉的生物学特性

一、分类与经济价值

狐、貉同属于哺乳纲、食肉目、犬科动物。是世界上广泛饲养的珍贵毛皮动物，也是较早驯养成功的毛皮动物。

狐的种类很多，其中人工饲养较多的有两个种，一是狐属中的银黑狐，二是北极狐属中的北极狐。银黑狐(又名银狐)是北美赤狐的一个突变色型，原产于北美大陆北部和西伯利亚东部地区；北极狐(又名蓝狐)主要分布于欧亚、北美洲的高纬度地区。蓝狐的人工饲养历史较早，在我国饲养量也较大，毛色变异较多，是彩色狐育种的主要基因库。

貉为犬科中的貉属动物。分布于我国的野生貉有7个亚种，习惯上以长江为界将貉种划分为北貉和南貉。北貉包括乌苏里貉、阿穆尔貉和朝鲜貉，其中以乌苏里貉的毛皮质量最好、饲养量最大；南貉包括江西貉、湖北貉、闽粤貉和云南貉，饲养量很少。乌苏里貉野生分布于俄罗斯、朝鲜和我国的东北地区。

狐与貉有很高的经济价值，其毛皮与水貂不同，属于大毛细皮，密柔丰厚、色泽美观、皮质轻便、御寒性强，在国际裘皮市场占有重要的地位，是制作大衣、皮领、帽子和皮褥等皮制品的优质原料。貉肉及狐肉鲜美细嫩、营养丰富，不仅是可口的野味食品，而且食后有滋补作用；胆(汁)干燥后可代替熊胆入药，治疗胃肠病和小儿痫症。此外，貉的针毛和尾毛是制造高级毛刷、胡刷和毛笔等的原料；貉油除食用外，还是制作高级化妆品的原料。

二、外形及毛色

1. 狐　狐的外形似犬，体形在犬科动物中属于中等偏小。其共同的特点是吻长而尖，耳较大，瞳孔呈直缝状；四肢短而强健，掌垫后端生毛，趾垫与掌垫之间有一腺窝；尾长而圆粗，等于或超过体长之半，尾毛长而密；具有尾下腺，能施放狐臭。

银黑狐的吻部、双耳、背部、腹部和四肢毛色为黑褐色，背部及体侧呈银色。银色毛被是由针毛的颜色决定的。针毛的颜色有白色、黑色和白色毛干黑色毛尖三种，各种针毛的比例决定着毛被的银色强度。绒毛为灰褐色，尾尖为白色。银狐体躯较细长，尾毛蓬松，尾长25～40 cm。公狐平均体长65～70 cm，体重5～8 kg；母狐体长为63～67 cm，体重5～6 kg。

北极狐体形较银黑狐小，四肢也短。北极狐有两种毛色，一种是有季节性的二型性，冬季为白色，夏季呈灰褐色；另一种终年呈浅蓝色，其底绒为蓝色，被银色毛冲淡，十分美观，在国际市场享有盛誉，售价较高。在北极狐中可以见到大量的毛色突变类型。公狐平均体重在5～7 kg，体长58～70 cm，尾长25～30 cm。狐的外形见图2-5。

图2-5 狐

2. 貉 貉体型较肥胖，体粗尾短、四肢短细，被毛长而蓬松，底绒丰厚。前足5指，第一指短而悬空；后足4趾，缺少第一趾。前、后足均具有发达的趾垫。爪粗短，不能伸缩。吻部短尖，两耳短小。貉毛通常为青灰色或青黄色，面颊横生淡色长毛，由眼周至下颌生有黑褐色被毛，呈明显的八字形，并经喉部、前胸延伸至前肢。沿脊背中央的针毛多为黑色毛尖，程度不同地形成一条界线不清的黑色纵纹，向后延伸至尾背面，尾末端更深；背部毛色较深，呈青灰色；近腹部体侧呈灰黄色或棕黄色；腹部毛色最浅，呈灰白或黄白色；四肢毛色呈黑色或黑褐色。

成年貉体高33 cm左右，公貉体重5.4～10 kg，体长58～67 cm，胸围45～55 cm，尾长15～23 cm；母貉体重5.3～9.5 kg，体长57～65 cm，胸围40～52 cm，尾长11～20 cm。貉的针毛长9～10 cm，绒毛长7～7.5 cm。貉的外形见图2-6。

图2-6 貉

三、习性和食性

1. 栖息环境　野生狐的栖息环境较为多样，包括森林、草原、雪原、沙漠、高山、丘陵和平原。常以石缝、树洞、土穴或灌木丛为洞巢。银狐和北极狐多分布在很少下雪的海岸和接近北冰洋的沼泽地区及部分森林沼泽地区。野生貉则主要栖居于河谷、草原、荒山和丘陵的灌木丛中，河、湖、溪流附近的树林草丛中也可以生存。

2. 生活习性　狐性情机警、狡猾、多疑，有一定的记忆能力。野生狐的习性是昼伏夜出，行动敏捷，善于奔跑，能沿峭壁爬行，会游泳，可爬攀倾斜的树干。狐以成对及家族居住为主，有时也聚集而居，个别洞穴中可集居20～30只，有的仅在生殖期结成小群，其他时期单独生活。狐喜欢生活在干燥、空气新鲜、清洁的环境中，抗寒能力强，但不耐炎热，全身汗腺不发达，主要依靠张口伸舌和快速呼吸的方式调节体温。狐的嗅觉和听觉很灵敏，能发现半米深雪下或藏于干草堆中的田鼠，能听见100 m内老鼠轻微的叫声。野生狐的寿命可以达到10～14年。

貉性情相对愚钝胆怯，行动迟缓，性情温驯。貉的听觉、嗅觉不灵敏，活动范围窄小，昼伏夜出。貉也具有游泳本领，但猎捕能力很差。貉喜欢穴居，但没有打洞的本领，多利用天然的石缝、树洞和其他动物废弃的洞穴为巢。貉的领域性不很强，通常成对生活，或一公多母、一母多公同居。北方的野生貉，为了耐过严寒的冬季和饥饿，冬天常深居于洞中，进行非持续性的“冬休”，采食和活动减少，吻部插入毛绒，蜷缩成一团整日昏睡，遇到个别晴暖的天气才偶尔外出活动。貉的自然寿命一般8～16年。

3. 换毛规律　狐初生时，全身长满稀短的灰黑色胎毛，毛被紧贴于皮肤，随着日龄的增加，毛色逐渐变黑，30～40日龄时，逐渐在面部长出银色的长毛，2～3月龄时被毛基本显出成年毛被的特征。成年狐每年换毛一次，春季3—4月开始先从头、四肢脱绒毛，其次脱颈、肩、背、体侧、腹部，最后脱臀部与尾部绒毛（新绒毛生长的顺序与脱毛顺序相同），夏初停止换毛，到7—8月又开始脱针毛，之后针毛、绒毛一起生长，一直到11月底至12月冬毛成熟。

成年貉一年也仅换一次毛。2月下旬开始少量脱下绒毛，4—5月时绒毛成片脱落，并陆续生长出细小的绒毛；6—7月，针毛开始逐渐脱换，8月针毛脱完，并迅速生长冬毛；大约到11月时，毛皮成熟，可以宰杀取皮。当年出生幼貉与成年貉的换毛情况近似，也在11月末毛皮成熟。

4. 食性　狐和貉同属于食肉目动物，成年齿式结构相同，共有42枚牙齿（齿式为：3·1·4·2/3·1·4·3×2=42）。其中犬齿长而尖锐，臼齿发达，适于撕裂肉类食物。狐的食性有三个特点：一是狐以动物性食物为主。二是狐有贮存食物的习性，当捕获的食物过多时，它会将多余的部分用松土埋藏在树干下或埋在积雪中，排尿作标记，以备饥饿时食用。三是狐的抗饥饿能力强，有时几天吃不到食物仍能维持生命。狐一般在晚间觅食，同伴间有时互相争夺食物，有时会共同进食，有时也会窃取人的存食。

貉虽为食肉目动物，但由于性情懦弱，猎捕能力差，野生貉以杂食为主。主要捕食的动物性饲料是鼠类及蚯蚓、鱼、虾、蚌、蛙、鸟等，偶尔也吃动物的尸体、昆虫，甚至人畜的粪便；也可采食植物的浆果、子实以及根、茎、叶等。食物的品种和数量因季节的不同差异很大。

任务一 狐和貉的繁殖育种

【相关知识】繁殖生理

狐和貉都属于季节性发情动物，一般 9～11 月龄达到性成熟，每年发情、繁殖一次。银狐 1—3 月发情配种，妊娠期 51～53 天，3 月下旬至 4 月上旬产仔，平均每胎产仔 4～5 只；北极狐 2—5 月发情配种，4—6 月产仔，平均每胎产仔 8～10 只。貉的发情配种期一般在 1 月末至 2 月中旬。

1. 雄性的繁殖生理特点　狐和貉生殖系统的结构和功能有犬科动物的共同特点。

(1)繁殖器官和功能的季节性变化　每年的 5—8 月，狐貉睾丸的体积和重量处于静止状态，质地硬而无弹性，不产生精子；8 月末至 9 月初，睾丸开始发育，11 月以后发育速度开始加快。到了 12 月底，睾丸体积发育到最大程度，质地松软、富有弹性，并可产生成熟精子；同时，睾丸曲细精管间质细胞分泌睾酮，促进输精管和副性腺的发育，动物产生性欲，出现发情、求偶征状；但因前列腺的发育较睾丸迟缓，还需等到春季时才能配种。3 月开始睾丸迅速萎缩。每年如此循环。

(2)阴茎的特殊结构　狐、貉等犬科动物阴茎的海绵体中部较大，当充分充血时，形成两叶较长的膨大体，在阴茎约 1/2 处有两个球状体分列两侧；海绵体内包埋着阴茎骨，阴茎细长而不规则，大致呈圆柱状，长 6～10 cm，直径 1.0～1.2 cm，阴茎骨中间有一槽沟，尖端带勾。狐貉交配前，阴茎的充血勃起分两次：第一次充血勃起，使阴茎变硬变长，在阴茎骨的协同下，可以顺利插入母兽阴道内；然后进一步充血，使阴茎中部的两球状体膨大，将阴茎镶嵌卡在阴道内，直到射精完毕。习惯上把这种现象称为“连锁”，这是部分犬科动物所独有的交配特点。

(3)副性腺的特殊性　副性腺是分泌精清的部位，精清的作用是稀释精子、润滑尿道、中和尿道酸性，利于精子存活和被射出体外。一般动物的副性腺包括前列腺、精囊腺、尿道球腺和壶腹腺等 4 对，狐则不具有精囊腺和尿道球腺，精清主要由前列腺和壶腹腺分泌；貉的副性腺主要有前列腺和尿道球腺，前列腺较发达，包在尿道周围，尿道球腺小而坚实，位于尿道出骨盆腔的附近。

2. 雌性的繁殖生理特点　雌性狐和貉的生殖器包括卵巢、输卵管、子宫和阴道等。

(1)卵巢的季节性变化　母狐的卵巢大小也有季节性变化，5—8月呈萎缩状态，8月末至10月中旬体积逐渐增大，滤泡开始发育，黄体开始退化；到11月黄体消失，滤泡迅速增长，翌年1月发情排卵，卵巢长可达2 cm、宽约1.5 cm；母貉的卵巢在发情活动期直径为4～5 mm，几乎完全被脂肪囊所包围。

(2)子宫的季节性变化　母狐母貉的子宫和阴道也随卵巢的发育而变化。卵管长5～7 cm，子宫为双角子宫，子宫有两个子宫角、一个子宫体和一个子宫颈，子宫角长6～8 cm，子宫体长3～4 cm，前部较薄，后部较厚，子宫颈突入阴道，形成阴道穹隆。在夏、秋空怀季节，子宫萎缩呈细小的管状；交配妊娠后子宫壁逐渐增厚，子宫体积增大，同时卵巢分泌性激素，促进子宫黏膜发育及胚胎的植入和发育；至临产前子宫可充满腹腔，使腹围增大。

(3)生殖道的特殊结构　母狐阴道长6～8 cm，母貉阴道全长10～11 cm。阴道前端与子宫颈的连接处形成拱形结构(阴道穹隆)，后部接尿生殖前庭。尿生殖前庭有两个比较发达的突起，交配时前庭受刺激而剧烈收缩，两突起膨大，与公兽阴茎的球状体共同作用而形成“连锁”。母兽的外生殖器在非繁殖期陷于皮肤内，由阴毛所覆盖，外观不明显。

3. 性成熟与性周期　幼狐和幼貉长到9～11月龄，生殖器官生长发育基本完成，开始产生具有生殖能力的性细胞(精子和卵子)，并能分泌性激素，具备交配能力，达到性成熟。性成熟时间受许多因素的影响，如遗传、营养、健康等，一般情况下公兽性成熟期比母兽稍早。狐和貉都属于季节性单次发情动物，每年在繁殖季节只表现出一个发情期。

银黑狐的繁殖交配期是1—3月，多集中在2月中下旬。公狐的发情期较长，外生殖器不出现阶段性变化，12月底睾丸已富有弹性，可产生成熟精子，进入发情期。大部分公狐在整个繁殖季节都能参加配种，到3月底至4月上旬睾丸迅速萎缩，性欲也随之消失。母狐的卵巢到11月黄体消失，滤泡迅速增长，翌年1月开始出现发情排卵，经产母狐发情早于初配母狐，发情持续5～10天，排卵出现在发情开始后第1～3天。母狐为自发性排卵，排卵期两卵巢可以交替排卵。

北极狐发情交配季节为2月中旬至5月上旬。公狐的生殖器官从9月起开始缓慢发育；到12月底发育加快，体积增大，重量增加；翌年1月，睾丸开始产生成熟的精子，出现性欲。母狐从8月末9月初开始，卵巢的体积逐渐增大，但与银狐相比发育较为缓慢，到翌年 2 月发情排卵，发情持续 9～10 天，排卵一般发生在发情后第 3 天，所有滤泡并不是同时成熟和排出，最初和最后的排卵间隔为 5～7 天。

一、发情鉴定

发情鉴定是狐貉繁殖技术的关键环节，通过发情鉴定，可以判公母发情阶段，预测排卵时间，确定配种最佳时期，及时放对配种。公兽的发情鉴定比较简单，进入发情期的公兽活泼好动，有急躁表现，采食量有所下降；排尿次数增多，常翘起一后腿斜着往笼网上淋尿；经常发出“咕咕”的求偶声，对放进同笼的母兽表现出较大的兴趣。

母兽的发情鉴定较公兽困难。常用的鉴定方法有外部观察法、试情法、阴道涂片法等。这几种方法可以单独使用，也可以并用。

1. 外部观察法　这是发情鉴定常用的一种方法，主要是观察母兽的精神状态、行为变化，特别是外阴部的变化，以此来判断是否发情。一般将整个发情阶段划分为发情前期、发情期和发情后期；把没有发情表现的非繁殖期称为休情期。为了便于观察发情阶段的变化，通常又把发情前期分为发情前Ⅰ期和发情前Ⅱ期。各期的具体表现如下：

发情前Ⅰ期，阴门肿胀、突起，露出阴毛外，阴道内流出具有特殊气味的分泌物，表现活跃。此期一般持续 2～3 天，有时长达 1 周左右。

发情前Ⅱ期，阴门极度肿胀、突起明显，肿胀面较平而光亮，触摸时硬而无弹性。阴道分泌物颜色浅淡。当公、母放到一起时，追逐戏耍，当公兽企图交配时母兽又表现防卫。此时期一般持续 1～2 天。

发情期，阴门不再继续肿胀，直观看有粗糙感，触摸时稍柔软，颜色较前期发淡。阴道内流出较为浓稠的分泌物。食欲减退，甚至废食 1～2 天，出现体重下降。在这个时期把公、母放进同一笼内，母兽表现较为安静，当公兽走近时母兽把尾翘向一侧接受交配。此时期是最适交配期，可持续 2～3 天。

发情后期，阴门逐渐收缩，阴毛合拢，黏膜干涩出现细小皱褶，分泌物较少但浓黄。对公兽表现出戒备状态，拒绝交配。

休情期，阴门由阴毛所覆盖，阴裂很小。

2. 试情法　将公、母兽放进同一个笼内，根据母兽在性欲上对公兽的反应情况来判断其发情程度。此法由于让动物自身进行识别，所以比较可靠，而且表现明显，容易掌握。

试情选用体质健壮，性欲旺盛，无捕咬母兽恶癖的公兽。一般是将公兽放进母笼内，当发现母兽有嗅闻公兽阴部、翘尾、频频排尿或出现相互爬跨等现象时，就可以认为此母兽有发情表现或已进入发情阶段。公、母兽有敌对情绪或出现攻击对方的行为时要立即分开。

试情可以隔一天进行一次，每次试情时间为 20～30 min，一般不超过 1 h。

个别母狐、母貉和部分初次参加配种的幼龄母兽，缺乏发情的外部表现，外生殖器官不表现典型的变化，但其卵泡已发育成熟，这种现象称为"隐性发情"。还有些母兽发情期非常短，还没有出现明显特征就进入发情后期，这种现象称为"短促发情"。以上两种现象都容易错过配种机会，采用试情法进行发情鉴定可以较准确地确定适宜交配期。此外，试情还可以起到异性刺激的作用，达到促进发情的目的。

3. 阴道内容物涂片检查法　由于动物的发情和排卵受体内生殖激素调节和控制，雌激素作用于生殖道后，会使其上皮增生，为交配作准备。因此，在发情周期中，随动物体内生殖激素水平的变化，阴道分泌物中脱落的各种上皮细胞的数量和形态也呈规律性的变化。由此可以鉴定母狐、母貉是否发情。

方法是，用灭菌棉球蘸取母兽的阴道内容物，制成涂片，在显微镜下放大 200～400 倍观察，根据阴道内容物中白细胞、有核角化上皮细胞和无核角化上皮细胞所占比例的变化，判断是否发情。

休情期，阴道内容物涂片中可见到白细胞，很少有角化细胞；发情前期，涂片上可观察到有核角化细胞不断增多，最后可见到有大量的有核角化细胞和无核角化细胞分布；发情期，阴道内容物涂片上可见到大量的无核角化细胞和少量的有核角化细胞；发情后期，阴道内容物涂片又出现白细胞和较多的有核角化细胞。

二、自然交配配种

狐和貉的配种日期一般在 12 月至翌年 3 月，依动物种类、地理位置、饲养条件、气候差异等因素而不同。

1. 自然交配配种方法

(1)合笼饲养交配　指在整个配种季节内，将选配好的公母兽放在同一笼内饲养，任其自由交配。此方法节省人力，工作量小，但使用种公狐较多，饲养公狐成本高，且不易掌握母狐预产期。一般只在配种后期，对那些不发情的或放对不接受交配的母兽采用此法。

(2)人工放对配种　平时公母兽隔离饲养，在母兽发情的适宜时期把公母放到一起交配，确认交配后再将公母分开。一般的养殖场都采用此方法。早晨、傍晚和凉爽天气公兽比较活跃，是放对配种的最好时期；中午和气温高的天气，动物则表现懒惰，此时交配不易成功。

人工放对配种时，一般是将母兽放到公兽笼内交配较好。因为，母兽排卵往往比出现明显发情征候要晚，排卵能持续3天，精子在母兽生殖器中只可存活24 h左右，因此必须连日或隔日复配，才能提高受胎率。银黑狐复配1～2次，北极狐应复配2～3次，貉复配2～3次。复配一般在初配后的第二天或第三天进行，也可采用两只公兽上下午各交配一次的方法进行复配，但是所产的仔兽不可留种。复配可以提高受胎率，但不能提高产子数。

2.交配行为　各种动物均有自己的交配行为，狐和貉的交配行为具有犬科动物的共同特点，也稍有区别。通过观察交配行为，可准确判断是否配种成功。

(1)求偶　当繁殖季节来临时，狐和貉都会发出"嗷嗷"的求偶叫声，并分泌特殊的气味同异性取得联系，传递交配信息。交配前的求偶行为时间长短不一，当发情的公、母兽放进同一个笼内时，开始先互相嗅闻阴部，公兽则向笼内四周频频排尿，然后与母兽嬉戏玩耍。处于发情旺期的母兽会表现温驯，将尾部翘向一侧，静候公兽交配。

(2)交配　公狐经过求偶阶段，在母兽服从时会很快举前足爬跨于母兽背上，紧搂后躯，后躯频频抖动，露出阴茎并置于阴道内；之后，后躯紧贴于母兽臀部，抖动加快，后臀部内陷，静停3～5 min，尾部轻轻扇动，眯起眼睛，说明交配射精成功。公兽趴在母兽背上做短暂停留，射精完成后，随即从母兽背上滑下转身。

(3)"连锁"　交配完成，公兽从母兽背上滑下后，由于阴茎仍镶嵌、滞留在母兽的阴道内，公母狐会出现臀部相对的"连锁"现象；母貉则会翻转身体，与公貉腹面相对，昵留一段时间，相互逗吻、嬉戏，母貉发出"哼哼"的叫声(也为"连锁"现象)。

交配行为中求偶一般3～5 min，射精时间0.5～1 min，连锁、昵留时间5～8 min。整个交配时间在时间10 min以内者居多。交配结束挣脱后，公母兽各自舔舐自己的外阴部并找水喝，公兽会对母兽暂时失去兴趣。交配没有成功时，公兽稍休息片刻会很快再做尝试；如果数次不成功，母兽会表现出急躁，有时甚至扑咬公兽。

3.配种注意事项

(1)注意对幼兽的配种训练　小公兽初次参加配种一般表现为胆小。可以放到成年狐、貉配种笼舍附近，见习配种过程；然后再将其放到已初配过的母兽笼内，诱导其顺利交配。对性欲较差、胆子较小的小公兽，可以选择性欲旺盛、发情好的成年母兽与其交配。首配一旦成功，就能顺利完成以后的交配。训练中要注意保护小公兽，不得粗暴恐吓、扑打，避免受到咬伤，否则一旦丧失性欲则很难恢复正常配种。

(2)注意配偶的选择性　狐、貉均有"择偶性"只有互相投合才可顺利达成交配，因此，要注意对难以成配的公母随时调换。对于发情持良好，但仍拒绝多个公兽求偶者，将其放给去年原配公兽，一般可顺利成配。

(3)合理利用种公狐　对那些配种能力强、性欲旺盛、体质好的种公兽，可适当提高使用次数、充分利用，但不要过度使用；体质较弱的公兽一般性欲维持时间较短，一定要限制交配次数，适当增加休息时间；对有特殊“求偶及交配”技巧的公兽，要控制使用次数，重点与那些难配母兽进行交配。

(4)进行精液品质检查　公兽精液品质的好坏，直接影响母兽繁殖效果。配种期进行精液品质的检查，可以及时发现无精子和精液品质低劣的种公兽，以便及时停止使用并及时补配，避免空怀。检查方法是用直径 0.8～1.0 cm、长约 15 cm 的吸管轻轻插入刚交配过的母兽阴道内 5～7 cm，吸取少量的精液，涂在载玻片上，置于 200～400 倍显微镜下镜检。先看是否有精子，然后看精子的活力、密度。如果经 3 次检查确认精液品质差的公兽，禁止参加配种。

(5)做好人工辅助交配　狐貉在配种过程一般不需要人工帮助，但遇到不顺利的情况，也需要采取适当的措施加以解决。对于确认已进入了发情期，但在交配时站立不稳或经常走动，或站立姿势不正确，或阴门向外突出过高以及生殖器畸形等母兽，可以用抓狐钳或保定套将母狐进行保定，必要时可以人工用手托住母狐的腹部，辅助公狐达成交配。个别母兽阴道狭窄，可用消毒好的不同粗细的玻璃棒扩撑。对外阴部阴毛过长的母狐，可用水润湿，将阴毛分于两侧，或用剪刀剪掉过长的阴毛，以利于交配。对于不抬尾的母兽，可用细绳拴住尾尖，固定在其背部使其阴门暴露，再放对交配。

(6)注意安全保护　由于发情期动物体内生殖激素含量较高，表现为脾气暴躁，易发怒，特别是公狐。因此，在配种期既要保证工作人员的人身安全，也要保证动物的安全。饲养人员在抓配时，动作要准确、牢固，动作不宜过猛，防止被咬伤，避免造成动物的外伤，防止逃跑。另外，还应注意观察放对时公兽、母兽的行为，以防止相互咬伤。发现有一方拒配时，要及时将其分开。

三、妊娠及保胎

狐的妊娠期平均为 51～52 天（银黑狐 50～60 天，北极狐 50～58 天），貉的妊娠期为 55～65 天。

1. 妊娠期生理特点　母兽后 12～16 天，胚泡在子宫角中着床并开始发育。胎儿发育早期以形成各种器官为主，生长速度较慢。据测定，妊娠 5 天时胚胎重仅 5 g，妊娠 40 天时胚胎重 10 g（各种器官已形成）。胎儿后期发育以生长为主，增重很快。妊娠 48 天胎儿重达 65～70 g，母兽腹围明显增大，并稍有下垂，背部凹陷，行动迟缓，喜欢仰卧、侧卧、舔舐乳头。

妊娠期由于胎儿的发育，母兽新陈代谢旺盛，食欲猛增，体重也相应增加，毛色也显得光亮；性情表现出温驯，喜安静，活动减少，常卧于笼网晒太阳，对周围异物、异声等刺激反应敏感。母狐和母貉有 4～6 对乳头，妊娠后期乳腺区从前到后发育较快，产前乳头突出，色变深，大多数母兽有拔乳房毛或衔草做窝的现象。

2. 预产期的推算 一般常用日期推算法，从母兽最后一次受配日期算起，月份加 2、日期减 7 即是预产期。例如，某母狐、母貉最后一次交配是在 2 月 10 日，那么它的预产期推算为：2＋2＝4(月)，10－7＝3(天)，即该母兽的预产期为 4 月 3 日左右。又如，某母兽配种结束在 3 月 1 日，那么它的预产期为：3＋2＝5(月)；因为 1 减去 7 不够减，我们从月份中(1 个月等于 30 天计算)把差数减去，即从 30－6＝24(期)，那么其预产期为 4 月 24 日。

3. 胚胎死亡与保胎 早期死亡和损失的胚胎主要由于母兽维生素等营养缺乏，死亡的胚胎多被母体吸收，不再产出体外；长大后的胎儿死亡会引起流产，多由于母兽食入变质饲料或疾病引起。妊娠期母兽受到应激(噪声应激、异色异像应激、寒暑应激等)会造成心理紧张、不适和行为失常等，影响胚胎的正常发育。因此，在妊娠期除了按饲养标准供给营养外，还要保证狐场的安静，杜绝参观和机动车辆进入。

四、产仔及哺乳

1. 产仔 银黑狐产仔期从 3 月中旬开始，多集中在 3 月下旬至 4 月上旬；北极狐则多集中在 4 月下旬至 5 月上旬；母貉产仔一般从 4 月上旬到 6 月上旬，集中在 4 月卜旬全 5 月初。母兽产前 2～3 天会出现临产症状，如拔毛絮窝，多数突然拒食 1～2 次，活动量减少，常卧在产箱里，有的则表现不安，频繁出入小室，也有的啃咬小室或舔其外阴部等，有的遇到风寒天气常用草将产箱门封上。

产仔多数集中在夜间或清晨，母狐产程一般为 1～6 h，母貉产仔持续 4～8 h。一般情况下，产出后母兽会立即咬断脐带、舔干胎毛、吃掉胎衣，产仔过程无需助产。如果发现已到预产期的母兽精神委顿，长时间卧于小室内不出来采食，或焦急不安频繁出入小室，用力挣扎，发出痛苦呻吟，可判断为为难产，需要人工助产。

狐貉初生时闭眼、无牙齿、无听觉，身上披有稀疏黑褐色胎毛。健康仔兽身体滚圆，被毛色深、有光泽，叫声尖、短而有力，个体均匀地堆积在一起，放在手中挣扎有力；发育差的则体弱，毛发干，叫声细弱、无力。银黑狐出生重 80～100 g、体长

10～12 cm,北极狐初生重 60～80 g,仔貉初生体长 8～12 cm,体重 120 g 左右。银黑狐每胎 4～5 只,北极狐 6～8 只。仔狐生长速度很快。

2.哺乳　仔兽出生后 1～2 h,胎毛暖干后便寻找乳头开始吃奶。一般隔6～8 h 吃奶一次,吃后便进入睡眠状态。大多数母兽在正常条件下都可完成哺育,对于个别初产、无乳或缺乳的母兽应采取代乳、人工哺乳的办法保活仔兽。

仔兽一般在 15～20 日龄长出牙齿,并可以采食糊状食物。母兽在仔兽 1 月龄前一般采取躺卧姿势哺乳,1 月龄后有的母兽则站立哺乳。仔兽在吃奶时,母兽会逐个舔舐仔兽的肛门,刺激其排粪并吃掉仔兽粪便,直至能独立采食为止。45～60 日龄后,母狐、母貉开始对仔兽产生冷淡,尤其在仔兽吃奶时极力躲避,有时甚至扑咬仔兽。哺乳期到达 55～60 天时,可根据发育情况适时断乳。

五、选种选配

1.种兽的选择　在狐貉的繁殖育种工作中,要选留那些各种性能综合表现优秀的个体,增加其参加繁殖的机会,同时减少不良个体的繁殖机会和基因频率。

(1)银黑狐选择标准　见表 2-8。

表 2-8　银狐的选种要求

项目	要　求
毛绒品质	躯干和尾部的毛色为黑色,背部有良好的黑带,尾端白色在 8 cm 以上。银毛率在 75%～100%,银环为珍珠白色,银环宽度在 12～15 cm。全身的雾状正常,绒毛为石板色或浅蓝色
体型	体大而健壮,体重在 5～6 kg,体长在 65～70 cm,公大于母。全身无缺陷
繁殖力	成年公狐睾丸发育良好,发情早,性欲旺盛,交配能力强,性情温驯,无恶癖,择偶性不强,当年交配的母狐在 4～5 只以上,交配次数在 10 次以上,精液品质优良,所配母狐的产仔率高;成年母狐的发情早(2 月份以前),性情温驯,胎平均产仔数多,母性强和泌乳力高,所产仔狐的成活率高
系谱要求	一般将 3 代之内有共同祖先的归为一个亲属群。同系谱内的各代,其毛色、毛绒、体型和繁殖力等遗传性能要稳定

(2)北极狐的选择标准　见表 2-9。

(3)貉选择标准　毛绒品质标准主要看针毛、绒毛、背腹毛、光泽情况。见表 2-10。

2.选择程序　狐貉选种工作每年都要进行,包括对后备种兽、成年种兽都要进行严格选择。

表 2-9 北极狐的选种要求

项目	要 求
毛色	全身浅蓝色,浅化程度大,无褐色或白色斑纹。彩狐要求被毛纯正,不带杂色
毛绒品质	针毛平齐,丰满而有光泽,无弯曲,取皮时的长度在 40 mm 左右,数量占 2.9%以上,绒毛色正,长度 25 m 左右,密度适中,毛绒灵活
体型	6 月龄的公狐体重 5.1 kg 以上,体长在 65 cm 以上;母狐体重 4.55 kg 以上,体长 65 cm 以上,全身发育正常,无缺陷
其他	公狐的配种能力强,精液品质好,择偶性不强,无恶癖和疾病;母狐胎平均产仔数高(7 只以上),母性好,泌乳力,无食仔恶癖,对环境的不良刺激不过于敏感

表 2-10 貉毛绒品质鉴定表

鉴定项目		等级		
		一级	二级	三级
针毛	毛色	黑色	接近黑色	黑褐色
	密度	全身稠密	体侧稍稀	稀疏
	分布	均匀	欠匀	不匀
	平齐	平齐	欠齐	不齐
	白针	无或极少	少	多
	长度	80～90 mm	稍长或稍短	过长或过短
绒毛	毛色	青灰色	灰色	灰黄色
	密度	稠密	稍稀疏	稀疏
	平齐	平齐	欠齐	不齐
	长度	50～60 mm	稍短或稍长	过短或过长
背腹毛色		差异不大	差异较大	差异过大
光泽		油亮	欠强	差

(1)幼龄(后备)狐貉的选择 对当年出生的幼龄狐,选择分 3 次进行。

初选,在断乳分窝时(5—6 月)进行。主要依据系谱、双亲的经济性状、仔兽的出生时间及生长发育状况选择。要求系谱清楚,双亲生产性能优良,仔兽出生早,生长发育正常。选留的数量比留种计划要多出 40%。合格者留在育种群培育,落选者转入商品群饲养。

复选,在每年的 8—9 月进行。此时幼兽 4～4.5 月龄,对入选者育种群者再次选择。选留那些生长发育快、体型大者,同时注意观察换毛情况。选留换毛早、换毛快的个体。选留的数量应比计划留种数多20%~30%。

定选,在11—12月屠宰取皮前进行。根据个体的品质、祖先记录等综合评定选择,重点考察毛绒的品质和色泽,按选择标准严格要求,不合格者一律淘汰宰剥。按计划选留幼种狐数量。

上述三阶段选择种貉时,体重体长标准见表2-11。

表2-11 种貉体重体长标准

测量阶段	体重/g		体长/cm	
	公	母	公	母
初选(断乳时)	1 400以上	1 400以上	40以上	40以上
复选(4—4.5月龄)	5 000以上	4 500以上	62以上	55以上
定选(11—12月份)	6 000~7 000	5 500~6 500	65以上	60以上

(2)成年种兽的选择　每年可进行两次。

第一次,在当年繁殖任务完成后进行。即公兽在配种结束后,留下配种效果好、繁殖力高、配种开始早、性情温驯者;淘汰那些配种力差、精液品质不良者。母兽在仔兽断乳分窝时,选留产仔多、母性强、泌乳力高、哺育的幼兽发育正常的个体,反之则淘汰,淘汰的个体转入商品群饲养。

第二次,在每年的11—12月精选时进行。重点考察毛绒品质及其他方面的综合性能。毛绒质量要高。银黑狐超过7岁,北极狐超过6岁;患有疾病、营养不良、机体消瘦、换毛迟缓者一律淘汰屠宰。

3.选配原则　狐貉的选配应注意的原则:

(1)公兽的毛绒品质,特别是毛色一定要优于或接近于母兽,绝不可用品质差的公兽去配毛绒品质好的母兽。

(2)大体型的公兽与大体型的母兽或中型母兽交配才可能取得大型的后代个体;大型公与小型母、或小型公与大型母一般不宜交配。

(3)要选择繁殖力均高的公、母兽配种。公兽的繁殖力是以其配种能力以及所配母兽的产子多少来判定的。

(4)选配的公与母兽3代之内不能有共同祖先。以生产为目的的选配不能有近交发生;为巩固有益性状的遗传力,以育种为目的的选配,可有计划进行适当的近交。

(5)在年龄组合上,允许成年兽配成年兽,或成年兽配幼年兽,不宜用幼年公兽配幼年母兽。

任务二 笼舍建造及饲料配制

一、笼舍建造

为保证取得优良的皮毛，狐貉最好在北纬 30°以北的地区饲养。选择地势高燥、场地通风向阳、排水良好、有水电供应、位置僻静、交通方便的地方建场。貉的棚舍及笼舍可以与狐通用。

1. 棚舍　可用三角钢、水泥墩、石棉瓦结构，也可用砖木结构。棚舍走向根据地势、地形情况而定，应考虑夏季能遮挡阳光直射，通风良好；冬季使两侧可平均获得阳光，避开寒流的袭击。棚的规格为棚脊高 2.6～2.8 m、棚檐 1.5～2 m、宽 5～5.5 m、作业道宽为 1.2 m，如此可摆放两列笼箱。棚和两侧连接式网笼如图 2-7 所示，双列式棚见图 2-8。

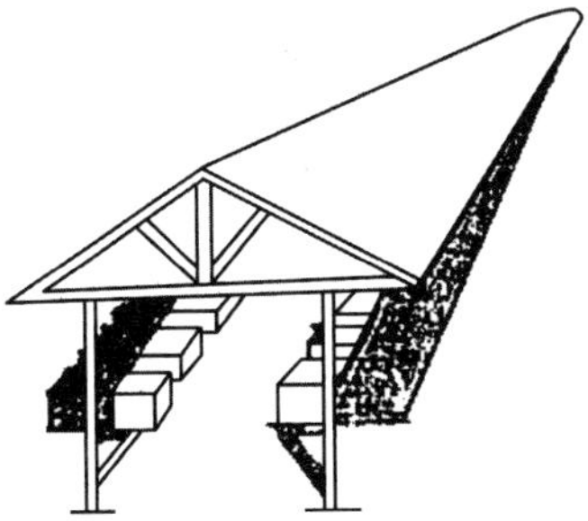
a. 狐棚

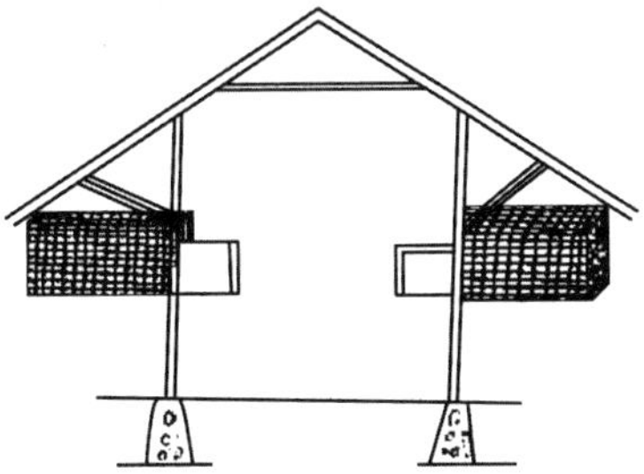
b. 网笼

图 2-7　狐棚和两侧连接式网笼

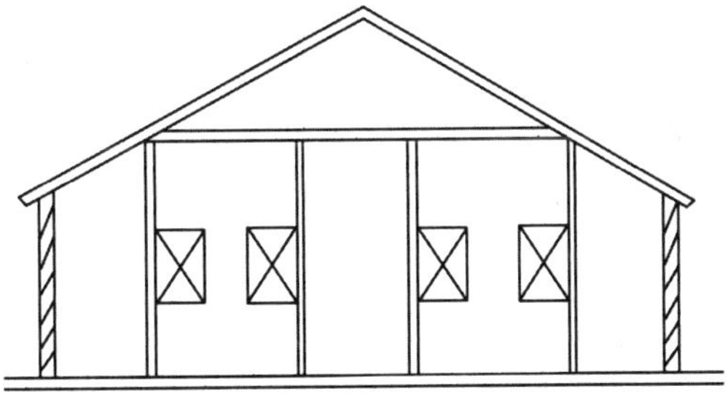

图 2-8　双列式狐貉棚

2. 网笼和窝箱　是动物繁殖和运动的场所，用 14～16 号镀锌电焊网制成，四周网眼为 3 cm×3 cm，底网眼为 3 cm×3 cm，笼上留有 40 cm×60 cm 大小的活动门。种狐笼规格长 100～150 cm、宽 70～80 cm、高 80～90 cm。在笼的正面一侧设门，以便于捕捉狐和喂食用，门规格为宽 40～45 cm、高 60～70 cm。在笼一侧或背面留一直径为 25 cm 的洞口，与小室相通。

窝箱是动物休息、躲藏和繁殖的场所。为保证毛皮质量，无论是种兽还是商品兽均提倡带窝箱饲养。窝箱与网笼间通过出入孔相通，出入孔的直径 25 cm 左右。窝箱一般用温暖的木板制成，木板厚度 1.5 cm 左右，窝箱长 60～70 cm、宽 50 cm 左右、高 45～50 cm；窝箱上部呈斜坡状，并可掀开。窝箱不提倡用铁板或水泥板制作。

狐和貉笼可做成二联式笼舍（图 2-9）和单个式笼舍（图 2-10）。安装后笼底离地 40～50 cm，以便于清扫并利于通风防潮。

图 2-9 二联式笼舍

3. 其他设备 需要准备捕捉工具，如捕捉网、捕捉钳等。捕捉网用直径 6～6.5 cm 铁棍弯成圆圈，焊到细铁管上或固定到竹竿、木棍上，再将编好的长 40～50 cm 的网袋拴上。捕捉钳多用直径 12 mm 钢材制成，钳口直径不能大于 6 cm，否则容易挣脱。此外，还需要有剥皮台、晾皮架、刮油机、洗皮机、风干机、楦板、剥皮用刀具等，不再一一详述。

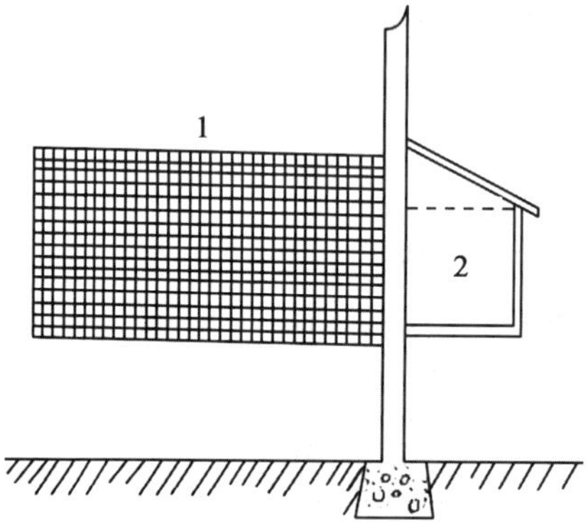

图 2-10 单个式笼舍

1. 笼 2. 木制小箱

二、饲料配制

狐各生物学时期日粮营养水平推荐值见表 2-12。

表 2-12 狐各生物学时期日粮营养水平推荐值

养分	生长前期	毛绒生长期	繁殖期	泌乳期
代谢能/(MJ/kg)	14.2	12.6	12.6	14.2
粗蛋白/%	32	28	30	35
粗脂肪/%	10～14	8～12	8～12	10～14
赖氨酸/%	1.66	1.40	1.56	1.82
蛋氨酸/%	1.0	0.9	0.96	1.12
钙/%	0.8～1.0	0.8～1.0	0.8～1.0	0.8～1.0
磷/%	0.6～0.8	0.6～0.8	0.6～0.8	0.8～1.0
食盐/%	0.5	0.5	0.5	0.6

不同饲养时期，狐的饲料配比可参考表 2-13、表 2-14。

表 2-13 狐的饲料配比(能量比) g/kJ

种类	饲养时期	肉类、鱼类	乳类	谷物类	蔬菜	酵母	骨粉
北极狐	5—8 月份	98～120	17	14～22	48	3.6	2.4～3.6
	9—12 月份	98～120	17	14～22	48	3.6	2.4～3.6
	1—2 月份	110～129	17	19～12	36	3.6	2.4～3.6
	配种期	120～139	17	17～12	24	2.4	2.4
	妊娠前期	120	36	12	24	3.6	3.6
	妊娠后期	120	36	12	24	3.6	3.6
	哺乳期	110	48	12	29	3.6	3.6
银狐	4—8 月份	79～98	17	24～31	19	3.6	2.4～3.6
	9—11 月份	91～120	17	17～26	24	3.6	2.4～3.6
	11—1 月份	98～120	17	17～24	27	2.4	2.4～3.6
	配种期	120～134	24	12～17	12	2.4	2.4
	妊娠前期	100	36	19	24	3.6	3.6
	妊娠后期	100	48	17	24	3.6	3.6
	哺乳期	72	48	19	17	3.6	3.6

表 2-14 狐的饲料配比(质量比)

饲养时期		准备配种期	配种期	妊娠期	产仔泌乳期
代谢能/kJ		2.22～2.26	2.09～2.22	2.22～2.30	2.72～2.93
饲料量/(g/只)		540～550	500	530	620～800
粗蛋白/g		60～63	60～65	65～70	73～75
质量比/%	海杂鱼	50～52	57～60	52～55	53～55
	肉类	5～6	5	5～6	7～8
	谷物窝头	13～14	12～13	10～11	11～12
	蔬菜	12～13	10～12	10～12	12～13
	乳类+水	13～15	10～12	12～16	15～18
另添加料	酵母/(g/只)	7	6	8	8
	食盐*/(g/只)	1.5	1.5	1.5	2.5
	骨粉/(g/只)	5	5	10～12	5
	添加剂/(g/只)	1.5	1.5	1.5	2
	维生素 B_1/(mg/只)	2	3	5	5
	维生素 C/(mg/只)	20	25	35	30
	维生素 E/(mg/只)	20	25	25	—
	鱼肝油/(IU/只)	1 500	1 800	2 000	1 500
	动物脑/(g/只)	5	—	—	—

* 食盐添加量:银黑狐不能超过 3～4 g,北极狐不能超过 2 g。

貉对可消化营养物质的需要量见表 2-15,表 2-16。

表 2-15 幼貉的饲粮标准

月份(月龄)	日粮/(g/只)	热能/kJ	饲料重量配比/%				
			鱼肉类	熟制谷物	鱼肉副产品	蔬菜	骨粉及其他
3(7)	262	1 881	40	40	12	5	3
4(8)	375	2 508	40	40	12	5	3
5(9)	487	2 717	35	40	12	10	3
6(10)	525	2 842	35	40	12	10	3
7—8(11—12)	478	2 717	30	60	10	—	—

表 2-16 成年貉的饲粮标准

时期		日粮量/(g/天)	混合饲料比例(重量比)/%				其他补充饲料/(g/天)						维生素/(mg/天)			
			鱼肉类	鱼肉副产品	熟制谷物	蔬菜	酵母	麦芽	骨粉	食盐	乳类	蛋类	A	B	C	E
配种期(2—4月份)	♂	600	25	15	55	5	15	15	8	2.5	50	25～50	1 000	5	—	5
	♀	500	20	15	60	5	10	15	10	2.5	—	—	1 000	5	—	5
妊娠期(4—6月份)	前期	600	25	10	55	10	15	15	15	3.0	—	—	1 000	5	—	5
	中期	700～800	25	10	55	10	15	15	15	3.0	—	—	1 000	5	—	5
	后期	800～900	30	10	50	10	15	15	15	3.0	50	—	1 000	5	5	5
产仔泌乳期(5—6月份)		1 000～1 200	30	10	50	10	15	15	20	3.0	200	—	1 000	—	5	—
恢复期(5—9月份)		450～1 000	5～10	5～10	60～70	15	—	5	5	2.5	—	—	—	—	—	—
准备配种期(10至翌年1月份)	前期	550～700	10～15	5～10	70	10	—	—	5～10	2.5	—	—	—	—	—	—
	后期	400～500	20～25	5～10	60	10	5～8	10	5～10	2.5	—	—	500	3	—	—

注：1. 维生素 A 的计量单位为国际单位(IU) 2. 本表引子中国农业科学院特产研究所资料。

任务三　狐和貉饲养管理

一、生物学时期划分

由于狐貉的驯化饲养历史不长，保留了野生习性，其生命活动呈现明显的季节性变化。通常将其一年的饲养期划分为 5 个阶段(表 2-17 至表 2-19)。

表 2-17　银黑狐饲养时期划分

<table>
<tr><th>月份</th><th>1</th><th>2</th><th>3</th><th>4</th><th>5</th><th>6</th><th>7</th><th>8</th><th>9</th><th>10</th><th>11</th><th>12</th></tr>
<tr><td>种公狐</td><td rowspan="2">准备配种期</td><td rowspan="2">配种期</td><td colspan="9">恢复期</td><td rowspan="3">准备配种期</td></tr>
<tr><td>种母狐</td><td>妊娠产仔期</td><td>泌乳期</td><td colspan="7">恢复期</td></tr>
<tr><td>仔狐</td><td colspan="3"></td><td>哺乳期</td><td colspan="7">育成期</td></tr>
</table>

表 2-18　北极狐饲养时期划分

<table>
<tr><th>月份</th><th>1</th><th>2</th><th>3</th><th>4</th><th>5</th><th>6</th><th>7</th><th>8</th><th>9</th><th>10</th><th>11</th><th>12</th></tr>
<tr><td>种公狐</td><td rowspan="2">准备配种期</td><td rowspan="2" colspan="2">配种期</td><td colspan="8">恢复期</td><td rowspan="3">准备配种期</td></tr>
<tr><td>种母狐</td><td>妊娠产仔期</td><td>泌乳期</td><td colspan="6">恢复期</td></tr>
<tr><td>仔狐</td><td colspan="4"></td><td>哺乳期</td><td colspan="6">育成期</td></tr>
</table>

表 2-19　貉饲养时期划分

<table>
<tr><th>月份</th><th>12</th><th>1</th><th>2</th><th>3</th><th>4</th><th>5</th><th>6</th><th>7</th><th>8</th><th>9</th><th>10</th><th>11</th></tr>
<tr><td>种公狐</td><td rowspan="2" colspan="2">准备配种期(后期)</td><td colspan="2">配种期</td><td colspan="5">恢复期</td><td colspan="3">准备配种期(前期)(冬毛生长期)</td></tr>
<tr><td>种母狐</td><td colspan="3">妊娠</td><td colspan="2">产仔期、泌乳期</td><td colspan="2">恢复期</td><td colspan="3">准备配种期(前期)(冬毛生长期)</td></tr>
<tr><td>仔狐</td><td colspan="4"></td><td colspan="3">哺乳期</td><td colspan="2">育成前期</td><td colspan="3">育成后期(冬毛生长期)</td></tr>
</table>

二、准备配种期

银狐的准备配种期在 11 月中旬至 1 月上旬，北极狐在 12 月中旬至 2 月上旬，貉一般在每年 9 月下旬至翌年 1 月下旬。本期的核心任务是提供营养全价的饲料,促进生殖器官和生殖细胞的发育,同时调整好的体况,为顺利完成配种任务打好基础。

1. 营养供应　当年出生的后备种兽在此期处于生长发育后期;成年公兽经过配种期、母兽经过产仔哺乳期体力消耗很大,需要恢复体力,自 11 月中旬开始生殖系统又要开始发育。因此,饲料中的饲养水平需要逐步提高。

准备配种期的前期,貉饲料中动物性饲料比例不低于 15%以提高肥满度;12 月至翌年 1 月,貉的冬毛已经生长完成,当年幼貉也已长成,要注意平衡营养调整体况,促进生殖器官的发育;12 月份底临近配种期时,饲料中适当增加全价的动物性饲料,比例以 30%～35%为宜,并补充一定数量的维生素饲料;1 月份开始,每隔 2～3 天少量补喂一些刺激发情的饲料,如葱、大蒜等。

2. 管理要点　要重点做好以下几点:

①控制好种兽的体况:体况与种兽的发情、配种、产仔等密切相关。种公狐体况应该保持在中上膘情,体重 6.5～7.0 kg;母狐体况保持中等水平,体重 5.5～6.0 kg。要被毛平顺光亮,体躯匀称,行动灵活,肌肉丰满,腹部圆平;用手摸脊背和肋骨时,既不挡手又可感触到脊椎骨和肋骨。

貉体况标准是用"体重指数"衡量,体重指数[(体重/g)/(体长/cm)]要求在 100～115 g/cm,公貉体重一般达到 6～7 kg,体况中等偏上,母貉 5.5～6 kg,体况中等偏下。

动物如果过肥,可减少日粮中的脂肪含量,延长在运动场的停留时间,增加运动量,增加寒冷刺激,加大基础消耗量。膘情差的可通过增加饲料量和日粮中脂肪含量,加强保暖工作等,增加其肥度。

②加强光照和防寒:光照是繁殖不可缺少的因素之一,对性器官的发育有调节和促进作用,有利于发情和交配。因此,在棚舍内最好把种兽放在有阳光的一侧接受光照。11 月下旬至 1 月,北方已进入寒冬,为减少动物抵御寒冷而消耗营养物质,必须注意窝内保暖,垫草要干燥、柔软,并用油毡纸、塑料布等堵住窝箱孔隙,经常检查和清理,勤换或补充垫草。

③保证采食量和充足饮水:由于气温寒冷,饲料在室外很快就会变冷甚至结冰,因此,在投喂饲料时应适当提高温度,使动物可以吃到温暖的食物;另外,水是种兽不可缺少的物质,在准备配种期应保证饮水供应,每日至少 2 或 3 次。

④加强驯化:温暖的中午,要多将其驱赶到网笼中运动,也可以人为地制造响声,在笼舍周围经常走动,增加与人的接触机会,一方面可以增强貉的体质,还可以消除惊恐感,利于将来配种繁殖。

⑤做好配种前的准备工作：1—2月份，应周密做好配种前的一切准备工作，维修好笼舍并用喷灯消毒一次。编制配种计划和方案，准备好配种用具如捕兽钳或捕兽网、手套、配种记录表、药品等。上述工作就绪后，应同时将重点正式转入配种期的饲养和管理日程上。准备配种后期，应留意经产母兽的发情鉴定工作，因经产母兽的发情期有逐年提前的趋势。要做好记录，做到心中有数，以使发情的母兽能及时交配。

三、配种期

银黑狐1月中旬至2月中旬，北极狐2月上旬至3月下旬，貉2—3月是配种期。此期饲养的中心任务，是使公兽有旺盛、持久的配种能力和良好的精液品质，母兽能够正常发情，适时完成交配。

1. *营养供应* 进入配种期后，动物性欲旺盛，食欲降低，而配种的消耗又使种兽的体力消耗加大，因此日粮中应供给优质全价、适口性好、易于消化的饲料。参加配种的动物，中午可补饲一些肉、肝、蛋、乳、脑等优质饲料。配种期投给饲料的体积不宜过大，以免降低种公兽的活跃性而影响交配。配种期间每日可实行1或2次喂食制，如在早食前放对，公兽的补充饲料应在午前喂；在早食后放对，应在饲喂后30 min进行。

2. *管理要点* 配种期是全年生产的重要时期，必须加强管理。

①防止跑笼：配种期由于公、母兽性欲冲动，精神不安、求偶心切，容易蹿出笼箱。所以应随时注意检查笼舍牢固性，严防蹿出逃跑。在对母兽进行发情鉴定和放对操作时，要方法正确、胆大心细、戴好棉手套，并注意力集中，必要时使用特制的工具，防止被貉咬伤事故。

②适时鉴定发情，适时配种：在配种期，对母兽发情检查一般每2～3天1次，对发情接近持续期者，要天天检查或放对。对首次参加配种的公兽要进行精液品质的检查，以确保配种质量。进行商品兽生产时，一只母兽可与多只公兽交配，增加受孕机会；在进行种兽生产时，一只母兽只能与同一只公兽进行交配，以保证仔代谱系清楚。配种期间要做好配种记录，记录公、母狐编号、每次放对日期、交配时间、交配次数及交配情况。

③保证饮水：配种期的种公种母兽运动量增大，加之气温逐渐变暖，需水量日益增加，此期要保持水盆里经常有足够的饮水，或每日至少供水4次以上。

④区别发情和发病：配种期因性欲冲动，食欲下降，要经常观察狐群的食欲、粪便、精神、活动等情况，做到心中有数。公兽在放对初期，母兽在临近发情时期，有的会连续几天不吃。要注意发情者与发病或受伤者的区别，对病者、伤者要及时

治疗。

⑤优化配种环境:配种期间,要保证饲养场安静,谢绝游人参观。放对后要注意观察公、母的行为,防止咬伤,若发现相互有敌意要及时分开;要搞好食具、笼舍和地面卫生工作,特别是温度较高的地区,更应重视卫生防疫工作。

四、妊娠期

银黑狐2月下旬至4月上旬,北极狐4月上旬至5月中旬,貉2月上旬至4月下旬为妊娠期。此期母狐的生理特点是胎儿生长、乳腺发育,并开始脱冬毛换夏毛。

1.营养供应　妊娠期是全年各生物学时期中营养水平要求最高的阶段。饲料要营养丰富、易消化、优质新鲜、多种原料搭配,以保证营养的全价和平衡,妊娠25～30天后,由于胎儿开始迅速发育,应提高日粮的供应量;临产前的一段时间由于胎儿基本成熟,加之腹腔容积被挤占,饲料量应较前期减少25%～30%。此外,全群种兽要全日供应饮水。

2.管理要点　妊娠期的管理主要是创造一个安静舒适的环境,以保证胎儿的正常发育。为此,应重点做好以下两点工作。

①要加强保胎工作:狐、貉的妊娠期前期胚胎发育较慢,后期加快,母兽管理的中心工作是保胎,因此,场内要保证安静,杜绝参观和机动车辆进入。饲养员每日都要注意观察兽群的动态,发现有病不食者要及时请兽医人员治疗,使其尽早恢复食欲,以免影响胎儿发育;发现有流产征候者,可每只肌内注射黄体酮20～30 mg保胎;要保证饲料的品质,严防饲料发霉变质或带有激素等有害成分。

②做好产前准备工作:预产期前5～10天,就应对产箱和笼舍进行全面的消毒,有条件的可用火焰(喷灯)消毒,也可用3%氢氧化钠溶液消毒。之后,用软草絮窝,并将产箱四角压实,寒冷地区,产箱缝隙需用纸塞上或糊上,以防冷风袭入。已到预产期的要注意察看临产征候,以及临产时乳房周围的毛是否拔好,有无难产表现等,发现问题及时解决。

五、产仔泌乳期

此期母兽的生理变化较大,体质消耗较多。中心任务是确保仔兽成活和正常发育,达到丰产、丰收的目的。

1.营养供应　产子哺乳期饲料的营养水平应大致与妊娠期一致。可在妊娠期日粮基础上增加乳品饲料,如全乳、脱脂乳、奶粉及奶酪等2%～3%,以增加产奶量。狐和貉乳营养成分含量高,特别是蛋白质和乳脂率高于牛奶、羊奶和水貂奶。产奶量与胎产仔数有关,仔兽越多,产奶量越大,而产奶高峰期在产后11～20天,最高时每日可产 500 mL。产后最初几日母兽食欲不佳，但 5 天后及哺乳的中后期食量迅速增加，因此，要根据仔兽的数量、仔兽日龄及母兽的食欲情况及时调整并增加喂料量。

饲料的质量要求全价、清洁、新鲜、易消化，以免引起胃肠疾病，影响产奶。由于此期需要的饮水量大，加上天气渐热，渴感增强，必须全日供应饮水。日粮标准为：银黑狐的代谢能 2.51～2.72 MJ、可消化蛋白质 45～60 g、脂肪 15～20 g、碳水化合物 44～53 g；北极狐分别为 1.72～2.93 MJ、50～64 g、17～21 g、40～48 g。

2. 管理要点　为保证仔兽成活，临产前 5～10 天要对产箱和笼具进行消毒，有条件的可用火焰喷灯消毒，也可用 3% 火碱液消毒。产箱要保温，用软杂草将产箱四角压实，人工造巢；产箱缝隙用纸糊上，以防冷风侵入。如果产仔季节天气已变暖，也不可忽视垫草，防止寒流袭击。产箱不要包裹太严，特别是不能包塑料布，以防患热射病。

产后 6 h 左右可以检查。一是查看仔兽身上胎衣是否被母兽吃掉，没被吃掉者要人工扒掉，并用脱脂棉擦干仔兽身上黏液；二是查看仔兽脐带是否被母兽咬断，有无脐带缠身的现象，脐带没断或缠身的，要用消毒好的剪刀剪断，并做消毒止血处置；三是查看母兽是否将乳房周围的毛拔掉，仔兽是否吃上奶等，母兽有奶而未拔掉乳房周围毛绒的要人工协助拔毛。检查中发现死胎要及时捡出，并根据母兽的哺育能力决定是否调整仔兽。所有的护理操作动作要轻要快，不要将异味带到仔兽身上。

哺乳期的天气较热，又是易发病的季节，必须注意环境的清洁卫生。食盆、水盆每日清洗，每周消毒 1 次；笼舍内外的粪便随时清理，特别在仔兽 20 天能采食后，母兽不再舔食仔兽粪便，笼箱内最易污染。

母兽生产时体能消耗很大，产奶又需要大量的水，因此产仔泌乳期必须供给动物充足、清洁的饮水。同时，由于天气渐热，渴感增强，饮水有防暑降温的作用。

六、恢复期

因为在配种期及哺乳期的体质消耗很大，动物在这个时期一般都比较瘦弱，所以，该期工作的核心是逐渐恢复种兽体况，保证种兽的健康，并为准备配种期的饲养打下好的基础。

1. 营养供应　初期的 15～20 天，饲料营养可仍保持配种期或哺乳期(母)的水平。之后，营养水平适当降低，以免过分肥胖。8 月末到 9 月初，要提高饲料营养水平，并逐渐过渡到准备配种期，饲料供应量可根据狐的大小而定。

2. 管理要点　恢复期历经时间较长，气温差别悬殊，管理上应根据不同时间的生理特点和气候特点，认真做好管理工作。

（1）卫生防疫　炎热的夏、秋季，各种饲料应妥善保管，严防腐败变质。饲料加工时必须清洗干净；各种用具要洗刷干净，并定期消毒；笼舍、地面要随时清扫或洗刷，不能积存粪便。

（2）保证供水　天气炎热要保证饮水供给，并定期饮用万分之一浓度的高锰酸钾水溶液。

（3）防暑防寒　在异常炎热的季节时要注意防暑降温。除加强供水外，还要将笼舍遮蔽阳光，防止阳光直射发生热射病。寒冷的地区，在进入冬季后，应及时给予足够垫草，以防寒保暖。

（4）注意光照　预防无意识的光照延长或光照缩短，养殖场严禁随意开灯或遮光，以避免因光周期的改变而影响动物的正常发情。

（5）梳毛工作　当毛绒生长或成熟季节，如发现毛绒有缠结现象，应及时梳整，以减少毛绒粘连而影响毛皮的质量。

七、仔幼狐貉

1.仔兽的养育　由于出生后对环境很不适应，必须加强管理，保证成活。

（1）及时检查并调整仔兽　产后 12 h 内要及时检查登记，保证仔吃上奶、吃足奶。吃上奶的仔兽嘴巴黑、腹部增大、集中群卧、安静不嘶叫；未吃上母乳者，窝中分散，肚腹小，嘶叫乱爬。产奶少，而产子多时，要及时调整或将弱小者淘汰，银黑狐一窝不超过 8 只，北极狐一窝不超过 13 只。

（2）及时代乳或人工哺乳　凡母性不强的、同窝超过 8 只（北极狐 13 只）的以及无乳母狐的仔兽，都要找“保姆”代养或进行人工哺乳。

代养，是用刚产仔不久的母狐、母貉或母猫、母犬等哺育缺乳仔兽。代养“保姆”应母性强而且产子数少，亲生仔与代养仔大小大致相同。为了代养成功，要用“保姆”窝中的草或粪尿擦拭被代养者，以求得与保姆窝中气味一致，防止遗弃。

人工哺乳，哺乳器具可用 10 mL 的注射器，套上作气门芯用的胶管。喂给的牛乳或羊乳要经巴氏消毒，温度保持在 40～42℃，每日 4～6 次。人工哺乳前，最好能让仔兽吃上初乳，实践证明，未吃母乳及初乳的仔狐，人工喂奶尽管也能成活，但一般发育较滞后

（3）优化环境条件　环境的温度及卫生条件可以直接影响仔兽的成活率。初生的仔兽容易受冻，特别在奶水不足时，由于仔狐四处奔爬寻奶，最易受冻死亡，因此要结合气候，加强保暖工作，但也不可封闭太严而造成蒸窝。环境及场区不能出现陌生人及异常声响，以免造成母兽惊慌而发生叼子食子现象。25 日龄后，由于

仔兽吃料，母兽不再舔吃其粪便，而仔兽长大后排泄量增加，若不及时清理卫生，就会滋生蝇蚊和大量的微生物，使仔兽发病。

(4)及时补饲，适时断乳　仔兽出生后，生长发育迅速。一般从20日龄开始补料，但在3日龄前可以母兽同槽吃料，因此，要增加母兽饲料投放量，并喂给优质饲料，日粮可由肉馅、牛乳、肝脏等营养价值高且又易消化的饲料组成；调剂时适量多加水，以便母仔采食。30日龄后，仔兽食量更大，必须另用食盆或单独投喂适量的补充饲料。一般情况下，从20～50日龄断乳前，银狐补料量可从70 g/天逐步增加到300 g/天；北极狐补料量从50 g逐步增加到350 g/天。

仔狐仔貉45～50日龄就应该断乳，可以分批断乳，也可一批断乳。

2. 幼兽饲养管理　断乳初期的5～7天，饲料仍保持哺乳期水平不变。独立生活后再按幼兽饲养标准供应。

饲料要新鲜、优质的；饲喂量可根据食欲状况灵活掌握，同时供足维生素A、维生素D、维生素B_1、维生素B_2和维生素C等，保证生长发育的需要。见表2-20。

表2-20　幼狐饲养标准

月龄	银黑狐			北极狐		
	代谢能/(MJ/天)	可消化蛋白质/(g/天)		代谢能/(MJ/天)	可消化蛋白质/(g/天)	
		种用	皮用		种用	皮用
1.5～2	1.63～1.96	22.7～25.1	22.7～25.1	1.76～1.84	21.5～26.3	21.5～26.3
2～3	1.88～2.05	20.3～22.7	20.3～22.7	2.38～24.3	20.3～22.7	20.3～22.7
3～4	2.47～2.72	17.9～20.3	17.9～20.3	3.01～3.18	17.9～20.3	17.9～20.3
4～5	2.64～2.84	17.9～20.3	17.9～20.3	2.89～3.05	17.9～20.3	17.9～20.3
5～6	2.76～2.93	21.5～23.9	17.9～20.3	2.72～2.89	21.5～23.9	17.9～20.3
6～7	2.38～2.64	21.5～23.9	17.9～20.3	2.47～2.68	21.5～23.9	17.9～20.3
7～8	2.13～2.22	21.5～23.9	17.9～20.3	2.26～2.34	22.7～15.1	17.9～20.3

管理方面，一是要减少应激。刚断乳的仔兽离开母兽和同伴后，很不适应新环境，食欲降低，行动不安，经常嘶叫。因而在断乳初期，每笼可养2～3只，独立生活能力加强后分单笼饲养。平时要保持环境安静减少惊吓，饲养员要多与它接触，以利于提高驯化程度。二是要控制好环境。幼兽生长期正值盛暑，气温较高，除应保证全日饮水外，还要注意防暑降温，如洒水降温、搭棚遮阳、栽树遮阴等。饲料及笼具等保持卫生，不喂腐败变质饲料，以防肠炎和其他疾病。7月要注意接种犬瘟热、病毒性肠炎及其他疾病的疫苗。对入选的后备种狐要单独组群，专人饲养，日粮营养水平不变，但饲料量可高出10%，每只每日另加喂维生素E 5 mg，笼位要放

在阳侧;7～9 月,饲料中增加脂肪,10～12 月减少脂肪而增加其他饲料供应。

【知识与技能测试】

一、名词解释:

南貉,北貉,狐臭,冬休 7,连锁现象,择偶性

二、简答:

1. 狐、貉的生态习性特点以及二者的区别。
2. 狐、貉的繁殖生理规律及繁殖时间参数。
3. 狐貉的发情鉴定方法及配种操作技术。
4. 狐貉的选种选配标准及方法。

项目三 果子狸

【项目提要】果子狸是我国历史悠久的稀有“山珍”,素有“山中好吃果子狸,水里好吃白鳝鱼”的美称,果子狸属皮毛兽,其皮可以制裘,是我国传统的大宗出口毛皮之一。果子狸的针毛是制作高档毛笔和画笔的原料。果子狸的脂肪在化妆品生产中是难得的高级原料,还是医治烫伤的良药。本模块主要介绍蜗牛的生物学特性、繁殖、饲养管理技术等。

【知识目标】了解果子狸的分类分布、形态特征、生活习性等;掌握果子狸的繁殖特点及技术;掌握果子狸的饲养管理技术,理解果子狸的疫病防治。

【技能目标】掌握果子狸的繁殖技术;掌握果子狸的饲养管理技术。

【典型知识及工作任务】

编号	名称	内容提要
典型知识	果子狸的生物学特性	分类分布、外貌特征、生态习性、饲养经济价值
任务一	果子狸的繁殖	繁殖生理特点,引种、配种、妊娠、产仔、哺乳与断乳
任务二	果子狸的饲养管理	饲养设施、饲料供应、饲养措施、管理措施、防病措施

【典型知识】果子狸的生物学特性

一、分类与经济价值

果子狸又称花面狸、玉面狸子、白额灵猫。在动物分类学上属哺乳纲,食肉目,

灵猫科，花面狸属。形态似家猫，但较细长，吻尖和头部较家猫长。在我国分布的果子狸目前已知的有三个亚种：即北亚种、南亚种、指名亚种。北亚种分布在长江以北地区，南亚种分布在长江以南与北回归线之间。指名亚种多集中在粤西、桂南以及滇南的西双版纳地区。指名亚种俗称小种子狸，体型最小，体背毛色为灰黑色，略带白斑，是港澳市场最受青睐的品种。

果子狸具有极高的经济价值，毛皮又称为青猺皮，其皮可以制裘，是制作裘皮大衣、皮帽、手套等的原料，也是我国传统的大宗出口毛皮之一。产于我国南方的狸皮针毛平顺，底绒细柔，色泽鲜艳，但张幅较小；而产于北方的狸皮毛绒丰厚，多为青灰色，张幅较大。此外，果子狸的针毛是制作高档毛笔和画笔的原料。

果子狸的肉，是上等的美味佳肴。在我国素有"山中好吃果子狸，水里好吃白鳝鱼"的美称。其肉肉质细嫩，味道特别鲜美，为野味之上品，有很好的滋补功能。早在明代，李时珍《本草纲目》中就有过记载，果子狸肉具有治风湿、痔疮、鼠瘘等作用，其脂肪在化妆品生产中是难得的高级原料，还是医治烫伤的良药。

二、外貌特征

果子狸体型细长如家猫，似狐狸，因喜爬树采食果实而得名果子狸。四肢较短而有力，足具五趾。嘴尖，头部及颈部被毛呈灰黑或近黑色且有白斑，眼的上、下部各有一条白纹，头顶中央有一条直通吻端的白纹，体背被毛深棕带灰色，腹部稍带灰白色，四肢棕黑色。尾毛分两色，尾基部棕黑色，尾末端黑色。成年狸体重4.5～5 kg，体长 45～65 cm，尾长 35～50 cm。见图 2-11。

图 2-11 果子狸

三、生态习性

野生果子狸栖息于热带、亚热带的森林、灌木丛或岩裸地，居于山岗、岩洞、土穴或树洞中。多于夜间活动，有敏锐的夜视能力，到夜晚 10 时后，果子狸变得灵敏，精神抖擞，开始进行攀缘、嬉戏玩耍、寻找配偶、交配、觅食、排泄等活动，并一直延续到次日凌晨。常在树冠上嬉闹，有时也在地面活动。白天除吃食和排粪尿外，其余时间一般都在睡眠或卧着不动，显得迟钝、懒惰。睡眠时，有时侧睡、有时仰睡、有时弯成半球状。多只果子狸在一起时，则是堆叠而睡。

果子狸好静、胆小、怕惊，听觉比较灵敏。受惊后，多数表现为食欲、性欲减退、废食、难产、拒绝哺乳、乱拉粪尿、咬死或吞吃子狸等。也有少数果子狸受惊后排出一种极臭的气味，然后逃入巢箱，颤抖不停。持续强烈惊吓时，果子狸会失去平时的判断力和胆怯，盲目地冲出巢箱乱窜乱跳，常碰跌得头破血流，甚至内脏出血死亡。

进入冬季，果子狸的外形和性情发生较大的变化，被毛丰厚、光泽好，体肥胖，行动迟缓，对光和平时认为的危险反应较迟顿，食量明显降低，昼夜除进行少量的进食和排泄外，一直处于睡眠之中，以半冬眠来缓慢消耗秋季所积蓄的营养。待到初春，果子狸复苏，开始玩耍、嬉戏、攀缘等活动。

果子狸虽为肉食类动物，但食性很杂，多于夜间活动觅食，野生喜食植物果实和谷物，也吃树叶，捕食各种小鸟、鸟卵、小型爬行动物、鼠类和昆虫等。

野生果子狸属季节性繁殖动物，每年繁殖一胎。春季 3—4 月呈周期性发情。经过近 2 个月的怀孕期，夏季产子。每胎产子数 2～4 只。人工驯养后，目前已能达到 2 年 4～5 胎。

任务一 果子狸的繁殖

【相关知识】繁殖生理特点

1. 性成熟及配种适龄　果子狸性成熟时间与其出生日期有直接关系，一般在 1 岁左右性成熟。出生早(5～6 月出生)，饲养管理和生长发育好的，翌年 8～11 月龄即性成熟；而出生晚的(7～8 月出生)则需 2 周岁以后才达到性成熟。

果子狸初配适龄期 20～23 月龄为宜。对出生早、生长发育好的个体，性成熟后即可投入繁殖。果子狸寿命 15 岁，一般适宜的繁殖利用年龄为：母狸 1～10 岁，公狸 2～7 岁。

2. 发情季节　春夏季节是果子狸的发情配种季节，一般公狸先于母狸。人工饲养条件下公狸 2～8 月呈持续性发情状态，8 月份以后睾丸逐渐萎缩，9 月缩为最小(体积缩小 40%)；笠年 1 月睾丸开始又逐渐增大，3 月份睾丸体积达到最大。母狸呈季节性多周期发情，发情期从 2 月末开始，直至 6 月中旬；其中 3 月下旬至 5 月中旬为发情旺期，在此期间一般出现 4～6 个性周期，每个周期 16～22 天。

3.发情表现　公狸发情期间睾丸膨大而有弹性(长 4.5 cm、直径 4 cm 左右),阴囊下垂,睾丸肛腺及皮肤腺分泌黄棕色稍香的分泌物;肤色肉红,被毛稀疏,食量稍减,活动增加,到处走动,嗅闻粪便,趋向异性,兴奋不安;阴茎龟头充血而外露,阴茎不时勃起,常蹲坐舔舐阴茎。

母狸发情前期、旺期和后期呈现不同的变化。发情前期,母狸烦躁不安,来回走动,食欲不振;频频排尿,阴户红肿,跟随公狸,但不接受交配,此期为 3～5 天。发情旺期阴门肿胀缩小,有皱褶,分泌浅褐色黏液;乳头增大,呈粉红色;食欲下降,频尿、兴奋不安;经常嗅闻粪、尿及其他果子狸的阴部,发出"噗噗"的喷鼻声;频频舔舐外阴部,主动接近异性或追随、嗅闻公狸臀或阴茎部;有时将臀对准公狸头部,或在公狸身上摩擦臀部,不时发出"唧吱、唧吱"的叫声,公狸爬跨时站立不动。此期一般为 3～8 天。发情后期,性欲消失,拒绝爬跨,表现安静;阴门明显缩小,肿胀消失,恢复粉红色;食欲恢复,一般为 3～5 天。

4.交配过程　果子狸的配种,多发生在半夜。交配开始为"逗情",公母之间相互亲昵、追逐、嬉戏舐舔,刺激性欲,公狸阴茎勃起;然后母狸出现"立定反应",站立不动,后腿自然分开,举尾,并回顾公狸;接下来是"爬跨射精",公狸嗅闻母狸外阴,爬跨紧抱母狸后腰,阴茎插入阴道抽动。一般每抽动 3～6 次,静停 30 s 左右;射精时,公狸停止抽动,后躯紧贴母狸阴部,低头,不时吻、舔母狸颈背部;静停 3～5 min 后,公狸滑下,蹲坐舔舐阴茎后卧息。整个交配过程 7～12 min。

交配时母狸头稍低下,伸长颈,使前躯低下,后臀升高。若公狸不抽动阴茎时,母狸不时用后足蹬公狸尾根处。公狸射精时,母狸低头,伸颈,或头弯向两前肢间,发出"唧吱、唧吱"的特有叫声。

一、引种

饲养果子狸,种源可以从市场购买或从养殖专业户选购优质狸种,也可到野外诱捕活狸。选择身体健壮,行动敏捷的个体做种,幼狸体重要在 0.75 kg 以上,成狸达到 4 kg 以上。公狸要求无畸形,斑纹清晰,嘴粗长,眼球鼓大而突;站立时,前肢比后肢高,尾巴长、直、完整。母狸要求行走身躯平稳,斑纹黑白交错,尾巴短粗,颈短,四肢健全。

新购进的果子狸,有惊悸、拒食、乱撞及不安静的表现,有时还很凶猛(在光线较强的情况下更为突出)。所以要先将其置于安静、阴暗的环境,避免惊扰,以稳定情绪,逐步驯化。可喂些芭蕉(香蕉)、红薯及甜稀粥等,使其逐步适应。饲喂时主人可发出"啧、啧"的信号。久而久之,只要主人发出这种声音,它便会主动跑出巢穴候食。经过驯养后,果子狸会熟悉主人和环境,可定餐喂养。

二、配种

在自由交配情况下，公母种用兽比例可按 1∶3 搭配，平时分笼饲养。经观察，确认发情的母狸即可与公狸同笼放对。二者一般在午夜交配，交配前要经过多次爬跨，交配持续 7～30 min。每次配种后，应将公、母立即分开饲养。但要注意，公狸在一天内与一只发情母狸成功交配后，一般不再与另外母狸交配，一天 24 h 内可与该母狸交配射精 4～10 次。因此，人工饲养时若同一天有两只以上母狸发情，应及时选择其他公狸交配。

为了提高果子狸的繁殖率，还可以考虑采用“血配”方式配种，即母狸分娩后 3 天以内会有一次隐性发情，这次发情外部特征不明显，可把仔狸与母狸分开后放入公狸配种，配种过后再放回仔狸，并加强营养。

配种后要注意观察，确认母狸受孕后应隔开单养；母狸受配后 16～20 天再无发情说明已受孕。为提高受孕率，在母狸发情期可让公狸交配 2～3 次，或让两只公狸先后与之交配。妊娠母狸要保持中、上等营养状况，不要过肥过瘦。

三、妊娠与产仔

母狸受孕后便不愿意接近公狸，放入公狸后则蜷缩身体。妊娠期性情温驯，行动小心，食欲增强。一个月以后腹部开始变大，乳头突出。

果子狸的妊娠期 55～57 天，多在每年的 5—7 月产仔，个别受孕迟的要到 8 月产仔。一般每年繁殖一次，但产仔早而且仔狸又夭折的母狸，还可再次发情配种。产前 1～3 天，多数母狸会开始拉草做窝。人工饲养下的果子狸选择隐蔽、安静、光线暗的地方或在有垫草的小室产仔。所以在预产前 5 天，应提供清洁的干草让母狸作窝。临产前，母狸舔舐外阴，经常整理窝草，尿少而频繁，食欲废绝。母狸产仔多半在半夜，此时要注意保持环境的安静，一般不需助产，但要提供充足的饮水。以防母狸产后干渴或受到惊吓导致“杀婴”食仔行为。

胎产仔数 2～4 只，多数为 3 只，个别可产 6 只。每只仔狸出生时约重 120 g。20 日龄可达 500 g 左右，40 日龄约 750 g，50～60 日龄仔狸可断乳，平均每只体重约 1 kg。

母狸在产仔后 1～3 天内，有一个隐性发情期（即发情时母狸不叫唤），如能抓住这个时机进行配种（血配），可提高年产仔窝数。如血配成功，则应将仔狸从母狸舍分出来人工喂养。人工哺乳可用大米粉煮成流汁，适量奶粉拌匀，放入奶瓶让仔狸吸吮，每天喂 5～6 次，晚 10 时再喂一次。

四、哺乳和断乳

初生仔狸为闭眼，被毛浅灰色或乳白色，短而密。时常发出“吱吱”的叫声，一周后(一般 9～10 天)眼睛睁开，15 日龄体重可达 390 g，17 日龄面部出现花纹，22 日龄可在窝周围活动，35 日龄长出犬齿和臼齿，可自行采食。

仔狸生后前 10 天，每 30 min 左右吃一次奶；在 10～20 天每小时吃一次，30～40 天，2～3 h 吃一次。38 天左右开始随母狸尝食，45 天就能较好吃食，这时每 3～4 h 吃奶一次。60 天左右就自然断乳，可与母狸分开饲养。

任务二 果子狸的饲养管理

一、饲养设施

建筑果子狸笼舍，要模拟野生环境满足其行为需求，逐渐向家养方向过渡。由于果子狸极善攀缘，笼舍内要设置栖架，供果子狸攀跳和栖息。由于果子狸是典型的夜行性动物，昼伏夜行，白天怕光，常栖于洞中，因此必须设置暗室，供白天休息；果子狸领域行为十分强烈，雄性之间争斗十分激烈，尤其在配种期间，常因争咬而致残，因此，要注意公狸之间隔离。果子狸合群性强，喜群居生活，小群饲养，可以满足果子狸的群居心性，不致感到孤单。

1. 笼箱式设施　笼箱式饲养时，笼的规格为 150 cm×80 cm×80 cm。笼的左右和后面网片用铁丝网做成，顶和门用 1 cm×1 cm 或 2 cm×2 cm 的铁丝网；底多用竹条铺，竹条间隔 2 cm 左右，笼底离地面 30 cm 以上；在笼内 40 cm 高处设 2～3 根木棍，供果子狸攀爬活动。若采用双层笼养，则第二层笼的接粪板宜向后稍倾斜，以利粪尿的清扫收集。笼箱式饲养适合于种狸或商品狸。

2. 圈池式设施　圈池式饲养适合于繁殖种狸。一对成年狸圈舍底面积为 3 m× 2.5 m。三面立墙可用砖砌或用水泥预制板制成。圈分小室和运动场，小室用砖砌成，规格为 1.5 m×1.5 m×1.0 m，在通向运动场的墙下部留一圆门，后墙留一用于清扫粪便的小门。小室内设有产仔窝，窝三面用砖砌成，一面为出入口，门槛高约 20 cm，空间尺寸为 70 cm×40 cm×50 cm。运动场的规格为 1.5 m×0.5 m× 1.5 m。四周及顶部均用铁丝网围成，运动场内要有树木，供其自由攀爬。母狸配种以后，为了防止流产，一般单笼饲养，直到断乳，留下仔狸在笼内饲养半月，母狸则合群笼养。

二、饲料供应

1. 饲料调配　果子狸属杂食性兽类，食性较广。在人工饲养条件下，饲料品种要多样化，一般以植物类能量及蛋白质饲料为主，如玉米、大米、红薯、南瓜、黄豆、豆饼(粕)、菜子饼等；配一些动物性蛋白和矿物质饲料，如畜禽内脏及屠宰下脚料、鱼、虾、螺、骨粉、钙粉等；还要经常提供添加剂饲料，如多维素、鱼肝油、骨粉、钙粉、食盐、微量元素等。有条件的可贮备一些水果，以备冬春补饲。蒸熟的甘薯、玉米、米饭、活鱼及蛙、鼠肉等均是果子狸喜爱的食物。果子狸的饲料配比见表 2-21。

表 2-21　果子狸的饲料配比　　g

饲料	牛肉	活鱼	窝头	蔬菜、水果	乳类
非繁殖期	—	150	200	90	—
繁殖期	250	70	200	30	—
哺乳期	190	—	300	150	450

若蔬菜、水果(野果)丰富则料中不用添加维生素。调制时，先把能量、蛋白质饲料加水煮熟成糊状，然后把一些不宜煮的其他饲料拌入其中，用小盆盛装放入笼内。

规模饲养可使用配合饲料，一般每 100 kg 配合饲料可用玉米 45%、黄豆 25%、大米 12%、麦麸 12%、鱼粉 3%、骨粉 3%和复合维生素 15 g 混合配成。

2. 饲料投放　饲喂要做到定时定量，日喂两次。每只日喂量为 150～200 g，每次以料能被吃完为度；每天喂 2 次，每日上午 8～9 时和下午 6 时以后各喂 1 次。因果子狸主要在夜晚进食，所以中午少投放，天黑后多投料。

要根据果子狸各季节的行为表现、生理特点而改变日粮组成。春季配制蛋白偏高的饲料，以满足果子狸发情、交配、换毛以及大量运动和胎儿生长发育的需要；秋季配制能量偏高的饲料以满足其积累营养过冬的需要；冬季由于冬眠，活动少，消耗少，保持日粮中等水平即可。

母狸在妊娠后期及哺乳期应多喂精料和多维素。配种期公狸可适当加喂肉类、生鸡蛋、鱼肝油、维生素 E 等。仔狸在 35 日龄时，要先喂甜(糖)稀饭或果菜来刺激食欲和锻炼胃肠，以后逐渐过渡到喂成狸饲料。要制定合理的饲喂制度，养成果子狸良好的进食习惯。

果子狸对饲养及饲喂方式有固定的习惯，不要随变更换日粮成分、喂饲时间和饲喂方法。养殖果子狸平时要注意观察,用心料理。狸舍、食槽、水槽也要每天清洗打扫一次,水槽要保持有清洁的饮水。

三、饲养措施

1.仔狸饲养　出生至断乳期称为仔狸。每只仔狸出生重约 120 g,20 日龄可达 500 g 左右,40 日龄约 750 g,50～60 日龄仔狸可断乳,平均只重约 1 kg。哺乳期的仔狸可根据条件采取自然哺育和人工哺育。

大多数情况下采用自然哺育。母狸产仔后,让母子狸共同生活,仔狸饿了任其吮吸母乳。自然哺乳,仔狸身体健康,但母狸本身恢复较迟。50 天可断乳与母狸分开喂养。

也可以采取人工哺育。仔狸产后 3 天即从母窝里分开,放到保温木箱里,箱底垫稻草或烂布,用人工配制的乳汁喂养。配方:强化麦乳精 25 g,奶粉 50 g,酵母 0.6 g,钙片 0.5 g,复合维生素 B 液 0.5 mg,掺开水 250 mL。待温水溶解后装进奶瓶内,让仔狸吮吸,每天喂 4～6 次。15 日龄后,仔狸已开眼,可在上述日粮中加 20%～50%的米糊饲喂。25 日龄仔狸开始长牙,可将饲料放到食盆中让仔狸舔食,每隔 7 天添喂 5～10 mL 复合维生素 B 液,以增进食欲。40 日龄仔狸长至 0.5～1 kg 重。可喂玉米稀粥,粥中加糖或食盐,平时辅以熟南瓜、红薯及芭蕉野果等。

人工哺育要特别注意保温,不要受风吹,更不要惊吓。开眼以后的果子狸,会东走西窜,要注意防逃,防家畜危害,防蛇、狗、鼠咬。

2.幼狸饲养　断乳后至性成熟期的狸称为幼狸。此期生长速度较快,必须供给充足的饲料。刚断乳的幼狸,不能同成年狸混养,还要单独细心喂养。

饲料以玉米粥、米粥为主,每周添加一些维生素 B 液和蔬菜野果。有条件的每月可喂 1～2 次畜禽肉或汁,每只狸每次喂肉 50～100 g,或喂肉汁 100～200 g,不能一下喂很多肉类,以免腹泻。

平时最好能喂些鸡骨头,猪骨头以利生长发育,如果肉类缺乏,在米粥里拌入 5%～10%炒熟的黄豆粉。还可喂煮熟的南瓜、红薯和芭蕉、猕猴桃,野葡萄、苦辣果等。

90 天以后的幼狸可以混养,每天早晚喂 1 次。每隔 10～15 天喂甜粥 1 次,每次用 15～20 g 白糖拌粥喂给。每隔 7 天喂 1 次复合维生素 B 液,每次半匙,拌入粥内,以增加食欲,另外可按如下混合制成配合饲料喂养,效果更佳。参考配方:玉米(或大米)120 g、黄豆粉 20 g、鱼粉(或血粉)5 g、食盐 5 g、糖 10 g、土霉素 1 g。

一般小规模饲养，主要喂给大米粥（玉米粥），每天每只100 g左右，再加上一些动物性饲料（如鼠肉、蛙肉、鱼肉、畜禽下脚料、鱼粉、奶粉等）约25 g。经常定量喂给一些瓜果类（如香蕉、苹果、番茄、红薯、南瓜等）100～150 g。这样饲养成本低、效果好。

3.怀孕期和哺乳期母狸饲养　母狸怀孕期为3～4个月，但由于种狸体质各异，孕期有提前或延期数天的现象。怀孕后的母狸需要安静环境，尽量避免外界惊扰。必须保持营养供应，除喂粥外，须增加鸡、猪骨头及各种野果。每天加喂50 g麦乳精或1个熟鸡蛋，以利胚胎发育。

4.商品狸育肥　秋季，果子狸采食量增大，以蓄积营养准备越冬，所以一般在进入秋季后要抓紧时间育肥，可选用以下育肥方法之一：

(1)把熟红薯切片晒干，喂完正餐后投喂红薯片。夜间加喂1次，每只狸喂150 g(此法宜在出场前半个月投喂)。

(2)用2.5 kg猪脊骨和5 kg黄豆分别烘炒后粉碎、拌匀，每只狸每天喂15 g，加10 g白糖，拌入玉米粥或大米粥中喂给。

(3)用猪或牛肉汁拌粥喂，每只狸每天喂100～150 g，如有鸡骨、鸭骨等人食剩的残骨，在夜眠前投喂，使狸夜间咀嚼少活动，育肥效果更好。

(4)也可采用具催眠作用的中药，使之食后即睡，减少运动耗能，以促其长肉，此法最佳。采用上述方法之一育肥，每只狸月增重可达750～950 g(一般饲养月增重为500～600 g)。育肥期间要求环境安静，光线较暗，让果子狸减少运动。公母分开饲养，每群以10～15只为宜；笼养每笼可养4～5只。当幼狸在饲养8个月左右，体重达到4～5 kg时即可出栏。在屠宰前1周，最好喂给含糖较高的水果，这样肉味会更加鲜美、独特。

到了冬天，果子狸很少活动，除了排粪和少量采食外，一般都在洞穴内冬眠。冬季果子狸的被毛丰厚、光泽好，皮张质量也最好，且膘肥肉美，是收取皮张的最佳季节。

四、管理措施

1.日常管理　果子狸胆小，易惊恐，一切习惯了的外界因素突然发生变换，都会使果子狸产生应激反应，如声响、见陌生人、家畜窜入、光亮强度变化、颜色、气味、气温高低和饲养程序等。受惊后表现出惊跳不安、恐惧、发怒、食欲降低、性欲减退、精神紧张等，轻者外伤和食欲不振，重者抵抗力减弱，感染病原菌致病而死亡或受伤而亡。

所以果子狸在家养条件下，要尽量减少刺激。要避免生人、儿童进舍观看，或在附近喧闹、放鞭炮等，以防应激症的发生。果子狸居住的洞穴光线要弱，特别是冬眠时，狸舍要保持弱光。

当果子狸因受惊而乱窜乱跳时应及时给予安抚，这样可使其由蹿跳变为来回不停地走"∞"形步，约持续 1 h 即可恢复平静。在接近产仔期时，每日要给果子狸足量饮用水，并要保证环境安静，无特殊情况，不要随意捉放果子狸，否则果子狸因产后干渴或惊吓可导致吃仔狸。

果子狸对异味和红颜色特别敏感，因此，异味不要带入狸舍，伤口处理不用红色药水。

在饲养中还应注意，应根据幼狸个体发育状况分群饲养，从小开始驯化。小果子狸在性成熟期以前都可以按群合养。成狸与幼狸要分养，强狸与弱狸要分养，孕狸、产仔狸单独饲养。

再者，果子狸怕高温、忌潮湿。夏季舍温不宜超过 30℃，要特别注意遮阴通风、洒水降温。冬季应在木箱内放些柔软的杂草，以利保暖。圈内还要注意经常清理打扫、保持清洁卫生。

2. 驯化　训练果子狸，从断乳时开始最适宜，可以采取以下步骤。

(1)接近和抚摸　当初次接近仔狸时，不要让它受惊，对它的头颈、颌下的被毛轻轻抚摸，用温和的语气和它"交谈"，让仔狸安静下来，每日接近抚摸 2～3 次，每次 3～5 min。经过几天之后，仔狸对人逐渐熟悉了，然后用干净的食盘，放入一只香蕉，诱导采食。香蕉是仔狸最喜爱的食物，有强烈的食物刺激作用。一边喂食，一边抚摸和语言刺激，使食物刺激和行为刺激紧密结合，经过多次训练，仔狸对人产生了感情，可以达到不怕人。

(2)怀抱训练　在抚摸的基础上，训练怀抱，可以进一步加深人兽之间的感情，其方法是一手掌托住前胸，另一手掌兜住臀部，离地 20～30 cm，作上下升降训练，经过几次训练之后，便可以怀抱。

(3)条件反射的建立　一是可以定时、定量、定点投食，使果子狸在规定的时间，固定的地点，吃到定量的食物。二是建立召集信号，投食前吹哨 1 min，随后立即投食，吃食过程中，继续吹哨 3 min，每次供食 15 min，按时取走剩余食物。每日投食 4～5 次，召集条件反射 5～7 天便可形成。

(4)扩大适应性训练　其目的在于增加刺激强度，扩大适应范围，逐渐改变果子狸胆怯、隐蔽、逃离的野性。其方法为有计划、有步骤、由小到大、由弱到强、播放各种录音，促成条件反射的形成。

【知识与技能测试】

一、填空：

1.果子狸的寿命一般为(　　)年。

2.果子狸的发情周期为(　　)天。

二、选择：

1、果子狸的妊娠期一般为(　)天。

A.55～57　　B.28～32　　C.60～62　　D.108～120

2.果子狸为(　)动物。

A.单胎　　B.多胎

3.果子狸的交配一般多发生在(　)。

A.清晨　　B.中午　　C.傍晚　　D.半夜

三、简答：

1.果子狸的经济价值。

2.果子狸的外貌特征。

3.果子狸具有哪些生态习性?

4.如何对幼狸进行合理的饲养管理?

5.如何对种狸进行合理的饲养管理?

6.商品狸的肥育技术。

7.果子狸的驯化方法。

项目四　麝鼠

【项目提要】麝鼠的经济产品主要是优质的毛皮、美味肉食和麝鼠香。麝鼠皮在国际裘皮市场上素有“软黄金”之称；其肉细嫩，味道鲜美，含有16种氨基酸；麝鼠香含有与天然麝香相同的麝香酮，是珍贵的药材和香料原料。本项目主要介绍麝鼠生物学特性、繁殖育种，圈舍笼养和散放饲养，以及产品的采收。

【知识目标】了解麝鼠的分类分布、形态特征、生态习性；了解麝鼠的繁殖生理及配种、饲料配制等相关知识。

【技能目标】能利用所学知识掌握麝鼠的人工饲养和散养、辅助配种技术；掌握麝鼠散放饲养和圈舍笼养中的管理要点。

【典型知识及工作任务】

编号	名称	内容提要
典型知识	麝鼠生物学特性	分类分布，形态特征，生态习性，繁殖习性
任务一	麝鼠圈养技术	圈舍建造，日粮配制，日常管理，不同时期特殊管理
任务二	麝鼠圈养繁殖	繁殖生理特点，种鼠选择，配种技术，妊娠及产仔管理
任务三	麝鼠散养技术	散养技术要点，散养日常管理、四季管理，繁殖管理
任务四	麝鼠人工取香	死体取香方法，活体取香方法步骤

【典型知识】麝鼠的生物学特性

一、分布及经济价值

麝鼠，俗名青根貂、水老鼠、水耗子，属于啮齿目、仓鼠科、田鼠亚科、麝鼠属。麝鼠原产于北美洲，由于各国引进饲养及散放，现在除北美洲的美国、加拿大外，亚洲的日本、蒙古等国家也都有野生麝鼠分布。我国原本没有野生麝鼠，但目前在野外自然环境中麝鼠分布也较多，这些野生麝鼠主要有两个来源：一是早在 20 世纪 40 年代开始从苏联自然扩散而来，主要在黑龙江上游、乌苏里江流域、伊犁河以及阿勒泰地区的列兹河、哈巴河流域等地；二是自 1957 年开始，我国先后多次引进优良种鼠，散放到不同地区自然扩散。所以，现在不仅东北三省、新疆有较多的野生麝鼠分布，内蒙古、西北、华东等地也都有野生麝鼠分布。

麝鼠的绒毛润泽油亮，细密润滑，国际裘皮市场上素有“软黄金”之称。其肉细嫩，味道鲜美，蛋白质含量为 21%，含有 16 种氨基酸，钙的含量是牛肉和梅花鹿肉的 13 倍，且胆固醇比牛肉低 22.5%，是营养丰富的美味佳肴。

公麝鼠的香腺囊在 3—10 月可以分泌麝鼠香，每年可人工取香 8～9 g。研究证明，麝鼠麝香中含有与天然麝香相同的麝香酮、降麝香酮，十五、十七环(烯)烷酮等主要成分，且减慢心率的作用比天然麝香还明显，具有抗炎、耐缺氧、降血压、消炎、抗过敏、雄性激素等作用，是天然麝香最理想的替代品。其中的大环酮类含量丰富，是高级动物香料和天然麝香的类同品，进行规模饲养和开发的厂家进行人工采香，具有广阔的开发前景。

二、外貌特征

麝鼠的体型椭圆而肥胖，身长 3～5 cm，尾长 20～26 cm，体重 1～1.5 kg，头稍扁平，颈粗短，眼小，耳小且隐于被毛之中，耳孔有长毛堵塞，嘴钝圆，有胡须。上下颌各有一对长而锐利的门牙露于唇外，呈浅黄色或深黄色。四肢短，前足 4 趾，趾爪锐利，趾间无蹼，后足比前足长而强壮，趾间有半蹼并有硬毛。尾基部呈圆形，远端侧扁，表面有圆形鳞片和稀疏的黑色短毛，背毛呈棕黑色或橘黄色，腹部呈棕灰色。夏、秋季被毛色泽较浅，冬、春两季则较深，幼鼠(3 月龄前)毛色发灰而无棕色，随日龄增长颜色日渐加深，到 4 月龄以后接近成年鼠大小。见图 2-12。

图 2-12 麝鼠

公麝鼠的香腺囊是性征器官，每年的 3～10 月(繁殖期)可分泌麝鼠香，用于招引异性，利于配种繁殖。其位置在下腹部腹肌与皮肤之间，在附睾囊上方和阴茎基部两侧，呈长椭圆形，左右各一。具体位置在腹部中线两侧的阴茎前 1.5～2.5 cm 处，排香孔(口)几乎与阴茎包皮等齐。充满香液的香腺囊纵径 3.0～4.0 cm，横径 1.3～1.8 cm，香囊重约 5 g，含香 1～1.6 g。香腺囊的表面为一层薄膜，不光滑有结缔组织包裹，分布有毛细血管。囊体呈海绵状，横切后流出白色油脂状香液，黏稠如稀猪油状。切面蜂窝状，腔体大小不等，呈囊状和管状结构。香腺囊的尾端接排香管，管长 1.5～3 cm，开口于阴茎和包皮之间，与阴窝尖几乎并齐，香液从腺腔组织由排香管排出。

三、生态习性

1. 栖息环境　野生麝鼠是在水中活动、在陆地栖息的动物。其栖息地多在水草茂盛的低洼地带以及沼泽地、湖泊、河流、池塘的岸边，以有浅水、稳水的草滩处最多，靠近水源的草丛、丛林间亦有栖居者。因为喜欢筑巢，所以岸边土质以缺少石头为最好，沙质岸边也可。麝鼠先天具有较高的打洞本领，洞穴结构复杂，一般由洞道、盲洞、贮食仓、窝巢等部分组成；洞道弯曲，分支多，一般分上、下两层纵横如网状交错。

2. 活动规律　麝鼠全天均可外出活动和采食。黎明、黄昏、黑夜活动频繁，白天活动较少，中午活动更少。春、秋两季麝鼠活动较频繁，春季是麝鼠的繁殖季节，秋季则整天忙于为过冬而贮存食物;冬季活动很少,仅在个别暖和的中午出来活动、觅食,出洞时可以咬开、顶碎薄冰层,如果洞口封冰,麝鼠还可另挖新洞或另开洞口。麝鼠不仅能在冰上活动,在北方深雪下也活动自如。

麝鼠善于游泳,在水中非常灵活。在水下觅食时,一般每 1～2 min 需要将头露出水面换气,如果遇到特殊情况,在水下可忍耐 3～5 min 而不换气,但当潜水达 7～15 min 时也会导致死亡。在水中游泳时,头部露出水面,后肢展开半蹼划水,尾似舵控制方向,其划行速度为 17～35 m/min,且能较长时间在水中游玩、活动或觅食。

麝鼠行动机警隐蔽、好斗,家族式栖息,不同家庭不能同居,若遇外族侵入就要进行激烈的格斗,并因此而造成伤亡。

麝鼠听觉灵敏,但视觉和嗅觉迟钝。遇到声响便立刻回洞或潜入水中隐蔽。麝鼠较愚笨,胆大而少疑,易被敌害和捕捉工具捕捉。当其受惊吓时,常常咬牙切齿,发出"咯咯"的磨牙声。麝鼠在哺乳期间,公麝鼠不但供给母麝鼠、幼麝鼠食物,而且还担当全家的保卫任务。如遇敌害,仔鼠则吸住母鼠乳头或伏其背上一起逃逸。

3. 食性特点　麝鼠是典型的草食性动物,一年四季均以草为主。可以利用各种无毒的作物、蔬菜以及野生草本和木本类植物,从根茎到花果、谷类的子实和其副产品都可以采食,并完全可以满足其营养需求。麝鼠的食物来源广、价格低,人工饲养时,不存在季节性饲料短缺,水生和陆生的草本类植物能解决数月所需的青绿饲料,而木本类植物可以补充麝鼠 3—4 月的食物短缺。

麝鼠有贮存食物的特性。在越冬前(秋后)和产仔哺乳期,麝鼠将食之有余的食物贮存于单独设置的"粮仓"中,每个洞的麝鼠可以有 2～3 处"粮仓"备用,而且所贮存的食物不会变质腐烂。圈养的麝鼠通常将食物贮存在小室或走廊中。

麝鼠的食量较小,一般每日采食量相当于自身体重的 40%左右,可采食植物类饲料 250～500 g,谷物子实 25～50 g,而且冬、春采食较少,夏、秋采食较多。

4. 自然扩散　麝鼠在某个地域繁殖后,会不断自行扩大分布区域,以保持较恒定的密度及足够的食物。这种自然扩散的速度很快,且一年四季均可进行,但主要在初春时期,家族分窝进入繁殖前和秋季雨水较大时集中进行。扩散的主要自然原因多是栖息环境改变、水位突变、繁殖过多以及水草不足等。迁徙也有人为的干扰因素,如人在水域内经常捕鱼、割苇草、过分捕猎等。敌害或竞争者增加也会引起麝鼠扩散,特别是洪水泛滥会使麝鼠顺水漂流到较远的地方去。其迁徙路线大都沿河道行走,一次迁徙 10～15 km,个别远者为 35～50 km。扩散到新的栖息地定居后,数量逐渐增加,3～5 年的时间,达到比较稳定的程度。

5. 栖息密度 麝鼠在单位面积内的栖息密度，主要取决于自然环境。一般水面较宽的水域栖息密度小，而水域相连的水泡、弯曲的小河渠、湖湾、带漂筏的沼泽地，栖息密度就大。在不同季节不同景观的条件下，栖息密度也有差异。夏季水渠中的栖息密度大，而冬季则在漂筏和苇塘中的栖息密度大。

6. 寿命与天敌 麝鼠的寿命一般为4～5年，最长可达10年。家养麝鼠可繁殖利用年限为：公鼠2～3年、母鼠4～5年。麝鼠在自然界的天敌很多，主要有狼、狐、貂、黄鼬、野猫、家猫、犬，以及食肉类的大型水禽、鹰、雕等。麝鼠防御天敌的武器只有裸露于唇外的上、下门齿。

四、繁殖习性

麝鼠是季节性多次发情繁殖的多胎次的动物，多为一公一母家族式繁殖后代，繁殖能力很强。在东北寒冷地区每年产2～3胎，较温暖的地区可产4～5胎。平均胎产6～9只，早春产的仔鼠到秋季还可产1胎，故一只母鼠1年可繁殖20～30只仔鼠。

仔鼠生长发育很快，初生仔鼠体重15～22.5 g，体长6.5～7.5 cm，不睁眼，体表无毛呈棕色或黑色。5～7天长出牙齿，9～12天睁眼，随后长出灰黑色的毛被，至20天后变为灰色，无针毛。可爬出洞穴采食、活动，20～25天可下水游泳，且能独立生活。仔鼠成活率野生状态为50%～60%，人工饲养可提高到80%～90%。

麝鼠4～6月龄达到性成熟，东北地区繁殖期在4～9月，妊娠期为26～28天，哺乳期为20～25天。仔鼠可较长时期在其双亲附近的洞穴居住，互为照应，直到重组新家，方离开双亲。

任务一 麝鼠圈养技术

一、圈舍的建造

人工饲养麝鼠多数采取圈舍式饲养，也有用笼养的。圈养较为适用又经济，但占地面积较大，冬季水池易被冻坏。笼养适用于室内，饲养的密度也较圈舍为高。在北方此方式特别适合于室内饲养。

1. 棚舍 用于遮挡雨雪和防止烈日暴晒的简易建筑，一般适合于我国南方较炎热的地区。棚舍两侧栽种有藤植物，形成很好的遮阴环境。棚的顶盖可建成人字形。一般用角铁、木材、竹子等做支柱，上盖石棉瓦、油毡纸或苫房草等。棚檐高1.2～1.5 m，宽2～4 m，长度可视饲养数量和场地大小而定。

2. 圈舍修筑 家庭饲养常采用笼舍，大型饲养场多采用标准圈舍，圈舍的形式可分为平式圈舍、立体式圈舍、幼鼠群养圈舍等。无论何种形式的麝鼠圈舍，都要包括窝室、运动场、水池三个部分，其中窝室分为内室和外室两间，内室用于产仔，要大些较大，外室休息用，可以小些。

（1）平式圈舍　平式圈舍的三个部分在一个平面高度上。底面、四壁用砖石砌成，水泥勾缝。可以根据饲养规模确定几个或多个连接在一起，各部分的尺寸，只要相对合理即可，并不十分严格。

运动场朝水池的方向要稍有倾斜，在靠近窝室的前面修一小平台，供吃食、休息用。运动场的顶上用铁丝或石棉瓦覆盖，但要留投食口。

水池用水泥抹平，要保证有足够的深度（0.2～0.3 m），水池靠运动场的一侧要做成斜坡状，便于上下。水池需设排水孔，以便换水。

（2）立体式圈舍　窝室和运动场在上层，水池在下层，上、下层通过梯子相连。这种圈舍便于冬季保温、夏季防暑，也能使休息和繁殖的环境保持干燥，对繁殖有利。

研究表明，水封洞、全封闭楼式立体的圈舍最符合麝鼠营居和繁殖的生物学特性。见图 2-13。

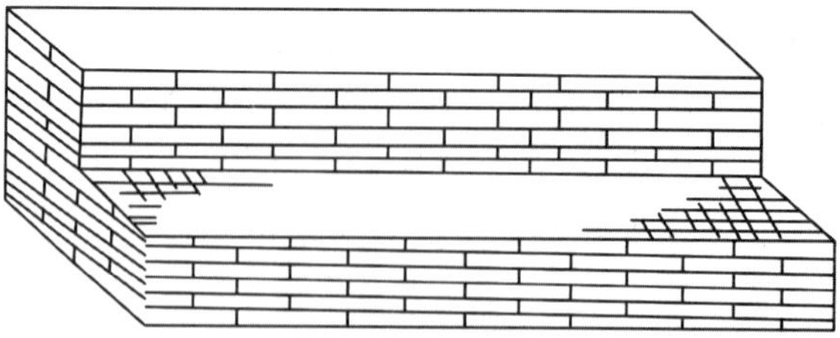

图 2-13　麝鼠水封洞、全封闭楼式立体繁殖圈舍的修建图解

此圈舍是将平式圈舍的水池、运动场和窝室的三大组成部分立体化，即下层为水池，80 cm×70 cm×30 cm，水池面上镶嵌水泥隔板，隔板内侧留有 12 cm 的洞口。该洞口是进出水池、运动场的必经之路，隔板上用砖砌成上、下两层的窝室，每层窝室高 35 cm、长 70 cm、宽 30 cm。上层窝室用水泥板盖严。水池外侧面用 4 号电焊网罩严，水池内侧留出 20 cm 的运动场（此运动场是水池面隔板的延伸部分）。从运动场处留出插板空隙位置，以便取香和检查时捕抓麝鼠。运动场还是投放饲料和麝鼠交配的场所。

（3）幼鼠群养圈舍　断乳进入幼鼠阶段后，应分开饲养，所以应建立专门的幼鼠圈舍。0.5 kg 左右的鼠可以集中饲养，其圈舍的窝室、运动场及水池可以共用。但超过 100 天的麝鼠则不能混养，因为它们容易咬架，造成皮伤甚至死亡。

二、日粮配制

麝鼠是以植物性饲料为主的杂食动物，食性广泛，其中动物性饲料仅占精饲料配方的10%左右。人工笼养条件下，由于麝鼠接触外界水生植物、陆生植物的机会较少，容易引起麝鼠对矿物质、维生素的缺乏，因此应特别注意麝鼠日粮中胡萝卜、麦芽、骨粉等饲料的补充。同时，日粮中要注意添加金霉素、土霉素、盐霉素，既可促进麝鼠的生长，又可抑制微生物的生长，预防疾病的发生。麝鼠的采食量较少，一般日采食量相当于体重的40%左右，每只每日可采食植物饲料250～500 g，谷类子实25～50 g，冬、春季采食量较少，夏、秋季采食量增多。

麝鼠越冬期活动较少，可进行维持饲养，但此期开始的10～11月是冬季毛皮生长成熟时期，因此，应保证此期的营养供应充分，注意补充谷物类能量饲料及蔬菜等含维生素丰富的饲料。

成年麝鼠日粮见表2-22。

表2-22　成年麝鼠日粮表　　g/(天·只)

饲料种类	越冬期	准备配种期	配种期	妊娠期	泌乳期	取皮期
青草		300	300	350		
块根	200	200	50	50	25	200
蔬菜	50	50				50
干草	10	10	10	10	10	20
玉米面	30	40	50	50	50	30
豆饼	10	15	10	10	10	10
骨粉	1	1	1	1	1	
食盐	0.01	0.01	0.01	0.01	0.01	0.01
麦麸	10	15	15	15	15	10
动物饲料	5	5	5	5	5	5
胡萝卜	10	10	10	10	10	10
麦芽	2	2	2	5	5	2

幼鼠的生长发育较快，出生后15～20天就会吃食，1月龄小鼠即可独立生活，并能分窝断乳，一般每窝2～3只进行饲养，此期应多补充精料及动物性蛋白质饲料，饲料要新鲜、卫生，以防患胃肠疾病和传染病，促进幼鼠的生长发育。幼龄麝鼠日粮见表2-23。

表 2-23 幼龄麝鼠日粮表　　g/(天·只)

饲料种类	1月龄	2月龄	3月龄	4月龄
青草	150	200	250	50
块根	50	50	50	250
蔬菜	50	50	50	50
干草				10
玉米面	40	40	50	50
豆饼	10	10	10	10
麦麸	10	10	10	10
谷粒	5	5	10	10
骨粉	1	1	1	1
食盐	0.01	0.01	0.01	0.01
动物饲料	5	5	5	5

三、日常管理

1. 满足供水　麝鼠喜水，要保证有充足的清洁饮水。麝鼠的日常活动多在水中进行，尤其喜欢在水中排泄粪便，浴水极易污染，所以应保证浴水的卫生，一般春、秋每两天换一次水，夏季要天天换水。

2. 保证营养　根据麝鼠不同生长发育时期的营养需要，合理搭配日粮，尤其应注意幼鼠和母鼠的营养需要。准备配种期应控制体重(公鼠为 1～1.2 kg、母鼠为 0.7～1 kg)，同时注意维生素 D、维生素 E、矿物质元素的添加；配种期由于性活动较频繁，食欲有所减退，因此应注意日粮质量，一般适当加些动物性蛋白质饲料；妊娠期应供给品质新鲜、种类丰富的饲料，从而减少流产和死胎；产后泌乳期日粮要增加精饲料和无机盐饲料，以促进泌乳。

3. 环境控制　夏季注意防暑降温，避免日光直射，冬季注意笼舍的防寒保暖，窝舍温度保持在 10～15℃为宜。麝鼠不喜阳光，且胆子较小，泌乳期的麝鼠更易受到惊吓，有的受到惊扰时将仔鼠叼来叼去，甚至咬死，应注意笼舍的遮阳，同时保证笼舍周围的安静。

4. 注意防病　笼养条件下，由于麝鼠的饲养密度相对较大，应注意防止大规模疾病的发生，坚持自繁自养、对笼舍定期消毒，并定期用磺胺增效剂和抗生素类药物，以增强麝鼠的抗病能力。

5. 定时检查 随时注意观察麝鼠的体态、食欲、排泄、活动、磨牙、疾病等情况，发现问题及时采取措施。对配种期的麝鼠应注意观察鸣叫、追逐、爬跨等，并及时做好记录和配种工作。麝鼠有贮藏食物的习性，应采取少饲勤喂原则，注意检查窝舍内是否有藏匿食物，以防腐烂变质。

四、不同时期特殊管理

1. 准备配种期 一般在1—3月，约100天。这一时期的主要任务是促进生殖器官的迅速发育，保证配种期有正常的性机能。此期，一是要确保日粮和水的供应，供给充足的维生素A、维生素E，加喂一些大麦、胡萝卜等；同时供水要充足，提供游泳条件。二是要调整体况，降低脂肪较高饲料的供给，加大运动量，增强体质，对过瘦者要加强营养。经常保持与人接触，以便于人工操作。三是要及时分窝、配对，选择5～10月龄的育成鼠为种鼠，避免近交，并淘汰过肥、过瘦者。配对前需进行适应性饲养，先将年龄、体型、体重相近的两个个体，分别装在中间隔有铁丝网的长方形笼内，使它们彼此隔网嗅闻，看得见咬不着，几小时或1～2天，气味相投后，就可以放在一起。

2. 配种期 每年3—10月是麝鼠的配种繁殖期。此期的主要任务是控制好环境，抓住时机适时配种，保证受胎率。配种期要做好公母组合合笼(具体见繁殖技术内容)。由于种鼠(特别是公鼠)体力消耗很大，必须加强营养，此时要喂给新鲜可口的水草，补充动物性饲料和维生素A、维生素E等，补料宜在中午时一次性补给为好。因公、母鼠交配需在水中进行，所以水池贮水要充足、干净、保证水质。还要保持周围环境的安静，光线要暗，必要时可用黑布将圈舍遮住。

3. 妊娠期 要重点做好以下4件事。

(1)妊娠检查 配种10天后，用左手抓住母鼠尾巴，抬起，令其前爪抓着笼壁，右手呈“八”字形在母鼠腹壁上由腹股沟向胸部方向轻轻摸索，如摸到花生米大小的、滑动且不易捉到的便是胚胎。

(2)保证营养 麝鼠一胎多仔，胚胎发育极快，需大量营养，此期的关键是喂给品质好的饲料，新鲜多样，保证蛋白质、维生素、矿物质的供给。若不注意营养，常会引起流产、死胎或弱仔。

(3)防止流产 母鼠怀孕后，如果突然出现精神沉郁、常卧于室内，并经常舔舐阴部，可能是发生流产的预兆。造成流产的原因比较多：饲料发霉、营养不全面，尤其是维生素B、维生素E缺乏引起母鼠妊娠中断，出现胚胎吸收或流产；意外的伤害和某些传染病也可引起流产。因此，为了防止流产，应供给母鼠新鲜、营养全价和恒定的饲料，防止机械损伤，保持安静，忌惊扰。对于机械损伤性流产，只见鲜血未见胎儿的，可肌内注射黄体酮 0.5 mL 保胎。如果发现妊娠鼠突然腹围变小，阴道排出发育不全的胎儿或流出红褐色块状物及污血，或排出油光发亮的“粪便”，则表明已发生了流产。此时，要加强管理，防止出现败血病，一般用 5% 葡萄糖加维生素 B_1 皮下注射 15 mL，肌内注射青霉素 10 万 IU，还可以注射催产素以排尽恶露。

(4)做好产前准备　主要是打扫窝室，铺好垫草，加固圈舍，创造安定的产仔环境，避免骚扰。若母鼠受到惊吓，会狂躁不安，有时会吃掉生下来的仔鼠，或弃之不喂，活活饿死。

4. 产仔期饲养管理　在产前 1～2 天，公鼠一般会非常忙碌，它一边向室内运送母鼠絮窝用草，一边用草把通向运动场的门堵严，这意味着母鼠将要临产。

当听到小鼠“吱吱”叫声，可认定已产仔。1 只母鼠一年可产 2～3 胎，每胎相距 34～35 天。初产母鼠一胎 2～7 仔，经产母鼠每胎 7～11 仔，平均 6～9 仔，成活率可达 99%。

母鼠产仔后，1 周左右不出产窝，公鼠十分繁忙，不断给母鼠送饲料，用草堵门，在运动场和外室当警卫，遇到情况，以身体护门保护母仔安全。

有时也会出现难产，当发现超过预产期，母鼠外阴红肿，流出污血，并剧烈收缩，有排泄动作，胎儿却不出，或卡在产道内。此时应紧急肌内注射垂体素或脑垂体后叶素 0.3 mL。若 20 min 仍未产出，可再注射 1 次。若一昼夜仍未产出，需进行人工助产。人工助产时一般先用低浓度消毒水清洗外阴部，然后用甘油润滑阴道，再随母鼠的阵缩将胎儿拉出，必要时进行剖腹取胎。

5. 仔幼鼠的护理　麝鼠母性很强，泌乳力也好，一般用不着对仔鼠进行过多的人工辅助护理，只要护理好母鼠就可以了。仔鼠 20 天后可以出室，30 天可断乳(最迟 40 天)。断乳时可先将健壮的、个体大的仔鼠分出，后分体小瘦弱的仔鼠。

幼鼠有零食的习性，饲喂次数一般为每天 3～4 次，60 日龄后接近成熟，可按常量饲喂，即每日每只 350 g，精饲料 50 g。

勤换水、勤打扫、勤补食，要注意检查，特别要帮助游泳上不了岸的幼鼠爬上岸，以免淹死。

6. 恢复期饲养管理　从 10 月到第二年 1 月为越冬恢复期，这一时期的主要工作是御寒、增热。御寒很简单，只要设法使圈舍坚实不透风即可；保温只需要在窝室内多铺些干燥、柔软的垫草就可以了。改变供水，清理水池，防止冻裂。每天除喂些多汁饲料外，也可加喂一些青干草。此外，每天每只麝鼠喂 50 g 玉米面窝头。

另外，麝鼠有贮食的特性，所以投喂草料时不必每日投入，最好每 10 天或 15 天投喂一次，这样，它们还可以利用这些饲草挡风、御寒。

值得注意的是，麝鼠冬天活动减少，容易产生疾病，应特别注意。最容易发生门齿过长影响采食，应经常检查牙齿，如过长应及时修钳，并用锉将过长的门齿打磨光滑。

任务二 麝鼠圈养繁殖技术

【相关知识】麝鼠繁殖生理特点

1. 性成熟和性周期 幼龄麝鼠一般4～6月龄性成熟，性成熟的时间受季节、个体营养、遗传等因素的影响，个体差异很大。我国东北地区适宜的交配繁殖季节是4—9月。

公麝鼠的性周期呈年周期变化。东北地区公麝鼠性周期的发育是从1—2月开始，到3—4月发育基本成熟。4—9月，公鼠可产生成熟的精子并能参加配种繁殖，而到10月睾丸又逐渐萎缩，同时性欲减退，进入静止期。幼公鼠的性器官随身体的增长而同步发育，直到性成熟。

母麝鼠的年性周期变化与公鼠相同，但在繁殖季节可多次发情和受孕，呈现出周期性变化。3月中旬以后母鼠具有发育成熟的滤泡和卵子，到10月初则大多数不再发情了。一般初产后2～3天内也有排卵并接受交配的现象，称为血配。若血配未孕，再经15～30天仍可发情和交配。

2. 性行为

(1)发情与交配行为 麝鼠进入配种期后，公鼠的睾丸发育成熟，如果稍稍用力即可在其腰部摸到附睾囊，在腹下可摸到增大的香腺。此期公鼠能分泌出具有强烈气味的分泌物(麝鼠香)，有时阴茎外露，活动量显著增加。母鼠的生殖孔张开，阴门红肿、外翻，呈粉红色，外阴湿润，阴道分泌物增多，有乳白色的，也有豆绿色的。

麝鼠在交配时发出类似狗崽叫的“哽哽”声。母鼠在运动场或水池中鸣叫，等待交配，若公鼠呆在小室内，则母鼠边叫边用头拱动公鼠，直到把公鼠唤出。经水池、运动场、小室往返多次嬉戏。公、母鼠性欲冲动后，母鼠臀部朝向公鼠的头部，公鼠爬跨于母鼠背上，前肢紧抱腰部。公鼠臀部经20～60 s的抽动后，公、母鼠向同一方向躺卧、分开，然后各自采食或进窝休息，这样的交配可持续1～4天。麝鼠的交配多在水中进行，由于后肢和尾不时地用力拍打水面，因而发出“啪啪”的拍水声。麝鼠的交配时间多在下午2时至晚9时和凌晨4时，也有午后交配的。

(2)妊娠与产仔行为 麝鼠的妊娠期为25～29天。妊娠期间，在产前1周左右，胎儿发育快，母鼠采食量增加，腹围增大，后躯粗圆，行动缓慢，喜卧于小室中休息。临产前，母鼠叼草并将其撕得细软做窝，用草堵塞出入口，用草和粪便等混合物将小室缝隙堵严，在窝内静候产仔。与其同居的公鼠在母鼠产前1～2天也参与母鼠的叼草和做窝工作，同时还将走廊通向运动场的出入口堵上，在走廊里做一个简单小室居住。

母鼠产仔多在小室内进行，也有在走廊内产仔的。与其同居的公鼠，并不伤害仔鼠，并自行移到小室外间或走廊居住，保卫母、仔鼠。当饲养人员检查时，则用躯体堵住出入口，并主动对人发起攻击；同时公鼠为母、仔鼠送食物，帮助母鼠护理仔鼠。个别公鼠不护理母鼠，则母鼠在产后1～2天吃掉产前自备的饲料后，便走出小室自行觅食。

在人工圈养条件下，麝鼠一般3月下旬开始发情配种，9月上旬产最后1胎，年产2～3胎，胎产仔1～9只，个别多达15只，且仔鼠成活率在90%以上，一年一对麝鼠可繁殖后代20～50只。

一、种鼠选择

1. 麝鼠性别区分　对仔鼠进行性别鉴定在1～3日龄查看，雌性鼠腹面粉红色上，有紫红色乳头痕迹，但并未凸起；4～6日龄时，乳头略突出于腹皮表面；6日龄时腹毛已长出，腹部乳头会被覆盖，绒毛包裹的部位只能见到有一小圆点；10～13日龄时胸部长出，胸部绒毛也会掩盖乳头圆点；14日龄后胸、腹部都见不到乳头。雄性仔鼠出生后观察，腹面平平，偶尔只见不规则的突生黑点，之后也不会有乳头凸出。

即便到了常见，从外观上麝鼠的性别比较难识别，第二性征极不明显，需认真进行性别鉴定，以便配对组合繁殖。

(1)从肛门到尿生殖孔间的距离来识别　此距离公鼠大于母鼠约1/3，成年公鼠1.8～2.5 cm，母鼠1.3～1.8 cm；幼公鼠1.5～1.7 cm，母鼠为1.1～1.4 cm。

(2)从肛门至尿生殖孔间的毛被来识别　公鼠肛门至尿生殖孔间的毛被致密，全覆盖皮肤，腹股沟处两侧生有棕褐色针毛，并形成一条中线。母鼠这一区域的被毛稀疏，无棕褐色针毛，能看到皮肤。

(3)翻扒尿生殖孔来识别　对于1月龄以后的麝鼠可采用此种方法，将麝鼠保定(用手按住颈部、固定头部)后，用拇指和食指按压尿生殖孔两侧使其外翻，如是公鼠能看到阴茎，母鼠则没有。

(4)从排尿方向及特征来识别　在抓拿麝鼠时，一般都要排尿，公鼠多向头部方向排尿，母鼠则向后臀部方向排尿，公鼠排尿后在尿生殖孔上留有乳白色带有浓厚气味的分泌物，而母鼠仅有水样黄褐色尿液留在尿道口上，没有刺激性气味。

(5)从活动和性情上来识别　公鼠的性情较母鼠粗暴、好动、咬人，当掀起窝盖检查时，常常公鼠先出来，而母鼠则躲于一角不敢逃跑；产仔期经常外出采食、活动、往窝中运送食物的大部分是公鼠。

(6)从体重上识别　成年公鼠体重一般大于母鼠，2月龄以前的幼鼠一般是母鼠大于公鼠。

(7)从麝鼠香腺和睾丸的发育来识别　4～9月公鼠睾丸发育成熟，稍加用力可摸到，呈卵圆形。公鼠香腺发达，长5～7 cm、宽2～3 cm，位于腹中线的两侧，母鼠则无发达的香腺。

2.种鼠选择要求　留作种用的麝鼠应备下列条件：

(1)外貌端正，无外伤、尾完整，无弓形，绒毛丰厚并富有光泽，成鼠体重1 kg左右，体长30 cm以上。

(2)精神状态良好，食欲好，发育完全，体质健壮，无眼眵，口腔不流涎，鼻腔不发炎，亦无其他疾病。

(3)仔鼠分窝后，可对幼鼠进行初选，选择毛绒致密，毛被呈深棕色，具有光泽、弹性，性情温驯，活泼健康，尾巴完整，体况适中，同窝仔鼠5只以上，母鼠泌乳力强的后代作种用。

二、配种技术要点

1.配偶组合　非同一家族或非同室的公母麝鼠个体，相遇后均可能发生激烈的格斗。二鼠相斗必有一伤，有时甚至两败俱伤，不但影响繁殖，而且有害于健康。所以，应采取正确的配对方法合笼饲养：种鼠选定后，将年龄、体型、体重相近的一公一母麝鼠，装在中间有隔网的长方形铁制笼网内，或用串笼装一鼠，连同串笼一起放入另一鼠的网笼内，经数小时或1～2天的相处后，如果两者互相亲善，无敌意，再把它们放在一起饲养。如果二者相遇后，互蹭鼻端，或一只对另一只表示避让、咬斗，发出“呼呼”的示威声或磨牙的“咯咯”声，则说明配对组合不成功，应立即分开重新选择配偶，组合家庭。

2.配种形式　传统的方法是将亲善的一公一母同笼室饲养，组成“一夫一妻”的家庭，任其自然交配，直到繁殖季节结束。此法由于公、母鼠生活时间长，且家庭和睦，这对繁殖极为有利。缺点是，在整个繁殖季节公鼠不能得以充分利用，还可能由于母鼠的原因造成全年空怀。

改良的方法是“种鼠更换法”，即，一公一母配对同居，大约30天后检查母鼠妊娠情况，如果仍然空怀应把公鼠取出放入其他发情母鼠圈舍内，同时检查该公鼠的睾丸，观察其性行为表现和性能力，确认正常后再使用；原来的母鼠若再次发情，可另选一只公鼠与之配对。

也可以在冬季公、母分群饲养，于 3 月初公、母单笼饲养，待其发情后再放对配种。但由于麝鼠性情粗暴好争斗，临时组合的家庭需观察几天，若相处和睦则组合成功；若互相格斗，则需重新组合。由于母鼠发情较集中，时间较短，合笼稍不及时就容易错过良机，影响配种效果。

三、妊娠与产仔保活

圈养情况下，每年的 4 月末或 5 月初，麝鼠即产下第一胎。产后可以血配或经半个月左右再进行交配，在产后 30～45 天产下第二胎。因此，4～9 月是母鼠妊娠、产仔、哺乳交替进行的繁忙的繁殖期，对母鼠必须精心饲养。饲料要鲜嫩适口，多样化，营养丰富，并保持相对稳定性；适当补充含动物性蛋白质和矿物质的精饲料，并保持有清洁的饮水。保持环境安静和清洁卫生，禁止喧哗，严禁参观。由于麝鼠的繁殖期正值炎热的 6～8 月，圈舍应通风、遮阳，做好防暑工作。

要搞好产仔保活工作，必须注意以下几点：

1. 产前的准备工作　麝鼠的妊娠期一般为 25～29 天，在临产前 5～10 天要对小室进行检查，清扫小室内的污物，絮细软的垫草，垫草最好是软杂草或乌拉草等。这不仅起到保温防潮湿的作用，而且利于仔鼠抱成一团，母鼠哺乳方便，垫草应一次絮足防止再次添加惊扰母鼠。

圈舍产前也要进行检查，发现不牢固的地方应进行维修，若圈舍不严或不牢固时，易发生其他窝种鼠破圈进犯，母鼠为保护仔鼠，则将仔鼠叼来叼去，分散藏匿，有的仔鼠被咬伤，也有的仔鼠被咬死。

2. 仔鼠的检查和护理　麝鼠母性很强，泌乳力好，在正常饲养管理的情况下，可不必过多检查。但为了掌握母、仔鼠的情况进行适当的检查是必要的。检查仔鼠时必须安静，动作要轻稳，不能粗暴，检查人员要带上专用的线手套或用小室内的垫草，把手搓洗一下，不要把手上的异味带到仔鼠身上。第一次检查在产后12～24 h 以后进行，如仔鼠健康，很少嘶叫，且叫声洪亮有力，在窝内抱成一团，发育均匀，浑身圆胖，握在手中无异常，以后可以少检或不检。若仔鼠嘶叫不停或叫声越来越弱，母鼠不护理仔鼠，应进行检查，发现问题及时处理。

3. 仔鼠寄养　一般情况下，母鼠产仔在 8 只以内时可以自理养活，但遇到母乳不足、仔鼠发育不均衡或仔鼠过多母鼠护理不了时，需要采取寄养的方法，以提高仔鼠成活率。寄养时必须注意，寄养仔鼠的气味必须与母鼠窝内的气味一样，母鼠的母性要强，母乳要充足，或同窝仔鼠较少，产期、体重相近的进行寄养成功率高。

寄养时可在仔鼠身上用寄养母鼠窝内的垫草或粪尿搓擦以后，放在小室门口，由于嘶叫，母鼠可将其叼入小室，经半小时不送出，则寄养成功，也可以将母鼠赶出小室，将寄养仔鼠放入窝内仔鼠中间，待母鼠回小室后，不把寄养仔鼠叼出为止。实践证明，夜间寄养比白天成功率高。若寄养失败可更换其他母鼠重新代养。

四、幼鼠的养育

仔鼠断乳以后就称为幼鼠。幼鼠育成阶段是指分窝后到个体发育成熟的一段时间，一般在 6 月到 12 月期间。

幼鼠生长发育极快，因此，必须供给充足的营养。要求饲料有充足的水草或其他多种青绿饲料，同时补充矿物质饲料，随着日龄的增加，要随时增加各种饲料量。由于幼鼠消化快，喜吃零食，因此，饲喂次数要相应增加，日喂 3～4 次，但要求饲料适口性好，新鲜不变质。

对于刚断乳的幼鼠可集群圈养，每圈养 10～15 只。多只仔鼠饲养在一起，无孤独感，对其食欲和生长发育不会产生影响。待长到 5 月龄左右再陆续分窝单独饲养或组成一公一母单独饲养。

幼鼠育成期正值酷暑，做好降温防暑工作，以提高其成活率，池水每天换 2～3 次，保持水质清洁、卫生，饮用水专门补给。池水要满，这样幼鼠才能爬上岸或直接爬进窝室，否则应在水池内备有上下窝室的爬梯。分窝后的幼鼠抗病力差，注意预防疾病。

进入冬季后，水池中的水应彻底放净，并在水池内絮满柔软的垫草，加强保温，对等待取皮的幼鼠也应增加垫草，保持清洁，使毛被完好无损，毛绒不被污染。

任务三 麝鼠散养技术

一、散放前的准备

麝鼠为草食动物，生存能力强，会打洞，因此适宜于散放饲养。散养可充分利用当地野外丰富的天然饲料资源，省工省事，降低饲养成本；同时麝鼠在野外自由活动、采食，活动量大，新陈代谢旺盛，增强了机体对环境的适应能力，生长发育快，个体大，毛皮质量好。因此，我国中部和南方冬季不结冰的较温暖地区如果具备条件，都可以散养。

1. 散放地选择　散养麝鼠，对场地的要求十分严格，散放前应对散放地进行详细考察了解，例如饲料条件、水域条件、打洞筑巢条件、有无天然屏障以及是否远离居民区、村庄、农田。另外，周围有害怕掘洞的水坝等建筑也不宜散放。确实符合散放条件的才能引种放养，不符合条件的地区绝不可贸然散放，以防对环境和人类造成严重破坏和影响。

散养任何动物都必须经过国家有关部门的论证和批准。散放地应具备以下三项基本条件：

（1）地域条件　地域宽阔，有山脉、峭壁等天然屏障包围，防止动物无限制扩散；环境安静，远离人类居住区，无人为干扰，周围无农田、水库等农业设施；无天敌活动或天敌很少，采收时便于人工诱捕。

（2）水域条件　散放区有较宽阔的水面，无污染，水质清洁，水流缓慢。水岸较平缓，堤岸比水面高 0.5 m 以上。水面在冬季不结冰，或只结薄冰，冰期极短（一年结冰期不超过 20 天）。天然的水池、江河溪流、水库、湖泊等均可。

（3）食物条件　散放区水草茂盛，饲料资源丰富；在食物缺乏时便于人工投放饲料。

2.放养前准备　放养前需要做如下准备工作：

（1）人工筑巢　如果散放地缺乏造窝和休息地点时，可以人工协助创造条件。人工造窝主要是设置浮巢、土墩和浮排。

（2）准备管理用品　麝鼠散放后需要加强管理，每日定时观察，因此需要准备一些观察和检查用的小船、手套、捕捉用的笼子、纱网以及消灭天敌用的猎枪、铗子等。

（3）饲料的准备　在散放初期，每天需要定时给予饲料，因此需要准备一些玉米、大麦、水草、白菜、胡萝卜等饲料。

二、散放技术要点

1.引种　有野生麝鼠资源的自然分布区，可直接捕捉和收购野生麝鼠，移动散放。无野生资源分布的地区可向产地引种。

2.健康检查和打标记　麝鼠运到现场后，应放在太阳不能直射的地方，进行全面的健康检查。首先观察它吃食和活动情况，发现有精神委靡不振或不吃食的鼠，要隔离观察，暂不能放出。其次观察体表，检查头部、四肢、尾部有无外伤或其他疾病（如门齿过长），有疾病者要进行治疗，治愈后再散放。散放前要逐个进行称重和公母鉴别，做好标记（耳标），登记造册，以一公一母或一公两母搭配好。

3.选定散放地点和放出　散放要在预定散放点的岸边或饲料台上进行。选择风浪较小的晴天，将笼子按顺序排好，周围放些饲料，于黄昏人静时将笼门打开，笼门朝向水面方向开放，让麝鼠自动走出去跳入水中。有的个体对环境不习惯，还会跑回笼子里食宿，这时笼子不要马上搬走，并且每天定时补充饲料，待它们安了

“家”，不再回笼食宿时，再把笼子拿走。散放的数量以每公顷(15 亩)放养 4～6 对为宜。

4. 散放的季节 温暖的南方一年四季均可进行，但冬季较寒冷的北方，散放时间应放在 4—9 月，否则散放时间过晚，麝鼠来不及修筑越冬的巢穴和贮备越冬食物，在冬季有被冻死或饿死的危险。

三、散养日常管理

麝鼠散放后必须有专人来管理，提供适宜的生活条件及调查麝鼠增殖的数量，监视麝鼠发展动态，制定合理的猎捕计划。

1. 散放后的观察 观察的目的在于及时掌握麝鼠活动情况，从中发现问题并及时加以解决。麝鼠一般在傍晚、夜间和清晨活动较多，所以观察除白天进行外，夜间的观察更为重要。观察要做好记录，以便备查和分析。观察的内容有：

①麝鼠对环境的适应情况：如人造巢是否适合，补充饲料利用情况等。

②麝鼠自行营巢情况：如窝巢的地点、数量，各窝巢的间隔距离等。

③麝鼠对水草的利用情况：如觅食水生植物的种类和数量等。

④繁殖情况：如繁殖胎数、幼鼠活动情况等。它可以帮助我们及时、正确掌握散放地麝鼠的贮量。

⑤敌害活动情况：如附近有哪些敌害活动较多，对麝鼠的危害程度等。

⑥疾病情况：发现麝鼠尸体应及时捡回进行解剖，分析死亡原因。对发病鼠要捕回治疗，采取相应措施。

2. 人工补充饲料 散放初期，麝鼠对新环境还不习惯，不可能跑得很远去采食，需要人工给予一定的补充饲料，如胡萝卜、白菜、水草以及谷物饲料等。每日定时将补充饲料放在浮排上，供给量可视散放数量而定，一周后可视吃食情况逐渐减少。补充饲料的时间可视水草的密度和麝鼠对新环境的适应情况而定，发现绝大部分麝鼠不再吃补充饲料为止，一般需要 20～30 天。

3. 人工培植饲料 麝鼠要依靠采食水中水草维持生命，如果水域中没有水草或者水草不够多时，要进行人工栽培、播种各种水生植物。可供人工培植的水生植物有全部浸在水中的各种藻类，如金钱藻、水草等；有一半露在水面上、一半浸在水中的浅水水草，如水浮莲、菱角等。这些水草所含的营养成分不同，生长期也不一致，可供麝鼠在不同时期食用。

4. 注意消灭天敌 麝鼠是小动物，防御天敌的能力很弱，容易遭到伤害。散放地区如有危害麝鼠的野兽或猛禽，会使麝鼠数量急速减少，因此消灭麝鼠的天敌，保证麝鼠安全生活和不断繁殖，是各散放点重要的管理工作。在麝鼠还未散放之前，就应配合当地群众对附近的天敌进行彻底清除。管理人员要随时备有猎枪和铗子或其他捕杀用具，随时进行捕杀天敌。此外水中的各种大鱼如鲶鱼、狗鱼等也能吞食麝鼠的幼仔，对其也应预先扑灭。各种草鱼虽不能直接危害麝鼠，但他们都以水草为食，和麝鼠竞争饲料，也应事先控制。加强宣传，使群众了解散放麝鼠的经济意义，自觉保护麝鼠资源，发动群众协助消灭天敌，也是散放麝鼠的一项日常重要工作。

四、散养四季管理

1. 春季管理　开春后冰雪融化，万物萌生，麝鼠开始钻出洞巢，游泳觅食。成熟的麝鼠开始选定配偶，离开双亲或邻里，另找安身繁殖之栖居住所，重新挖洞做窝，开始一年的新生活。此时要对散放地进行实地检查，掌握种群数量，并结合自然景观和资源情况，采取不同的管理措施：

①优化生存环境，保证麝鼠的生长和繁殖，扩大贮量：水草不足时，要采取临时性补饲，并安排长远性水草种植；隐蔽条件差时，要安排栽植树木等；水位不定或水域过小时，可将闸门关闭或堵截山水增加贮水量；散放地点周围设专人看护，但散放中心区一定要保持寂静。

②适当捕捉，保持适当的种群数量：若散放区麝鼠贮量过多，早春季节（3 月底以前）可适当捕捉一些，但进入 4 月中旬，第一窝仔鼠一般已经出生，就不要再捕捉了。

2. 夏季的管理　麝鼠不耐炎热，夏季是四季管理的重点之一。

①要加强植树和遮阳防暑：麝鼠畏惧直射光线，必须注意防暑。如散放地没有或缺少较高大的树林或灌木丛林、草丛时，要适当地栽种树木、水草等。这是一举两得的工作，不仅可以遮阴防暑，还能增加麝鼠的食物来源，同时还可起到固土护坡的作用，形成良好的隐蔽和栖息场所。

②注意繁殖管理：夏季水草茂盛，食物丰富，是麝鼠的繁殖季节。要密切注意麝鼠的繁殖行为和动态，摸清其配偶组成新家庭的情况，以便做到心中有数。由于麝鼠是在温暖的季节里度过繁殖期，所以还必须注意个别地区水草过密影响活动和觅食，要人工打开通道。

③注意防汛和整巢：夏季是雨水较多的季节，水位经常发生变化，因此必须时刻收听当地气象台（站）的天气预报和水文变动情况的预告，适时采取防范措施，确保麝鼠及其幼仔的成活。如天气突变，阴雨连绵，洪水上涨时，要组织人力排洪，或是在洪水到来之前增设浮巢、浮排或是增设土墩等。洪水不仅会给麝鼠带来直接的危害，破坏巢穴，淹死幼仔，冲走麝鼠，还会间接地破坏水草的正常生长，使麝鼠

食物紧张。根据情况，必要时还要人工投放饲料。对于被破坏的巢穴，要及时加以整修。

④注意护仔保活：夏季是麝鼠繁殖旺季，营养良好的个体一般每月可繁殖一胎；营养欠佳者 8～9 月即停止繁殖，因此往往出现一年 2～4 胎不等的现象。此期水域中会出现成鼠、第一胎仔鼠、第二胎仔鼠等大小不一的混合种群，是全年数量最多的阶段，护仔保活是发展生产的关键。主要措施：第一，消灭天敌，预防破坏，尤其是大型猛禽类；第二，对过于密集的种群，为防止争占饲料基地或栖息场所发生的格斗现象，可采取人工疏散，将幼鼠捕获后移地饲养；第三，饲料不足时要适当补充；第五，根据实际需要增设些小型的临时浮排，供幼仔休息和吃食用，尤其是远距离采食的（居住地距食物基地较远）更为重要。

3. 秋季的管理　入秋后，麝鼠结束了一年的繁殖期，开始修洞补巢，采集冬贮饲料，准备家庭式的群居越冬。此期是捕捉种鼠的有利时机，可根据调查所得的数据资料，综合分析，确定调出或移地饲养的数量，计划收捕。为保证安全越冬，秋末要检查麝鼠的食物贮备情况，越冬的洞道和窝室是否保暖，还有种群营养和健康状态等，以便制定越冬期的管理措施。

4. 冬季的管理　冬季寒冷，麝鼠的生存变得困难，是四季管理的又一个重要时期。

①备足和补充越冬饲料：入冬以后，麝鼠只能在水下寻食一些水草的根系和入秋以来所贮备的一点食物。散放密度较高时，水草不足，冬贮食物较少会出现食物紧缺现象。所以在入冬前要为麝鼠冬贮饲料提供些水草或作物的子实，供其搬入洞巢中备用，补给量可根据种群的数量和其他自然条件而定。一般每个“家庭”应能冬贮 50～100 kg 饲料（包括野生饲料）为宜。入冬以后可根据实际的观察情况而定，如果发现麝鼠到处奔走觅食，则说明食物已奇缺，要及时补充。

补料的方法是把捆好的饲料投放到窝穴附近，若麝鼠不能出来采食时，可以破冰投入水中，这样就更容易被麝鼠发现而起到补食的作用。在冬季不结冰或是结冰很薄的地区，如果水草不足而又无法栽培，也需要给予补充饲料。补给的方法是在水域没有结冰时，将饲料放在浮排上，若已结冰，仍照上述方法投掷。

②及时补修巢穴：在上冻前，对麝鼠的窝巢进行全面的检查，发现有损坏、破洞的窝或土墩时，应及时修补。结冻后还要勤检查，因为麝鼠在水中找不到可食的东西时，就可能掘开洞口上岸寻找，这样不仅自己有被天敌伤害的可能，而且天敌发现洞口后，也会钻入窝中伤害其他麝鼠。

③加强巡视，消灭天敌：冬季是天敌猖狂的时期，因为山上小动物少了，食肉目的猛兽因饥饿到河边寻食，加之水域封冻也给天敌的光临带来方便，因此必须引起

足够的重视，加强巡视，随时捕杀天敌。

五、散放繁殖

散放和半散放的麝鼠繁殖力很高，这与其野生状态的环境、气候和采食条件适宜有着密切的关系。但要注意：

(1)散放用种鼠必须严格选择，体质健壮无病，公、母比例以 1∶1 较为适宜，母鼠可以略多于公鼠。

(2)配种繁殖期间应加强保护，严禁猎取，随意地猎捕可能造成窝中仔鼠因失去父母而死亡或影响其生长发育，还可能擒获怀孕鼠，从而造成不应有的损失，影响繁殖率。

(3)繁殖期到来前夕，应选择水草比较丰富的地方人工筑巢，以满足其食物来源。若食物不足，可人工补充食物，如谷类子实或其他类的水草。

(4)散放与半散放的繁殖成活率与管理方法密切相关，如不精心管理，仔鼠成活率仅为 40%～60%。如遇敌害、水害时繁殖成活率更低，甚至达到 25%左右。因此，要注意天敌，防止水害。

(5)散放麝鼠自然组合配偶，呈家族式生活和繁殖，任其自然交配，不必人为过多干扰。

任务四　麝鼠人工取香技术

公麝鼠的香腺囊是性征器官，每年的 3—10 月(繁殖期)可分泌麝鼠香，并可以人工收取。麝鼠香是麝鼠除毛皮之外的另一类重要经济产品，是一种名贵的动物药材和香料。麝鼠香中含有与天然麝香相同的麝香酮、降麝香酮、烷酮等主要成分，其减慢心率的作用更明显，具有抗炎耐缺氧、降血压、消炎等作用；用它研制出的保健化妆品，具有明显的抗炎抑菌，增加皮肤活性和降低过氧化脂质，脂褐质含量活性的功率，在当今世界上的化妆品中具有很强的竞争力。麝鼠香可在宰杀麝鼠时收取，也可以活体收取。

一、死体取香

麝鼠香囊位于雄性麝鼠下腹部，处于腹肌与皮肤之间，在附睾囊上方和阴茎基部两侧，呈长椭圆形，左右各一。香腺囊的表面为一层薄膜，不光滑有结缔组织包裹，分布有毛细血管。在宰杀公麝鼠剥皮时，可以将香囊小心地完整剥下。首先用镊子或止血钳将开口一端，也就是将尿道口夹紧，然后腾出一只手像剥猪胆那样，脱去上面薄膜，然后边拉边剥，从根部取下香囊。剥离要小心，防止剥破损坏。剥下的香囊用水冲净，挂在阴凉处，自然阴干后即可出售。

二、活体取香

1. 麝鼠保定　麝鼠两对门齿尖而利，而且由于善于在水中游泳，头部和躯体灵活，很难保定。但麝鼠有一个特点，当被提起后腿时前爪会用力抓物爬跑。根据这个习性可设计与麝鼠体长相适应的专用取香笼：用粗铁丝圆环做骨架，细铁丝编网，制成长约 30 cm，下底直径 8～20 cm，上口 4～6 cm 的圆锥体形编织笼，底部编成 4～8 个长 6～8 cm 栏柱(取香操作可伸进手指)，上口可编死，底部也可加一同径圆网活动盖。根据取香麝鼠多少，制成大、中、小三种型号不同的笼备用。

保定取香需要两人操作，一人提雄鼠尾巴，把头从保定笼下部送入笼内，当其钻入爬到上开口时，迅速连笼掐住鼠的颈部保定好，另一人用拇指和食指摸到香囊的准确位置，可以取香。

2. 取香环境和器具　麝鼠场最好在圈舍较近处专门建造取香室，便于集中操作。采香室室内要光线要充足，卫生环境好；地、墙壁无缝无孔洞，室内无杂物，防止麝鼠逃脱，并易于捉住。室内准备好椅子般高的操作台，有 2～3 个凳椅即可，有条件者还可备一消毒柜，内放酒精、棉棒、医用钳子、胶布(或创可贴)、消炎药物、脸盆、肥皂、毛巾等备用品。

取香专用器材：①香液容器瓶，为 10～20 mL 磨口带盖小广口瓶，可以使用青霉素瓶，用前用肥皂粉洗净并经清水浸过，洗后倒过来滤干。②带刻度的细管注射用针筒，以供吸取香液用。

3. 取香的操作方法　挤香是最佳的取香方法。取香时将麝鼠在取香笼内保定，放在采香台上露出阴部，用浸有酒精的棉球洗净阴茎周围。挤香时在阴突(即阴茎头)前 2.5～3 cm 腹中线两侧，用手指触摸寻找香腺(海绵状椭圆形球体)，找到香腺后，先用食指和中指轻揉香腺周围若干次，再分别用右手拇指、食指捏住香腺两侧由前向后(即向阴茎方向)轻轻挤压香腺。在挤压过程中，中指抵住香囊后端(鼠头方向一端)，不让其滑动。先排出的稍黄色的是尿，用酒精棉球擦干净，待香腺分泌物——麝香为乳白色(乳状)从阴茎包皮口流出后，另一人用皮试玻璃针筒抽吸。

取完一只鼠的左右两侧香囊内的麝香后，将针筒朝上排出空气，记录每只鼠的取香量，再将针筒的香液挤入盛香瓶内即结束。注意挤压时间不要太长，手势不要太重。在取香过程中，如果发现有出血现象，说明手势太重，要注意改进。

对已出血的麝鼠注射抗生素类针剂后再投入窝内，连续注射 3 天，精饲料中同时放些消炎抗菌药添喂，以防香腺和周围软组织发炎水肿，直到伤愈后才能再取香。

4.取香的适宜时间和香液保存　麝鼠活体取香在长江以南地区一般从3月中旬至10月底均可进行。成对饲养的麝鼠，可在母鼠产仔5～7天后的一段时间抓紧取香，因为，此时的公鼠没有配种任务。

麝鼠活体取香具体时间应选在天气暖和时进行，饲喂前1 h结束或饲喂后2 h开始，以松弛麝鼠的神经，不影响采食和饮水，并防止损伤充满食物的胃肠。一般在上午9～11时，下午3～6时取香。取香间隔时间为7天、10天、15天轮流为宜。

捕捉公鼠时千万要防止母鼠受惊。一般要在母鼠上窝，公鼠在运动场时捕捉。深秋至初冬时节，可用塑料薄膜将窝笼围起来，形成温暖安静的人工小气候，也可采用人工外源诱导技术或中草药配方添剂服喂，提高产香量。

每次取香完成后，取脱脂棉球将瓶盖口周围擦干净，用蜡或胶布封紧，放在阴凉处保存；有条件者放在冰箱的保鲜层。如存放时间较长，应放入冰冻层贮藏。

【知识与技能测试】

简答：

1.麝鼠的经济价值。

2.麝鼠的繁殖规律特点。

3.麝鼠的生态习性。

4.麝鼠种鼠选择及配种技术要点。

5.麝鼠散养场地的选择及要求。

6.麝鼠散养技术的管理要点。

7.麝鼠活体采香的方法步骤。

模块三　药用食用兽类特种动物

项目一　茸鹿

【项目提要】茸鹿泛指可以生产鹿茸的鹿类，在我国主要指梅花鹿、马鹿。鹿是经济价值很高的药用动物，鹿茸及其他鹿产品可作为名贵中药材。本章主要介绍鹿的生物学特性，茸鹿的种类，繁殖育种，饲养管理以及鹿茸的采收与加工技术。

【知识目标】了解茸鹿的种类及生态习性、食性特点；了解茸鹿的种类及外貌特点，了解茸鹿的繁殖生理，掌握配种选育技术；掌握茸鹿饲养管理及不同季节饲养管理关键技术；掌握鹿茸的采收与加工技术。

【技能目标】能利用所学知识进行鹿茸的采收与加工。

【典型知识及工作任务】

编号	名称	内容提要
典型知识	鹿的生物学特性	茸鹿的种类及外形特征、生态习性、食性特点
任务一	茸鹿繁殖育种技术	茸鹿的繁殖生理、配种技术、产仔管理、育种技术
任务二	鹿的饲养管理	茸鹿饲养管理的一般原则、成年公母鹿和幼鹿的饲养管理关键技术
任务三	鹿茸采收及初加工	收茸准备工作，收茸时机及规格，收茸操作，鹿茸初加工

【典型知识】茸鹿的生物学特性

一、经济价值

茸鹿,泛指可以生产鹿茸的鹿类。鹿茸是一种名贵的中药材,含有丰富的鹿茸精,具有生精补髓、益血壮阳、强筋健骨等功效,是我国传统的出口物资。我国是最早应用鹿茸于医疗保健的国家,也是养鹿最早的国家。我国养鹿均以生产鹿茸为目的,除此之外,鹿胎、鹿筋、鹿鞭、鹿骨、鹿肉、鹿心、鹿血、鹿肝及鹿皮都是上等的制药及工业原料,鹿肉则是营养价值很高的食品。

二、种类及外貌特征

茸鹿属于哺乳纲、偶蹄目、鹿科动物。全球有60多个鹿种,分布在温带、寒带、亚热带和热带,几乎遍布全球。世界主要驯养鹿种有欧洲赤鹿、美洲马鹿、梅花鹿、驯鹿、水鹿、驼鹿等。我国是鹿类动物的发源地,仅鹿科动物就有9属16种,有极广泛的分布,例如,麋鹿分布在华中、华东、华北;水鹿分布在华南、西南;坡鹿分布在海南岛;马鹿分布在东北、西北;白唇鹿分布在青海、四川、西藏接壤处的高原地带;驯鹿分布在内蒙古的额尔古纳旗。目前我国所驯养的茸鹿主要以梅花鹿和马鹿为主。

1.梅花鹿　梅花鹿主要分布于中国、俄罗斯、朝鲜、日本和越南等地。在中国,梅花鹿主要分布于东北、华北、华南、华东及西南、四川等地。目前,驯养的梅花鹿多为东北梅花鹿,全国约40万只以上,且在鹿的营养、繁育、饲养管理和疾病防治等方面都取得可喜的科研成果。

(1)外貌特征　东北梅花鹿是一种中型鹿。体态秀美,角姿英俊,运动灵活。公鹿肩高100 cm,体长100 cm左右,体重120 kg;母鹿肩高90 cm,体长75～90 cm左右,体重75～85 kg。东北梅花鹿的头清秀,耳大灵活,躯干紧凑,四肢匀称细长,主蹄狭尖。被毛呈现明显的季节性变化,夏毛艳丽,为棕黄色或红棕色;冬毛褐色或栗棕色;冬夏毛均有白斑,但冬毛白斑较淡。背中线宽2～4 cm,呈棕色或黑褐色,在体两侧有4～6条排列较整齐的白斑纵列。白斑越往下越大越圆。腹下、四肢及尾内侧被毛为白色。公鹿颈部冬毛生有卷曲鬃毛。公鹿角有4个杈,极个别有5个杈,眉枝不够发达,且离角基较高。每年4月初开始脱盘,成角到配种前成熟。梅花鹿外形见图3-1、图3-2。

(2)生产性能　梅花鹿育成鹿初角茸平均干重25～30 g;若在初角茸长至5～6 cm时锯下1.5～2.0 cm(俗称平茬)还能生长分杈的初角茸,干重可达150～200 g。成年鹿1～10锯三杈锯茸鲜重平均为2.5～3.0 kg,产茸最佳年龄为9锯,单产3.3 kg。1～9锯产茸量与年龄呈正相关。

图 3-1 梅花鹿(公)

图 3-2 梅花鹿(母)

梅花鹿 16～18 个月性成熟，配种年龄在 16～28 月龄，受胎率 85%～95%，繁殖成活率 75%～85%，双胎率 3%左右。公鹿的活重、屠宰率、净肉率和出肉量分别为 130～140 kg、55%～64.1%、50%～55%和 65～75 kg，母鹿分别为 65～85 kg、51%～54%、38%～43%和 25～35 kg。

梅花鹿的育种工作取得了显著成绩，人工培育成了双阳梅花鹿、长白山梅花鹿、西丰梅花鹿等高产品种，是养殖者的首选品种。

2. 马鹿

(1)外貌特征　马鹿体型较大，公鹿肩高 130～140 cm，体重 230～300 kg；母鹿肩高 120 cm，体重 160～200 kg。公鹿有角，在基部即生出眉枝，斜向前伸，与主干几成直角；主干长而后倾，第二枝紧靠眉枝，第三枝与第二枝间距较大。主干末端有时分成 2～3 个小枝。毛色灰褐到黑褐，背面深而下体浅。臀斑褐色、赭色或白色。幼鹿有白斑，排列成纹(图 3-3)。

图 3-3 马鹿

(2)生产性能 马鹿生后 9～10 个月的公鹿开始生长初生茸,采用破茬处理的初角茸鲜重达 1.0 kg 左右,高者达 2 kg 以上;成年鹿 1～10 锯茸三杈茸鲜重平均 4.2 kg 左右。三杈茸生长期 65～79 天,平均每天增长 0.59～0.73 cm,增加鲜重 36～74 g。3～14 锯锯四杈茸比锯三杈茸增产 33%左右,干重增加 65%左右。东北马鹿的鹿茸瓷实,有较多黄色茸,单门桩率低,多数四杈茸的咀头较小。

马鹿 16 月龄有少数母鹿能发情配种,妊娠产仔的很少,28 月龄时发情配种的母鹿仅有 20%～30%产仔。成年母鹿的受胎率为 66%,繁殖成活率 78%,双胎率不超过 0.1%,繁殖成活率为 47.3%。4～6 岁成年公鹿和母鹿,7 月下旬的屠宰率分别为 53.2%和 50.8%,净肉率分别为 42.5%和 39.5%,净肉量分别为 96.5 kg 和 54.9 kg。

马鹿有 7 个不同的亚种,其中以天山马鹿清原品系和塔里木马鹿的产茸量最高。

三、生态习性

1. 活动规律 鹿科动物具有爱清洁、喜静、感觉敏锐并善于奔跑等特性,但它们都喜欢生活在疏林地带、林缘或林缘草地、高山草地、林草衔接地带。鹿喜在晨昏活动,但活动范围不是很大。水鹿在雨天一昼夜可以游走 15 km。白唇鹿活动范围则很小,夏季产仔在食物丰盛的栖息地附近,群众称之为“座山鹿”。马鹿、梅花鹿有季节性游动的特性,春季在向阳坡活动,夏季在海拔高的山上,能适于隐蔽和逃避蚊蝇骚扰,冬季回到海拔低的河套或林间空地,在食物短缺时往往接近农田或村落。

2. 群性强 鹿的群体大小,取决于鹿的种类和环境条件。如驯鹿野生群可达数十头或数百头;马鹿则几头或十几头。如果食物丰富,环境安静,群体相对大些,反之则小。梅花鹿夏季多数是母鹿带领幼鹿一起活动,一群几头或十几头。繁殖季节1～2头公鹿带领十几头母鹿和幼鹿,放牧时如有鹿离群,不要穷追猛撵,可稍微等待,便会自动回群。

3.可塑性大 鹿的可塑性很大,我们利用可塑性可改造其野性。鹿的驯化放牧就是利用这一特性,通过食物引诱、各种音响异物反复刺激和呼唤等影响,建立良性条件反射,使见人惊恐的鹿达到任人驱赶、听人呼唤的目的。驯化工作,在鹿幼年时进行比成年效果好,如幼鹿经过人工哺育驯化,则与人共处如同牛羊。说明幼鹿比成鹿可塑性更大。

4.防卫性强 鹿是自然界生存竞争中的弱者,是肉食动物的捕食对象,也是人类猎取的重要目标。它本身缺乏御敌的武器,逃避敌害的唯一办法是逃跑。所以鹿奔跑速度快,跳跃能力强,且听觉、视觉、嗅觉器官发达,反应灵敏,警觉性高,行动小心谨慎,一遇敌害纷纷逃遁。这是一种保护性反应,是自身防卫的表现,也就是人们常说的"野性"。

5.适应性强 鹿有很强的适应性。它们分布在世界各地,但特化程度高的鹿对外境条件敏感,适应范围很窄,难于适应人为造成的环境条件。如白唇鹿,适应青海、甘肃、四川、云南、西藏的57个县、海拔3 000 m以上的高原山地。而非特化种,适应性强,分布广,能采食多种植物和利用各种隐蔽处所,对环境变化不敏感。如东北梅花鹿,原产长白山区,现已引种到全国各地,都能适应当地的环境条件并能生存繁殖。

四、食性特点

鹿类能广泛利用各种植物,如草本植物和木本植物,尤其喜食各种树的嫩枝、嫩叶、嫩皮、果实、种子,还吃地衣苔藓及各种植物的花、果和蔬菜类。据观察,鹿能采食400多种植物,甚至还能采食一些有毒植物。

任务一 茸鹿繁殖育种技术

【相关知识】鹿繁殖生理特点

1.性成熟与体成熟 雌鹿的性成熟期为生后16～18月龄,即在生后第二年的秋季;如果生活条件适宜,饲养管理得当,个体发育良好,雄鹿性成熟可以提前,在8～10月龄可达性成熟;但若环境条件不良,有些雌鹿性成熟推迟到18月龄以后。

鹿的体成熟时间是3～4岁。驯鹿2岁时身体各部器官已接近成熟,3岁时生长基本结束,体重达 90 kg 左右。但梅花鹿较马鹿达到体成熟的时期要早一些。雌鹿要比雄鹿早一些。

2.初配适龄　幼龄鹿达到性成熟之后,虽有繁殖能力,但不适于参加配种。实践认为,生长发育良好的梅花鹿母鹿,满 16 月龄(即生后第二年的配种季节)时参加配种较为适宜。对一部分发育落后的和不足 16 月龄的育成母鹿应推迟一年再行配种。部分发育良好的母马鹿,可在生后第二年配种,出生时间晚或发育差的母马鹿初配年龄在 2.5 岁左右;育成母鹿所生仔鹿体重比成年母鹿所生仔鹿稍低。

梅花鹿、马鹿或水鹿等,其公鹿的初配年龄应满 3 岁,如若过早参加配种,将对其生长发育、生产性能和后代品质都有不良影响。

3.发情周期　鹿是季节性繁殖动物,一年只繁殖一次。在我国北方地区,母梅花鹿在 9 月下旬至 11 月中旬发情,10 月中旬达到旺期;母马鹿在 9 月上旬至 10 月中旬发情,9 月中下旬达到旺期;均历时 2～2.5 个月。公鹿一般在 8 月中旬就开始发情,直至配种结束,公马鹿较公梅花鹿发情早 10 天左右。

(1)母鹿的发情周期和发情表现　从上一次排卵到下一次排卵的时间间隔,或从发情开始的时日为起点至发情征候完全消失止,称为一个发情周期。梅花鹿的发情周期为 16 天,马鹿为 18 天,每次发情持续时间为 18～36 h。根据母鹿发情过程中生殖器官的变化和外部表现,每个发情周期可分为发情前期、发情期、发情后期和休情期,其中发情期又分为发情初期、发情旺期和发情末期,一般发情初期梅花鹿持续 4～10 h,马鹿持续 4～9 h;发情旺期梅花鹿持续 8～16 h,马鹿持续 5～9 h,此期为配种的最佳时期;发情末期梅花鹿持续 6～10 h,马鹿持续 3～6 h。

(2)公鹿的发情周期和发情表现　在整个繁殖季节里,公鹿一直处于发情状态,发情的持续时间一般达 60 天。公鹿发情后,颈部变粗,颈部皮肤显著增厚,睾丸明显增大;活动频繁,食欲基本废绝;性情粗暴,磨角吼叫,行动分散,为争偶公鹿间常进行激烈的角斗,甚至攻击人;公鹿嗅闻母鹿的外阴部,挑逗或追逐母鹿,用鼻端碰撞或舌舔母鹿的肋部、颈部以及外阴部,直到爬跨。

4.妊娠表现　配种完成后,随胚胎的生长发育,胚胎与母体的新陈代谢机能、生理活性和形态都发生变化。母鹿妊娠后,食欲增强,采食量增加,体重增加,被毛光滑。东北梅花鹿的妊娠期平均为 229 天,东北马鹿的妊娠期平均为 243 天,天山马鹿的妊娠期平均为 244 天。一般老龄母鹿的妊娠期稍长,怀双胎时稍长,怀母鹿比怀公鹿时稍长。在生产实践中,应根据具体情况划定母鹿的预产期。

母鹿妊娠3～5个月时鹿体最为肥胖，至产前1～2个月，由于胎儿强烈生长发育，使得母鹿腹围显著增粗，采食量比中期有下降趋势，行步小心谨慎，喜群居，嗜睡。产前半个月左右乳房明显膨大，多呈粉白色，乳头变粗。

5.分娩行为 鹿分娩产仔的季节主要取决于鹿的配种季节。多数情况应在5月初开始，6月末结束，但也有配种晚，产仔期延迟到7—8月，有的延迟到9月。

母鹿在分娩前，在生理和形态上一系列的变化被称为分娩预兆。产前约15天，乳房显著增大，乳头增粗。妊娠母鹿在临产前几天可从乳房中挤出黏稠、淡黄色液体，若能挤出乳白色的初乳时，分娩即可在1～2天内发生。有的鹿在分娩前1～2天，可见到从阴门流出透明、索缕状黏液。分娩前1～2天尾根部两侧肌肉出现明显的塌陷现象，俗称“塌胯”。母鹿产前起卧不安，有腹痛症状。产前不采食，在圈舍内踱来踱去或围着墙转，即通常所说的“闹圈”。临产前有排尿频繁或举尾现象，不时仰脖回头观腹，有的发出叫声或低声呻吟。如发现上述临产征候，即可在几小时内产仔。

6.鹿的利用年限 鹿在人工饲养条件下，其经济利用年限可达14岁左右。一般马鹿比梅花鹿的利用年限长一些，母鹿比公鹿长一些。种公鹿较其他家畜的使用年限较短，因其肩负生茸和配种的双重任务，一般作配种只用到8岁左右为宜，对个别种用价值高、配种能力强的公鹿也可适当延长使用年限。母鹿由于只用于参加配种繁殖活动，一般只利用到7岁。总之，从保证配种繁殖质量的角度，应尽可能使用4～7岁的公母鹿繁殖后代。

一、配种技术

1.配种前的准备

(1)圈舍的准备 在配种季节到来之前，要将鹿舍进行一次全面的检修，特别是围墙和圈门一定要牢固，防止跑鹿或串群。另外要将运动场垫平，清除圈内砖头瓦块等异物，防止蹄部受外伤引起坏死杆菌感染。

(2)鹿群的整顿 将公、母鹿分别组成若干个配种群，种公鹿群应该由全场茸产量最高、茸型端正、遗传性能好的壮龄公鹿组成。对于年龄过大、繁殖力低或特别衰弱的母鹿，挑选出来单独组群，经过一个繁殖周期，确实无繁殖价值者予以淘汰。对于那些产量低、茸质劣、生长慢、高饲养成本的母鹿，也应进行淘汰。

2.自然交配配种方式 鹿属于一雄配多雌的动物，野生鹿群公、母比例在1∶15左右，目前圈养或半散放饲养的鹿群，仍处于半野生状态，公鹿发情期性情狂暴，不易让人接近。因此，鹿的配种工作多以自然交配为主，而对于鹿的改良研究则采用了人工授精。

(1)群公群母配种　采用多头公鹿与多头母鹿参加配种;一般以 25～30 头母鹿为一个配种群,按公、母比例为 1∶(4～5)的数目将公鹿放入母鹿群中,进行公、母鹿混群交配。具体采用两种方法:

①群公群母一配到底:按群公群母配种比例,在配种开始一次将公鹿全部放入配种的母鹿群内。在配种期间,如发现有的公鹿患病,性欲不强,体质下降和丧失配种能力,要及时拨出,但拨后不再补充新的种公鹿。最多应拨出多少以每只公鹿所负担配种任务不超过 10 只母鹿为限,否则要进行补充。

②群公群母替换种公鹿:这种配种方法是在配种的中期,全部更换一次种公鹿,或者配种初期于母鹿群中放入年轻公鹿,以达诱情或试情作用,待母鹿达到发情旺期时,将年轻公鹿拨出,再按比例放入配种公鹿,直到配种结束。

(2)单公群母配种

①单公群母一配到底:就是配种期一开始就按公、母 1∶(15～20)的比例将公母鹿混群。种公鹿不仅要经过严格选择,还要进行精液检查。一般在配种期间不替换公鹿,一直到配种结束。

②单公群母替换种公鹿:采用这种配种方法,母鹿群可以稍大些,公、母比例为 1∶(25～30)只,每群母鹿中投放一只种公鹿。为了确保公鹿有旺盛的配种能力,每 7～10 天换一次种公鹿,在母鹿发情旺期,替换种公鹿的次数要适当增多,确保母鹿受胎。

③单公群母定时放入种公鹿:所谓定时,就是每天人为地规定一定的配种次数和时间,以一定的次数在规定的时间里向母鹿群中放入种公鹿。放入一只公鹿以负担 15 只母鹿配种任务为宜。

(3)单公单母试情配种　这种方法是在 25～30 头的母鹿圈内放 1 头试情公鹿,以发现发情母鹿。通过试情,发现发情母鹿,应将这头母鹿和已选定的公鹿拨入配种间进行配种,交配完毕后将这头母鹿再拨入已受配母鹿群内。考虑到母鹿在第一个发情周期中万一没有配上,在受配母鹿群再放入一头试情公鹿进行查情补配。

3.配种工作注意事项

(1)适当提前放入种公鹿　我国北方于白露(9 月上旬)前后公鹿表现不安,母鹿始有发情征候。在母鹿有发情表现的前些天,就可以把公鹿放入母鹿圈内。

(2)应建立昼夜值班制度　无论采用哪种配种方法,都要做到圈有人看,鹿有人管。注意观察配种情况,认真记好配种记录。及时调拨受配母鹿。对于单公群母配种,要注意观察种公鹿的行为状态。

(3)合理地安排圈舍　配种圈舍应单独安排在一个单元内,并要在非配种公鹿舍的下风头。参加配种的公鹿被拨出后，也不应混入未参加配种的公鹿圈内。

(4)配种后的增膘复壮　配种结束后，应将所有配种公鹿由母鹿群中拨出。对于那些瘦弱、受伤的公鹿应单独组群，分别予以精心饲养和管理，使其恢复体力，增膘复壮，安全越冬。

(5)合理使用种公鹿　配种期应合理使用种公鹿，每只种公鹿平均承担 10～20 只母鹿的配种任务为宜。种公鹿每天上、下午各配 1 次较好，两次配种间隔 4 h 以上，连配 2 天应休息 1 天。连续交配次数过多的种公鹿常常很快消瘦，到后期不能很好配种。

二、产仔管理

东北梅花鹿的妊娠期平均为 229 天，东北马鹿的妊娠期平均为 243 天。鹿分娩产仔的季节主要取决于鹿的配种季节。多数情况应在 5 月初开始，6 月末结束，但也有配种晚，产仔期延迟到 7—8 月，有的延长到 9 月。

母鹿分娩期间要保持安静，避免干扰。准备好产圈或产房，仔鹿保护栏、助产用具和药品以及垫料等用品。昼夜值班，责任落实。加强临产孕鹿的看护，留心观察分娩情况，做好产仔记录，发现异常及时处理。产程达 3 h 以上的难产母鹿应尽早施行人工助产。发现母鹿弃仔、扒仔等不正常母性行为时应立即隔离母仔，其仔由性情温顺、同期分娩的其他母鹿代养或人工哺乳。仔鹿生后 10s 以上不见呼吸动作，有窒息的可能，应马上抢救。仔鹿出生后，母鹿如果不能及时舔干仔鹿身上的胎膜和黏液，必须及时用无异味洁净的草或布等人为擦净。初生仔鹿吃过 3～4 次乳汁后，要检查脐带，若未能自然断脐，可人工辅助断脐，并严格消毒。另外还应注意仔鹿生后的保温防潮和日常卫生工作，可在产圈内设置仔鹿保护栏或小床，并铺垫清洁柔软的干草或树叶等，应勤换垫料，搞好周围环境卫生及用品的消毒工作。

三、育种技术

(一)编号与标记

为了育种管理，避免混淆，准确记录和识别鹿只，便于组织饲养，鹿场应对鹿只进行编号和标记。编号可以按出生的先后顺序、出生年份以及公鹿家系等作为参照编序。目前多用佩戴耳牌的方法标记，将写好编号的标牌穿戴于鹿的一侧耳上，耳标牌上的数字应从正面看一目了然。按鹿的性别、种类打戴不同颜色的牌较佳。牌上最好能写清父母号、年度、产地等。

(二)选种方法

种鹿品质的好坏,直接影响鹿群的质量。因此,选择种鹿必须具备生产性能高、体质外形好、发育正常、繁殖力强、合乎品种标准、种用价值高等方面的条件。

1.种公鹿的选择　根据公鹿的遗传稳定性、生产性能、体质外貌等表现综合选择。

(1)按系谱和后裔测定选择　要求3代系谱清楚,各代记录完整可靠,并有2只以上种鹿的系谱对比观察,选出优良者作为种用。

(2)按生产性能选择　鹿茸产量、茸形角向、茸皮光泽及产肉量等生产性能均应作为选择条件。其中茸重的遗传力高,根据茸重进行个体选择效果很好。种公鹿产茸量应比本场同龄公鹿单产平均高20%～30%。

(3)按体质外貌选择　公鹿体质外貌,反映鹿群类型特征,影响鹿茸生长。理想的公鹿必须具有品种或类型特点。体形匀称,颈粗、额宽、茸角大,茸形角向适宜、美观整齐;雄性特征明显,体大健壮,精力充沛,性欲旺盛。

(4)按生长发育选择　主要依据初生重、6月龄、12月龄体重、日增重和第一次配种的体重以及角基距、头深、胸围、体斜长、体直长等指标进行选种。在同龄鹿中,体重大往往鹿茸产量高,但体重会随季而变化,在参考体重选种时,必须考虑称重时间。

(5)按年龄选择　当年参加配种的种公鹿应在5～7岁的壮年公鹿群中选择,个别优良的种公鹿可利用到8～10岁,种公鹿不足时,可适当选择一部分4岁公鹿配育成母鹿。

2.种母鹿的选择　种母鹿应在4～7岁的壮龄母鹿中挑选。入选的母鹿,一是要雌性特征明显,性情温顺,体躯长、体形匀称、体质健壮、后躯发达,乳房和乳头发育正常,位置端正;二是要以往繁殖成绩好,发情、排卵、妊娠、分娩和泌乳正常,母性强、繁殖力高、无流产或难产情况发生;三是要体质健壮,肢形正常,四肢强健有力,蹄质坚实,皮肤紧凑,被毛光亮。

3.后备种鹿的选择　后备种鹿必须从生长发育、生产力良好的公、母鹿入选的后代中选择。后备种鹿一是要体质强壮、健康,如,躯干长、胸廓发育好、臀宽、四肢强健;二是要行动敏捷,反应机敏,好运动;三是初角茸生长发育正常、良好,出生后第二年即有正常的初角茸长出。对选留的后备鹿要加强培育,使其遗传性能得以充分表现。后备公、母鹿在种用前应进行种用价值综合评定,种用价值高者参加繁殖,种用价值不大转入生产群。

任务二　茸鹿饲养管理

一、饲养管理一般原则

（一）饲养原则

1. 饲料应符合鹿消化生理特点　鹿是反刍动物，饲料应以青粗饲料为主、然后再根据其不同生物学时期或生产需要，将营养不足的部分补给一定数量的精饲料。

2. 根据营养需要合理配制日粮　鹿因年龄、性别、体重不同，对营养物质需要也不同。同时，还要根据饲养实践中鹿的生长发育与生产性能情况予以调整，使日粮更加科学化、合理化。

3. 饲料合理搭配，力求多样化　我国养鹿的主要目的是为了获取鹿茸，如果能做到饲料多样化，可保证日粮的全价性，增强机体对营养物质的利用效率，为提高鹿茸产量提供必备条件。

4. 注重饲料品质与加工调制　饲料的品质关系到它的营养价值，即便是同一种饲料，质量的好坏与营养素的含量相差也很大。饲料的加工调制可以提高饲料的适口性、消化率和利用率。

5. 严格遵守饲喂时间、顺序和次数　鹿具有发达的视、听、嗅、味等感觉器官，对外界环境变化非常敏感。在养鹿实践中，必须严格遵守饲喂时间、顺序和次数，不应随意提前、拖后和改变。

6. 增、减和变换饲料要逐渐进行　精料量的增加一定要逐渐进行，谨防加料过急，引起消化障碍，出现顶料现象。减料时可以适当加大幅度。在变换饲料时必须逐渐减少原有饲料和逐渐增加新换饲料。

7. 注意饮水　供水量可根据季节、饲料含水量、鹿的年龄、生理状态等特点而定。一定要注意水质清洁卫生，经常刷洗和消毒水槽，以防止各种疾病的发生。

8. 夜间补饲　冬季昼短夜长，夜间补饲可使鹿在安静的环境下有充足的时间采食和反刍。在补饲过程中还可以增加运动量，提高抗寒能力。夏季夜间补饲无疑会增加采食量，最大限度地满足生茸、泌乳的营养需要，对提高生产性能会大有益处。

（二）管理原则

1. 建立健全管理制度　包括各种生产责任制和岗位责任制，科学制订生产计划、繁殖计划、育种计划，使每一个生产环节都有章可循，使管理工作科学化、现代化，提高养鹿场总体效益。

2.合理布局与分群　公鹿安排在圈舍的上风向，母鹿安排在下风向，并拉大公、母鹿两区间的距离。幼鹿安排在避风向阳的圈舍中。按年龄和健康状况将公、母、育成鹿分别组成若干小群，每群数量以25～30只为宜。

3.保持安静与加强驯化　保持舍内安静，饲养员进出圈舍动作要轻稳，不要大声喧哗，尽量避免不良因素的袭扰。为了使鹿变得温顺、易于管理，必须对鹿群加以驯化。

4.适当运动　加强运动不但可以增进食欲，增强体质，而且能提高公鹿的精液品质，保证公、母鹿有适宜的繁殖体况。鹿圈要有足够的运动量，特别是种鹿。每天在圈内驱赶运动2～3 h，有条件的鹿场也可有计划地结合放牧加强运动。

5.注意观察鹿群　经常深入圈舍观察鹿群，观察鹿的精神状态、运动情况，采食、饮水的快慢与多少，反刍、嗳气情况，排泄的粪尿是否正常，鼻镜是否干燥，膘情的好坏，呼吸是否均匀，以及体态行为是否正常等。

6.随时维修圈舍　鹿场管理人员应经常检查、维修圈舍及其附属设备，饲养人员养成进出圈舍随手闩门的良好习惯，杜绝跑鹿。

二、成年公鹿饲养管理

公鹿饲养管理的好坏，直接关系到鹿茸产量、后裔品质和鹿群的发展，所以，要保证鹿群健康水平，保证优质高产鹿茸生产，保证公鹿的性欲、精液品质、种用价值。因此，要根据在各个时期公鹿的生物学特性、生产性能、体质状况和营养需要等特点，提高和改进饲养管理技术。

1.公鹿生茸期的饲养管理

(1)饲养技术　公鹿的饲料包括精饲料和粗饲料。

生茸期公鹿的精饲料中，粗蛋白比例保持在18%～27%，日粮中矿物质饲料不能低于30 g。见表3-1。

粗饲料要看上顿鹿采食粗料情况定下顿喂量，让鹿始终保持旺盛的食欲，严防堆草、堆料或拒食厌食；饲喂要定时定量，饲喂次数、顺序应严格遵守，饲喂量要准，防止饱饥不均。

精饲料日投放量，一般成年公鹿：马鹿每天2.5～5.0 kg，梅花鹿每天1.6～2.8 kg；育成公鹿：马鹿每天1.2～2 kg，梅花鹿每天0.8～1 kg。生茸前期至收茸结束，精饲日喂量逐步增加，料量应参考精料品种、质量和调制方法等因素灵活掌握。粗料量一般每天1～3 kg，分种类，整喂、粉碎喂、混合精料喂或单喂，尽量以提高适口性，提高利用率为原则。

表 3-1 生茸期公鹿的精饲料配方 %

饲料成分	公鹿年龄				
	1 岁	2 岁	3 岁	4 岁	5 岁
玉米面	29.5	30.5	37.6	54.6	57.6
大豆饼、粕	43.5	48.0	41.5	26.5	25.5
大豆(熟)	16.0	7.0	7.0	5.0	5.0
麸皮	8.0	11.0	10.0	10.0	8.0
食盐	1.5	1.5	1.5	1.5	1.5
磷酸氢钙或骨粉	1.5	2.0	2.4	2.4	2.4
粗蛋白质	27.0	26.0	24.0	19.0	18.0
总能/(MJ/kg)	17.68	17.26	17.05	16.72	16.72
代谢能/(MJ/kg)	12.29	12.08	12.12	12.20	12.25
钙	0.72	0.86	0.96	0.92	0.91
磷	0.55	0.61	0.62	0.58	0.57

(2)管理措施 公鹿一经脱角应注意舍内安静,形成有规律的饲喂、清扫时间,给生茸公鹿创造良好的环境。生茸开始,应做好预防工作,畜舍内外、饲槽用具要消毒。对生茸鹿驯化,促增产、增收,对各舍公鹿上午 10 时,下午 4 时,是最佳驯化时间,出入畜舍,经常调教,给予信号,以免发生炸群,造成伤茸减产、减值。注意观察鹿群,观察精神状态、采食精粗饲料的清净程度、行走步样及姿势、反刍情况、排泄及呼吸是否正常。对年龄较大、体弱鹿、病残鹿应在脱角后单独组群,增加营养。

2. 公鹿配种期饲养管理 公鹿发情配种期在秋季,此期种公鹿性欲旺盛,食欲显著下降,能量消耗大,故需选用适口性好、维生素含量丰富的多汁饲料和幼嫩青饲料等。饲料要少而精,配合应尽量多样化,每天定时饲喂 3 次。日喂精料 1.2～1.6 kg,多汁料 1.0～1.5 kg,青饲料 2.0～3.0 kg。精料由豆饼、鱼粉、麸皮(有条件的加鸡蛋、奶粉)组成,并配给一定量的骨粉或磷酸氢钙,以使种公鹿产生优良的精子和保持旺盛的配种力。也可同时喂给催情料,如大葱、胡萝卜、大麦芽等。配种期公鹿的精饲料配方见表 3-2。

为促进性细胞的充分发育,要让种公鹿有充分的运动和充足的光照。此外更要特别注意种公鹿群的安全问题,最好配备专人看管。①细心观察,防止造成直肠穿孔。②制止激烈顶斗。可在锯头茬茸时,注射 CA 增茸素,以达到增产再生茸和让种公鹿安静的双重目的。③控制饮水。为避免种公鹿在争斗后突然大量饮水影响健康,可在水槽中设置障碍物,使饮水速度减慢。

表 3-2 配种期公鹿的精饲料配方

饲料成分	配合比例/%	营养指标	营养水平
玉米面	50.1	粗蛋白质/%	20
豆粕	34.0	总能/(MJ/kg)	16.55
麸皮	12.0	代谢能/(MJ/kg)	11.20
食盐	1.5	钙/%	0.92
磷酸氢钙或骨粉	2.4	磷/%	0.60

3. 公鹿越冬期饲养管理　入冬后为休整复壮期(12 月至翌年 3 月)。配种后公鹿体质瘦弱,外界气温又低,饲养管理的重点是增膘复壮,以利于换毛和长茸。饲料应给予富含淀粉、矿物质和蛋白质的饲料,加大玉米、稻谷、豆类饲料的比例。日喂精料 1.2～1.5 kg,多汁料 1.0～1.5 kg,青粗料 2.0～3.0 kg。增加饲料或更改配方要逐渐过渡,切忌骤增猛减或突然改变。精料每天投喂 3 次,并在夜间补饲一次粗料,以促进公鹿的反刍。白天青料可自由采食,冬季最好饮温水。越冬公鹿的精饲料配方见表 3-3。

表 3-3 越冬公鹿的精饲料配方　%

饲料成分	公鹿年龄				
	1 岁	2 岁	3 岁	4 岁	5 岁
玉米面	57.5	52.0	61.0	69.0	74.0
大豆饼(粕)	24.0	27.0	22.0	15.0	13.0
大豆(熟)	5.0	5.0	4.0	2.0	2.0
麸皮	10.0	10.0	10.0	11.0	8.0
食盐	1.5	1.5	1.5	1.5	1.5
磷酸氢钙或骨粉	2.0	1.5	1.5	1.5	1.5
粗蛋白质	18.0	17.9	17.0	14.5	13.51
总能/(MJ/kg)	16.30	16.72	16.72	16.26	15.97
代谢能/(MJ/kg)	12.29	11.91	12.41	12.37	12.41
钙	0.79	0.65	0.65	0.61	0.61
磷	0.53	0.39	0.39	0.36	0.35

为增强鹿在冬春期间的御寒能力,增强鹿体内新陈代谢,舍饲公鹿每天早晨应定时驱赶运动 1 h;为防止舍内潮湿、阴冷,鹿舍内应有足够的豆秸或稻草,或保留一定的干粪;舍内应防风、保温、采光良好。此外,有个别母鹿发情及配种期留下的

发情气味，常致年轻公鹿发情高涨、角斗、爬跨而引起穿肛，应加强管理。

三、成年母鹿饲养管理

1. 母鹿配种期饲养管理 此期饲料要求含有全价的蛋白质、丰富的维生素和矿物质，以保证母鹿获得足够的营养物质，提高受胎率。饲料应以青绿、多汁料为主，并每天喂饲 3 次，喂精料 1.2～1.5 kg。适量补给大麦芽、胡萝卜、大葱等有催情促孕作用的饲料。母鹿精饲料配方见表 3-4。

表 3-4 母鹿精饲料配方 %

饲料成分	生理时期			
	配种期和妊娠前期	妊娠中期	妊娠后期	哺乳期
玉米面	67.0	56.2	48.9	33.9
大豆饼、粕	20.0	14.0	23.0	30.0
大豆(熟)		12.0	14.0	17.0
麸皮	10.0	14.0	10.0	15.0
食盐	1.5	1.5	1.5	1.5
磷酸氢钙或骨粉	1.5	2.3	2.6	2.6
粗蛋白质	15.35	16.83	20	23.32
总能/(MJ/kg)	16.51	16.89	16.89	17.35
代谢能/(MJ/kg)	11.41	12.29	12.25	12.29
钙	0.62	0.88	0.99	1.02
磷	0.36	0.58	0.61	0.67

8 月底将仔鹿隔离，利于早日发情配种。如母鹿产仔较迟，也可带仔参加配种，但不能超过 10 月份。配种的母鹿群需专人看管，防止公鹿顶撞。注意发情观察，可用试情公鹿进行鉴定。多采用自然交配方式，其方法有单公配群母法[1∶(25～30)]、群公配群母法[1∶(3～5)]和单公配单母法 3 种。实践证明，单公配群母法效果最好。

2. 母鹿妊娠期饲养管理 母鹿每年有 235 天左右的妊娠期、60～100 天的泌乳期，生理负担重。此期母鹿食欲较好，食量增加。为保证胎儿的生长发育及母鹿产后的哺乳能力，应供给营养价值高而全的饲料。草料尽量多样化，日喂多汁料 1.0～1.5 kg，青粗料 1.0～1.2 kg。妊娠母鹿的饲料配方见表 3-5。

表 3-5 妊娠母鹿的饲料配方(日喂量)

鹿的种类	混合精料/kg	多汁饲料/kg	青粗料/kg	石粉或骨粉/g	食盐/g
梅花鹿	1.0～1.5	1.0	1.2～2.0	20	20
马鹿	1.5～3.8	2.0	3.0～4.5	40	30

精料和多汁料以每天喂 2～3 次为宜,且饲喂的时间间隔应相对均匀和固定;粗饲料每天 3 次,白天 2 次,夜间 1 次。饲料严禁霉败、结冻、酸度过大或酒糟量过多。保证充足的饮水,天冷宜饮温水。加强管理,每圈头数不宜过多,防止拥挤,保持安静,以免发生流产;鹿舍应保持清洁干燥,垫草可厚达 15 cm;每天可温柔驱赶运动 1 h;3—4 月份调群一次,挑出空怀、瘦弱和患病母鹿;在 11 月底与公鹿分开饲养。

3. 母鹿哺乳期饲养管理　为保证乳汁分泌,哺育仔鹿,饲料中应含有丰富的蛋白质、维生素 A、D 和矿物质磷、钙等。精料每天喂 3 次,1.2～1.5 kg,其中豆粕占 40%～50%、玉米面 45%～50%、麸皮 10%～15%、并加入鱼粉 40～70 g,盐 25 g,骨粉 15～20 g。哺乳母鹿的饲料配方见表 3-6。

表 3-6 哺乳母鹿的饲料配方(日喂量)

鹿的种类	混合精料/kg	多汁饲料/kg	青粗料/kg	石粉或骨粉/g	食盐/g
梅花鹿	1.0～1.25	1.5	2.5～6.0	30	25
马鹿	1.75～2.0	2.5	8.0～15.0	50	35

青粗饲料自由采食,同时保证充足的饮水。做好圈舍的清洁消毒工作,注意观察母鹿分娩,发现难产,及时助产。发现母鹿恶癖如咬仔、扒仔、弃仔、咬尾和舔肛等情况要及时处理。对被弃仔鹿和弱仔要实时找好保姆鹿。拨鹿时不宜强行驱逐,最好以温驯、产完仔的或空怀的母鹿率领行进。此期严禁观赏鹿舍,防止惊群炸圈。产仔哺乳后期,应结合打扫圈舍和饲喂,准时调教和驯化母仔鹿,为离乳分群时顺畅拨鹿打下良好的基础。

四、仔幼鹿和育成鹿饲养管理

1. 哺乳仔鹿的饲养管理　一般情况下,仔鹿出生后 30 min 左右即可站立起来自动吮乳,要让仔鹿尽早吃上初乳。少数弱仔、弃仔或产后母鹿无乳的,需及时寻找代养母鹿或进行人工哺乳。

人工哺乳可用牛、羊乳;也可用鲜鸡蛋 3～4 只加凉开水 400 mL、食盐 4 g 和适量葡萄糖调匀，再加入牛初乳 1 000 mL 和鱼肝油 15～20 mL，消毒后装入奶瓶，待乳汁冷却至 38℃左右时饲喂。仔鹿人工乳喂量见表 3-7。

表 3-7 仔鹿人工乳喂量

仔鹿日龄	日喂次数	日喂量/mL	
		体重 5.5 kg 以上	体重 5.5 kg 以下
1～5	6	480～960	420～900
6～10	6	960～1 080	840～960
11～30	5	1 200	1 080
31～40	4	960	890
41～60	3	720～600	600～450
61～75	2	600～450	520～300

每个母鹿群都应该有一批性格温驯、泌乳量高的母鹿作为代养母鹿。好的代养母鹿能在产仔旺期还代养成活几只弱生的或被弃的仔鹿。需长时间代养时，被代养仔鹿可吃几只母鹿的奶。

仔鹿出生后 15～20 天即开始随母鹿采食粗饲料，出现反刍。要在母鹿舍内设立护仔栏、补饲槽，及早补饲，使其消化器官尽早得到锻炼。精料可用煮熟的豆类、花生、玉米面和麸皮，青料可用嫩树叶、嫩草、菜叶、鲜豆秆叶等。要注意及时撤走剩食，以防止剩食变质引发仔鹿肠炎，保证充足清洁的饮水。到仔鹿体重达 25 kg 时即可断乳。哺乳仔鹿日补料量及次数见表 3-8。

表 3-8 哺乳仔鹿日补料量及次数

项目	仔鹿日龄			
	20～30	31～50	51～70	71～90
日喂次数	1	2	2～3	3
梅花仔鹿补料量/g	50～100	150～200	250～300	300～400
马鹿仔鹿补料量/g	100～200	300～400	500～600	600～800

饲养人员每日准时细心察看其精神形态、卧位和卧姿、鼻镜、鼻翼和眼角，并将仔鹿从护栏里渐渐轰起，再观察其排便、活动、步态、吃奶等是否正常。仔鹿舍内应平整、无积水或粪尿，饮水锅台高度适合，水质干净，水锅内应设木制帘板，防止淹死仔鹿。仔鹿在离乳前半个月增强对饲料、口令和四周情况的驯化调教，为顺畅离乳分群做好充分预备。

2. 离乳幼鹿的饲养管理　仔鹿离乳多采用一次离乳法，即在8月20日前后将当年所产仔鹿一次性断乳。也可采用分批断乳法，即达到80～100日龄再分别断乳。仔鹿断乳后，2～3天内可能会鸣叫不安，影响采食，要注意多投喂一些仔鹿喜欢的饲料。可采用如下配方：煮熟的黄豆和玉米各0.1～0.2 kg，麸皮0.2 kg，食盐和贝壳粉各10 g。分3～4次投喂，每日增加0.05 kg，加至0.65～0.75 kg时即可。青料选用青嫩的树叶或青草，让其自由采食。为减少仔鹿紧张情绪，可将母鹿拨出，仔鹿留在原圈舍；或在仔鹿群中放几只温顺的母鹿，起稳群作用。此期饲养员要多接触仔鹿，饲喂时应呼唤仔鹿，以达到人鹿亲和目的，便于驯化和放养。

3. 育成鹿的饲养管理　出生后第2～3年的幼鹿统称育成鹿。育成鹿生长发育快，所以饲料的营养要全面，精粗饲料搭配要恰当，这样才能培育体质健壮、生产力高、耐粗饲的茸鹿。粗饲料可以是玉米秸类、树叶类、干草类、青贮类和块根类。育成鹿的精饲料配方见表3-9。

表3-9　育成鹿的精饲料配方

饲料	比例/%	营养指标	营养水平
玉米面	31	粗蛋白质/%	28
豆饼、豆粕	44	总能/(MJ/kg)	17.34
黄豆(熟)	13	代谢能/(MJ/kg)	11.37
麸皮	9	钙/%	0.77
食盐	1.5	磷/%	0.56
磷酸氢钙或骨粉	1.5		

饲喂量为体重的1.2%～2.5%，视饲料质量及鹿体大小而定。有条件的地方可以放牧，更有利于促进其生长发育及驯化。但初期瘤胃容量有限，尚不能保证采食足够量的青粗饲料以满足鹿生长发育的需求。因此，在1岁以内的后备鹿仍需喂给过量的精饲料。精饲料的组成成分和喂量要根据粗饲料的种类、质量适当进行调整。此期内的精饲料用量，育成梅花鹿0.8～1.4 kg，育成马鹿1.8～2.3 kg。

任务三　鹿茸采收及初加工

鹿产品主要是指鹿茸。鹿产品既是药材，也是商品，因此收获是否适时，加工方法是否得当，对产品质量和经济效益都有直接影响。为了确保鹿产品质量的不断提高，保持我国鹿茸在国际市场上的信誉，研究和掌握鹿产品的收获和加工技术，就显得尤为重要和必要。

一、收茸前准备工作

1. 组织准备 收茸期到来之前,技术场长牵头成立鹿茸收获骨干小组,其成员有技术员、队长、饲养班长、加工班长等。

2. 设备检查 首先要检查和清除圈舍墙壁、栅栏等上的突出物,如铁钉、铁丝断头、尖木桩等,防止伤鹿、伤茸。其次是对机械保定设备进行维修,尤其要注意保定器的夹板、踏板、推板的润滑与加固,使其坚固、运转灵活。

3. 器械准备 收茸所需物资包括保定绳、锯茸锯、止血药、止血带、接茸血的器皿以及装鹿茸的器具(皮兜、铁盆、木箱等)、化学保定药物等。鹿茸加工用的物资必备品较多,应事先准备齐全,并由专人妥善保管,如烫茸器;烘烤用的烤箱;排血用的减压真空泵、减压瓶、胶管、漏斗,封血用的烙铁;砍茸用的各种刀、铲、凿、镫;以及面粉、鸡蛋、石灰、针线、茸夹、温度计等。

二、收茸适期

收茸适期是指最佳收茸时间。砍茸的收取时间应当比相同规格的锯茸提前2~3天,二杠型鹿茸应该在主干肥壮、主枝与侧枝顶端丰满肥嫩、分枝对称时收取。砍三杈型鹿茸应在主干粗壮、主干与侧枝顶端丰满时收取。

马鹿三杈型锯茸,如茸大型美、嘴头肥壮时可收"大嘴三杈",如头、二锯鹿茸主干细瘦,则嘴头不宜放得过长,可适当早收;马鹿四杈型茸应在第四、五分枝顶端肥满时收取。

初角茸采取"锯尖平搓"两次收茸法,第一次在5月下旬到6月上中旬茸长到5~10 cm高时,将茸尖锯掉,以刺激鹿茸生长点,使角基变粗,为以后鹿茸高产打下基础。经过平搓的鹿,有的能生长出三杈型或二杠型茸,于7—8月可分批收取。部分7月以前收茸的鹿还能生长出不同高度与形状的再生茸,应在8月中旬前,视其老嫩分批收取。

三、收茸规格

鹿茸外部形态及名称见图3-4。梅花鹿茸分为二杠锯茸、三杈锯茸、二杠砍茸、三杈砍茸和初角茸。马鹿茸分为三杈锯茸、四杈锯茸、再生茸、初角茸等。

一般3岁(头锯)梅花公鹿虽绝大部分能生长出三杈型鹿茸,可以比二杠型鹿茸增重40%~50%,但由于其年龄小,脱盘较晚,生茸期相对较短,所生产的三杈型鹿茸一般都干瘦细小,达不到高等级要求,价值也低,所以应收二杠型鹿茸。4岁(二锯)公鹿大部分可收三杈型鹿茸,但对鹿茸干瘦细小的可只收取二杠型鹿茸。5 岁(三锯)以上的公鹿基本达到体成熟,所生鹿茸粗大肥嫩,应收取三杈型鹿茸;对于那些茸型不整、分枝不规则等非规格形状的鹿茸,应在顶端饱满时收取畸形(怪角)茸。收获畸角茸时应防止"穿尖子",骨化程度过大。

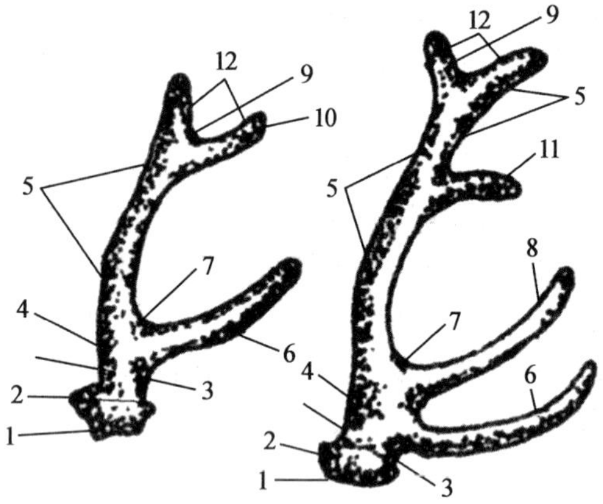

a.梅花鹿茸　　　　b.马鹿茸

1. 茸桩　2.珍珠盘　3.锯茸部位　4.茸根　5.主干　6.眉枝　7. 虎口
8.第二眉枝　9.小虎口　10.第二侧枝　11.第三侧枝　12.嘴头

图 3-4　鹿茸外部形态及名称

梅花鹿三杈型砍茸和二杠型砍茸是我国的传统出口商品,在国内外市场上享有很高声誉,必须严格按规格要求生产。花二杠型砍茸要求是:粗壮、肥嫩、虎口饱满、长短适度,优级茸茸干重不低于 250 g。花三杈型砍茸要求是:茸形规整对称,嘴头饱满肥嫩,优级茸茸干重不低于 1 750 g。但近年来国际市场对砍茸规格要求不如以前严格,以鹿茸粗大、嫩、肥为好。

马鹿一般以收三杈型鹿茸为主,但对于长势旺盛、茸体粗大、茸形规整、肥嫩、嘴头粗壮的鹿茸也可收四杈型茸。水鹿主要收取二杠或三杈型茸。

四、收茸操作

收获鹿茸是养鹿生产中极其重要的生产环节,锯茸的方法是否得当、安全,不仅涉及鹿茸的产量和质量,也关系到安全生产和鹿的再生产能力,因此收茸中的每一个环节均不可粗心大意。

1.收茸工具　收茸工具主要是锯茸锯,医用骨锯、工业用铁锯或木工用刀锯、条锯均可使用。但要求条薄,锯齿锋利、而"料"小,一方面减小锯口宽度,不致造成浪费，另一方面也减少对组织的刺激，以利封口。

2.收茸时间　鹿的收茸时节正值夏季、天气炎热，为保证鹿的安全，锯茸时，一是要空腹进行，二是要在凉爽时进行，还要给加工鹿茸留有充足的时间，以及便于对锯茸鹿的观察护理等。所以锯茸一般在早饲前，上午4～6时进行。也有的鹿场在晚饲前锯茸，鹿茸在第二天加工，理由是锯茸、加工时间都充足，尤其不致因收茸推迟早饲时间。

3.保定方法

(1)机械保定　机械保定的主要器械是半自动夹板式保定器(吊圈)，与圈舍和保定器相通的通道构成，通道有多个挡门，还有一个圆盘式转门，当鹿进入通道时，可通过这些结构把待锯茸的鹿推入保定器给予保定。这项工作很艰难，要几个人才能完成。

(2)药物保定　药物保定方法主要是采用麻醉药将鹿先麻醉，等到锯茸鹿处于昏迷状态的时候，就能够达到保定的目的。药物保定锯茸常用司可林和眠乃宁两种麻醉药。司可林(氯化琥珀酰胆碱)很容易发生鹿中毒现象，有时甚至会造成麻醉过程中鹿出现死亡，所以应用司可林麻醉保定要十分谨慎。切记在用药之前要估测鹿体重，一般梅花鹿每千克体重用量为0.07～0.10 kg，马鹿每千克体重用量为0.05～0.09 kg，按此标准确定用药剂量，切忌一次药量不足后又补针，以免中毒。

在用药以前，要先稳住鹿群，防止鹿惊慌乱跑，造成不良反应，甚至撞破鹿茸。在保定时，最好的药物注射部位是鹿的颈部和臀部，以便促进药物吸收。当鹿倒地的时候，要及时固定头部，防止碰伤鹿茸，同时最好将鹿卧躺在阴凉处。避免锯茸时鹿流血过多，会产生不良反应。

4.锯茸或砍茸

(1)锯茸　锯茸时将鹿用绳子拖离地面，迅速将茸锯下，伤口敷“七厘散”或“王真散”，贴上油纸，放回鹿舍。一般情况下，雄鹿生长三年就可采用锯茸方式采收，每年可采收1～2次。每年采两次者，第一次在清明后45～50天，习称“头茬茸”，第二次约在立秋前后，习称“二茬茸”。每年采一次者，约在7月下旬。

(2)砍茸　砍茸收取现已少用，适用于生长6～10年的老鹿、病鹿或死鹿。老鹿一般在6—7月采收，先将鹿头砍下，再将鹿茸连脑盖骨锯下、刮除残肉、筋膜。绷紧脑皮，然后将鹿茸固定于架上，反复用沸水烫，烫的时间需6~8 h。烫后掀起脑皮，将脑骨浸煮1 h，彻底挖净筋肉，再用沸水烧烫脑皮至七八成熟。

五、鹿茸的初加工

1. 排血　将注射针头插进茸端，再用打气筒针头注入空气，如此就能够让茸内血顺着血管从茬口处全部流出。有条件的最好要用排血机进行，这样比较安全有效。

2. 消毒　将鹿茸放在高锰酸钾溶液和碱水中消毒，先将茸上的灰尘和杂质洗掉，然后在鹿茸茬口处用粗线将外皮叉缝合，防止由于外皮滑离而影响质量。

3. 蘸煮　蘸煮的目的是使茸中残留的淤血流出来，在取茸的时候要注意不能让开水浸入茬口，这样会导致血凝，影响鹿茸质量。蘸煮的方法如下：手拿茸的注口处把其放入开水中蘸 3 s，取出晾一晾再蘸 3 s，反复进行 10 min 以后，再将蘸煮时间延至 5 s，反复进行 15 min，再将每次蘸煮时间延长到 20 s，反复进行 30 min。当鹿茸茬口流出白沫时，说明茸内余血已出净。然后，将茸摇动着全部没入开水中，5 s 后取出晾 30 min 左右，接着再进行清洗。

4. 烘烤　将晾好的鹿茸挂在烘房内。第一天烘烤温度为 35～40℃，第二天为 40～45℃，第三天为 45～55℃，最高不过 60℃，直到烘干为止。最后洗净消毒（不洗茬口处），晾干后即可出售。

【知识与技能测试】

一、名词解释：

鹿茸，初角茸，二杠锯茸，三杈砍茸，再生茸，收茸适期

二、填空：

1. 梅花鹿的人工培育高产品种有（　　）、（　　）和（　　）等，是养殖者的首选品种；马鹿有 7 个不同的亚种，其中以（　　）和（　　）的产茸量最高。

2. 生长发育良好的梅花鹿母鹿，满（　　）月龄（即生后第二年的配种季节）时参加配种较为适宜。

3. 茸鹿的自然配种方式有（　　）、（　　）和（　　）等 3 种。

4. 公鹿生茸期的饲喂方法有（　　）和（　　）等。

5. 收茸所需物资包括（　　）、（　　）、（　　）、（　　）、（　　）、（　　）、（　　）等。

三、判断：

1. 目前我国所驯养的茸鹿主要以梅花鹿和水鹿为主。（　）

2. 鹿是常年繁殖动物，一年中无固定发情配种时间。（　）

3. 从保证配种繁殖质量的角度，应尽可能使用4～7岁的公母鹿繁殖后代。( )

4. 母鹿每年有235天左右的妊娠期和60～100天的泌乳期。( )

5. 锯茸鹿的保定方法有机械保定法和药物保定法等，尤以后者常用。( )

四、简答：

1. 排血茸的加工程序。

2. 梅花鹿人工采精的方法有哪些?

五、论述：

茸鹿饲养管理的一般原则有哪些? 请分述之。

项目二 麝

【项目提要】麝被列为国家二级保护动物，其麝香的经济价值在国际市场上与黄金的价格相当。本项目主要介绍麝的生物学特性，种类及繁殖育种，饲养管理及人工取香技术。

【知识目标】了解麝的形态特征、生活习性和繁育特性；了解麝的种类及分布；了解麝的繁殖特性、发情配种、妊娠、产仔和选种技术；了解养麝场的建造、麝饲养管理的一般方法，掌握公、母麝以及幼麝的饲养管理；掌握麝的人工取香技术。

【技能目标】能利用所学知识进行不同生理阶段麝的饲养管理；掌握麝香的人工取香技术。

【典型知识及工作任务】

编号	名称	内容提要
典型知识	麝的生物学特性	麝的种类形态特征、生活习性和繁育特性
任务一	麝的配种繁殖技术	麝的发情鉴定、配种方法、保胎及产仔管理、选种选配
任务二	麝的饲养管理	饲养方式、麝的驯化、饲养管理的一般要求，公麝、母麝以及幼麝的饲养管理
任务三	麝的人工取香	麝香的形成机制，麝的人工取香技术，麝香的初加工和品质鉴定

【典型知识】麝的生物学特性

一、种类及形态特征

麝属于哺乳纲、偶蹄目、麝科、麝属动物。我国麝类资源丰富，有林麝、马麝、原麝、黑麝和喜马拉雅麝等5种。人工饲养以林麝、马麝、原麝三者居多。原麝和马麝体较大，浅褐色，只有原麝全身具白斑点。原麝分布于东北、华北；马麝见于青藏高原及邻近各省；林麝数量多，长江流域及以南各省区均有分布。

麝外形似鹿，但比鹿小，后肢明显长于前肢，雌雄头上均无角；四肢趾端的蹄窄而尖，侧蹄特别长；耳长直立，上部圆形。眼较大，吻端裸露。尾很短。雄性具有终生生长的上犬齿，呈獠牙状突出口外，作为争斗的武器。雄麝肚脐和生殖器之间的腺体能分泌和贮存麝香，有特殊香气，可制香料，也可入药，在发情季节，雄麝的麝香腺尤为发达。

麝通体暗褐色，密被波形中空的硬毛，只有头部和四肢被软毛，耳背、耳尖棕灰色，耳壳内面白色，下颌白色。颈下向后至肩有两条白纹。颈背、体背有4～5条土黄色斑纹，腰部及臀部两侧的斑点明显而密集，无清晰的行次，腋下、鼠蹊部、四肢内侧和臀部周围浅棕灰色，四肢外侧深棕色，尾浅棕色。麝的外形见图3-5。

图3-5 林麝

1. 林麝　林麝别名麝香鹿、线牙獐。林麝在我国分布最广，主要分布于四川、新疆、西藏、青海、甘肃、贵州，多出没于海拔2 400～3 800 m高寒山区。

林麝体型小，如小型山羊大小。体长70～80 cm，肩高45～50 cm，体重6～9 kg，是主要养殖种类。林麝吻短；前肢短，后肢长，能攀上斜树；尾短，掩没于臀毛内，外观似隆起。成年公麝有一对上犬齿（俗称獠牙）露出口外，并随年龄增长而增长;母麝的犬齿不露出口外。

林麝毛色较深,由于季节和栖息的环境不同,毛色有一定的变化,有灰褐、深褐等色。四肢下部前面灰棕色,后部浅褐色;耳基部和耳内的毛呈白色或黄白色,有的耳基部有黄斑纹;眼下有两条白色或黄白色毛带,直达胸部,颈上毛带的始端各有一个白色或黄白色的圆斑。幼麝背部有斑点,长成后消失。成年麝背部无斑点。被毛极易脱落,脱毛后很快再生。

林麝的雄性腹下生殖器开口处有一香腺囊,分泌和贮存麝香,所产为麝香中的上品。母麝无香腺。

2.马麝　马麝别名香獐子、板牙獐。主要分布在青藏高原,包括青海、西藏、云南、甘肃南部、四川西部和西北部等地,多生活在海拔2 000～4 000 m高山草原或原始密林中,是典型的灌丛和森林边缘动物。

马麝是麝中体型最大的品种。体重13～17 kg,体长85～90 cm,肩高50～60 cm。马麝耳大直立,吻长,善奔跑;公麝的上犬齿发达,比林麝更宽、长,故有“板牙獐”之称。

马麝毛色呈浅灰或灰褐色,体后部毛色较深,成年麝个体有斑点,颈部背面有黑色块斑,断续排列成一线。体背面毛基部铅灰色,向上转淡褐,毛尖端橘色或黄色。四肢前面和内侧色淡,后面色深,呈暗黑色。头部毛细密而短,黑褐色;眼眶周围有黄色圈;耳的上部浅棕;颌与颈下黄白色耳边缘毛为褐色,内侧和基部棕黄。

3.原麝　我国原麝有安徽和东北两个亚种。东北原麝主要分布在黑龙江、吉林、辽宁、内蒙古、河北、山西一带,栖息于北方大面积的针阔混交林内,食地衣、苔藓、杂草及树木的嫩枝叶等。安徽原麝主要分布在大别山区,栖息于海拔1 500 m以下的针阔叶混交林中,其活动区域随季节的交替也有所变迁。

原麝体型中等大小,东北原麝略大于安徽原麝。体重8～12 kg,体长85 cm左右,肩高55～60 cm。东北原麝全身黑褐色被毛,成年麝被毛中有肉桂黄色斑点,多排列成6行;安徽原麝全身呈灰褐色。原麝的背部、体侧的毛色较深,腹部及四肢上部内侧毛色淡,后肢下部后侧的毛近于黑色,颊、额及耳背呈灰黑色,耳壳边缘黑褐色,耳内为白色。颌及喉白色向两颊伸延,向下沿颈部两侧在胸前连成环状,中央仍为灰褐色,在颈后两侧有两个白色斑点。1～2岁的幼麝体背有横向的橘黄色斑纹,自肩至臀有13条。成年麝斑纹逐渐消退,变斑点,排列成了纵行,股侧及近腹处有梅花斑,腰及臀部的斑点没有行次之分。

二、生态习性

1.活动规律性强　野生麝一般是昼伏夜出,多在晚上10时至凌晨2时和拂晓活动和觅食,阴天或细雨霏霏的白昼也外出活动,但晴天的白天活动较少,多卧在光线较暗而干燥的崖上、崖洞、灌木丛中或树的基部。麝的排粪、便尿有固定时间和固定地点。排便时间夏季一般多在早晨5时左右，下午7时左右，夜间10时至翌日凌晨2时；冬、春季在上午7时，下午6时，夜间在午夜左右。

2.胆小性急　麝见到异物，听到不习惯的声响，全身毛竖起，心跳加快，呼吸加快，并且鼻一抽一抽地嗅，两眼凝视，然后鼻猛地喷气，震动鼻腔发出"吭璞、吭璞"的惊怕声。或向前跳起，四蹄使劲在地上踩，发出"砰、砰"的跺足声，以示威吓。麝的性情很急躁，容易动怒，公麝比母麝更甚。

3.性情孤僻，多独居　在野外一般只在发情时可见1公1母，或2头公麝追逐1头母麝。而非繁殖期多单独活动、采食、休息。仔麝只是吃奶时才与乳母麝在一起，吃完奶就去休息，很少跟随母麝。

4.喜凉爽，怕太阳　冬天虽气候寒冷，但麝总是卧在阴凉处。无论夏季或冬季，麝在太阳下停留约10 mim就吐舌喘气，每分钟呼吸达100次左右(正常呼吸每分钟18～19次)，并从舌上和鼻镜上不断向下滴水。怕雨淋和冷风吹，遇大雨、大风，则选择僻静地方躲避，雨停了再外出。

5.食性较广　多以植物的叶、茎、花、果实、种子以及菌类、苔藓等为食。在家养情况下也很喜欢吃一些块茎、块根等多汁饲料。食量较小，成年麝每昼夜食草1 kg左右。在人工饲养下，若每天供给精料量100～150 g时，每昼夜食草量500～700 g。

三、繁殖特点

麝为季节性多次发情交配的动物。麝在1.5岁时可以性成熟，性成熟后的母麝在发情季节内可出现3～5个性周期，每个性周期13～20天(平均15天)，在一个发情期交配受精后则拒绝交配。麝妊娠期约180天，仔麝初生重350～650 g，之后生长很快，哺乳期一般为2～3个月，半岁体重可达6 kg。不同种类的麝发情时间、妊娠期、产仔情况稍有差别。

林麝发情期有地区差异。在四川，每年11—12月发情，最迟可延至1月；在广西，9—10月发情交配。雌麝发情周期为15～25天，孕期176～183天，每胎1～3仔，多为2仔。引种到上海饲养的四川林麝，第1胎多为1仔，第2胎起多为2仔，也有3仔的，但仅有2仔成活。哺乳期2～3个月。

原麝在每年10月至翌年1月发情(其中11月和12月为高峰期)，妊娠期182±6天。第一胎多为1仔。第二胎起为2仔，偶尔也有3仔(但一般只能成活2仔)。哺乳期2个月左右。人工饲养条件下雌麝生育期约10年，寿命超过13年。

马麝每年11月至翌年1月发情交配，此时可见3～5只的小群。每胎1～2仔，哺乳期2～3个月。在6—8月产仔哺乳期间，雌麝繁殖期有明显的领域性。

四、经济学特性

麝是珍贵的药用动物，麝香为雄麝香腺的分泌物，为名贵中药；麝肉和香腺囊的皮亦供药用，药材名分别叫麝肉和麝香壳。我国从20世纪50年代开始林麝饲养试验，之后陆续开展原麝、马麝饲养及研究，虽然步履艰难，但为保护这一动物资源和传统医药的可持续发展，提倡和扶持人工养殖大有可为。由于麝香的经济价值高，过去采取“猎麝取香”的方法，加上大面积森林采伐、生态环境的改变，导致麝的数量大大减少，濒临灭绝。国家将麝列为二级保护动物。

麝香的经济价值很高，在国际市场上与黄金的价格相当。中医认为，麝香性温，味辛，归心、脾经，具有开窍醒神，活血通经，消肿止痛等功效，用于治疗热病神昏，中风痰厥，气郁暴厥，中恶昏迷，经闭，症瘕，难产死胎，心腹暴痛，痈肿瘰疬，咽喉肿痛，跌扑伤痛，痹痛麻木。

麝香的主要成分为麝香酮、麝香吡啶（生物碱）、甾体化合物（包括胆甾醇、胆甾-4-烯-3-酮和雄甾烷衍生物）、蛋白质、多肽、脂肪酸、酯、蜡、粗纤维及钙、铁、磷等微量元素。西医研究表明，小剂量对神经系统具有兴奋作用，大剂量具有抑制作用；对子宫具有明显的兴奋作用，妊娠子宫更为敏感；麝香酊的稀释液，在试管内能抑制大肠杆菌及金黄色葡萄球菌，2%乙醇浸液对猪霍乱弧菌、大肠杆菌及金黄色葡萄球菌均有抑制作用；对由分枝杆菌抗原注射液引起的大鼠关节炎，具有消炎作用。近期研究表明，麝香的不同制剂对小鼠艾氏腹水癌、小鼠肉瘤S37及S180细胞的呼吸具有一定的抑制作用。

近年来的研究表明，麝香在治疗肝病、癌症和心肌梗死等方面有明显的作用。由于麝香的疗效迅速，是目前临床上唯一可用作急救药的中药。以麝香为原料的著名中成药近300种，如再造丸、活络丹、安宫牛黄丸、麝香保心丸、六神丸、片仔癀、云南白药、麝香止痛膏等，都是我国名牌中成药。

麝香又是名贵的香料，在其化学成分中有一种麝香酮的物质，具有很强的定香性，是高级化妆品和香料的原料，在日用化学工业中常作高级香水、香皂、香粉及糖果烟酒的定香剂。麝皮是裘皮中的珍品，可制成大衣、帽子、披肩、围巾等，穿着华丽高雅，保暖耐用，国际市场十分紧俏。麝肉可食用，低脂肪、高蛋白，是稀有的野味。

任务一 麝的配种繁殖技术

一、发情鉴定

发育好的麝，在出生后6～8月龄即表现出性成熟；大多数的麝是在18月龄，体重达到成年体重的60%～70%时性成熟；营养不好、发育慢的要到30月龄才性成熟。性成熟后的公麝和母麝，到发情季节会表现出明显的发情征兆。

1. 公麝的发情表现　公麝的性活动季节性从每年9月份开始，直到翌年3月份。此期，公麝的麝香腺发育充分，麝香分泌量大，发情表现显著。

在行为上，公麝处于极度兴奋状态，食欲减退，采食量下降，体质消瘦。特别是在11～12月份，群养的麝群中，公麝几乎整日都在求偶吼叫、与其他公麝争斗、追逐发情母麝，以早晨和晚间最为明显。公麝追逐母麝时，仰天吹气，振动头和上唇，发出"吠、吠"的声音，沿獠牙流出泡沫状的唾液，扭动身体后部，以威慑母麝，母麝跑走后，公麝边追逐边发出"哼哼哼"的叫声，时停时追。强行追逐母麝时，发出"哇璞、哇璞"的叫声，或因母麝未发情而不能追上交配时，公麝会站在原地发出"吱、吱"的声音，表现出性冲动的样子。

2. 母麝的发情规律　母麝发情期一般从10月下旬开始至翌年3月上旬，旺期在11～12月份。母麝是季节性多次发情动物，在一个发情季节里，可出现3～5个发情周期，每期间隔19～25天（平均21天），每次发情持续36～60 h。发情旺期多出现在开始发情后18～20 h，是交配、受孕的最佳时间。发情期过后，麝处于相对静止状态，至翌年秋季才能重新发情。

母麝的发情表现较为明显：

①发情初期：母麝表现为烦躁不安，摇尾游走；食欲减弱，采食量下降；外阴部略现红肿，阴道有少量的黏液流出。此时虽然有公麝追逐，尚不接受交配。此期持续18～20 h。

②发情旺期：母麝表现兴奋不安，来回走动，到处嗅粪、尿，或嗅其他麝的臀部等，排尿频繁（淋尿），臀毛竖立，翘起尾巴暴露出外生殖器，性欲强的母麝还发出"咩、咩"的叫声，主动接近公麝；母麝阴道黏膜潮红，并有黏液流出，阴门略微红胀；母麝交配欲望强烈，如果有公麝追逐时，发出尖细的"嗞嗞"叫声，而且臀部扭动，然后站立不动、将臀部抬起，接受爬跨、交配。此期持续24～36 h。

③发情末期　发情行为征兆和性欲征状均逐渐消退，食欲恢复正常，进入休情期。休情期持续时间为16～22天。

二、配种方法

人工饲养条件下，公麝要到3岁半（42月龄）参加配种；发育好、体健壮的母麝1.5岁（18月龄）可开始初配，大多数母麝最好在2.5岁（30月龄）后初配。在生产群中，不同年龄的公麝参加配种的比例大致为：4～5岁公麝占60%，4岁以下公麝占10%～15%，6～8岁的公麝占25%～30%。以4～8岁公麝配种能力最强，为最有效利用期。但个别优良种公麝可利用到13.5岁。为了培育高产麝群或进行良种繁育获得优良后代，作为育种用的麝，初配年龄应比一般生产群后延1年。

1. 配种方式　由于驯化程度较低，麝在发情期特别狂暴不易接近。因此，麝的配种多常用自然交配方式，主要为单公群母配种法、单公单母配种法、试情配种法和群公群母配种法。

①单公单母配种法：把发情的母麝和经过挑选的种公麝从圈中拨出赶到指定地点，例如配种圈或走廊进行单个配种。这种方法是要根据麝场规模大小、繁殖技术水平和人力物力，灵活地掌握与运用。

②单公群母配种法：根据生产性能、年龄、体质状况，将母麝以4～6头分群，1头公麝以选定入配到底。或是每群12～15头母麝，按公母1∶5的比例选定公麝，1次只放1头公麝，每隔5～6天替换1次。到母麝发情旺期须2～3天替换1次种公麝。采用此种配种方式时，公母比例和替换时间须根据公麝的配种能力和母麝发情情况决定。

该方法的优点是配种记录清晰，系谱完善，不易造成近亲繁殖；公麝间殴斗少，伤亡事故小；公麝利用率、母麝受配率(80%以上)和双胎率较高。其缺点是若公母比例不当或者母麝发情太集中，公麝配种太频繁，容易漏配；配种需用的圈舍和设备较多；配种期间必须昼夜看管，所用劳动力多，劳动强度大。

③试情配种法：在7～10只母麝的圈内放入1头试情公麝。当试情公麝追逐母麝，嗅其阴部或爬跨而不拒绝时，一般即达到了发情高潮和适时交配时期。这时可将试情公麝拨开，而使母麝与选定配种公麝交配。

④群公群母配种法：根据群体中的公麝是否替换，又分为以下两种方式：

第一种方式，群公群母一次性合群，配种期间不替换种公麝。按照1只公麝配4～6只母麝的比例，从配种开始时一次将公麝全部放入预配母麝群内进行配种，直到配种结束。在整个配种期，如果种公麝没有什么问题时，可以不拨出，如果有些公麝患病，性欲不高，体质衰弱，起不到配种作用，可及时将公麝拨出。一般在拨出后不再进行补充。

第二种方式，群公群母一次性合群，配种期间替换全部种公麝。发情季节到来初期，按照1∶(3～4)的公母比例，将初次参加配种的3～4岁公麝放入配种母麝圈内，引诱母麝提早发情(此期称为“诱情期”)。至母麝发情旺期到来之前，按1∶(4～5)的公母比例，换入优良种公麝进行配种。配种旺期过后，如果有70%～80%的母麝配种已经完成，可将体弱的公麝拨出，再按1∶6的比例留公麝，一直坚持到配种全部结束为止。

群公群母配种法的优点是配种时需用的圈舍和设备较少；技术不难，简单易行；公麝利用率高，不易漏配；受配率和双胎率较高。缺点是配种记录不清，系谱不完善，易造成近亲繁殖；公麝间殴斗多，伤亡事故大；配种期间必须昼夜看管，所用劳力多，劳动强度大。

2. 配种注意事项　由于麝的驯化程度低，为保证配种效率，要注意以下事项：

①公麝的交配量不宜过大，每头公麝每日以不超过 2 头 2 次为宜。

②在配种期应建立昼夜值班制度，准确地进行记录和掌握配种进度。在配种过程中注意观察母麝发情动态，灵活掌握更换公麝的时间，以防止公麝因配种负担过重造成发情母麝失配。

③在配种期中，如发现确实已经受配的母麝，可将其拨入小圈饲养。但要确切地观察拨出以后的情况，以便确认其是否受孕。

④刚配完种的麝，因血液循环加快，呼吸急促，一切生理机能尚未恢复正常，不宜马上饮水。为此，要将圈内水槽盖上，待恢复正常生理机能后方可饮水。

④在配种结束之后，应立即将所有公麝由母麝圈拨出，分别予以精心的饲养管理，使公麝迅速恢复体况，安全越冬。

⑥麝的配种进度，取决于当地的气候情况、饲养条件和麝群体况。麝的饲养条件好，配种开始的日期就早。应尽量使配种期提早和集中，便于生产管理。

三、保胎和产仔管理

1. 妊娠管理　母麝受精之后，从胚胎开始在体内生长发育，直到分娩为妊娠期。麝的妊娠期因麝的种类、个体特点、胎儿性别、驯养方式以及其他外界条件的不同而有差异。一般为 178～189 天(平均 181 天)。据此可根据交配日期推断预产期。一般情况下，初配母麝妊娠天数要比经产母麝短；圈养母麝要比放养与圈养结合的母麝妊娠期长 2～3 天；怀母羔的要比怀公羔的长 2～ 4 天；产双羔的母麝妊娠期最长，平均 184～188 天。妊娠期的长短虽然与诸多因素有关，但主要因素还是母麝的饲养管理条件和母麝的个体特点。饲养管理条件好，饲料营养丰富，妊娠母麝从饲料中获得丰富而全价的营养，则胎儿生长发育好，生命力强，妊娠期短；否则母麝体况不佳，胎儿发育不好，则胎儿发育迟缓，妊娠期就长。

妊娠期母麝子宫容积增大，腹腔的器官前移，在某种程度上可以影响麝的生活活动，呼吸变得频繁。妊娠后期腹部显著变大，母麝行动谨慎，喜卧，呼吸变快，体变肥；妊娠末期腹部下垂，有胎动。产前 10 天左右，乳房发育快，明显变大。距母麝 3 m 多远，从后边(两后肢之间)可看见乳房处土黄色的毛，从侧面可看见乳房突起及土黄色的毛。这时食量显著下降，尿量增多，不太活动，喜卧在僻静的地方。不大怕人的临产母麝，驱赶几步就不再走了，并且后腿向外侧叉开站立。

母麝妊娠后食欲增强，采食量逐渐增多，到妊娠中期采食量明显增加。这时饲养员应注意给母麝增加饲料量，且饲料品质要好。妊娠母麝如果吃了发霉变质的青干草或精饲料就会患肠胃炎，母麝妊娠期拉肚子 3 天以上，就有流产的危险，所以母麝妊娠期是饲养管理的关键时期。妊娠 3～4 个月后的母麝运动小心谨慎，行动迟缓，性情安静，容易疲倦，有时躺卧。这时管理上要特别精心，即饲养员进麝圈时要小心谨慎，动作要轻，不要引起母麝惊恐。每天要缓缓地驱赶妊娠母麝出舍适当运动，大部分时间可让其安静休息，距离预产期 1 个月左右的妊娠后期，胎儿生长发育很快，母体腹围显著增大。接近临产时，母麝乳腺体积增大。

2. 产仔管理　母麝的产仔期一般在 5～6 月份，个别配种期迟的可延迟到 9 月才产。母麝每年产子 1 胎，每胎产子 1～3 只，初产母麝每胎多产 1 仔。圈养经产母麝双仔率能达到 80%左右(产双仔者多为 1 公 1 母)；3 仔的胎次极少。经产母麝产仔早，初产母麝产仔晚。由于各地区的气候条件不同，麝群状况不一，各场麝群产仔时期也不完全一样。分布于四川、安徽与陕西的麝产仔期多在 5 月中旬，分布于黑龙江和吉林的麝产仔期，从 4 月末或者 5 月初陆续开始产仔，旺期在 5 月末到 6 月中旬。

四、选种选配

养殖生产中，选择种麝和组织选配是麝养殖业上的一个重要步骤，只有实行科学的选种选配，才能取得良好的经济效益。为了改善麝种群状况，每个麝场都应建立一定数量的育种核心群，保证种麝的品质，提高整个麝群的质量。

1. 选种措施　每年配种期到来前，要对整个种麝群进行筛选，做好种公麝、种母麝以及后备种用仔麝的选择。

①种公麝的选择：选择要综合考虑公麝的年龄、体型外貌、麝香产量、遗传力等。种公麝一般在 3.5～13.5 岁的公麝中选择，体型外貌要求肥度中上等，前躯发达，脊柱平直、强、宽，棘突良好，身腰宜长；肋骨突起不宜过于明显；臀部长、高、宽而且丰满，短尾；四肢的肌腱发达，粗壮有力，长度适宜，与躯干连接紧密完好，四蹄坚实规整；生殖器官睾丸发育良好，左右对称，无隐睾。香囊要大，香囊皮肤紧凑，富有弹力，往年的麝香产量较多。

另外，选择种公麝还要考察其双亲的品质和后裔的质量。双亲要生产力高、体形大、体质强健、体形优美、耐粗饲、适应性强、抗病能力强；后裔的生长发育快、产香质量好、繁殖力强。

②种用母麝的选择：育种核心群母麝要从 4～12 岁的壮龄母麝中选择。种母麝要求外貌体形优美，体形大，骨骼结实，胸容积大。肌肉组织发育良好，四肢强壮

有力。乳头和乳房发育良好，形状端正，排列整齐，分泌乳汁量大。被毛光亮，气质安静，母性强，善于哺乳。健康无病，适应性强，抗病力强，耐粗饲，营养良好，体况中等以上。历年无难产，繁殖力较高，繁殖性能稳定。

③种用仔麝的选择　选择生长发育，生产力良好的公母麝所生的仔麝。仔麝要求强壮、健康、敏捷，躯体长，骨骼和四肢发达，胸部和臀部宽阔。

2. 选配措施　为了繁殖出优秀的后代个体，在对种麝做好选择后，按年龄、品质因素把种群的每个个体划类，品质划为“优秀、一般”两个级别，年龄划为“青年、壮年、老年”三个阶段，以便做好公母麝选配。

选配的一般原则是：优公配优母，优公配一般母；壮年优公配优老母、壮年优公配壮年一般母、壮年优公配优母、壮年优公配青年优母。坚决避免老公配老母，青年公配青年母或老公配青年母、青年公配老母。

每个养麝场在作选配计划时都要做好详细的记录备案。在实际配种时，有的母麝有择偶性，拒绝人为选择的公麝，这时就要为这头母麝选择其他公麝，达成交配后，再按实际配种个体做好登记、存档。

每一个麝场都有自己的核心群，核心群里的种麝都应是最优秀的个体。所以选择优良核心群种麝时都要从优良壮年公麝配优良壮年母麝所繁殖的后代中选择。其他配种方案中，如有优良个体也可以选入。经过逐代选择可以形成最优良的种麝群，不但个体健壮、体形好，而且母麝产子性能好、泌乳性能好、母性强、护子性能好。

任务二　麝的饲养管理技术

一、饲养方式

1. 半自然放养　在农村、山区，也可因地制宜利用水库、湖泊的孤立小岛或小山、丘陵地建场，采用半自然放养的饲养方式。该法养麝适合麝的生活习性，省工、省时、省钱，每天只要沿场观察，投放一部分精饲料即可，粗饲料可就地取食。放养与圈养对比试验表明，放养要比小范围圈养好得多，放养有增强麝的体质、提高繁殖力、促进生长的作用；缺点是放养的麝捕捉较困难，会给得病麝治疗带来困难。

2. 建场圈养　选择偏僻地建场。场址一般选择在背风向阳、地势高燥、排水良好、树木较多、环境安静、饲料来源方便的地方。场四周筑上 2.5～3 m 高的围墙，墙顶设 25～30 cm 宽的横檐，防麝爬墙外逃。场内建圈舍，舍门高 1.6 m，宽 60 cm。窗高 50 cm，宽 70 cm。在每个圈舍内可设 4～6 个栏舍，每个栏舍宽

1.5 m,长 2～2.5 m,高 2～2.5 m。栏舍与栏舍隔墙高 1.2 m。舍前设运动场,运动场地面应铺些砾石,增加蹄壳的磨损,防止生长过长而变形。运动场大小以每只麝占 20 m^2 左右为宜。圈舍建筑材料可用土木、石木、砖木结构。

应注意的是麝善于跳跃,能跨过 2 m 高的围栏,所以围栏放养时围栏一定要牢固,高度一定要超过 2 m,防止麝逃跑。

3. 家庭养麝　家庭养麝有笼养、拴养、舍内散养几种形式。

①笼养　是将麝关闭在笼子内,笼子应设在麝舍内,麝舍应建宽 6.5 m 以上,高 2.5～3.0 m,长度依饲养量和地势而定。舍门设在山墙的中间,宽 1.2 m、高 2 m。舍的前后墙均设窗子,窗框底离地面 1.5 m,窗子用钢筋做成防护网,既可通风又可防止麝逃跑。舍的两边修麝笼,每个笼长 2 m、宽 2.5 m,高 1.5 m。笼用铁丝网和三角钢做成,顶也用铁丝网封好。每个笼做一个宽 70 cm、高 1.5 m 的门,便于喂饲和打扫卫生等管理工作。

②拴养　是将幼麝像牛、羊一样戴上笼头,人工牵引放牧或驯化,为自由放养麝的一种形式,将其拴在农家院内投喂饲料就行了。拴养利于人工取香和交配繁殖。

③舍内散养　是利用农家闲置的房屋,做好必要的防逃设施,每个单间里面放入几头麝,散放饲养,放群的时候母麝可以群放,公麝要单圈饲养,防止互咬角斗。

二、新引进麝的驯化

1. 新捕到野生麝的驯养　新捕到的野生麝,首先要放在光线较暗、环境安静圈舍内或笼内,使其休息 2～4 h,再给予适量的饮水和爱吃的草,喂养到体况恢复正常,再放入光线较明亮的圈内喂养,并在白天将圈舍门打开,任其自由出入,以逐渐适应大圈环境,晚上再关入单圈。当适应大圈环境以后,就可以与其他麝混群饲养,但要加强管理,防止因环境生疏或撕咬角斗而在圈内剧烈奔跑、撞墙致死。

2. 新引进麝的驯化饲养　新引进来的麝也要首先饲养在环境安静、场地较宽大的处所,同时也要有隐蔽的地方,还要有专门的饲养管理人员负责驯养,每天以温顺的动作接近它,使其逐渐消除对人害怕的心理,并建立条件反射,如进场、喂食要各有固定信号,然后进一步更主动地接近、接触、抚摸它,但要注意方法得当,耐心和细心,这样才能收到预期的效果。

一般来说,幼小的麝容易驯化,因为幼麝的可塑性比成年麝大,条件反射形成后也比较稳定。对于不能很快安定下来的麝,可以使用镇静药物内服或肌内注射,如安定每千克体重 0.1～0.5 mg,每天 1 次,连用数日能起到较好的制动和镇静作用。

麝群中常有相互咬斗行为，因此成年雄麝要分开饲养，尤其是雄麝在发情期更加兴奋好斗，相互间往往出现打架咬伤现象，一定要特别注意观察，严加防范，避免咬伤现象发生。雄麝在泌香前1个月，母麝在妊娠中，要保持环境安静，避免不必要的惊扰所造成的损失。

三、饲养管理一般要求

（一）饲养要求

1. 选择合适的饲料　人工养麝不管是采取哪种饲养方式，都要准备好粗饲料和精饲料。粗饲料在夏季以绿树叶、青草为主，结合搭配适当的多汁饲料；冬季以青干草、青干树叶为主，适当搭配多汁饲料。所以，凡养麝的场（户）在夏季青草和树叶丰富的时候，一定要备足青干草和青干树叶，这样的粗饲料有营养。因为青草、青绿树叶收获晒干，里面的蛋白质、碳水化合物等都存在，除维生素与青绿时相比有所损失以外，其他营养都可以保存。而到了枯黄时，青草中的营养转化到种子中、树叶的营养转移到树的根部，草和树叶中的营养大大减少，唯有纤维素不仅保留而且增多。所以必须在夏季收获青草、青树叶，晒干保存，才能保证粗饲料的营养。青干草、青树叶加工方法是将收集来的青草、青树叶摊成薄层晒1天，其中大部分水分散失后，收起堆成小堆，让其晾去尚存的水分，待到干透后把小堆收起来堆成大垛。

2. 合理配制饲料　麝的食量不大，在人工饲养条件下每头成年麝每天需要青干草或青干树叶500～600 g，精饲料100～150 g。精饲料的配方为玉米粉40%、豆饼（粕）20%、麦麸15%、粉碎稻谷10%、细米糠13%、食盐和钙各1%。夏季青草、青树叶，麝能采食多少就采食多少，保证供给，不限量。精饲料按量配给。冬季除按量配给精饲料以外，青干草或青干树叶每天每头按500～600 g供给，同时每头每天再供给多汁饲料100 g左右。精饲料中还要加入复合维生素添加剂和复合微量元素添加剂。

3. 灵活供应饲料　麝的采食量随季节的变化而有变化。一般夏季天热食欲降低、食量减少；春、秋气温适宜，食欲旺盛，采食量增加，这也是生长的好时期；冬季由于体温散失比较多，应多给一些精饲料，补充营养、增加热量，增强其抗寒能力。麝的不同生理时期对营养的需要也不相同，母麝的妊娠期和泌乳期食欲旺盛、食量增大。公、母麝的配种期，由于情绪亢奋、食欲减退、食量减少。所以要根据不同季节和麝的不同生理时期供给饲料。多汁饲料种类为胡萝卜、甘薯、卷心菜及其他蔬菜，夏季可利用瓜果类的次品，价格低，效果好。

一般不要随意改变饲料品种，如果却因季节、生理时期变化需要改变饲料时，要逐步增加新加品种的用量，逐渐减少要换下来的饲料品种，大约在10天内完成调换饲料工作。粗饲料的增、减也要逐步完成，即逐渐增加或逐渐减少相应的用量，15天左右达到新要求的量。

4.定时定量供料　每次饲喂的饲料，宜在短时间内(1 h左右)吃完。一般早晨喂日粮的30%，午间20%，晚间50%。喂饲次数应按季节来规定，要少吃多餐，但次数不宜过多，否则会使食欲减退，且花费人力。粗料一般每天3次，精料1次。饲喂次序要固定，上午7～8时、中午11～12时、下午17～18时饲喂，先粗料，后精料，再喂粗料。喂饲次序根据实际情况安排，但不能经常变更。更换饲料不可过急，加料、减料和变换饲料要逐渐进行。充分供应饮水，每天最少给水1次。

5.注意饲料的品质和卫生　饲料要做到清洁、新鲜、多样，不得喂腐烂变质的饲料。饲料投喂前要认真检查，不要把混有塑料制品、铁丝、铁钉、玻璃等异物的草投给麝，以免引起急性胃肠疾病。夏季收集青草时，注意不要收集低洼地、水汪地区所产的青绿水草，因为这里草上常有肝片虫卵或成虫附着，麝食后易感染寄生虫病。同时要求饮水清洁卫生，饮水要用自来水或本场处理过的水，不能饮用河沟里的水和低洼地、沼泽地的积水，防止传染病和寄生虫病的发生。

(二)管理要求

麝场除了要选择合适的位置，建造合理的圈舍外，还要做好以下几方面的工作：

1.搞好圈舍卫生　圈舍要经常打扫、随时打扫，保持清洁卫生，没有污物。夏秋季节清除粪便后要进行灭蝇处理，杀灭蝇蛆。

2.搞好饲料及食具卫生　夏季割回的青饲料不能放置过久，否则含水量大的野草易腐烂变质，对放置时间长的青草喂时要检查，有腐烂草要清除；精饲料不能发霉，发霉的、贮存时间久的精料都不能喂麝，否则容易引发胃肠疾病。夏季天气炎热，饲槽要经常清理、洗涤和消毒。闲置时间长了，已经污秽的饲槽会滋生病原微生物，容易引发疾病。

3.注意饮水卫生　能用自来水的地方可用自来水，没有自来水的地方尽可能用井水，山区建场的可用山泉水，湖边、水库边建场的可用湖水和水库水，切不要饮用坑塘水，因坑塘水体小，在人畜较多的环境内容易污染，麝饮用坑塘水容易感染疾病。

4.经常消毒，消灭病原微生物　麝场夏秋季气温很高，是病原微生物滋生的时候，除了经常打扫以外，每隔一定时间要消毒1次，消毒剂用3%来苏儿、3%氢氧化钠喷洒消毒，麝粪便也要运到场外堆积发酵，消灭虫卵和病原微生物。

四、公麝的饲养管理

饲养公麝要防止过肥或过瘦。全价的营养，充分的运动，合理的管理，是饲养公麝的先决条件。

1. 泌香期饲养管理　麝的泌香期为5—7月份。泌香最早在5月下旬，最迟在7月下旬，因个体不同而略有差异。

①饲养要求：麝在泌香期中有特定的泌香反应，表现为一系列特殊的生理和行为变化。在整个泌香过程中，由于受泌香反应影响，麝的活动减少，采食量下降，摄取的营养物质相应减少。这与麝的产香需要充足的营养物质相矛盾。为此，只有通过饲喂适口性强的优质饲料，使麝采食的每千克日粮代谢能达到11.72～12.49 MJ，粗蛋白54～57 g(可消化蛋白达37～49 g)，粗纤维12～15 g，钙1.1～1.3 g，磷0.6～0.7 g，赖氨酸1.9～2.5 g，蛋氨酸＋胱氨酸2.5～4.7 g。如某养麝场根据场内具体情况配制了以下日粮：精料黄豆60%，绿豆40%，粗饲料为干树叶或鲜树叶。青饲料包括嫩桑叶、苦荬菜、甘薯叶、甘薯、胡萝卜、野菜等。

麝白天多卧于僻静处反刍、休息，清晨、傍晚和夜间活动。日粮的60%左右是在夜间采食的，晚上要一次喂足。投粗料根据采食量，以不剩为宜。精料是定量供给，喂精料时麝能陆续上槽，喂后公麝能安静休息，无四处采食和闹圈的现象。

②管理要求：公麝喜咬斗，常追逐弱小公麝，用獠牙刺，用蹄刨打。所以，公麝要老、幼、强、弱分开饲喂，以防强欺弱，大欺小。为了避免伤亡事故发生，每年用骨剪将獠牙剪去。磨钝或剪掉獠牙对公麝没有不良影响。把爱跑、爱咬斗的麝暂关入圈舍，以免影响其他麝。公麝一般不要调动圈舍。如果需要调动，1次调动得不能太多。调进新圈后要先单独喂养2～3天，然后白天放出，晚上放入单圈喂养，让其逐渐习惯新环境。

饲养人员进出圈舍时，动作也要轻、稳，及时给予信号。尽量谢绝外人参观。在泌香期间应设专人值班，注意看管。

2. 配种期饲养管理　种公麝的配种期是每年9月份至翌年3月份。其中包括配种前期、配种期和配种后期。

①饲养要求：进入配种前期和配种期，由于受性活动和季节(从青草期到枯草期)影响，麝的食欲下降，采食量大减。公麝在这一阶段，体重要减轻10%～20%。每天喂优质粗饲料700 g左右，多汁饲料如胡萝卜、甘蓝等250 g左右，精料100～150 g，以保证种公麝的营养需要，提高配种能力，以达到早配、准配的目的。在饲养过程中要不断改进调料技术和饲喂方法，增加饲料种类，尽量做到多样化，以提高适口性。如饲喂瓜类、根茎类多汁饲料时，应洗净切碎，然后混合在精料中喂给。

每天饲喂粗饲料3次，精料1次，夜间要多给些粗饲料。

②管理要求：公麝要有良好体况，不能过肥或过瘦。9月中旬左右，将种公麝放入母麝群中，以便使种公麝熟悉环境，提高性欲，但要防止与母麝殴斗。要有宽敞的运动场，保证种公麝适当的运动。这样不但有利消化，也能增强体质，使公麝精力充沛，性欲旺盛，从而提高配种能力。在配种期必须专人昼夜值班看管，经常轰赶麝群，使发情母麝及时得到交配的机会。对配种情况要做好记录。在配种期间要很好控制麝的饮水，防止公麝殴斗后急促喘息马上饮水。配种后至少要过20～30 mim，才允许公麝饮水。

五、母麝的饲养管理

1. 配种期饲养管理

①饲养要求：配种期的饲养管理分为准备配种期和配种期两个阶段。准备配种期是哺乳后期的7～10月份。配种期是由10月中旬开始到翌年3月份。仔麝断乳后，母麝泌乳停止进入配种前的体质恢复阶段。

母麝在配种期应很好配合日粮，提高饲料的营养浓度。配种期母麝日粮组成以容积较大的粗饲料、多汁饲料和青枝叶饲料为主，精料为辅。精料中有豆粕、黄豆、麦麸和玉米等。日粮中根茎与瓜类等多汁饲料为500 g，青干叶70～75 g，精饲料10 g，钙2～4 g，食盐2 g。配种期舍饲母麝日喂3次，1次精料，2次粗料，夜间补饲枝叶或其他青干粗饲料。

②管理要求：配种期母麝不能喂得过肥，保持中等肥度的体况即可，防止不发情和空怀；注意观察母麝发情情况，做到及时配种；加强配种期的管理，防止乱配或配次过多，也要防止漏配；配种后公、母麝应及时分群；发现有重复发情的母麝应进行复配；刚交配完的母麝亦不能大量饮冷水；体弱的母麝一定要单独组成小群，并加强饲养管理；母麝的圈舍要固定，不要经常变动，若需调动时，一定在9月下旬把麝调整好；配种期必须加强管理，及时替换种公麝，防止个别种公麝咬斗母麝。

2. 妊娠母麝的饲养管理　在制定妊娠母麝日粮时，须考虑到饲料的容积。特别是到妊娠后期，母麝胃容积逐渐变小，消化机能减弱。母麝的日粮应选择体积小、质量佳、适口性好的饲料。喂给母麝多汁饲料和粗饲料必须慎重，防止由于饲料容积过大引起流产。如果大量饲喂精料，特别是含脂肪多的精料，会使母麝过肥，形成产道狭窄，胎儿不易产出。但母麝过于瘦弱时，分娩就无力，也易难产。母麝每天喂多汁饲料500 g，精料100 g左右，青干树叶75～100 g，钙2～4 g，食盐2 g。

管理方面要注意，配种结束后，及时将公麝拨出，防止种公麝发情追逐母麝，致使母麝过量运动而流产；每圈饲养密度不宜过大，特别是母麝妊娠后期，防止麝群拥挤发生流产；妊娠后期麝群要经常保持安静，避免各种惊动和骚扰；麝舍内要经常保持清洁干燥，采光良好；妊娠母麝不要轻易调群；有关人员出入圈舍要先给信号，防止受惊炸群，引起流产；每天要驱赶母麝运动 1 h 左右；妊娠期要保证供给母麝清洁的饮水，最好饮给温水；产前 1～2 个月必须对妊娠母麝进行健康检查，做好接产准备；妊娠末期，根据配种记录、母麝形态等，算出预产期。

3.哺乳期母麝的饲养管理　母麝从 5 月下旬开始陆续产仔，到 8 月份仔麝基本断乳，平均哺乳期 90～100 天。母麝在泌乳期的饲养，既要考虑到母麝本身的营养需要，又要考虑到分泌乳汁的营养需要。母麝每昼夜可分泌乳汁 150～200 mL，多的可达 400 mL 以上。麝乳中含有 36.24% 的干物质，11.3%～12.7%的脂肪。泌乳母麝每天需要从饲料中吸收大量的蛋白质、脂肪、矿物质与维生素，用以维持自身需要和转化乳汁。

母麝泌乳期的日粮必须很好地配合。具体要求：①日粮中的各种营养物质要有合理的比例搭配；②日粮应品质好，适口性强；③日粮的容积应与消化器官的容积相适应；④除喂以良好的枝叶饲料、青草以外，喂给一定数量的多汁饲料，以增强日粮的适口性，加强乳的分泌，改善乳的质量；⑤母麝临产前不太喜欢采食，但产后要及时喂给饲料，喂给饲料的量要逐渐地增加，使母麝不断采食，加速乳的分泌；⑥哺乳母麝的精料中蛋白质饲料应占 60%～75%，粗饲料应以青绿多汁饲料为主，母麝每天应喂给精料 130～160 g，新鲜树叶 50～70 g，青草 350～380 g，多汁饲料 450～500 g，矿物质饲料 2～4 g，食盐 2～4 g。每头每日喂食量计 1 006～1 020 g，每天饲喂 3～4 次，3 次粗料，1～2 次精料，夜间补饲 1 次粗料。

哺乳期母麝在管理方面要注意：①根据预产期正确判断母麝的分娩时间，做好一切准备工作；②产仔期要建立昼夜值班制度，做到圈有人管，麝有人护，人不离舍；③分娩后的仔麝应根据其分娩的先后，仔麝性别和日龄分成若干群进行护理；④个别母麝分娩后乳汁不足，或者虽能分泌乳汁，但又拒绝给仔麝哺乳（多为初产母麝或患乳房炎的母麝），在这种情况下都要进行人工哺乳或代乳；⑤注意保持卫生，预防有害微生物感染母麝乳房及乳汁，引发仔麝发生疾病。对舍饲的母、仔麝，要结合饲喂清扫圈舍工作，进行一定的调教和驯化。

六、幼麝的饲养管理

幼麝饲养分两个阶段。一般把从出生至断乳时的小麝称为仔麝，从断乳起生长到性成熟时的麝称为育成麝。饲养幼麝的要求是确保生下来的仔麝全部存活，不发生疾病，培育其具有优良的生产性能。

1. 仔麝的饲养管理　仔麝产出 1 周内生活力较弱，要注意保暖，防止被母麝踩压。产后第 1 天，要让仔麝吃上初乳。如母麝拒绝哺乳或乳汁不足，可找产仔时间相近、产单仔的母麝代乳，也可找山羊代哺乳或人工哺乳。人工乳可用鲜牛奶、羊奶、奶粉或炼乳调制。仔麝 20 日龄前，排粪和排尿前须经母麝舔其肛门和尿道口，所以用羊代哺乳或人工哺乳时，要经常按摩仔麝，以促其正常排粪、排尿。

仔麝出生 20 天后开始采食饲料，应及时供给鲜嫩、质优的青绿饲料。精料应泡软或煮软后饲喂，以利消化，但要防止采食过量。刚断乳的仔麝，由于恋乳，容易在圈内急剧奔跑，要注意看管，防止伤亡。断乳后必须供给营养丰富、鲜嫩多汁、适口性强的饲料，并在料中添加骨粉和贝壳粉等矿物质饲料。阴雨天要将仔麝关进圈舍内，防止受到雨淋和饮不清洁的雨水。仔麝 1 月龄左右，即可开始调教。调教要循序渐进，逐步进行，使之最终不怕人，能适应新的复杂环境，养成群集性和尽可能有利于管理的条件反射。

2. 育成麝的饲养管理　2 月龄仔麝可以断乳，但最好在 3 月龄后断乳。有病体弱的，可推迟到恢复正常后再断乳。断乳后饲料是育成麝营养的唯一来源。断乳后的饲料要和断乳前一致，不要马上更换，饲喂 1 个多月后，逐渐用新的饲料替换原有饲料。应尽量喂给哺乳期仔麝习惯采食的各种饲料，并应根据其食量小、消化快、采食频繁的特点，适当增加离乳后的饲喂次数。随着幼麝日龄不断增长，逐渐减至成年麝日喂次数。一般离乳初期日喂 4～5 次粗饲料，夜间可补饲 1 次粗料。离乳幼麝的日粮应由易消化，又含有生长发育所需要的各种营养物质的饲料组成。育成麝日粮配合，精、粗饲料的比例要适当。精料过多影响消化器官的发育，降低对粗饲料的适应能力；精料过少则不能满足育成麝初期生长发育所需要的各种营养物质，影响麝的健康和生产力。冬季每头麝每日饲喂量为 550～600 g，其中精料 80～100 g，青干树叶 50～70 g，多汁饲料 300～400 g，钙 2～4 g，食盐 2 g 左右。1 天喂 1 次精料，3 次粗料。1 天内的喂量，早晨占日粮的 30%、午间为 20%、夜间 50%。

加强育成麝的管理。运动场支撑活动架，供麝在活动时攀登运动。要让其多晒太阳，有利仔麝健康。冬季及时清扫积雪，保持圈内干燥，并在圈里避风处放些干软的树叶和草，供麝躺卧，以保暖。阴雨天幼麝要关入圈舍内，防止受到雨淋和饮用不清洁的雨水。每天要详细检查 2 次。公、母应分开饲养，不要混群乱圈，1 圈 3～4 头。育成麝在配种期间也有互相爬跨的发情表现，容易造成不必要的体力消耗。必须防止个别早熟麝混交滥配，影响正常的生长发育。

3. 仔幼麝的驯化　幼麝容易接受新的环境和新的信号，比较容易驯化，可以采取以下方法驯化仔幼麝：

①接近抚摸驯化:仔麝在1月龄以前,除了吃奶以外多卧在光线较暗的地方休息,又因其跑跳能力较差,人易接近,所以这时经常抚摸其耳根、额、下颌等部位,它就感到很舒服,表现安静。在抚摸驯化中,还要让它多见异物,多听各种声音,这样经常接近抚摸,就可以达到一定的驯化目的,再遇到人进入圈舍、看到异物、听到有刺激的声音不至于惊恐。

②牵引驯化:经抚摸驯化过的、2月龄以上的仔麝可以戴上笼头,笼头上结上绳,每天抚摸牵引几次,不久就习惯了拴养的方式。断乳以后,再放在人多的地方让其多见人和家畜,喂时还要给予信号,建立条件反射。经过这样驯化的麝,就可以实现拴着不蹦跳,放到野外不逃跑。

③培养群居性、建立条件反射:仔麝断乳后要分群饲养。饲料放在固定的地方,喂饲前先给信号,后给饲料,逐渐形成听到喂饲信号就往投放饲料的地方跑。建立喂饲信号时,每次喂饲都让仔麝比较饥饿,以便一起吃食,逐渐建立吃食的条件反射。每次把仔麝往圈舍里赶的时候,要给它另一种信号,时间长了麝建立了进圈的条件反射,一发进圈舍的信号,麝群就自动进圈,在管理上可减少很多麻烦。

任务三　麝的人工取香技术

【相关知识】麝香囊及麝香的形成

(一)麝香囊的外形特征

在雄性麝腹下的阴囊与脐部之间有两个开口,前为麝香囊口(直径1.2 cm左右),后约0.5 cm处为阴茎包皮口。麝香囊为椭圆形的囊状物,处于腹部皮肤和腹肌外膜之间。香囊口距脐部约5 cm、距阴囊约4.5 cm。香囊周围以及香囊口与阴茎包皮口之间的皮肤裸露无被毛,其外周围有浅黄色的针毛,呈放射环状排列,掩盖囊口及阴茎包皮口。阴茎包皮口后侧环生有一撮长毛,是辨认阴茎包皮口及麝香囊口的明显标志,麝香囊口内侧周围环生浅黄色的短毛,射向囊腔。在分泌麝香反应期后,香麝口内侧短毛落混入麝香内,麝香囊背面被包藏在腹壁内,略呈扁平状态。

麝香囊的大小根据麝的种类和个体不同而有差异,大的如鸡蛋,小的如核桃。一般长4～6 cm,宽3～5 cm,高2～3 cm。麝香囊的重量冬、夏有区别,6～7月份鲜重(22.16±2.48) g,干重(10±1.24) g,含水量54.7%左右;11月份至翌年1月份鲜重(14.6±1.33) g,干重(9.6±1.16) g,含水量33.83%左右。冬、夏干重相差不显著,湿重相差显著,冬季麝香囊不仅干燥,而且香气浓烈,时值配种之际,易招引异性。

(二)麝香囊的形态结构

麝香囊是由外壳、细皮、内皮(银皮)、香仁和囊口组成。

1.外壳　即粗皮,是麝香囊的最外一层,淡褐色或棕褐色,被毛所覆盖,似麝皮部分。占麝香囊重量的43%～45%。

2.细皮　外壳内的肌肉部分,厚度5～8 mm。

3.内皮(银皮)　也叫云皮、星皮,是在细皮内包住囊的一层极薄的绛褐色膜。膜上的诸多皱纹皱褶中包含着“香腺”,香腺分泌物即为“初香”,初香干结后变成粉粒,脱落在内皮囊中贮藏,这就是麝香。内皮鲜重占麝香囊重的7.97%左右,干重占麝香囊重量的8.87%左右。

4.香仁　包于银皮之内的颗粒状或者胶体状物质,即麝香(麝香囊的分泌物)。鲜时呈棕褐色或深咖啡色,干后为黑褐色或棕黑色。在大多数麝的麝香中伴有大小不等的棕黑色颗粒,最大直径13 mm,最小直径0.5 mm以下。麝香中常夹杂着脱落的内皮。

5.囊口　位于囊表面中央之小孔,其皮肤机能有收缩性,直径2～3 mm。人工取香,由此口掏出。

据统计,一个饱满的麝香囊中,麝香鲜重19 g左右,占麝香囊重量的48.72%;干重10 g左右,占麝香囊重量的57.28%。含水量44.41%。麝香具有浓烈的香气,富油性,味稍苦、微辣。

(三)麝香的形成

麝香是在公麝的香囊内分泌和形成的,主要依靠位于内皮的“香腺”和“香囊(腔)”完成。其产生过程分两个阶段。第一阶段是麝香液(初香)的形成与分泌,第二阶段是麝香液在香囊内经过一系列复杂的生物化学反应过程,转化为麝香。

1.初香的形成　香腺位于麝香囊内皮皱褶上,主要由分泌和运送初香液的腺体组织和结缔组织组成,结缔组织与腺体组织间有丰富的平滑肌和血管,结缔组织和平滑肌束将腺体组织分隔成多腺小叶。

腺体组织由能分泌麝香的腺泡和排泄导管所组成,属复管泡状腺。腺泡柱状上皮细胞的形态随泌香机能活动而有差异。泌香盛期,腺细胞呈高柱状,细胞核卵圆形,位于细胞中央上端,分泌旺盛,细胞液中颗粒增多。颗粒在腺细胞的游离部尤甚,腺细胞的游离部呈圆顶状突向腺泡腔,并不断地从腺细胞脱落下来,就是分泌物——初香,即未成熟的麝香。因此,初香是由腺体的腺泡柱状上皮细胞以“顶浆分泌”方式而分泌的。

非泌香盛期,腺泡的腺上皮细胞多呈立方形,细胞核多圆形,位于细胞基部,而且少数柱状细胞的游离端呈圆顶状突起,并从细胞游离部脱落下来入腺泡腔。在泌香盛期前1个月时，腺泡上皮细胞呈柱状和高柱状较多，说明非泌香盛期时，只能分泌少量的初香。

2. 初香的输送　腺体排泄导管是运送初香液进入香囊腔的小管道。其始端与腺泡相连，管径细、管道小，管壁为单层立方上皮细胞，末端较粗，管径由2至多层扁平细胞组成，开口于香囊颈内口和香囊管上部的皮脂腺导管，或直接开口于香囊颈。在腺泡与导管外围有肌上皮细胞，细胞收缩时有助于分泌与排出初香。初香由内口、管上部腔内面输入囊腔内。

3. 麝香的形成和贮存　初香在香囊(腔)中经过一系列的变化，方能变为麝香。香囊主要由香囊管、香囊颈和香囊腔组成。香囊颈和香囊管的上段有丰富的皮脂腺，分泌大量皮脂，同香腺部分泌的初香一起入香囊腔内。香囊腔占香囊的大部分，是容纳初香和形成及贮存成熟麝香的场所。

公麝在1.5岁开始分泌麝香，2.5～10岁是产香高峰期，15岁后开始减少，至20岁尚能产香。每年5—7月为公麝的泌香期，公麝泌香有特定的反应，如睾丸肿胀，食欲减退或停止采食等。麝香是麝的主要经济产品，获取麝香的方法有两种：一是活体取香，二是杀麝取香，前者是一项进步技术，有利于保护麝的资源；后者是一种原始的方法，破坏了麝的野生资源。国家提倡人工养麝，活体取香，既能保证人类对麝香的需要，又保护了麝的种群，有利于子孙后代永续利用。

一、活体取香

麝的泌香最早是在5月下旬，最迟在7月下旬，周期分为初期、盛期、末期三个阶段。泌香期的全部时间为4周。泌香期内麝会表现出一系列行为和生理变化。

在泌香初期，雄麝阴囊、睾丸发生肿大，在肿大10天左右之后，到达泌香期，泌香初期时间大约为12天。泌香盛期的麝则出现喜欢安静站立、食欲减退、不愿随意走动等现象。此时的阴囊、睾丸肿大更加明显，香麝体则发生有规律的收缩，此时麝如果受到外界条件的干扰，则造成香液大量流失。泌香末期大约为10天，此时麝发生的生理和行为变化都将逐渐恢复正常。在泌香期开始2～3天之后，香囊内的香液逐渐变稠并变为白色豆腐渣状；10天之后则变为有正常颜色、香气的麝香。

麝活体取香一般在每年的冬、春季各取1次，也可每年3～4月和7～8月各取香1次。取香时间要避开5～7月的泌香盛期和麝香成熟期(即初香分泌后到成熟所需的45天左右)。同时，还要根据麝的体质适时适量地采集麝香，不可过频地取香。

(一)取香前的准备

麝场在活体取香前要拟定取香计划,合理安排人力,准备好人工取香的用具和药品。取香用具和药品有以下几种:

1. 挖勺　是挖取麝香用的,大都是采用银制的、不锈钢的或牛角的。挖勺全长16 cm,其中勺柄长7 cm,厚0.5 cm,呈四棱形;勺颈长7.5 cm,直径0.3 cm,呈圆柱形;勺口长1.5 cm,深0.3 cm,前端稍曲,周围圆钝。由于公麝香囊口因个体而有不同差异,为保护香囊口及取香效果,需准备好2～3个型号的挖勺。

2. 盛香盘　用以盛放取出的麝香,没有一定规格,常用医院手术用的搪瓷盘。

3. 保定床　是固定麝用的,由固定板和支架两部分组成。

4. 其他药械　镊子、解剖剪、药棉、酒精、碘酒、消炎膏等。

(二)麝的保定

目前,人工取香已经成为一项比较普通的技术,可以不用保定床进行快速取香。一般由3人来完成,2负责保定,1人取香。操作过程为:

一人寻找机会迅速抓住麝的后肢,向上提起,使其前肢着地,这时它已没有反抗、逃跑之力,抓麝者用左腋夹住其后躯,右手把住其左后肢上部,使后躯固定;另一人在抓麝者提起麝的后肢时,用右手迅速抓住麝的右耳,左手绕过麝的颈上部颌下,把麝的头部抱向其怀内固定。抓麝的两人一前一后,背对背,一个人固定后躯,一个人固定头颈,第三个人可以稳稳当当地进行取香操作。

(三)取香操作

麝被保定以后应略等一下,让其稍微平静后再进行取香操作。取香前使麝的腹部与操作者相对,略剪去覆盖在囊口的毛,并用酒精棉球在香囊上消毒。

操作者以左手食指和中指将香囊基部夹住,拇指压住香囊口,无名指和小指按住香囊体,使香囊口扩张。右手持挖勺,使挖勺的前端背面轻压囊口,挖勺即可伸入囊口。挖勺进入香囊的深度要适中,过深或过浅均不利于取香。最深不得超过2.5 cm。随后徐徐转动挖勺,并使勺向外抽动,麝香便顺口落入盛香盘中。

取香不能用力过猛,以免挖伤香囊壁。遇到大块麝香不能挖出时,先用小挖勺在囊内将麝香块压碎,或在囊外用手将香块压碎,然后再挖取。

取香时如果麝乱动,应立即取出挖勺,谨防挖勺刺伤香囊。挖勺的进、出应倾斜,以免撑破囊口。一般3～5 min即可操作完毕。

取香后用酒精棉球消毒囊口。如香囊口有充血或破损时,可在用酒精棉球消毒后涂上油剂消炎膏类的药物,或撒上消炎粉进行包扎,以防感染。

刚取出的麝香里，大多混有毛，应予以捡出。称量麝香的湿重，用吸水纸自然吸湿干燥或用干燥器干燥。干燥后的重量即为麝香的干重。做好取香干湿重的记录后，装入瓶中密封保存，保存器中放一些吸潮剂，防止其受潮发霉。

实践证明，人工取香对公麝的体质和配种能力均无不良影响。取香以后，公麝能再分泌麝香，连续取香可达10～13年之久，其产量和质量基本稳定和正常。

雄麝1岁多就可以泌香，即能产少量的麝香，3岁以上产香量逐渐增加。每年8—12月是产香盛期，1—7月泌香量较少，每年可活体取香2次。

二、杀麝取香

林麝、原麝、马麝均为国家二级保护动物，禁止捕杀。过去杀麝取香均为捕获的野生麝，现已为法律所不允。要进行野外猎捕必须从国家林业部门办理野生动物狩猎许可证，捕获的野麝经过人工驯养采取人工取香，或是将捕获的野麝人工取香后放生，滥捕滥杀野生麝是要负法律责任的。

杀麝取香仅适用于人工饲养的因衰老或残疾后被淘汰的麝。因麝在10～12月间为求偶交配期，分泌麝香最多，香气浓郁，质量较优。因而，杀麝取香应该选择在这个时期。

活麝处死后应立即割取香囊，死亡过久割囊取香会降低麝香的质量与产量。割取香囊时，切勿伤及皮肉，也勿留肉过多，以利于干燥。

三、麝香初加工和品质鉴定

(一)麝香的初加工

麝香商品通常分为毛壳麝香(或称整麝香)和麝香仁(或称散香)两类。

1. *毛壳麝香* 是原香囊毛皮包裹着的干燥麝香。加工方法是将麝香囊连皮割下，除去周围多余的肉和皮膜，用短竹片或树枝将内侧囊皮绷紧，用纸条插入囊孔，引流吸湿，或插入导管通气。然后，将香囊装入小竹笼内，外加纱罩悬空阴干。如果空气过于潮湿，可用热草木灰慢慢煨干，但不能烧着皮毛，干燥后，将毛剪短即成麝香商品。麝香囊见图3-6。

2. *麝香仁* 为剖开香囊、除去囊壳和内层皮膜(即银皮)的内含物。人工挖取的麝香及野麝自身踢扒或磨挤逸出的麝香，都称作“麝香仁”。加工时，只需检净毛和皮膜，用吸湿纸除去多余水分阴干或用干燥器干燥即可。因本品含有挥发性成分，所以不宜在太阳下曝晒或在空气中放置时间过久进行干燥。

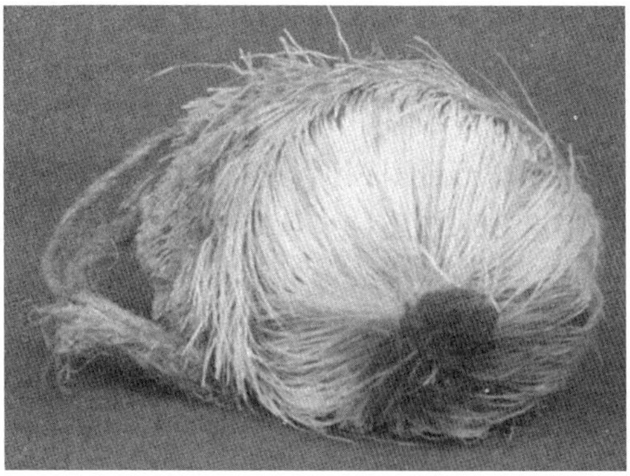

图 3-6 麝香囊

(二)麝香的保藏

毛壳麝香用油纸或塑料袋包装。置于铁盒或瓷坛内密封;麝香仁一般置磨口玻璃瓶内密封盛放。两者均需置于干燥、通风、避光处贮藏。切忌与薄荷、冰片等芳香类药物混放或相邻存放,以防串味。贮存温度应低于 15℃,相对湿度 70%左右,商品安全水分 25%。

本品易挥发、霉变。毛壳麝香囊皮无弹力或囊内软绵不实,表明商品已潮湿;用探针取样嗅闻有霉腐味的,应切开囊壳检查处理。麝香仁霉变初期出现白点,严重时结块发热质变。如果贮存环境过于干燥,挥发油及水分易散失,使商品干硬、减重。

储存期间,应定期检查,加强养护,专人管理。有条件的地方可将商品经 −10℃以下的低温处理 10~15 天后贮藏。

(三)品质鉴定

1. 毛壳麝香　为扁圆形或椭圆形的囊状体,直径 3~7 cm,厚 2~4 cm。开口面为革质,棕褐色,略平,密生白色或灰棕色短毛,毛从两侧围绕中心排列,中间有 1 小囊孔。另一面为棕褐色略带紫的皮膜,微皱缩,偶显肌肉纤维,略有弹性,剖开后可见深棕色或灰棕色中层皮膜,半透明。内层皮膜呈棕色,内含颗粒状或粉末状麝香仁及少量脱落的内层皮膜。

2. 麝香仁　野生麝香仁质柔,油润,疏松,其中颗粒者习称“当门子”,呈不规则圆球形或颗粒,表面多为紫黑色,油润光亮,微有麻纹,断面为深棕色或黄棕色;粉末状者多呈黄棕色或棕褐色,并有少量脱落的内层皮膜和细毛。

人工挖取的麝香,呈颗粒状、短条状或不规则团块状等;表面不平,紫黑或深棕色，显湿性，微有光泽，有少量的毛和脱落的内层皮膜，气香浓烈而特异，味微辣，微苦带咸。国家医药管理局、中华人民共和国卫生部制定的药材商品规格标准，麝香分毛壳和净香两种规格，不分等级。

毛壳(统货)：干货。呈球形或扁圆形，囊壳完整，剪净革质盖皮，周围的边皮和面皮为灰褐色，囊口周围有灰白色及棕褐色短毛。内囊皮膜质，无毛，棕褐色，内有饱满柔软的麝香仁和粉末，质油润。囊内间有少许细柔毛及彩色膜皮，香气特异、浓厚，味微苦辛，无杂质、霉变。

净香(统货)：干货。为去净外壳的净麝香，呈颗粒状香仁和粉末状。香仁表面光滑、油润。黑褐色。断面黑红色。粉末呈棕黄、紫红或棕褐色，间有薄膜(银皮)碎片。香气浓郁，味微苦辛，无杂质、霉变。

真品麝香有以下几个方面特征：

①取香仁粉末加水湿润，能成团，轻揉即散。

②取香仁粉末，放于坩埚中或锡箔上，下面用火加温，香味浓烈，立即融化“起泡似珠”，残渣呈灰白色。

③显微镜观察为众多不定形棕黄色颗粒状或团块半透明状，团块中散有方形、柱形或不规则晶体，可见圆形油滴。

④麝香酮含量测定达 0.5%～2%。

伪品麝香常常为团块物，加水湿润能搓成团，有黏液；团块物加热有焦臭味，呈灰黑色；显微镜观察具有多淀粉粒，单粒呈多面形、类圆形或卵圆形，直径 5～33 μm；麝香酮含量低于 0.5%。

【知识与技能测试】

一、名词解释：

麝香，仔麝，育成麝

二、填空：

1. 我国共有 5 个麝种，分别为(　　)、(　　)、(　　)、(　　)和(　　)。

2. 麝排便时间夏季一般多在早晨(　　)时左右，下午(　　)时左右，夜间(　　)时至翌日凌晨(　　)时；冬、春季在上午(　　)时，下午(　　)时，夜间在(　　)左右。

3. 麝性成熟期一般为(　　)月龄。

4. 种公麝的配种期是每年(　　)月份至翌年(　　)月份，包括(　　)、(　　)和(　　)。

5. 公麝一般在(　　)岁开始分泌麝香，(　　)岁是产香高峰期。

三、判断：

1. 麝喜冬暖夏凉，冬天在太阳下晒阳取暖，夏季在荫蔽处避日乘凉。( )

2. 公母麝均有麝香腺，分泌麝香。( )

3. 麝的妊娠期约为 6 个月，哺乳期约 3 个月。( )

4. 一般在 3.5 岁到 13.5 岁的公麝中选择作为种用。( )

5. 雌麝犬齿发达，形成獠牙露出唇外。( )

四、简答：

1. 麝生产中所采用的配种法主要有哪些？

2. 泌香期公麝如何进行饲养管理？

五、论述：

如何进行麝的人工取香？

项目三 獭兔

【项目提要】獭兔是家兔的一个品种，又称“力克斯兔”，是世界上著名的皮用兔种，兼做肉用。本节主要介绍獭兔的生物学特性、繁殖育种技术，兔笼设计要求，獭兔的饲养管理。

【知识目标】了解獭兔的的生活习性、食性与消化特点，换毛及生长规律；了解獭兔的繁殖生理及育种选配知识。

【技能目标】能利用所学知识进行獭兔场兔笼设计，配制獭兔饲料；能够进行獭兔的选种与引种；掌握獭兔的人工配种技术；掌握獭兔各阶段的饲养技术。

【典型知识及工作任务】

编号	名称	内容提要
典型知识	獭兔的生物学特性	獭兔的生活习性、食性及消化生理特点，换毛和生长规律
任务一	獭兔的育种技术	獭兔的品种品系、色型标准、品种标准、繁育体系、育种措施
任务二	獭兔的繁殖技术	獭兔的繁殖特性，繁殖生理过程，辅助配种技术、人工授精技术
任务三	獭兔的饲养管理	建场规划，笼具设备，饲料配制，饲养管理

【典型知识】獭兔的生物学特性

一、种类及外貌特征

1. 品种来源　獭兔又称力克斯兔(Rex rabbit)，是家兔的突变种。在动物分类学上，家兔属于哺乳纲、兔形目、兔科、穴兔属、穴兔种。穴兔野生分布于欧洲地中海沿岸，最早在16世纪由法国信奉天主教的修道士们开始圈养驯化。久而久之形成养兔技术，流传到欧洲民间。19世纪末20世纪初，各国开始大量养兔并培育形成了家兔品种。獭兔的外形见图3-7。

图 3-7　獭兔

獭兔品种出现在20世纪初，是从正常穴兔突变中培育的皮用兔，最原始的毛色是咖啡色(或巧克力色)。经过长期的驯养选育，已成为目前世界上优良的毛皮动物之一。由于其被毛短而平齐、柔软细密，酷似水獭，故而得名獭兔。除皮用之外，还可作为肉用。

2. 外貌特征　獭兔外貌清秀，体型紧凑匀称，后躯丰满，腹部紧凑，四肢健壮；大部分颈部较短，成年兔领下有肉髯。成年体重2.7～5.0 kg，体长42～53 cm，胸围27～35 cm。獭兔的原始色型为巧克力色，目前通过选育已形成很多色型，据资料报道，英国有28种色型，已被公认的有14种色型，如，黑色、蓝色、乳白色、红棕色、碎花色、青紫蓝色、巧克力色、紫丁香色、海狸色、山猫色、黑貂色、海豹色和加利福尼亚色等，其中以白色、黑色、红色、青紫蓝色和加利福尼亚色较为流行。白色獭兔以美系獭兔、德系獭兔为代表。

美系獭兔，头小嘴较尖，眼大而圆，耳长中等直立，耳壳较薄；颈部稍长，肉髯明显；胸部较窄，背腰略呈弓形，腹部、臀部较发达；体格相对较小，给人以清秀的感觉；绒毛较密，粗毛较少且不外露。体型匀称，体重3.0～4.0 kg。

德系獭兔，头方嘴圆，尤其是公兔更加明显；耳壳较宽厚，直立，眉须弯曲；颈较短粗，肉髯不明显；体格粗大，胸宽深，背腰平直，四肢粗壮有力，给人以粗重的感觉；被毛浓密，毛被较厚，毛纤维略显粗长，枪毛毛尖较明显。前后躯匀称，体重3.5～5.0 kg。

3.生产性能 獭兔生长速度较快，13周龄体重1.3～2.0 kg，体长35～42 cm，胸围21～28 cm；22周龄体重2.1～3.0 kg，体长40～50 cm，胸围24～33 cm。

獭兔3～4月龄达到性成熟，6～8月龄进入成年可参加初配。该品种属多胎动物，没有明显的发情周期，常年均可发情配种，繁殖力强，妊娠期30～31天。每年可产5～6胎，每胎可产仔5～10只。种公兔利用年限在3年左右，种母兔可利用3.5年。

獭兔为短毛型家兔品种，主要的毛纤维为绒毛，粗毛比例少而隐藏于毛被之内，成年兔背毛粗毛含量在5.5%～8.5%（平均7.0%），背毛绒毛纤维直径在15.0～17.5 μm（平均16.0 μm）。不同年龄阶段、不同季节的被毛品质有较大的差异，公母兔之间没有明显的差异。毛皮面积900～1 200 cm^2。

獭兔被毛柔软有光泽，具有“短、密、平、美、牢”的特点。“短”是指毛纤维短，獭兔的毛纤维长仅1.4～2.2 cm，而标准毛型的兔毛纤维长2.5～3.0 cm，长毛兔的毛纤维长6.0～10 cm。“密”是指单位皮肤面积内着生的毛纤维根数多，即被毛密度大，据测定，獭兔的被毛密度为10 000～14 000根/cm^2。“平”是指毛纤维长度均匀，整齐一致，看起来被毛表面十分平整，没有枪毛突出于绒毛表面。“美”是指獭兔毛色类型很多，毛色纯正，色泽光润，柔软而具有弹性。“牢”是指毛纤维与皮板的附着度良好，绒毛不易脱落。

二、生活习性

獭兔尽管经过了长期驯化，但其仍然在一定程度上保留了野生兔的习性。归纳起来有以下几方面。

1.昼伏夜出 穴兔在野生环境下为了躲避天敌，先天养成了昼伏夜出的生活规律，白天在洞穴中睡眠休息，夜间出洞觅食活动。驯化后仍保留有这种习性痕迹，夜间的活动量大，采食及饮水占全天的2/3以上。白天则表现安静，除采食、饮水外，常常在笼子内静伏或闭目养神。因此，生产中要注意加夜料，白天尽量减少打扰，保证休息。

2.胆小怕惊 獭兔同野兔一样，反映机敏，胆小怕惊。獭兔的耳大灵活，听觉发达，对环境十分敏感。嗅觉灵敏，可辨别出极其微小的气味及变化。视野宽阔，可看到身体左右前后天敌的出现。后肢长而肌肉发达，脊背弓而弹性好，奔跑能力强。笼养獭兔受惊后，胆小者会在笼内乱跳乱撞，造成撞伤或撞死；胆大者后脚用力拍打笼底，个别会发出低沉的叫声，起到示威和报警作用。因此，生产中要注意环境的安定，生产操作要轻巧，对繁殖期的种兔和小兔应特别注意。

3.好干燥清洁　獭兔比较喜欢干燥的环境，包括空气和地面。兔又爱好干净，并且有良好的卫生习惯，定点排便，经常用口舌及前脚舔拭整理被毛，喜欢卧在清洁之处。因此，养殖中要注意兔舍地面与室外地面要相对高，要注意控制舍内空气湿度，加强兔舍通风。

4.穴居啮齿　由于起源于欧洲穴兔，因而天生具有穴居习性，有打洞本领，为自己制造休息、隐藏、繁殖的场所，特别母兔在产仔前后打洞欲望更强。

獭兔牙齿结构比较特殊。幼年兔齿式为 2.0.3.0/1.0.2.0＝16(枚)，成年兔齿式 2.0.3.3/1.0.2.3＝28(枚)。獭兔门齿在出生后即开始生长，终生不停止，如果完全处于生长状态，上颌门齿每年可生长 10 cm，下颌门齿每年可生长 12.5 cm。獭兔必须在采食过程中不断将门齿磨灭，以保持上下颌的正常咬合，这种习性称为啮齿习性。因此，獭兔的牙齿结构适于啃咬，喜欢吃颗粒饲料，颗粒的硬度可适当大些。如果所采食的饲料粒度或硬度不够，不能足以磨下门齿，兔则要啃咬笼具等粗硬物品。因此，养獭兔中要注意经常检查门牙状况，经常供给磨牙的条件，最好使用颗粒饲料，笼具最好不使用竹木材料。

5.孤僻斗咬　獭兔为孤僻性动物，幼龄阶段喜欢小群嬉闹活动，但在性成熟(3～4 月龄)后，由于领域性逐渐加强，经常为争夺领地而斗咬。特别是公兔之间，斗咬常常十分残酷，直到把对方赶走或被对方咬败逃走方可罢休，常常两败俱伤。所以，性成熟前的兔应小群体饲养以节约场地，成年的种兔一定要单笼饲养防止损伤，成年产毛兔可考虑去势以减轻领域性。

6.耐寒怕热　獭兔体温调节机能不很完善，体温容易随环境温度的变化而变化。正常情况下体温为 38.5～39.5℃，高者也可达到 40.5℃。当空气温度从 －10℃上升到 35℃时，獭兔的体温从 37.5℃上升到 43℃。由于全身被毛浓密、丰厚，因而成年獭兔具有一定的耐寒性；獭兔全身没有汗腺，仅能靠呼吸和耳朵散发体热，故獭兔怕热。高温对獭兔的危害很大，易引起生长发育速度和繁殖性能的显著下降，当夏季气温超过 30℃时，呼吸加快，且容易发生中暑。

獭兔的适宜生存温度为 15～25℃，最适宜温度成年兔为 14～16℃。獭兔体温体温调节能力随年龄不同而有区别。成年兔最低可以忍受－30℃的低温环境，但仔兔很不耐冷。出生 10 天内的仔兔体温取决于环境温度，窝内温度应达到 30～32℃；30 天毛被基本形成，对外界环境有一定的适应能力，45 天幼兔适宜室温为 18～21℃。所以，寒冷的冬季为了提高仔兔的成活率，应为仔兔提供较高的环境温度。

三、食性和消化特点

1. 草食特点　獭兔为单胃草食动物，每天可采食占自身重量的10%～30%的青饲料。但完全依靠饲草又不能完全满足其营养需要，发挥不出高产的性能，每天还需喂给其体重的3%～5%的精饲料。由于獭兔消化系统有以下特殊功能，保证了能较好地利用多种植物的茎、叶、块根等。

①口腔结构适应草食　獭兔上唇中央有一纵裂形成豁口，利于暴露和发挥门齿的切割作用；门齿呈凿形，锋薄刃利，利于割断青草、切掉茎叶；臼齿齿面宽、生横嵴，适于研磨草料；共有耳下腺、颌下腺、舌下腺和眶下腺4对唾液腺，可分泌更多的唾液，以润滑食物、帮助消化。

②胃肠结构适应草食　獭兔消化道的盲肠十分发达，呈袋状结构，总长约50 cm(接近兔的体长)，容积占整个消化道的42%。盲肠内生存的微生物和原生动物，可以产生纤维素酶，帮助兔消化分解饲料纤维，微生物和原生动物运行进入后段消化道时被杀死，其菌体蛋白又可被獭兔消化利用。因此，喂獭兔时不可为防病治病过多口服抗生素，杀死有利菌群，影响正常的消化吸收，也不必为防消化道疾病，在饲料中添加抗生素。

③淋巴球囊帮助消化粗纤维　獭兔体内盲肠的斜对口处有一个特殊结构的器官——淋巴球囊(又称圆小囊)。它中空、壁厚，长2～3 cm，囊壁肌肉组织可收缩蠕动，研磨并吸收难以消化的食物，也可分泌碱性液体(pH 8.1～9.4)排入盲肠内，中和盲肠发酵产生的酸性物，维持盲肠稳定的酸碱度，保证微生物和原生动物生存并发挥其消化功能。

2. 消化能力　獭兔对植物性饲料的消化利用体现在以下几方面：

①消化率利用率高　獭兔可以更有效地利用饲料中的粗蛋白，特别是低质粗饲料(如草粉、秸秆)中的粗蛋白，消化率可达70%～80%。所以说，獭兔具有把低质粗饲料转化为优质肉品和皮毛的巨大潜力。但它对饲料中的粗纤维消化利用能力不高，一般在16%～20%。

②具有吃软便习性　正常情况下，獭兔白天排出的是粒状、褐色或黑色的硬粪，而在夜晚会排出念珠装或团状软粪。当软便从肛门口排出，尚未落地以前即被兔自行接入口腔嚼食，这种习性称为食粪习性。兔软便中含有尚未被彻底消化吸收的粗蛋白、维生素(特别是B族维生素)等营养素。獭兔通过吃软粪，不仅可以重新吸收其中的水分、蛋白质等营养，还可得到附加的菌体蛋白以及由微生物合成的B族维生素和维生素K，这些营养在小肠内被吸收，提高了饲料消化率。

③肠道的通透性强　獭兔的肠道壁薄，黏膜通透性和吸收能力强。但这种特点也造成了獭兔容易发生腹泻。特别是幼兔，在消化道受到不良刺激时极易发生

炎症，而一旦发炎则渗透性加强。这也是幼兔一旦出现腹泻就很难挽救的原因。因此，养兔中一定要避免气温变化、变质饲料、有毒草料等对兔的影响。

3.食性特点　獭兔在对饲料的选择上具有以下特点：

①植食性　兔喜食植物性饲料，能采食各种杂草野菜，特别喜欢吃鲜嫩、多叶性的饲草、野菜，不大喜欢吃粗糙、纤维多的草料，对动物性饲料不感兴趣。配制日粮时动物性饲料（鱼粉等）比例不宜超过5%，而且要拌匀，否则影响采食量。

②甜食性　獭兔喜欢甜食口味，可在料中适量添加糖类（2%～3%的糖蜜饲料）、甜菜渣、甜味剂或胡萝卜等，以提高食欲、增加采食量。

③香食性　獭兔嗅觉和味觉喜欢香味，料中适量加入植物油也可增加采食量。实践证明，兔喜欢吃脂肪含量在5%～10%的饲料（如在饲料中加入2%～5%的玉米油），脂肪含量低于5%或超过20%以上会影响采食量。

四、换毛和生长规律

初生的仔兔全身裸露无毛，随着日龄的增加，慢慢形成毛被，30日龄形成完好的胎毛。正常情况下，随着日龄的生长，獭兔一生要进行两次年龄性换毛：第一次自30日龄开始脱胎毛，同时长出新毛，100日龄新毛长齐。新毛维持一个月，自130日龄开始再次进行被毛脱换，190日龄左右新被毛长齐。完成第二次年龄性换毛后，獭兔进入成年，不再进行年龄性换毛，仅随着随气候的变化，一年进行两次季节性换毛：春季在每年“春分”前后的两个月（3—4月），脱冬毛，长夏毛；秋季在“秋分”前后的两个月（9—10月），脱夏毛，长冬毛。根据獭兔的换毛规律，生产中为了取得最佳的獭兔毛皮，商品皮兔可选在100～130日龄或190日龄后出栏屠宰（190天出栏皮张面积大），成年兔最好选在12月份淘汰屠宰。

獭兔初生时发育很不完善，不仅皮肤裸露无被毛，而且无听觉、视觉，体重仅50～70 g；3～4日龄长出绒毛，7日龄体重增加1倍，10～12日龄睁眼；21日龄开始吃饲料，28日龄体重达到成兔12%，30日龄胎毛形成，56日龄体重达成兔40%（2 kg左右）。

从生长速度看，初生后的头两周增重速度较慢，3～8周龄生长速度加快，8周龄达到高峰；9周龄后增重速度减慢，公母兔出现差异（公快于母），12周龄后增重进一步减慢；26周龄后基本停止增重（26周龄后出栏比较理想）。

任务一　獭兔的育种技术

一、獭兔品种标准

獭兔品种标准是对种用獭兔在养殖和出售中各项性能指标规格的具体规定，

一般通过鉴定测量其外形、体尺、体重、毛质和繁殖等性能指标进行综合判定，目前，我国和各省市还未制订具体的“国标”或“地标”。河南省质量技术监督局 2003 年 1 月发布了獭兔品种地方标准，该标准由郑州牧业工程高等专科学校、河南省畜牧局制定。以下以此为例，提供参考。

1. 外形分级标准　按表 3-10 评分标准分级。

表 3-10　獭兔外形评分分级标准

项目		标准要求	满分
外貌		品种特征明显，体型紧凑匀称，后躯宽大丰满，腹部紧凑，四肢健壮。符合以上要求者得满分，有欠缺者适当扣分	5
毛色		被毛纯净洁白，粉红眼，白色或肉色爪。带异色缺陷扣 3 分，严重缺陷者判 0 分	10
毛被外观	整齐度	毛峰平齐评满分。若有飞绒或真毛突出，根据程度，每个程度级别扣 5 分	20
	光泽	毛绒油亮光润评满分。无光泽或光泽度差者扣 5～10 分；手摸没有平滑丝绸感者扣 1～5 分	15
	弹性	手摸或气吹毛被弹性良好者得满分。无弹性或毛不挺者扣 5～10 分，毛尖打卷或起毛球者扣 1～5 分	20
	牢固度	手抓不掉毛，毛根牢固者得满分。松针脱毛者扣 1～5 分	15
生育器官		母兔乳头数在 4 对以上，排列整齐，发育正常；公兔睾丸成对，发育正常。具备者评满分，有缺点者扣分，严重缺陷者 0 分	15
分级标准：95～100 分为特级，87～94 分为一级，79～86 分为二级，70～78 分为三级			

2. 体尺分级标准　按表 3-11 标准分级。

表 3-11　獭兔体尺分级标准　　cm

体尺	性别	年龄											
		13 周龄				22 周龄				35 周龄			
		特级	一级	二级	三级	特级	一级	二级	三级	特级	一级	二级	三级
体长	母兔	42	40	38	36	50	48	46	44	53	50	47	43
	公兔	41	39	37	35	48	46	44	42	51	48	45	42
胸围	母兔	28	26	24	22	33	31	29	27	35	33	31	28
	公兔	27	25	23	21	30	28	26	24	34	32	30	27

体长和胸围级别不一致时，取低等级。

测量体长是将兔放在平台上，压平背部，量取鼻端至尾根的直线长度(cm)。测定胸围是在兔肩胛骨后缘，垂直于身体轴线，绕胸一周量取长度(cm)。

3. 体重分级标准 按表 3-12 标准分级。

表 3-12 獭兔体重分级标准

性别	年龄											
	13 周龄				22 周龄				35 周龄			
	特级	一级	二级	三级	特级	一级	二级	三级	特级	一级	二级	三级
母兔	2.0	1.8	1.6	1.4	3.0	2.8	2.6	2.3	3.9	3.5	3.2	2.8
公兔	1.9	1.7	1.5	1.3	2.9	2.7	2.4	2.1	3.8	3.4	3.1	2.7

体重在早饲前空腹称量。

4. 毛质分级标准 按表 3-13 标准分级。

表 3-13 獭兔毛质分级标准

指标	特级	一级	二级	三级
毛长度/mm	≤1.6	≤1.8	≤2.0	>2.0
毛细度/μm	≤15	≤16	≤17	>17
毛密度/(根/cm^2)	≥14 000	≥13 000	≥12 000	<12 000
粗毛比例/%	≤5.5	≤7.0	≤8.5	>8.5

四项级别不一致时，取最低等级。

评定毛质时，统一规定在肩背十字交叉处取样，测量以下 4 项指标：

毛长度：紧贴体表剪取 100 根左右兔毛，不分粗毛细毛，伸直后求其平均长度值(cm)。

毛细度：剪取 100 根左右兔毛，用显微投影仪测量其中细毛的直径(μm)，求其平均值。

毛密度：选取长宽均为 1 cm 的皮面，划细线后用眼科镊子准确挑取该区所有兔毛，剪下毛后在纤维计数板上(平绒黑布板或白布板)，分别计量细毛和粗毛的数量，总数除以面积，得出被毛密度(根/cm^2)。

粗毛率：计量“毛密度”后，再计算出粗毛占总毛数量的百分比率。

5. 繁殖性能评分分级标准 按表 3-14 标准评分。

表 3-14 獭兔繁殖性能评分标准

指标	标准要求	满分
窝均产仔数	8 只以上评满分。每少一只扣 5 分	25
初生窝重	400 g 以上评满分。每少 10 g 扣 1 分	25
21 日龄窝增重	1 800 g 以上评满分。每少 50 g 扣 1 分	25
28 日龄成活数	7 只以上评满分。每少一只扣 5 分	25

以上指标均为母兔第 1～3 胎的平均值。

根据表中四项指标，分别评出母代、祖母代、曾祖母代的繁殖性能分值（I_3、I_2、I_1）。利用下列公式计算出被评定个体的繁殖性能参考值（I）：

$$I = 0.5\times I_3 + 0.3\times I_2 + 0.2\times I_1$$

分值（I）达到 95～100 分为特级，87～94 分为一级，79～86 分为二级，70～78 分为三级。

二、繁育体系

獭兔的繁育方法较多，包括纯系繁育、杂交繁育和品系繁育，它们之间有着一定的联系。要搞好獭兔的繁育工作，提高兔群质量，必须建立一套完整的繁育体系。根据育种工作的性质和任务，可将兔场分为 3 类：

1. 育种兔场　由技术条件、饲养管理和设备条件方面有一定基础的单位承担。其任务是负责引进种兔，并进行良种繁育，提高其品质；负责新品种培育和品种改良；进行杂交组合试验，提出适合本地区的经济杂交方法和杂交亲本。

2. 繁殖兔场　其任务是从育种场引进种兔，进行扩大繁殖，在繁殖过程中严格保持纯种繁殖，繁殖后代提供给商品兔场和农民进行饲养。繁殖兔场可建在饲养獭兔比较集中的市、县和有条件的专业户，规模可超过育种兔场，可饲养数个品系的獭兔。繁殖兔场除出售种兔外，还可出售一部分商品兔，但饲养管理和经营方式必须符合种兔场的要求。

3. 商品兔场　其任务是以最低的成本生产品质好、数量多的商品兔。一般采用自繁自养的形式，不宜随意杂交，以免毛色混杂，性状分离，降低产品质量。一般养兔场和养兔户经营的多为商品兔场，规模可根据各自的饲养条件而定。商品兔场生产的产品质量，是鉴定育种兔场、繁殖兔场种兔品质的最好依据，也是评定选育效果的重要标志。

三、育种措施

1. 选种工作　獭兔选种是一项重要而细致的工作，要根据品种特征、毛色类型和种用要求来进行。体方向是让家兔体型变大，被毛品质更加优良，繁殖性能提高，环境适应性增强。外形主要评定外貌、毛色，毛被的整齐度、光泽、弹性、牢固度，生育器官情况；体尺主要测量体长、胸围；毛质主要测量毛长度、毛细度、毛密度、粗毛比例；繁殖性能主要测量窝均产仔数、初生窝重、21 日龄窝增重、28 日龄成活数，以此评定兔的种用价值及健康状况。

獭兔选种的基本措施是，采用传统的个体选择、家系选择和后裔测定。实践操作中，一般是根据獭兔各个生长时期的性能表现采取阶段选种法，该方法是对个体选择法、家系选择法和后裔测定法的综合运用，一般采用五阶段选择法：

第一次选择，在仔兔 30 日龄左右断乳时进行，重点以系谱测定、同胞测定为主，适当结合同窝重以及个体断乳重。选择优良种兔所产的后代，从母兔所产的 3～5 胎幼兔中选留。同胞性能要突出，自身在同窝中发育较好。同一公兔的后代选公不选母，或选母不选公。入选者标上耳号，调入育群饲养，选留的数量比实际需要量要多 1～2 倍。

第二次选择，在育种群的后备兔达 3 月龄时进行，鉴定的重点是 3 月龄体重、断乳至 3 月龄的日增重、被毛的品质等，采用这三项指标构成选择指数，可获得较好的选择效果。选留生长发育快、毛皮品质好、抗病力强、生殖系统无异常的个体继续留在育种群饲养，其余的淘汰进入商品群准备出售。

第三次选择，在育种群的后备兔达到 5～6 月龄时进行。这是獭兔一生中毛质、毛色表现最标准的时期，又正值种兔初配和商品兔可以取皮时期（第二次年龄性换毛结束）。本次选择以生产性能和外形鉴定为主，根据生产指标、商品指标和体质外貌逐一筛选，合格者继续留在后备种兔群，不合格者作商品兔出售或屠宰。公兔还必须进行性欲检查和精液品质检查，体型小、性欲差、精液品质不好的公兔不能留作种用。

第四次选择，在后备兔达到 1 岁左右进行。主要鉴定母兔的繁殖性能，淘汰屡配不孕的母兔。在母兔第三胎仔兔断乳后，根据产仔数、泌乳力等进行综合评定，淘汰母性差、泌乳性能不理想、产仔数少的母兔和有恶癖、性欲差、精液品质不理想的公兔。

第五次选择，当种兔的后代已有生产性能记录时，则可根据后代品质对种兔进行鉴定，以便进一步调整兔群，把真正优秀者列入核心种兔群，优良者列入育种群，较差者列入商品生产群。

2. 选配工作 选配是指选择适宜的公母兔相配，是选种工作的继续。选配前必须对要配种的种公兔、种母兔的毛皮、体型、生长情况等性能作全面了解，根据培育目的合理确定。选配有以下几种方式：

同型选配，是选择性状相同、性能级别一致的种公母獭兔交配，以求增加后代遗传基础的同质性，使选育的性状能稳定的遗传给后代，增加种群中相同类型的数量。

异型选配，是选择具有不同优点的公母兔进行交配，以求综合公母兔的优良生产性能，获得兼备双亲优点的后代；也可以用高产优质的个体与低产个体交配，以期达到改造低产品种、提高后代生产水平的目的。

亲缘选配，是考虑公母兔之间的血缘关系远近而进行的选配。交配双方到共同祖先的世代数在 6 代以内的就属近交。在獭兔场户，一般禁止 6 代之内的近交，以免造成生产性能的退化。生产商品獭兔时，为了更新兔群血缘，防止近交，要有计划地从外地引进种公兔参与选配。

年龄选配，选配时要考虑公母兔之间的年龄，年龄在 1.5～2.5 岁之间时，种公、种母兔均健康强壮，生产性能比较良好。

四、优良品质的保持

1. 品质退化的原因 獭兔生产中优良品质退化的原因是多方面的，除了疾病和环境因素外，多数是由于人为因素造成的。

首先是选种不当。表现为不论獭兔好坏都留作种用。有的人不了解獭兔的品种特征，把已经退化的獭兔买回来作种兔；有些人只顾眼前利益，把体型大的兔卖掉，把体型小的兔留作种用；有的养殖场户买来时是优良种兔，但不进行选种，繁殖后代不分好坏一律作为种兔销售。所有这些都会导致獭兔品种退化。

其次是营养不良。要培育一只优良种兔，从母兔怀孕时起就要加强营养，哺乳期和幼兔阶段更要如此。如果营养不良，母兔消瘦，泌乳性能差，仔幼兔生长发育缓慢，不仅培育不出优良种兔，还会引起退化。越是优良品种，生长越快，营养要求也越高，退化也越严重。

第三是频密繁殖。母兔进行频密繁殖时，妊娠和哺乳同时进行，体力消耗大，需要的营养物质多，如果营养供应不足，则会导致母兔消瘦，仔兔发育不良，进而引起品种退化。

第四是早配和近交。有些养殖场户不懂獭兔的繁育技术，在獭兔刚刚达到性成熟就急于配种,有的不进行选配,随意抓配公母出现近交,在每一代又不注意严格选种,最终导致獭兔品种退化。

第五是不注重防病。兔病对獭兔的品质和外观影响是很大的,如,疥癣病、脱毛症等会直接影响毛皮品质,导致毛皮质量下降。兔病更会影响獭兔的生长发育,特别是早期的生长发育,造成种兔质量达不到要求,出现一代代退化。

2.保持优良品质的对策　要想保持獭兔的优良品质不发生退化,首先,要严把种兔质量关,建立完善核心群、繁殖群、生产群三级良种生产繁育管理体系,以种兔场为中心,开展供种、饲养、繁殖、取皮等技术推广体系。对种兔尤其要严格管理,定期进行普查鉴定,不合格者一律淘汰。根据需要,在养兔集中的区域可以有计划地开展赛兔会,制定严密的规则,重点比赛种公兔品质,以此引导场户提高体重,改善毛质。

其次,要改善饲养管理条件。饲料原料要多样化,以保证营养全面,特别是对毛皮质量影响较大的含硫氨基酸和B族维生素、微量元素等要充分供应。各地要加强研究和推广适合当地实际条件的獭兔饲料配方。根据獭兔生长规律,各生理和年龄阶段实行科学饲养,特别要注意改善环境条件,创造适宜的温度、湿度、及光照条件,饲养场舍要保持空气新鲜。

第三,要加强技术研究。搞好饲养、繁殖和兔病防治是保持獭兔品质的前提,而科学研究是一切问题的先导,我国獭兔饲养层次低下、管理粗放、集约化程度差的原因,与我国养兔研究水平差不无关系,分散研究搞的多,低水平研究、重复性研究做得多,而真正有突破的项目不多见。因此,科技工作者要重点加强獭兔的遗传育种、饲料营养、笼舍设施、兔病防治、产品加工利用及市场预测等方面的研究,并重视技术推广,提高群众科学养兔水平。

任务二　獭兔的繁殖技术

【相关知识】繁殖生理特点

(一)繁殖特性

1.繁殖力较强　獭兔具有很强的繁殖力,不仅表现在一年四季均可繁殖,每窝产仔数多,怀孕期短,而且还表现在一年多胎,母兔产后不久即可配种受胎等。据试验,在正常饲养管理和繁殖情况下,每只繁殖母兔可年产8～9胎,提供断乳仔兔25～30只。

2.刺激性排卵　獭兔属于刺激性排卵的动物,即卵巢内发育成熟的卵子,必须经过某种性刺激的诱导之后才能排出。一般排卵多在交配后 10～12 h，若在发情期内未进行交配，母兔就不排卵，其成熟的卵泡就会老化衰退，经 10～16 天逐渐被吸收。

3. 双子宫　獭兔的子宫属双子宫类型，无子宫角和子宫体之分，两个子宫有各自的子宫颈，共同开口于一个阴道。两子宫颈间有间膜固定，不会发生受精卵移行现象。这种独特的生殖器官构造，使獭兔可以“异期受孕产仔”，即，母兔妊娠后再次接受交配后有可能受孕，先后受孕妊娠的胎儿分别在两侧子宫内着床，分期产仔。

4. 附植前后胚胎的损失率高　据报道，胚胎在附植前后的损失率为 29.7%，附植前为 11.4%，附植后为 18.3%。对附植后胚胎损失率影响最大的因素是肥胖。另外，高温应激、惊群应激、过度消瘦和疾病等也会影响胚胎的存活。据报道，外界温度为 30℃时，受精后 6 天胚胎的死亡率高达 24%～45%。

5. 容易出现假妊娠　有些母兔经诱导刺激排卵后未受精，但形成的黄体开始分泌孕酮，子宫增大，状似妊娠但没有胎儿，此种现象称为假妊娠。假妊娠的比率高是獭兔生殖生理方面的一个重要特点。假妊娠的表现与真妊娠一样，如不接受公兔交配、乳腺有一定程度的发育、衔草垫窝等。假妊娠的持续期为 16～18 天，假妊娠过后立即配种极易受胎。引起假妊娠的外因可能是不育公兔或群养兔的趴跨刺激，内因则是内分泌系统产生的激素引起生殖器官兴奋造成的。生产中常用复配的方法防止假妊娠。

6. 公兔睾丸体积、精液品质随季节有所变化　一般情况下，公獭兔睾丸春季体积最大，射精量和精子密度最高，精子活力也最好。而夏季睾丸体积缩小近 60%，精子密度降低，精子活力下降，性欲减退，这种现象叫“夏季不育”。因此，要提高獭兔夏季的受胎率，必须做好防暑降温工作。

（二）性成熟与繁殖适龄

1. 性成熟　性成熟指兔发育到一定时期，公兔能够产生成熟的精子，具有交配能力，母兔能够产生成熟的卵子并接受公兔的交配。獭兔性成熟期一般为 3.5～4 月龄，但因品种、性别、营养、气温和遗传等因素的不同而有所变化。公兔性成熟通常比母兔晚一个月，白色獭兔的性成熟略早于有色獭兔，营养状况好的比营养状况差的性成熟早，早春出生的仔兔比晚秋出生的仔兔性成熟早，温暖地区比寒冷地区的性成熟早。

2. 繁殖适龄　繁殖适龄包括初配年龄和利用年限。初配年龄是指獭兔第一次参加配种时的年龄，即达到体成熟的时期。初配年龄不能过早，如过早不仅会影响公母兔本身的发育，而且会出现受胎率低、产仔数少、初生重小、成活率低等现象。但过分推迟初配年龄也不好，因为延迟初配会使种兔发胖，导致胚胎死亡，从而影响母兔一生的繁殖成绩。同时，过晚配种会增加饲养成本，减少繁殖利用年限，造成难配、性欲不强和产生恶癖。根据獭兔的生长发育规律，在正常饲养管理条件下，獭兔的初配年龄应控制在母兔5～6月龄，体重3 kg左右，公兔7～8月龄，体重3.5～4 kg。

獭兔的繁殖利用年限一般3～4年，年龄过大的种兔，繁殖性能下降，产仔数减少，所以应及时进行淘汰更新。

（三）妊娠

母兔受配后10～12 h排卵，卵子经8 mim左右到达受精部位（输卵管壶腹部），卵在壶腹部遇获能精子受精形成合子。整个受精过程大约12 h。卵子保持最好活力的时间是排卵后1～2 h，卵子若没能按时受精，经6～8 h至输卵管峡部即失去活力；精子在射出后，经2～4 h到达受精部位，精子在母兔生殖道内保持受精能力的时间为30 h。

受精完成后，受精卵（合子）立即分裂，在输卵管中一边下行一边继续分裂，直至形成桑椹胚；大约在配后72～75 h进入子宫，配后7～7.5天，胎膜与母体子宫黏膜相连，形成胎盘。胎盘形成之前的胚胎，在输卵管或子宫中呈游离状态，主要依靠子宫乳来滋养，胎盘形成之后，完全依靠胎盘与母体交换营养物质或排泄物，完成生长发育。

母兔整个的妊娠期为30～31天，早于29天分娩为早产，超过35天为异常妊娠。妊娠过程大体可分为三阶段，其中第1～12天称为胚胎期，主要是细胞的分裂和分化，此期由于受精卵强烈分化，极易受各种因素影响而导致胚胎死亡，此时死亡的胚胎会被母体吸收；第13～18天称为胎前期，主要为组织和器官的形成；第19～30天为胎儿期，为胎儿的增生阶段，这一时期胚胎发育很快，营养不良即会引起胚胎死亡，此时死亡的胚胎生下后为死胎。

（四）分娩与泌乳

1. 分娩　獭兔胚胎经过妊娠期生长发育成熟后，由于子宫的不断膨大，使子宫肌对雌性激素和催产素的敏感性增强，在胎儿和母体的协同作用下，发生分娩性生理反应，直至将胎儿排出。

临产前3～5天，大多数母兔乳房开始肿胀，外阴肿胀、充血，食欲下降、情绪不安；分娩前一天或几小时，母兔开始拉毛做巢。产前拉毛对母兔和仔兔是十分重要的，毛可用作保暖材料，拉毛后暴露乳头便于仔兔吃奶，拉毛的生理刺激有利于乳房尽快泌乳。临近分娩时,频繁地出入产仔箱,停止采食。

分娩开始时,由于子宫的收缩和阵痛,表现精神不安,四爪刨地顿足。母兔在产仔箱内呈蹲坐姿势,弓背努责,口对外阴。片刻后,母兔顺次将仔兔、胎衣和胎盘一并产出,吃掉胎衣、胎盘,咬断脐带,舔干仔兔身上的黏液。一窝仔兔全部产出需20～30 mim。分娩结束后,跳出产仔箱找水喝,如果找不到饮水或多汁青绿饲料,很可能会发生母兔跑回窝内吃掉仔兔的危险。

2. 泌乳　一般情况下,母兔在产仔后数小时内即开始泌乳,母兔泌乳很有规律性:产后的第一周泌乳量较低,两周后泌乳量逐渐增加,3 周时达到高峰,4 周后泌乳量又逐渐减少。母兔的泌乳量与窝仔数(哺乳的仔兔数)之间呈正相关,据测量,以窝仔数 10 只的泌乳量为 100%计,则窝仔数为 6、7、8、9 只时分别为 55%、76.8%、78.7%、80%。母兔在哺乳期若能获得足够的营养时,产后头 20 天的体重并不减轻,并稍有增加,20 天后仔兔的吃奶量加大、活动能力增加,影响母兔的营养沉积和正常休息,从而使母兔体重有所下降。

母兔的泌乳量较大,泌乳期每天可产奶 60～150 mL,优秀者日泌乳量可达 200 mL 以上;兔乳中的营养极为丰富,干物质总含量为 26.4%,其中蛋白质含量10.4%,脂肪含量 12.2%,乳糖 1.8%,灰分(矿物质)2.0%,兔奶与其他家畜奶营养比较见表 3-15。上述的泌乳特点,在饲养管理中必须加以考虑。

表 3-15　兔奶与其他家畜奶营养比较　　%

种类	蛋白质	脂肪	乳糖	矿物质
兔奶	10.4	12.2	1.8	2.0
牛奶	3.1	3.5	4.9	0.7
山羊奶	3.1	3.5	4.6	0.8
绵羊奶	6.8	10.4	3.7	0.9
猪奶	5.9	7.9	4.9	0.9

一、发情及发情鉴定

1. 发情　由于母兔属于刺激性排卵动物,只有经过性刺激之后,卵子才能从卵巢排出。成熟的卵子如果未受精,则经 10～16 天后,在雌激素和孕激素的共同作用下,逐渐萎缩、退化,并被周围组织所吸收,此时新的卵子又开始成熟。随着体内卵泡的发育程度变化,母兔出现周期性的发情,形成发情周期。

母兔的发情周期分为间情期、发情前期、发情旺期、发情后期四个阶段。间情期的母兔不表现发情症状,发情前期、中期和后期则出现程度不同的发情症状。只有发情中期才可以对母兔进行配种,此期可持续1～2天,它一般出现在发情前期开始后的第1～2天。

獭兔虽有发情周期,但其发情受外界环境影响较大,如,营养、高温、低温和光照等,都影响母兔的发情周期,所以规律性不强、不稳定。在稳定的条件下,经产母兔的发情周期一般为8～15天。在不交配的情况下,发情前期至后期可持续3～5天,交配后持续时间缩短。

2.发情鉴定　母兔发情症状有的明显,有的变化不明显的。发情症状明显与否,与血液中雌激素的含量有关。一般情况下,母兔发情后食欲下降,活跃不安,排尿频繁,经常顿足;喜欢接近并追逐、爬跨公兔,当公兔追逐爬跨时,主动配合接受交配;同时,外阴红肿湿润,黏膜色泽潮红。

生产实践中判定母兔是否进入发情期,主要根据外阴黏膜色泽的变化和湿润情况来判断。如外阴黏膜苍白、干燥,则表明没有发情;当呈粉红色、松软时,则为发情初期;黏膜潮红、湿润则为发情盛期;黏膜紫红、皱缩则为发情后期。发情盛期为配种的最佳时期。

二、人工辅助配种

人工辅助交配是指在人的辅助或监护下对獭兔实施的配种。平时公母兔分笼饲养,在母兔发情的适当时间把它放入公兔笼内进行配种。目前獭兔养殖业中多采用这种方法。

1.配种前的准备　配种前要做好准备工作。

①配种前14天要对种兔进行体检,凡患有疥癣,梅毒及其他传染病的兔要停配,隔病治疗痊愈后再参配;过肥过瘦的兔应从饲养方面来调整好后再参配;发情不好的母兔暂不配种或进行催情。

②要按选配原则编配种计划,计划中要注意防止近交,合理利用种公兔,充分发挥优良兔的作用;一批配种工作最好在3～5天内完成,以便进行仔兔的调剂与和寄养,提高仔兔成活率。

③要对兔进行清洁处理,剪去公母兔外阴处的毛,用高锰酸钾溶液等擦拭外阴消毒,以防止携带脏物,引起母兔生殖道炎症。

④放对前要撤去公兔笼内的一切器具,将公兔笼内彻底清扫消毒,有必要时在公兔笼内放入尺寸大小与笼底适宜、平整的一块木板,给公母兔提供一个较为宽敞的活动场地,便于公兔追逐爬跨母兔。

⑤还要准备好登记的卡片和表格,以备记录配种生产情况之用。

2.配种时间 配种应选择在公母兔性活动较为强烈而且容易受孕的时间进行。实践证明,母兔自然发情时、产仔后或假孕结束后1～2天内、仔兔断乳后1～2天内、日出或日落前后1 h是配种的最佳时机,此时配种容易受胎。而且配种宜在晴天进行,不要在气温过冷或过热的时候配种,夏季配种宜在清晨或傍晚,冬季宜在上午8～11时配种。

3.配种过程 一般在喂过1～2 h后配种放对。捉出母兔,同时顺便再一次观察外生殖器,鉴定发情状况,确认已发情时将母兔放入公兔笼内,观察其配种表现。正常的顺利情况下,公兔追逐,母兔略逃数步即卧身等待公兔爬跨,公兔做交配动作时母兔抬高臀部举尾迎合,则可认为能成功交配,此时公兔会很快置入阴茎,快速抽动,前挺射精,咕叫一声,后肢蜷缩,臀部滑落倒向一侧,至此交配完毕。

有的情况下,配种会出现拒配情况。公兔追逐时,母兔总是逃避或夹紧尾巴掩盖外阴,公兔用嘴咬扯母兔的颈毛、耳朵,或伏在母兔头部频频做交配状摩擦调情,而母兔仍不接受交配。若遇到此种情况,3 mim之内应捉出母兔,交计划内的另一只公兔交配,如果仍交配不成,可将母兔送回原笼,改日再配。对于用多只公兔均不能交配成功的母兔,可用左手抓住兔的耳朵和领皮,右手伸向其腹下举起臀部,以食指和中指挟住尾巴,露出阴门让有经验的公兔爬跨交配,也可收到良好的效果。如果公母兔合笼见面后就出现斗咬,一定要及时强行将其分开,分析原因,采取合理的办法进行辅配。千万不能咬伤一方。

当公兔交配射精完毕,爬起再三顿足时,表示已交配成功,此时可提捉母兔后腿,在其臀部左右拍打数次,然后观察下外阴判断射精情况,将母兔放回原笼休息。配种完成后,在种公、种母兔的卡片和底账上均要登记配种对象的品种、编号、配种的日期,算出母兔的预产期。

4.注意事项 獭兔配种中要注意以下几方面的事项:

①要合理估算公兔的配种能力,以便安排配种任务。一般情况下,一只健壮的成年公兔在繁殖季节每天可配种1～2次(2次的间隔应在8 h以上),连续2天之后要休息1天。因此,一只公兔一般可负担8～10只母兔的配种任务,且能保证配种效果。

②要及时对母兔进行复配和补配。在一个发情期内,母兔至少要接受2次交配(2次间隔4 h左右)以保证配种受胎率,个别可配3次。配后的5天左右,用上述方法再试配一次,若母兔强烈拒绝交配,边逃跑边发出“咕咕”叫声,说明已经受胎,立即捉出送回;若接受交配,则应将复配日期记入卡片,重新计算预产期。

③交配的地点应选在公兔笼内。因配种行为中公兔占主导地位,在自己的笼内,公兔不会产生惧怕心理,不影响其性欲,提高了配种效率,使配种很快完成。

④遇到下列情况时应不予配种。家兔不到交配月龄；3 岁以上的母兔及 4 岁以上的公兔；有病的种兔，特别是患传染病的种兔；3～6 代之内有血缘关系的公母兔间不能交配。这样可保证产仔的质量，保证种兔的身体健康。

三、人工授精技术

獭兔实施人工授精技术，不仅会使公兔的利用率提高 10～20 倍，受胎率也高于人工辅助配种（受胎率可达到 80%～90%），人工授精的关键环节内容包括采精、精液稀释、诱导排卵和输精等。

1. 准备工作　采精前需要安装准备好采精器，购置显微镜、保温瓶、消毒锅以及载玻片、盖玻片、量筒、烧杯、温度计、移液管、试管等辅助性器械，还需要配稀释液、冲洗液和消毒液等。冲洗液为 5.51% 的葡萄糖溶液，消毒液为 70% 的酒精及棉球，精液稀释液是用蒸馏水、中性盐、糖类、奶类、卵黄、蜂蜜、抗生素等按照一定比例事先配成（表 3-16 列出了几个稀释液参考配方）。

表 3-16　獭兔精液稀释液参考配方

配方编号	稀释液名称	配制方法
Ⅰ	7.6%葡萄糖卵黄稀释液	葡萄糖 7.6 g，加水到 100 mL，过滤、密封、煮沸 20 mim。降温后加 1～3 mL 新鲜蛋黄，每 100 mL 中加青霉素、链霉素各 10 万 IU
Ⅱ	11%蔗糖卵黄稀释液	蔗糖 11 g，加水到 100 mL，过滤、密封、煮沸 20 mim，降温后加 1～3 mL 新鲜蛋黄，每 100 mL 中加青霉素、链霉素各 10 万 IU
Ⅲ	7%奶粉稀释液	奶粉 7 g，过滤、密封、煮沸 20 mim，降温后加青霉素、链霉素各 10 万 IU
Ⅳ	柠檬酸钠卵黄稀释液	二水柠檬酸钠 2.9 g，加水到 100 mL，过滤、密封、煮沸 20 mim，降温后加 1～3 mL 新鲜蛋黄，每 100 mL 中加青霉素、链霉素各 10 万 IU
Ⅴ	葡萄糖磷酸盐稀释液	葡萄糖 6 g，磷酸二氢钠 0.41 g，磷酸氢二钠 1.69 g 加水到 100 mL，过滤、密封、煮沸 20 mim，降温后加青霉素、链霉素各 10 万 IU
Ⅵ	蔗糖奶粉磷酸盐稀释液	蔗糖 5.5 g，奶粉 2.5 g，磷酸二氢钠 0.41 g，磷酸氢二钠 1.69 g，加水到 100 mL，过滤、密封、煮沸 20 mim，降温后加青霉素、链霉素各 10 万 IU

采精前准备好采精用的公兔与母兔，配制好稀释液、冲洗液和消毒液。所有器械都要先严格消毒。按规程安装好采精器，采精器外壳和内胎之间注入 38～45℃

温水,采精时要求内胎的温度为 42～44℃,压力以内胎外口呈三角形并略有缝隙为宜。内胎表面涂抹凡士林或硅油润滑剂。集精杯的储精瓶与保护瓶之间充灌 38～40℃的保温水。

2. 采精　采精要使用经过调情训练之后的公兔。在公兔性欲亢奋时,术者左手抓住台兔双耳及颈皮,头朝向术者,右手握好安装好的假阴道,小指和无名指护住集精杯伸向台兔两后腿之间,假阴道紧贴于阴门下部,并稍用力托起台兔臀部。当公兔爬跨、阴茎挺起时,适当调整角度和位置,使阴茎顺利插入假阴道;当公兔快速抽动前挺射精倒下后,将假阴道抽出竖直,片刻后取下集精杯即得到精液。如果顺利,几秒钟便可完成。

合格的精液应为乳白色或灰白色,浓浊而不透明,pH 接近 7;显微镜检查精子活力级别应在 0.6 分以上,密度应在中等以上,畸形率应在 20%以下。镜检应在 35～37℃的环境中观察。有条件的场户对优良种公兔精液应定期检查,以保证受胎率,确定稀释倍数。

3. 稀释与保存　通常情况下,精液以稀释 3～5 倍为宜,保持每毫升内有 1 000 万个活力旺盛的精子,多者也可稀释 20 倍左右。稀释操作过程,切忌用力摇动或振荡。稀释液的温度应与精液等温,保持在 25～30℃。现稀释现用的精液,可使用Ⅰ、Ⅱ、Ⅲ号稀释液配方,保持 30℃左右的环境中即可;若要存放 4～8 h,要使用Ⅳ、Ⅴ、Ⅵ号稀释液配方,保存在 15～20℃的室温中;需长时间保存时,要使用Ⅴ、Ⅵ号稀释液配方,先缓慢降低温度,再放入冰箱或其他代用物保持在 0～5°C 的环境中。也可以采用超低温冷冻,制成精子颗粒。

4. 排卵处理　因母兔属于诱导性排卵,所以在对发情母兔输精以前必须进行排卵处理,方法可用试情公兔爬跨或药物、激素刺激,注射后 5～6 h 之内可进行输精。诱导排卵的药物、激素有以下几种:

(1) HCG(人绒毛膜促性腺激素)和 LH(促黄体素)　50 IU 溶于 0.2 mL 无菌生理盐水中,肌肉注射或耳静脉注射。HCG 和 LH 用后会产生抗体,连续使用4～5 次后就会失去作用,因此要和其他药物交替使用。

(2) 促排卵 2 号(LRH-A)　我国人工合成的一种高效多肽制剂,是促性腺激素释放激素(GnRH)的异构物,由 9 个氨基酸组成,能促使分泌促黄体素(LH)和促卵激素(FSH)。5～10 μg/只,溶于 0.2 mL 生理盐水中,耳静脉注射。受胎率比自然发情配种的受胎率低,但由于促排卵 2 号来源广,成本低,分子量小,不易产生抗体,省去了繁琐的发情鉴定,因此在生产上仍有应用价值。

(3) 瑞塞脱(Receptal)　德国产品,是一种高效肽类激素制剂,作用机理同天然的促性腺激素释放激素。0.2 mL/只,肌肉注射、静脉注射或皮下注射均可。据资料报道，不论母兔发情与否，肌注后立即输精，受胎率达72.2%，窝产仔7.1只。瑞塞脱活性高，使用剂量小，不产生抗体，重复用药不会降低活性，使用非常方便。

5.输精　先把消毒过的输精器用冲洗液冲洗1～2次，吸入一部分空气后，按剂量吸取精液。将母兔臀部略抬高，用冲洗液擦拭外阴，然后分开阴唇，右手持输精器，将胶管沿阴道背侧缓缓插入阴道，当插入7～8 cm深时，来回抽动数次后，将精液迅速注入，抽出胶管。

一般在一个发情期输精1～2次，每次输0.3～0.5 mL（保证有1 000万～3 000万个有效精子）。输精的整个操作过程要注意无菌操作，在给前一只母兔输精后，要将胶管用脱脂棉擦净、消毒棉球消毒、脱脂棉擦拭。输精7～8天后要进行妊娠检查，若未妊娠时，可再进行发情刺激，14～15天便可出现第二个发情周期。

四、妊娠检查

母兔妊娠检查最好在配种后7～10天进行，过早判断不准，过晚失去意义。常用的方法是摸胎检查法。操作时一手抓住母兔的双耳及颈皮，使兔头朝向术者，另一手拇指与其余四指呈八字形张开，从腹侧伸入腹下，由前向后推移，到两后肢之间手指合拢，然后通过手的前后滑动触知腹腔内容物。妊娠10天左右的胚胎摸上去为扁圆形，花生米粒大小，手感光滑，且有弹性。

母兔的妊娠检查最好在早晨饲喂前相对空腹状态时进行。检查时操作时要小心谨慎，防止由于用力过大造成流产；要通过手的前后滑动用手指肚去感觉内容物的光滑度、弹性等，不能用手指去捏；同时还要注意胚胎与直肠内粪球的区别，因为粪球与8～10天的胚胎大小相近，不熟练者容易误诊，可以从形状、弹性、光滑度和位置等几个方面加以区别。

五、繁育手段

1.繁殖制度　我国獭兔养殖，一般采取三种繁殖制度

①频密式繁殖制度　也叫集约式繁殖制度。母兔产后3天内配种（包括分娩的当天），仔兔4周或4周以前断乳，繁殖周期为31～33天，每年可繁殖8胎或8胎以上。生产中如长期使用频密式繁殖制度，必须具备三个条件：一是保证繁殖母兔的营养需要；二是兔舍环境条件符合繁殖母兔的生理需要；三是必须有高水平的管理技术，保证断乳仔兔的正常生长、发育和高的成活率。

②半频密式繁殖制度　也叫半集约式繁殖制度。母兔产后4～31天配种，仔兔4～5周断乳，繁殖周期为35～62天，每年可繁殖5～6胎。

③分散式繁殖制度　也叫副业式繁殖制度。母兔产后31天以后配种，一般是

在断乳后配种，仔兔5～6周龄断乳，繁殖周期为66～73天，每年可繁殖4胎。

研究表明，产后不同时间配种，受胎率也不同。一般在产后1～2天配种受胎率较高，至第4天达最低水平，这种状态一直持续到产后第14天，之后受胎率又逐渐升高，至断乳时达到较高水平。这种产后不同时间配种受胎率不同的现象，为我们确定不同的繁殖制度提供了理论依据。

2.繁殖季节　獭兔一年四季均可配种繁殖。但因不同季节的温度、光照和营养状况等条件的不同，对母兔的发情率、受胎率和仔兔成活率等均有一定的影响。

春天气候温和，饲料丰富，母兔发情好，配种受胎率高，产仔数多，是獭兔繁殖的最好季节。3～6月份母兔发情率高达80%～90%，受胎率达85%～90%，平均每窝产仔数接近8只。所以，力争在春季繁殖2胎。南方各地春季多阴雨，湿度大，发病多，尤其是仔兔的死亡率较高，所以一定要做好防湿、防病工作。

夏天气候炎热，尤其南方各省，高温高湿，獭兔食欲减退，体质瘦弱，性机能不强，配种受胎率低，产仔数少。据观察，6～8月份母兔发情率仅30%～50%，受胎率为40%～60%，每窝产仔数仅5～6只。哺乳母兔，泌乳量少，仔兔瘦弱多病，成活率较低。但如母兔体质健壮，又有防暑降温条件，仍可适当安排配种繁殖。

秋天气候温和而干燥，饲料丰富，母兔发情好，受胎率高，产仔数多，是獭兔繁殖的又一好季节。据观察，9～11月份母兔的发情率为80%～90%，受胎率为80%～85%，每窝产仔数为7～8只。但秋季为獭兔的换毛季节，营养消耗多，对配种繁殖的影响较大，所以必须合理安排，加强公、母兔的饲养管理，一般以繁殖1～2胎为宜。

冬天气温较低，青绿饲料缺乏，母兔发情不好，公兔性欲减退，配种受胎率较低，如无保暖设备，仔兔极易被冻死。据观察，12月份至下年2月份母兔的发情率为70%～80%，受胎率为60%～80%，每窝产仔6～7只。因此，冬繁必须提供较多的青绿饲料，做好防寒保暖工作，以保证母兔体质健壮，仔兔发育正常，有条件的地方可繁殖1～2胎。

3.繁殖力的提高　影响獭兔繁殖力的因素较多，如，遗传因素、季节因素、营养条件、管理措施、疾病状况等。要想提高獭兔的繁殖力，必须做好以下的工作：

①加强选种工作　做好选种工作是提高獭兔繁殖力的重要措施之一。选择健康无病、性欲旺盛、生殖器官发育良好的公、母兔，种兔最好从优良母兔3～5胎所产的仔兔中选留，乳头应在4对以上。受胎率低、产仔少、母性差、泌乳性能不好的母兔，应及时淘汰。

②加强饲养管理　选种之后必须注意配种前后的饲养管理，要供给全价饲粮，满足种兔和仔兔的营养需要，以减少胚胎死亡和流产，提高仔兔成活率，从而提高

种兔繁殖力。

③适时配种　根据兔舍保温降温设施和当地气候条件，安排好配种季节和配种时间。实践证明，最佳的配种时间是发情中后期，过早和过晚配种效果均不理想。

④改进配种方法　采用重复配种或双重配种，可使母兔受胎率提高 10%～20%，产仔数增加 1～3 只。重复配种是在第一次配种 4～6 h 后，用同一只公兔再交配一次；双重配种则是一只母兔可连续用两只种公兔进行交配，中间间隔约 20～30 min。另外，对久不发情或拒配的母兔，可采用诱情法，即增加与公兔的接触次数，通过追逐、爬跨刺激，诱发母兔性激素分泌，提高受胎机率。

⑤提高繁殖密度　饲养管理条件较好时，可通过频密繁殖或半频密繁殖来提高繁殖密度。但在青粗饲料为主的饲养条件下，不宜采用频密繁殖。如果连续采用频密繁殖，会出现母兔性机能衰退、异嗜癖现象多、仔兔死亡多等异常情况，所以要谨慎使用。

任务三　獭兔的饲养管理技术

一、兔场建场规划

1. *兔场规模*　养獭兔规模的大小要根据市场情况需求、当地自然条件、饲料资源、技术力量和自身的经营能力来确定。过小则形不成气候、见不到效益；过大则投资大、风险大，若技术和经营跟不上，很可能造成经济损失。一般来说，普通农户可建 100 左右个笼位，养 20～30 只种母兔，年产可达 500～600 只商品兔。中小型兔场可建 1 000 左右个笼位，养 200～300 只种母兔，年产 5 000～6 000 只商品兔。

2. *兔群结构*　繁殖商品獭兔，种兔群公母比例 1∶(8～10)即可，若采用人工授精配种方式，则以 1∶(16～20)为宜。因种兔的最佳利用年限一般 3 年左右，青年兔(0.5～1.5 岁)生产性能处于上升阶段，而老年兔(2.5 岁以上)生产性能逐日下降，因此，种兔群青年兔要占 20%～30%，壮年兔(1.5～2.5 岁)应占 40%～50%，老年兔不超过 20%～30%。

3. *场地面积*　确定养兔场的面积，要依据獭兔的生产性质及饲养规模而定，在满足现时需要的同时还要留有发展余地。

种兔场和皮用兔场一般按种母兔饲养数量核算，平均每只种母兔要具备 0.6～0.9 m^2 的笼具面积(包含与配的种公兔及出栏前仔幼兔)。按 3 层笼计算，平均占用兔舍面积 0.2～0.3 m^2；笼具在兔舍内一般占用兔舍地面积的 40%左右，兔舍的建筑系数一般为 0.8(每 1 m^2 建筑面积实用面积 0.8 m^2)；按照牧场建设要求，兔舍在生产区内占用土地面积在50%左右，而生产区占场区土地面积不少于50%。由此，可推算出平均每只种母兔规模需要占用的场地面积。

4. 场区布局 正规的兔场一般分为3个区域。一为综合区，是兔场行政办公、职工生活、生产服务的区域，要建办公室、食堂、宿舍，附属设置饲料加工室、料械仓库、供水供电设施等。二为生产区，是兔场的核心区，主要建筑为兔舍，担负家兔的饲养、繁育和产品采收等技术任务。三为隔离区，也叫污染区或疫病区，担负新进家兔隔离饲养，病兔诊断治疗，死兔和废物处理等任务，大型兔场要建隔离室、化验室、医疗室、尸体处理间、化粪池等。

兔场的综合区、生产区、隔离区三者之间应严格分开，综合区占上风头、高地势处，隔离区占下风头、低地势处。饲料加工、车库等大噪声设备应设在远离生产区处。水井、饲料加工等应远离隔离区等污染设施。

生产区内兔舍按主风向布局依次为，种兔舍、幼兔舍、生产兔舍，兔舍长轴应对准夏季主导风向。上水道、饲料道与下水道、粪道不可混行、并行。

5. 环境控制要求 兔舍建成后，环境控制要求要达标。一般成年兔舍控制温度要能在10～25℃，幼兔舍最好控制在20～25℃，仔兔保育舍最好保持在25～30℃，产箱内的最适宜温度为30～32℃；舍内适宜空气湿度为60%～65%，不宜超出55%～70%的范围；兔舍设排气孔和进气孔，保持经常通风，排气口面积为兔舍地面积的3%～5%，进气口面积为排气口面积的75%，如果采取风扇通风，夏季换气量要达到4 $m^3/(h \cdot kg)$体重；舍内采光良好，使兔能感受到自然光变化，光照强度适宜，门窗采光面积占地面积的15%左右，避免太阳光的直射。

二、笼具及设备

正规的獭兔养殖场一般都采用笼养方式。獭兔兔笼一般用金属网笼，呈重叠式三层或阶梯状摆放在兔舍内。

1. 兔笼 獭兔兔笼一般长为兔体长1.5～2.0倍(60～75 cm)，笼宽为体长1.3～1.5倍(55～60 cm)，笼高为体长0.8～1.2倍(35～40 cm)，种兔笼适当大些，育肥笼宜小些；炎热地区宜大，寒地带宜小。规模化、工厂化养兔多用金属焊网笼底，网丝直径多为2.4 mm，网孔为20 mm×(150～200) mm。笼壁要平整光滑，没有毛刺。

兔笼多采用前开门或上开门，草架、食槽、饮水器等均可挂在笼门上。笼门要开关方便，装有可以灵活转动的开关。笼底多用竹片制成，竹片宽2.5 cm，竹片间距1 cm，要平而不滑，易清理消毒，能及时排除粪尿。

重叠式兔笼和半阶梯式兔笼在笼下应安装承粪板，承接粪尿和落下的水、料及污毛，避免污染下层兔笼。承粪板要防漏、防腐，便于清理消毒，前高后低倾斜安装。目前制作承粪板选用材料各种各样，可选用镀锌铁皮、石棉瓦、水泥板、玻璃钢、塑料板等，以玻璃钢材料为最好。

目前国内常用的多层兔笼，一般由三层组装排列而成，总高度应控制在 2 m 以下。最底层兔笼的离地高度应在 25 cm 以上，以利于通风、防潮，使底层兔有较好的生活环境。

2. *养兔设备* 必备设备包括料槽、饮水器、草架、产仔箱等，此外还需要耳号钳、剪毛剪、台秤、保定箱以及注射器等常用设备。

料槽是笼内的饲料容器，制作材料有金属、塑料、竹木、水泥或烧制的陶盆等。现代化兔场多采用自动饲槽，饲槽悬挂于笼门或笼顶部，笼外加料，笼内采食。

獭兔饮水可用水盆、水瓶等，最好用自动饮水器。乳头式自动饮水器由减压水箱、控制阀、水管及饮水乳头等组成。当兔触动饮水乳头时，受压力影响而使内部弹簧回缩，水即从缝隙流出。饮水乳头高度幼兔笼 8～10 cm，成兔笼 15～18 cm。

草架是投喂粗饲料、青草或多汁饲料的饲具。大型工厂化养兔场，尽管饲喂全价颗粒饲料，仍设有草架，来投放粗饲料供兔自由采食，以预防消化道疾病。草架用铁丝、木条、废铁皮条制成，呈“V”形，固定于笼门上，可拆装。兔通过采食间隙采食。

产仔箱是模拟洞穴环境为母兔提供的产仔、哺乳和育仔设施。一般多采用木板、金属片或硬质塑料等制成，在母兔产仔前后使用。产仔箱既要控制仔兔在自然出巢前不致爬落箱外，哺乳后不被母兔带到箱外，又便于母兔出入。产箱箱长要相当于母兔体长的 70%～80%，箱宽相当于胸宽的 2 倍。

三、饲料配制

1. *獭兔营养需要* 獭兔日粮中，能量需要相对较高，单位体重所需能量约相当于牛的 3 倍。对粗脂肪的需要量一般在 2%～5%，饲粮中可配入 2%～5%的脂肪或植物油，可提高饲粮的适口性，利于脂溶性维生素的吸收，增加被毛的光泽。

不同生理状态的獭兔对蛋白质的需要量不同，以哺乳母兔最高，为 20%左右，妊娠兔、生长兔分别为 19%和 18%。对于必需氨基酸，基础日粮中添加 0.3%的蛋氨酸，利于 40～50 日龄的仔獭兔增重；色氨酸以及含硫氨基酸对獭兔的被毛质量有一定的影响，色氨酸缺乏时，獭兔生长停滞，皮肤干燥，毛绒发育不良，含硫氨基酸(胱氨酸和半胱氨酸)对毛纤维的生长特别重要，缺乏时毛皮质量会受到影响。

粗纤维对獭兔的消化生理是必不可少的，饲粮中粗纤维水平不能太低，当粗纤维低于 6%时就会引起腹泻。饲粮中的粗纤维水平也不宜过高，达 15%以上时，生长兔增重速度降低，哺乳兔泌乳量下降。因此，饲粮中的粗纤维水平一般为

10%～14%。

獭兔对钙的需要量因生理状态不同而异，一般为0.5%～1.5%，对磷的需要量一般为0.4%～0.8%，适宜的钙磷比为(1.5～2)∶1。獭兔植食性，一般不会缺磷、镁、钾、铁、钴；因饲草中缺少钠，所以饲粮中要补充0.5%的食盐。锌与兔体生长、精子成熟及毛皮生长有重要关系，生长兔对锌的需要量为50 mg/kg饲料，繁殖兔为70 mg/kg饲料。铜在兔毛、肌肉、肝脏和骨髓中含量较高，因此，幼兔日粮应特别注意补加铜。硫是组成胱氨酸和蛋氨酸的原料，兔毛中约含硫4%，饲粮中添加无机硫($ZnSO_4$，$CuSO_4$)可促进兔毛的生长。家兔对硫的需要量约为0.04%。

植物中不含维生素A，但含有类胡萝卜素，獭兔缺乏维生素A可导致夜盲症、干眼，生长缓慢，抗病力下降，繁殖机能衰退，所以兔饲料要适当添加维生素A。繁殖母兔、仔兔和舍饲条件下的獭兔要注意维生素D的供给。维生素E与生殖机能有关，缺乏时母兔受胎率降低，妊娠母兔死胎、流产，新生仔兔容易死亡。獭兔一般不缺乏维生素K、维生素C。

獭兔的需水量受环境温度、生理状态、饲料特性及年龄等因素的影响。按饲粮重量计算，在适中温度下，水的消耗量大约是采食量的2倍。幼兔饮水量高于成年兔；妊娠兔、泌乳兔需水量增加；饲料中粗蛋白含量越高，需水量越大；采食高纤维饲粮的獭兔需水量比采食高能量水平饲粮的家兔需水量大。

2. 獭兔饲养标准　国外一些养兔先进国家制定有獭兔的饲养标准(见表3-17)。我国一些饲养场和研究中心经过多年的生产实践，也提出了獭兔的建议饲养标准(表3-18)。

表3-17　獭兔的营养需要量

营养成分	生长期(4～12周)	维持期	妊娠期	泌乳期	母仔喂同一日粮
消化能/(MJ/kg)	11.4～12.0	9.196	10.45	11.286	10.45
脂肪/%	3	3	3	5	3
粗纤维/%	13～14	15～16	14	12	14
粗蛋白/%	18～19	16	20	22	17
钙/%	0.9～1.0	0.6	0.8	1.1	1.1
磷/%	0.8	0.4	0.5	0.8	0.8
镁/%	0.03	—	0.04	0.04	0.04
钾/%	0.8	—	0.9	0.9	0.9
钠/%	0.4	—	0.4	0.4	0.4
氯/%	0.4	—	0.4	0.4	0.4

续表 3-17

营养成分	生长期（4～12 周）	维持期	妊娠期	泌乳期	母仔喂同一日粮
硫/%	0.04	—	—	—	0.04
钴/(mg/kg)	1	—	—	1	1
铜/(mg/kg)	5	—	—	5	5
碘/(mg/kg)	0.2	0.2	0.2	0.2	0.2
铁/(mg/kg)	50	50	50	50	50
锰/(mg/kg)	8.5	2.5	2.5	2.5	8.5
锌/(mg/kg)	50	—	70	70	70
维生素 A/(IU/kg)	6 000	—	12 000	12 000	10 000
胡萝卜素/(mg/kg)	0.83	—	0.83	0.83	0.83
维生素 D/(IU/kg)	900	—	900	900	900
维生素 B/(mg/kg)	50	50	50	50	50
维生素 K/(mg/kg)	0	0	2	2	2
叶酸/(mg/kg)	1	0	0	—	—
泛酸/(mg/kg)	20	0	0	—	—
核黄素/(mg/kg)	6	0	0	—	4
硫胺素/(mg/kg)	2	0	0	—	2
维生素 B_6/(mg/kg)	40	0	0	—	2
维生素 B_{12}/(mg/kg)	0.01	0	0	0	—
维生素 C/(mg/kg)	0	0	0	0	—
精氨酸/%	0.9	—	—	0.80	0.9
组氨酸/%	0.35	—	—	0.43	0.4
异亮氨酸/%	0.60	—	—	0.70	0.65
亮氨酸/%	1.05	—	—	1.25	1.2
赖氨酸/%	0.6	—	—	0.75	0.7
苯丙氨酸/%	1.20	—	—	1.40	1.25
含硫氨酸/%	0.9	—	—	0.60	0.55
苏氨酸/%	0.55	—	—	0.70	0.6
色氨酸/%	0.18	—	—	0.22	0.2
缬氨酸/%	0.70	—	—	0.35	0.8

表 3-18 各类獭兔的建议饲养标准

营养成分	生长兔	成年兔	妊娠兔	哺乳兔	毛皮成熟期
消化能/(MJ/kg)	10.46	9.20	10.46	11.30	10.46
粗蛋白质/%	16.5	15	16	18	15
粗脂肪/%	3	2	3	3	3
粗纤维/%	14	14	13	12	14
钙/%	1	0.6	1	1	0.6
磷/%	0.5	0.4	0.5	0.5	0.4
(蛋氨酸+胱氨酸)/%	0.5～0.6	0.3	0.6	0.4～0.5	0.6
赖氨酸/%	0.6～0.8	0.6	0.6～0.8	0.6～0.8	0.6
食盐/%	0.3～0.5	0.3～0.5	0.3～0.5	0.3～0.5	0.3～0.5
日采食量/g	150	125	160～180	300	125

3.獭兔常用饲料调制　獭兔喜欢采食的饲料种类繁多。包括青绿多汁饲料、粗饲料、精饲料、动物性饲料等。

青绿多汁饲料可直接用来喂兔,还可以晒成干草或制成干草粉。多汁饲料在冬季及早春枯草季节,可以弥补青绿饲料的不足,饲喂哺乳母兔和仔兔,具有提高泌乳力和促进生长的作用,一般与粗饲料搭配饲喂。

粗饲料主要包括干农作物秸秆和干草类,是越冬的主要饲料。作物秸秆最好粉碎后与其他精料混合制成颗粒饲料用,槐树叶、紫穗槐叶、刺槐叶等蛋白质含量一般达 15%以上,因含有较多的单宁和粗纤维,不利于兔消化吸收,树叶作为饲粮的一部分使用量应很低。

精饲料能量高,蛋白质、脂肪和 B 族维生素含量高,但缺乏维生素 A 和维生素 C。玉米粗蛋白质含量仅有 8%～9%,而且品质差,赖氨酸、色氨酸、蛋氨酸含量都很低,在饲粮中可占 30%～50%。豆类和饼粕类饲料富含蛋白质,且蛋白品质好,赖氨酸高、氨基酸平衡,在饲粮中用量可在 20%～30%。菜籽饼具有辛辣味,适口性较差,含有一种有毒物质硫葡糖甙,饲粮中可用菜籽饼代替 50%的大豆饼。糠麸类饲料粗纤维较高但容易被消化,粗蛋白、磷、锰和 B 族维生素含量较高,在饲粮中所占比例为 5%～25%。

动物性饲料主要用鱼粉,含有丰富的蛋白质、脂肪、钙、磷,必需氨基酸较全面,是很好的蛋白质添加料,但由于獭兔不喜欢动物性饲料,加之鱼粉又有鱼腥味,动物性饲料在配合饲粮中的用量一般在5%以内，并且要搅拌均匀。

獭兔一般情况下不需要添加矿物质饲料添加剂。在应用全价配合饲料时，需要添加氨基酸添加剂、维生素添加剂和微量元素添加剂。使用添加剂时，应依据饲养标准中的参考供给量、饲粮中的实际含量以及使用后兔群的反应而定，不可盲目添加。

4. 饲粮配合　养殖獭兔要根据不同年龄、不同生理状态的饲养标准，配成不同的料型。饲料中添加抗菌素和抗球虫制剂对幼兔而言是必要的，对于预防消化道疾病、刺激家兔生长、提高饲料报酬、控制球虫病等有着十分重要的作用。使用药物添加剂应注意：

第一，用量要准确，没用过的药物要进行试验，而且要混合均匀，如果药物添加剂饲料中后要进行颗粒饲料的加工，应加大剂量。

第二，不能长期使用一种抗菌素和抗球虫药物，为避免产生抗药性，降低药效，应选择2～3种交替使用。

第三，育种场不能使用药物添加剂，因为育种场的任务就是培育生产性能高、抗病力强的家兔品种，使用药物添加剂对选种不利，降低本身对疾病的抵抗力。

第四，避免使用剧毒的药物添加剂，一般药物在屠宰前5～7天、高残留的药物在屠宰前20～60天内一定停药，否则，胴体中就会残留一定量的药物，影响胴体品质。

5. 各类饲料配比　獭兔生产实践中，各种饲料原料的大致配比见表3-19。

表3-19　獭兔日粮中各种饲料原料的大致配比

类别	百分比/%	原料举例
粗饲料	35～45	干草、秸秆、藤蔓等
能量饲料	25～35	玉米、高粱、大麦、燕麦等谷物
植物蛋白质饲料	5～15	豆饼、豆粕、芝麻饼、菜籽饼、花生饼、棉籽饼等饼粕类
动物蛋白质饲料	0～5	鱼粉、蚕蛹粉、肉骨粉等
无机盐饲料	1～3	骨粉、石粉等
饲料添加剂	0.5～1	微量元素、维生素、氨基酸、促生长剂、保健药物等

6. 饲粮配方举例　现介绍几例獭兔饲粮配方（表3-19），供参考。

表 3-19 典型獭兔饲粮配方

原料	生长兔	妊娠母兔	哺乳母兔	种公兔	商品兔
稻谷	25%	10%	10%	—	12%
玉米	25%	18%	15%	8%	16%
大麦	—	—	—	14%	—
豆饼	18%	10%	15%	10%	8%
菜籽饼	7%	8%	8%	8%	5%
麸皮	—	20%	20%	10%	20%
鱼粉	—	2%	—	—	2%
蚕砂	—	2%	—	—	2%
麦芽根	10%	10%	20%	28%	10%
青糠	13%	17%	10%	—	12%
稻草粉	—	—	—	20.5%	11%
无机盐或维生素	二者混合 2%	无机盐 2%	无机盐 2%	二者混合 1.5%	二者混合 2%
蛋氨酸	每 50 kg 饲料添加 120 g	每 50 kg 饲料添加 100 g	每 50 kg 饲料添加 100 g	每 50 kg 饲料添加 100 g	
赖氨酸	—	每 50 kg 饲料添加 50 g	每 50 kg 饲料添加 50 g	—	—

四、饲养管理原则

1. 饲养原则

①以青粗饲料为主，精料为辅 獭兔是单胃草食动物，獭兔的饲料应以青粗饲料为主，并根据不同情况补充营养丰富的精料。青粗饲料应占日粮的 70%～80%，混合精料占 20%～30%。

②多种饲料合理搭配 獭兔的饲粮应由多种饲料组成，并根据不同饲料所含的养分进行合理搭配，取长补短，使饲粮的营养趋于全面、平衡，以满足獭兔对各种营养物质的需要。

③切实注意饲料品质，合理调制饲料 要特别注意饲料的品质，带露水的草类、腐烂变质的饲草饲料、带泥土的草料、带虫卵和被粪便污染的草料、有异味的饲料、有毒的草、被农药和化学试剂污染的草料、冰冻的饲料、水洗后和下雨后未晾干的饲料不能喂给獭兔。同时，要按各种饲料不同特点进行合理调制，以增进食欲，

提高饲料利用率，并达到防病的目的。

④更换饲料应逐步过渡　一年中饲草饲料的来源总在发生变化，更换饲料不能突然进行，要逐渐增加新换饲料，同时逐渐减少原来的饲料，使兔有5～7天的适应过渡期，以免造成应激，导致消化道疾病。

⑤制定合理的饲喂制度，采用科学的饲喂方法　要想获得良好的饲养效果，必须根据獭兔的生物学特性，制定合理的饲喂制度和科学的饲喂方法，如添足夜草、自由采食等。

⑥供给清洁的饮水　水是家兔机体的重要组成部分，是饲料中营养物质消化、吸收、转化、合成的媒介，缺水将影响代谢活动的正常进行。兔的饮水必须新鲜清洁，冬季最好饮温水，不能饮带冰碴的水，否则易引起消化道疾病和母兔流产。

2. 管理原则

①注意卫生，保持干燥　獭兔是喜清洁爱干燥的动物，其抗病能力差，因此搞好兔笼兔舍的环境卫生并保持干燥可以减少病原微生物的孳生繁殖，有效地防止疾病的发生，这一点对于兔体的健康和生产尤为重要。

②保持安静，防止惊扰与兽害　獭兔听觉灵敏，胆小怕惊，经常竖耳收听四方的声响，一旦有突然的声响或陌生的人、动物出现，立即惊慌不安，在笼内乱窜乱跳，并顿足。这对兔的配种、分娩和哺乳影响很大。因此，日常管理中应尽量保持兔舍内外环境的安静，防止猫、狗、鼠、蛇等兽害的侵袭。

③注意进行适当运动　适当运动对促进新陈代谢，增进食欲，增强体质，减少母兔空怀、死胎等具有一定效果。为此，笼养种兔特别是种公兔要进行运动。一般种公兔每周应放出运动1～2次，每次运动1 h左右。运动场要设围墙，以防獭兔逃跑。

④注意疫病防治　为了做到无病早防、有病早治，饲养人员每天要仔细观察兔的精神状态、食欲、粪尿等情况，查看鼻孔是否有分泌物、牙齿是否正常、被毛是否有光泽、有无脱毛。发现病兔，立即隔离，并对笼舍、器具进行严格消毒。另外，按卫生防疫程序，做好疫苗的预防接种工作，以控制各种疫病的发生。

⑤冬季防寒，夏季防暑　寒冷低温对仔兔的威胁最大，因此冬季应采取相应的防风防寒保温措施，防止贼风侵袭，为不同日龄的生长兔提供适宜的温度环境。夏季气候炎热，温度高，湿度大，是獭兔发病死亡最多的季节，所以夏季要做好舍内通风降温防暑的工作，防止兔舍潮湿，给兔创造适宜的生活环境。

五、种公兔饲养管理

种公兔要求体质健壮、生长发育良好，性欲旺盛、精液品质优良、体况不肥不瘦。因此，为满足生产上对种公兔的要求，在饲养管理上应做到以下几点：

1. 注意饲粮营养的全面性和长期性　饲粮的营养水平对种公兔的配种能力和精液品质有很大影响，特别是蛋白质、矿物质和维生素等营养物质。饲粮中加入动物性蛋白可使精子活力增强，提高其受精能力；成年公兔缺乏维生素时，精子密度降低，异常精子增多，小公兔缺乏维生素会出现生殖系统发育不全，睾丸组织退化，性成熟推迟；钙缺乏时，会引起精子发育不全，活力降低，公兔四肢无力；锌缺乏时，精子活力下降，畸形精子增多。生产中可通过使用动物性饲料、饲喂青绿饲料或补充复合维生素添加剂和微量元素添加剂来保证饲料营养的全面性。

种公兔的饲粮营养还要做到长期稳定，使营养水平保持相对稳定，因为精细胞的发育需要时间，饲料对精液品质的影响较为缓慢。实验证明，如果通过优质饲料来改善种公兔的精液品质，大约需要 20 天时间。因此，种公兔在繁殖季节到来前 1 个月就要调整饲粮配方，提高营养水平，在配种期可以适当增加动物性饲料比例，达到改善精液品质、提高受胎率的目的。

2. 单笼饲养　经初选入选的后备种公兔，自 3 月龄(性成熟前)就应实行单笼饲养，防止出现早配、乱配或咬架。小公兔的笼位可与成年母兔相邻，以刺激其早日参加配种；成年种公兔平时要尽量远离母兔笼位，以防分散精力，影响采食和休息。

3. 加强运动　笼养种公兔要定期运动，以增强体质和配种能力。一般每周要选择适宜的天气，让种兔在专用运动场活动 1～2 次，每次 1 h 左右。特别是兔舍内采光条件较差时，更应定期放出运动。夏季注意不能有阳光直射，冬季要避免寒风袭击。

4. 控制配种次数　对种公兔的使用要有计划性，严禁使用过度。一般每天使用 2 次，连续使用 2～3 天后休息 1 天。如果种公兔出现消瘦现象，应停止配种一个月，待体力和精液品质恢复后再参加配种；在换毛期营养消耗较多，体质较差，配种受胎率低，最好减少配种次数。

六、妊娠期母兔饲养管理

种母兔的生理时期分为空怀、妊娠、泌乳 3 个阶段，其中重点在妊娠期、泌乳期。应根据不同生理阶段的特点，采取相应的饲养管理措施。

母兔自配种受胎到分娩完成称为妊娠期。此期的任务是加强营养和护理，保证胎儿的正常生长发育和成活，防止流产。

1. 加强营养　妊娠期母兔除了要维持自身的生命活动外，子宫及胎儿的生长、乳腺的发育等都需要大量的营养物质。在妊娠期的三个阶段中，胚胎期(第 1～12 天)因为是细胞的快速强烈分裂和分化阶段，所以，营养必须供足，饲料中不能含有有害成分，防止出现胚胎被母体吸收或死亡的现象；胎前期（第13～18天）主要为组织和器官的形成，饲料营养质量要好，防止仔兔先天发育不良，出现畸形或死胎；胎儿期（第19～30天）为胎儿的增生阶段，这一时期胚胎发育很快，营养不良即会引起胚胎过小，出生后很快就死亡。因此，在妊娠期，尤其是妊娠后期，能否提供全面的营养物质对胎儿的正常生长发育、母兔的健康和产后的泌乳能力有直接影响。

妊娠母兔的营养需要量是平时的1.5倍，所以在应给予富含蛋白质、维生素和矿物质饲料的同时，逐渐增加饲喂量。实践证明，妊娠母兔尤其是在妊娠后期获得充足的营养，则母兔身体健康，泌乳力高，仔兔生长发育好，成活率高；反之，母兔消瘦，泌乳力低，仔兔生活力弱、死亡率高。

2.搞好护理，防止流产　要保持兔舍内安定，避免干扰母兔造成流产。不要无故捕捉妊娠母兔，妊娠后期更应加倍小心，必须捕捉时，要保持母兔安静和温顺，轻捉轻放，身体不能受到冲击；摸胎动作要轻柔，已断定受胎者尽量不要再触及腹部；饲料要清洁、新鲜，严禁喂给发霉变质及冰冻饲料，冬季最好饮用温水。笼舍要保持清洁干燥，防止巴氏杆菌、沙门氏杆菌和生殖器官疾病。

3.做好产前准备工作　预产期到来前3天要做好产前准备工作。产仔先清理、洗净、消毒、日晒，铺上柔草后，放置于母兔笼内或固定位置上。产前3天适当减少精饲料喂量，增加青绿饲料喂量，以防发生乳房炎。产前拉掉母兔胸腹部的毛是十分重要的，一是拉下的毛可用作保暖材料，二是拉毛后暴露乳头便于仔兔吃奶，三是拉毛的生理刺激有利于乳房尽快泌乳，母兔一般都具有产前自行拉毛的习性，产前1天要注意协助初产母兔拉毛。临产前留心观察母兔的行为，要昼夜值班，防止将仔兔产在箱外冻死。

4.做好产仔护理工作　母兔产仔期间不可就进观察，要保持距离留意听、察。对于产在箱外的仔兔要及时捡回，已经冻僵但尚未死亡的仔兔可以及时抢救。分娩后应及时清理产仔箱，换掉被污染的垫草、毛和死胎，并盖好仔兔；分娩后要及时给母兔提供清洁饮水，以防缺水时母兔咬伤甚至吃掉仔兔。生产中为了吸引母兔多喝水、快下奶、防止食仔，可给母兔提供糖盐水。

七、泌乳期母兔饲养管理

母兔泌乳期大约30天，任务是保证充足的营养供应，保持正常的泌乳量，同时加强保护，保证仔兔成活率。

1.保证充足的营养　母兔泌乳期每天可产奶60～150 mL，相对体重来讲比牛还高；兔乳中的营养极为丰富，而且乳汁黏稠，干物质总含量为26.4%，其中蛋白质含量10.4%，脂肪含量12.2%，乳糖1.8%，灰分(矿物质)2.0%。加上自身的维持需要，母兔泌乳期每天需要从饲料中获取大量营养。仔兔的生长速度和成活率，主要取决于母兔的泌乳量，保证哺乳母兔充足的营养，是提高母兔泌乳力和仔兔成活率的关键。所以，泌乳期母兔的饲粮必须营养全面，富含蛋白质、维生素和矿物质，在自由采食颗粒料的同时适当补喂青绿多汁饲料，并保证清洁的饮水。

2.灵活掌握饲料供应量　要根据母兔的泌乳情况、仔兔的日龄和生长发育情况，灵活掌握母兔的饲喂量，既防止由于营养缺乏而造成的缺乳，又要防止产奶过多而引起乳腺炎。所以，要经常检查母兔的乳房、乳头，了解泌乳情况。母兔乳汁过多时，应减少精料和青绿多汁饲料，增加干草饲喂量；对缺乳的母兔要适当增加豆饼、鱼粉等饲料或多喂些青绿多汁饲料。如果发现乳房有硬块、红肿，属于乳腺炎的前期症状，应及时进行治疗。

3.注意预防乳房炎　母兔乳腺炎的发生既有内源的产奶过多因素，又有外源的细菌(主要是葡萄球菌、巴氏杆菌)感染因素。为防止外源的细菌的感染，在产前至产后的1周内对于有习惯性乳腺炎的母兔可以喂给抗菌药物，如长效磺胺1片，每日2次，同时保持笼舍及其用具的清洁卫生，减少乳房或乳头被污染的机会；经常检查维修产仔箱、兔笼，减少乳房、乳头被擦伤和挂伤的机会。

4.保持环境安静　环境不安，母兔突然受惊会影响仔兔产奶，出现吊乳现象将仔兔带出箱外，甚至挤压致死。强烈的惊吓还会造成母兔产奶量下降，甚至停止产奶。因此，泌乳期一定要保持环境的安定，陌生的人和动物禁止出入兔舍。

八、仔兔饲养管理

獭兔的小兔子从出生到断乳这段时期称“仔兔”，从断乳到3月龄性成熟这段时期称“幼兔”，3～6月龄时期称为“育成兔”，6月龄后的獭兔称为“成年兔”。

按照獭兔生长发育特点，可将仔兔期分为睡眠期、开眼期和追乳期3个阶段，每个阶段仔兔的特点不同，饲养管理的侧重点不同。

1.睡眠期(出生至11日龄)　此阶段是仔兔从胎儿期到独立生活的过渡时期，由于出生后生活环境发生了急剧变化，而仔兔的生理功能尚未发育完全，适应外界环境的能力很差，抵抗力低，但生长发育极为迅速。因此，睡眠期的中心任务是进行细致周到的饲养管理，保证仔兔的正常生长发育，提高成活率。

①适时检查哺乳情况　出生后为保证成活，应尽早让仔兔吃到乳汁，特别是要吃上初乳，因为初乳营养丰富，含有特殊的免疫球蛋白和矿物元素，是初生仔兔生长发育和抵抗疾病所需养分的直接来源，又能帮助排泄胎便。

初次的哺乳检查一般在产后6 h内进行，根据仔兔在产仔箱内的状态了解母兔的哺乳情况。吃饱的仔兔安静不动，腹围大，皮肤红润有光泽，且很少有皮肤皱褶；没吃饱的仔兔不安静（吱吱叫），腹部干瘪，皮肤灰暗无光泽，且有皱褶。对没吃饱的仔兔要查找原因，并采取相应措施。如母性不好，可采用人工辅助哺乳的方法，将母兔固定伏卧在产仔箱内，用手轻抓其背部皮肤，使背腰稍弓起，将仔兔分别放到每个乳头旁让其吮乳。每天进行 2～3 次，连续 3～5 天后，母兔便会自动哺乳。如果为营养不良、消瘦所致，应加强营养，配合拉拽腹毛，刺激乳腺发育，使之尽快分泌乳汁。

②及时调剂与寄养仔兔　生产中母兔产仔数会出现差异，产仔数过多时，会出现母乳供不应求，仔兔发育迟缓，体质瘦弱，容易死亡；产仔数少时，仔兔对母乳吸吮不完，容易引起母兔乳房炎，仔兔发生黄尿病。因此，有必要进行仔兔的调剂与寄养。

正确的做法是：母兔产后 3 天内，根据“保姆兔”的产仔数和泌乳情况，将大窝仔兔中体质和发育较好的仔兔调剂到保姆兔窝下寄养。为保证寄养的成功，两窝仔兔的日龄相差最好不超过 2 天；为防止保姆兔遗弃寄养仔兔，要注意设法混淆其气味，可以关闭产箱 1～2 h 或把保姆兔的尿液涂抹到寄养仔兔身上。寄养后要做好记录，防止在选种时搞不清血缘。

③注意保温和防暑　仔兔出生后体表无毛，没有任何防寒能力，冬季和早春气温低，仔兔很容易被冻死，因此要注意保温。产仔箱内的垫草和垫毛可适当多放，并保持干燥，或在产仔箱内放置电热毯。有条件的兔场可安装取暖保温设备，使兔舍温度保持在 15～25℃的范围内，兔群能正常繁育仔兔。也可实行母仔分养、定时哺乳的管理方法，即哺乳时把母兔移至仔兔所在的温暖房间，哺乳结束后再将母兔移回原笼位。夏季气候炎热，产仔箱内可减少垫草、垫毛，并做好兔舍防暑降温工作。

④预防兽害损失　在设备不太先进的养兔场户中，鼠害、蛇害对睡眠期仔兔威胁较大，往往会造成全窝仔兔被残害的现象。兔舍内有效的灭鼠办法是，合理设计兔笼，防止鼠、蛇窜入，注意处理好兔舍地面、墙角，封堵好下水管道等。也可利用母仔分养，使用密封式悬挂产箱。

⑤防止仔兔疾病　仔兔在开眼前，粪尿排泄均在产箱内，使产箱内空气污浊，垫料湿潮，滋生大量病菌，仔兔易患各种疾病，既不利于保温，更不利于仔兔健康。所以，要保持产箱内干燥卫生，及时更换潮湿的垫料，并将垫料进行日晒消毒。对仔兔威胁最大的疾病是黄尿病和球虫病。

黄尿病，是因为仔兔吃了患有乳房炎的乳汁而发生，出生后 1 周内最易发，病兔尿液呈黄色，粪便为黄色水便，腥臭，并沾污后躯，体弱无力，昏睡，多数在 2～

3 天死亡。预防此病的方法主要是防治母兔乳房炎，母兔如患乳房炎要立即停止哺乳，并将仔兔寄养；患病仔兔每日滴服氯霉素眼药水（滴鼻）或庆大霉素（口服），3～4 次/天，2～3 滴/次。

球虫病，是造成仔兔断乳前后死亡的主要疾病之一，往往是跟随母兔感染，或吃了患有球虫病母兔的奶汁而死亡。患球虫病或携带球虫卵的母兔，其所分泌的乳汁中有球虫排出的毒素，这些毒素会引起仔兔消化不良、拉稀、消瘦甚至死亡。预防球虫病的方法是定期在母兔饲料中投放抗球虫药物，坚持按疗程预防，同时定期清洗、消毒兔舍及笼具。

2. 开眼期（12～20 日龄） 仔兔一般在 12 日龄左右睁眼。开眼后，仔兔具备视觉，食量增加，粪尿量相应增加，因此要经常检查产仔箱，及时补充、更换垫草，垫草要清洁干燥。对于 12 日龄还没有睁眼的仔兔，可用 2%～3%硼酸溶液擦洗眼睑、闷软眼屎后轻轻帮助掰开眼皮，协助开眼。为促进仔兔胃肠道尽快适应消化饲料，应在 18 日龄左右开始补料，让仔兔接触草料、精料，慢慢学会采食、消化饲料。

3. 追乳期（21 日龄至断乳） 此期是仔兔从主要依靠母乳提供营养，逐渐转变为以饲料为主要营养物来源的时期。由于仔兔消化道的酶系统、菌群结构尚没有完全适应饲料消化要求，容易出现消化道不良、腹泻等疾病，为了提高成活率，此期饲养管理的重点应放在仔兔精心补料和择机断乳上。

①做好补料工作 继 18 日龄让仔兔接触、学吃饲料后，21 日龄要正式对仔兔开始补料。补给仔兔的饲料要适口性好、尽量熟制以利于消化；既要营养丰富，又要清洁卫生。为促进生长、防止发生消化道疾病，饲料中可拌入矿物质、维生素和药物添加剂；经验表明，饲料中拌入适量木炭粉、橘叶、山楂等可以帮助仔兔消化。补料时要少量多次、逐渐增加，一般每天 5～6 次，直至 28～30 日龄时过渡到以母乳为辅、饲料为主的状态，为断乳做好前期准备工作。

②做好断乳工作 仔兔的断好时间不宜过早或过晚，要取决于生产目的和仔兔的发育状况。断乳过早，仔兔消化系统还未发育成熟，对饲料的消化能力差，影响仔兔成活率；断乳过晚，又会影响仔兔胃肠机能的锻炼及消化道各种酶的形成，使仔兔生长缓慢。断乳过晚也会影响母兔体力恢复和一年的繁殖胎次。通常獭兔仔兔在 30～35 日龄断乳。如果全窝仔兔生长发育均匀、体质强壮，可以“一次性断乳”，即，在同一天将仔兔和母兔分开饲养；如果全窝仔兔生长发育不均匀、体质强壮不一，可先将体质强壮的仔兔分窝，体质弱的仔兔继续哺乳，几天后看情况再行断乳。

断乳前后的第 1～2 周，仔兔的饲料、环境和管理要尽量做到“三不变”，以防产生应激而影响仔兔健康。一般的做法是：把母仔分开，仔兔留在原笼位，在熟悉的环境中，情绪会比较稳定，食欲不会受到大的影响，有利于提高仔兔成活率和整齐度。

另外，要注意断乳后的2～3天内，一定要减少母兔的营养供应，可以停喂混合精料，只喂青粗饲料，减少乳汁分泌，防止发生乳腺炎。

③母仔分养，定时哺乳　将母兔和仔兔分开饲养，开眼前母兔泌乳性能好时，每天哺乳1次，开眼后每天哺乳2次。追乳期，更应该分养，使仔兔采食均匀，避免仔兔追吃母乳引起母兔掉膘，也可以减少仔兔接触母兔粪便而感染球虫病的机会。

④搞好卫生、防治疾病　仔兔开食后，粪便增多，因此要经常更换垫草，定期消毒，保持产箱内清洁、干燥和卫生。断乳前，由于仔兔可以获得母源性抗体，不必注射疫苗，但在断乳后1周内，要及时进行疫苗预防接种，防止发生传染病。

九、幼兔和育成兔饲养管理

1.幼兔期的饲养管理　生产实践中，断乳至3月龄前的幼兔死亡率较高，其原因主要有两个：一是由于幼兔的适应性差，断乳、饲料和房舍的改变、疫苗接种等因素刺激，会引起的应激反应造成死亡；二是由于幼兔的抗病力差，如果饲养管理不当，营养不良、体质瘦弱、笼舍拥挤潮湿、饲料霉变、消化不良以及球虫病等的发生造成死亡。因此，此期的饲养管理尤为重要，关系到能否丰产丰收。

①饲养方面　幼兔断乳后的第一周，仍要喂给断乳前的饲料。饲料要容易消化、清洁卫生，容积小、营养丰富。随着日龄的增长，可以逐渐改变为生长期料型。要特别注意，在刚断乳后的前2～3周内，对幼兔要实行限制饲养，防止幼兔贪食而引起消化道疾病，投料时要本着少量多餐、定时定量的原则，饲喂量随年龄增长逐步增加；饲料的含水量不宜太高，更不宜过量喂含水分很大的青绿多汁饲料。

②管理方面　断乳后幼兔开始独立生活化，需要有一个适应过程。可按年龄大小、体质强弱和性别进行分群饲养，每笼4～5只(保证每只兔有0.07～0.1 m^2的面积)，群内体质、体型强弱要尽量均匀。要加强舍外活动，促进新陈代谢，增强体质，接触阳光，增加体内维生素合成，运动场要设草架、饲槽和饮水器；封闭式兔舍没有运动条件，应注意补加维生素A、维生素D。要搞好幼兔舍环境卫生，定期洗刷消毒，保持兔舍内清洁、干燥、通风；要经常细心观察幼兔的采食、精神、粪尿情况，以判断健康状况，若发现食欲不振、精神萎靡、粪便不正常时，要及时隔离观察和治疗。

为防止幼兔感染和传染疾病，要及时在饲料中投放球虫病药物，并在断乳后1～2周内按程序接种疫苗。“兔瘟”(兔病毒性出血症)疫苗，使用“组织灭活疫苗”，在断乳分窝时皮下注射1 mL，进入成年后每年注射2次；巴氏杆菌病疫苗、魏氏梭菌病疫苗，分别在达到 30 日龄以时皮下或肌肉注射，首次注射 1 mL，间隔 14 天后再注射 1 mL；波氏杆菌病疫苗在母兔产前 2～3 周、仔兔断乳后 1 周内皮下或肌注 1 mL。

为做好选种工作，要根据幼兔的生长发育，对照选种标准，按步骤认真做好选种工作。符合种用要求的标记耳号，留作后备种用，有缺陷和达不到种用要求的一律转为商品群淘汰。

2. 育成兔的饲养管理　后备种兔一般要养到育成期(6 月龄后)，以供选种使用；商品兔要根据市场对兔皮的需求，确定出栏的时间。

育成兔生长发育快，采食量大，对饲料中蛋白质、维生素和矿物质的需要量大。同时，育成兔对粗饲料的消化能力和抗病力增强。因此，育成兔的饲粮应以青、粗饲料为主，混合精料为辅，供给充足的蛋白质、维生素和矿物质等营养物质。

3 月龄后由于生殖器官开始发育，逐渐达到性成熟，育成兔已有配种要求，但未达到体成熟。为防止早配乱交，必须将公、母兔分开饲养。4 月龄时进行再次选种，留种者单笼饲养并加强培育，淘汰者进行商品生产。5 月龄后进行适当限饲，防止体况过肥而降低繁殖力。同时，加强运动，增强体质，注意清洁卫生，做好防病灭病工作。

十、商品獭兔饲养管理

饲养商品獭兔的最终目的是取得优质、张幅大的裘皮，因此，饲养管理要以此为中心开展工作。

1. 毛皮质量的影响因素　獭兔皮的等级是由毛绒品质、被毛颜色、皮板质量和皮张面积等决定。这些指标能否达到要求，除了受品种品系的遗传因素外，饲养管理等外界因素也起着重要作用。主要的外界因素有以下几方面：

①体型大小　獭兔皮张面积是指皮张的长与宽的乘积。皮张长是指颈部缺口中间至尾根的长度，皮张宽是指腰间宽度。獭兔皮面积与獭兔的体型大小直接相关，体型越大，皮张面积越大。因此，饲养的獭兔体型越大，经济效益越好。

②宰剥年龄　一般而言，獭兔的年龄越大，体重会加大，皮张面积也随之增大。一般情况下，190 日龄左右屠宰，皮张面积和毛皮质量比较理想。但年龄过大，饲养成本会加大，而且毛皮质量也会随之下降。

③饲养管理　獭兔饲料营养不足，会使被毛灰暗，没有光泽，毛密度下降，毛纤维变细，皮板变薄。管理不好，会使獭兔被毛脏乱，易患体外寄生虫病，影响毛皮质量。

④宰剥季节　毛皮质量受剥皮季节的影响较大。冬季所剥毛皮品质最佳，毛

长绒厚，毛面整齐，色泽光润，板质厚实；春季正处于换毛季节，毛长而稀疏，底绒空疏，毛面不整齐，皮板带红色，所剥毛皮质量较次；秋皮虽然皮板稍厚，但毛短而疏，皮质亦不理想；夏皮质量最差，皮板厚而硬，呈暗黄色，毛短而粗硬，底绒空疏，使用价值低。因此，宰剥皮兔应选在冬季或春季。

⑤加工因素　屠宰和剥皮技术不佳、防腐不及时和储藏不适当、运输不仔细等因素都会影响毛皮品质。

2. *皮张质量要求*　獭兔毛皮品质鉴定主要根据皮张面积、皮板质地、被毛密度、兔毛色泽和长度来进行综合评定。

①皮张面积　在被毛品质、色泽和皮板质量都符合标准的情况下，皮张面积越大，利用价值越高，獭兔皮张面积最小不得低于 770 cm^2。

②皮板质地　要求皮板厚薄适中，质地坚韧，板面洁净，被毛附着牢固，色泽鲜艳。青年兔在冬季取皮板质较好，老龄兔取皮则板质粗糙、过厚。夏季取皮皮板较薄，易破裂，绒毛也易脱落。饲养管理粗放，剥取技术不佳（如残留脂肪未刮净）或晾晒、贮存、运输不当等，会导致毛皮板质不良。通常獭兔皮张厚度为 1.72～2.08 mm，以臀部最厚，肩部最薄。

③被毛密度　被毛密度与毛皮的保暖性能有很大关系，被毛密度越大，保暖性能越好。现场鉴定被毛密度的方法是逆向吹开被毛，形成漩涡中心，根据漩涡中心露皮面积的大小来确定其密度。不露皮或露皮面积小于 4 mm^2（似大头针头大小）为极好，不超过 8 mm^2（约火柴头大小）为良好，不超过 12 mm^2（约 3 个大头针头大小）为合格。通常母兔的被毛密度略高于公兔，臀部被毛密度最大，背部次之，肩部最差。

④被毛色泽　被毛色泽要求要符合品种色型的特征，毛色纯正，富有光泽。色泽的纯正度主要受遗传和年龄的影响。品种不纯的有色獭兔后代容易出现杂色、色斑、色块和色带等异色毛。年龄不同色泽也有很大差异。獭兔一生中以 5 月龄至周岁前后色泽最为纯正而富有光泽；4 月龄前的青年兔及 3 岁后的老年兔，毛皮色泽大多淡而无光泽。此外，管理不善、营养不良、疾病等因素均会影响被毛色泽。

⑤被毛长度　要求被毛长度均匀一致，平整度好，毛长 1.6 cm 最为理想。平整度是指针毛与绒毛的整齐度，绒毛、针毛长度要相等，不允许针毛突出于毛被之上。影响被毛长度和平整度的主要因素有营养水平、取皮时间、性别等。营养条件越差，被毛越短且枪毛含量高；未经换毛的毛皮枪毛含量往往高于换毛后的适龄皮张。

⑥换毛情况　换毛期取皮，毛皮质量最差，皮板产生斑块，绒毛长短不齐，极易脱落。因此在换毛期不取皮应该成为獭兔生产中一条戒律，生长期獭兔取皮

应避开年龄性换毛，成年兔或淘汰种兔取皮应避开季节性换毛期（即 3—4 月份，8—9 月份）。

3. 饲养管理要点 商品獭兔从 3 月龄以后必须围绕提高毛皮质量做好饲养管理工作。

①科学饲养 毛皮质量与营养关系很大，要按毛皮生长特点和营养需要特点提供全价饲料。混合饲喂时，青饲料应多种搭配，新鲜清洁，并补喂足够的混合精料；自由采食时，配合饲料中各种营养物质的含量应为：每千克饲粮含消化能 11.3～11.72 MJ，蛋白质 18%～16%（前期 18%，后期 16%），粗脂肪 3%～5%，粗纤维 12%～13%，钙 0.6%～0.9%，磷 0.4%～0.6%。

同时供给充足的饮水。在出栏屠宰前，可采取短期肥育饲养，此法增重快、肉质好、皮张质量高。

②合理分群 商品獭兔实行小群饲养，断乳后的小公兔除留种外应全部去势，然后按大小、强弱，分群、分圈饲养。淘汰种兔按公母分群，每群 2～3 只，经短期饲养上市。饲养密度不能太大，以免因互相抢食和抢休息地盘而咬伤皮肤。

③优化环境 环境污浊可使毛皮品质下降，还可使獭兔患病，因此，兔笼兔舍应经常保持清洁、干燥，保持兔舍内空气新鲜和环境清洁卫生。兔笼要每天打扫，及时清除粪尿及其他污物，以免污染兔的毛皮，保持兔体清洁卫生。

④及时防病治病 兔舍要定期按常规消毒，切断疾病传染源，预防严重影响毛皮质量的霉菌病、毛癣病、皮下脓肿等常见皮肤病以及兔痘、兔疥癣病、兔螨病、兔虱病等体外寄生虫病。每天注意细心观察，发现病兔及时隔离治疗。对兔瘟、巴氏杆菌病、魏氏梭菌病等传染病进行预防接种，以杜绝各种传染病的发生。

⑤及时出栏 商品獭兔在 190 天左右出栏，淘汰兔选在冬季出栏屠宰为宜。出栏前以精饲料为主，青料为辅，限制獭兔运动，保证休息和避免各种刺激，以提高产品质量。准备屠宰的獭兔应在宰前 8 h 断食，只供饮水。这样既有利于屠宰操作，保证皮张质量，又节省饲料，降低成本。

【知识与技能测试】

一、名词解释：

昼伏夜出，啮齿习性，淋巴球囊，食粪习性，年龄性换毛，季节性换毛，频密繁殖，诱导性排卵，排卵处理

二、填空：

1. 獭兔是家兔的突变种，家兔的动物分类学地位属于哺乳纲、（　　）目、（　　）科，（　　）科，属、（　　）种，目前有（　　）个色型。我国目前饲养的獭兔主

要品系有(　　)。

2.獭兔一般到(　　)月龄即可性成熟,但要到(　　)月龄才可初配,商品獭兔最佳的上市时间为(　　)日龄。

3.正常饲养条件下,獭兔每年可以繁殖(　　)胎,每胎产仔数一般为(　　)只。种兔一般利用(　　)年,或繁殖(　　)胎后,就应淘汰更新。

4.兔舍内环境控制指标最好达到如下要求:成年兔舍温度(　　)℃,幼兔舍(　　)℃,仔兔保育舍(　　)℃,产箱内最适宜温度为(　　)℃;舍内适宜空气湿度(　　)%,不宜超出(　　)%范围;兔舍排气口面积为兔舍面积的(　　)%,进气口面积为排气口面积的(　　)%,如果采取机械通风,夏季换气量要达到(　　)m^3/(h·kg体重)。门窗采光面积占地面积的(　　)%左右。

三、判断:

1.由于獭兔是普通家兔的变种,所以獭兔与野兔可以交配并产生后代。(　)

2.由于家兔是草食动物,所以对粗饲料中的粗纤维具有很强的消化吸收能力。(　)

3. 獭兔产后经交配刺激仍然可排卵受孕,所以,可以适当采取频密繁殖的手段增加其产量。(　)

4. 獭兔消化道中得“淋巴球囊”主要的作用是帮助兔进行免疫,防止出现腹泻。(　)

四、简答:

1.獭兔毛皮的经济学特点。

2.獭兔的啮齿习性及其在生产中的意义。

3.獭兔消化道(口腔、胃肠道、淋巴球囊)对草食性的适应。

4.獭兔食粪习性及其生物学意义。

5.简述獭兔的换毛规律及其对兔皮生产的指导意义。

6.獭兔良种繁育(保育)体系应该如何建立?

7.简述獭兔的五阶段选种方法。

8.如何进行獭兔的发情鉴定和人工辅助配种?

9.獭兔人工授精前为什么要进行排卵处理,如何进行排卵处理?

10.如何对獭兔进行摸胎法妊娠检查?

四、论述:

1.仔兔的饲养管理技术。

2.我国獭兔产业现状与发展前景。

项目四 野猪

【项目提要】特种野猪是以纯种野猪为父本，以家猪为母本进行杂交，经过多次选育、驯化的一种野猪，称特种野猪。它既保持了纯种野猪瘦肉率高，肉质鲜嫩，抗病力强，适应性广的优势，又保持了家猪生长发育快，饲料利用率高，繁殖力强，性情温驯，好饲养的特点，并克服了纯种野猪体形小、生长慢、季节性繁殖、产仔少的缺陷。所以特种野猪养殖，已成为养殖业中热门选项，并列入国家科技部星火计划的推广项目。本模块主要介绍野猪的生物学特性，繁殖育种，饲养管理技术等。

【知识目标】了解野猪的分类分布、形态特征、生活习性等；掌握野猪的繁殖生理及配种技术；掌握野猪不同阶段的饲养管理技术。

【技能目标】掌握野猪的发情鉴定技术；掌握野猪的接产技术。

【典型知识及工作任务】

编号	名称	内容提要
典型知识	野猪的生物学特性	野猪的分布及特征、习性与食性、人工养殖情况
任务一	野猪的繁殖育种	野猪的发情繁殖规律、配种方式、妊娠诊断，分娩接产
任务二	野猪的饲养管理	公野猪、母野猪、仔野猪的饲养管理技术

【典型知识】野猪的生物学特性

一、种类特征

野猪又称山猪，在动物分类学上属哺乳纲，偶蹄目，猪科，猪属，野猪种。分布范围极广，世界各地除澳大利亚、南美洲和南极洲外均有分布。中国的野猪分布主要在东北三省、云贵地区、福建、广东地区，是我国二级保护动物。

野猪被毛一般为灰黑色或褐(棕红色)，小猪崽有纵向深棕褐色较宽的带状条纹，皮毛为黄褐色或灰黄褐色，随着时间的推移，条纹逐渐消失，皮毛转为灰黄褐色或棕灰黑色。毛粗而稀，鬃毛几乎从颈部直至臀部，耳尖而小，嘴尖而长，头和腹部较小，脚高而细，蹄黑色。背直不凹，尾比家猪短，犬齿发达，雄性上犬齿外露，并向上翻转，呈獠牙状。成年野猪体长 90～180 cm，体重 80～100 kg。野猪外形见图 3-8。

图 3-8 野猪

二、习性与食性

1. 习性 野猪昼伏夜出、半群居生活，领地性强，性情凶野易争斗。

野生野猪营家族式半群居生活，一般每群 4～10 头，领地大约 10 km^2。野猪视力较差，主要靠听、嗅觉发现敌害，通过哼哼叫声进行交流。常将茂草咬断作窝，隐藏其中，一般早晨和黄昏活动觅食，白天通常不出窝，中午进入密林中躲避阳光。喜欢在泥水中洗浴，可在泥水中翻滚数小时。

野猪的领地性很强，大多数时间在熟悉的地段活动，在领地中央的固定地点排粪便。公猪常在树桩、岩石和坚硬的河岸上摩擦身体两侧，将皮肤磨成坚硬保护层，避免在发情期搏斗中受重伤。猪群在与其他群体发生冲突时，公猪负责争斗，守卫群体。公猪打斗时，从 20～30 m 远的距离开始突袭，胜利者用打磨牙齿来庆祝，并排尿来划分领地，失败者翘起尾巴逃走。

人工饲养情况下，野猪也易受惊发怒，发怒时性情凶猛，受伤后更突出，常低头咬牙，竖起背毛向前冲，尤其是繁殖期的公猪更易打斗，常用牙齿下方互相冲撞，或利用脸的侧面来争斗，因此要防止繁殖期野公猪的打斗现象发生；繁殖期母猪具有强烈的亲仔行为，在为其仔猪剪牙、注射疫苗时，要注意自身安全，以防被母猪咬伤。

2. 食性 野猪为典型杂食性动物。在自然界里，只要能吃的东西都吃。冬天移居到向阳山坡觅食落下的野果；春季喜食嫩叶、幼芽；秋季食野果，盗食农田里玉米、红薯等；夏季居住在离水源近的地方，便于取食、泥浴。野猪嗅觉极其灵敏，青草、土壤中的蠕虫都是它的取食对象，有时还偷食鸟卵，特别是松鸡、雉鸡的卵和雏鸟，还可捕食兔、老鼠、蝎子和蛇等。

食物的供给种类和数量常受季节的影响。因此驯养条件下要适当供给上述食物，并注意补给一些矿物质和微量元素，哺乳期注意提供高蛋白质和丰富的维生素饲料，幼年期补给易消化的饲料。

3.适应性及抗病性　野猪一般生活在山区，对气候的适应性较强，既耐寒，又耐热。野猪的抗病性也较强，人工饲养很少发病，因而成活率较高。

4.繁殖特性　野猪出生后10～20个月性成熟，1年只生1胎。一般每年10月交配，次年4—5月产仔，妊娠期120～140天，每胎产仔4～6头。2月龄断乳，体重约4 kg。乳头4～5对。特种野猪性成熟较早，在生后5～8个月，发情周期18～24天，发情持续期3～5天。公野猪与母家猪的一代杂种，妊娠期108～120天，平均114天。野猪的寿命为10～21年，人工饲养条件下会长一些。

三、养殖情况

目前，野猪已被作为特种经济动物大量饲养。人工饲养的特种野猪，大多是以纯种野猪为父本，家猪为母本的杂交，经过多次选育、驯化的后代。既保持了纯种野猪瘦肉率高、肉质鲜嫩、抗病力强、适应性广的优势，又保持了家猪生长发育快、饲料利用率高、繁殖力强、性情温驯、易饲养的特点，并克服了纯种野猪体形小、生长慢、季节性繁殖、产仔少的缺陷。每年可产2胎，初产母猪每胎窝产仔数6～8头，经产母猪每胎窝产仔数8～12头。所以，特种野猪养殖，已成为养殖业中热门选项。

特种野猪肉质鲜嫩香醇、野味浓郁、瘦肉率高、脂肪含量低(仅为家猪的50%)，营养丰富，含有多种氨基酸和微量元素，亚油酸(一种必需脂肪酸)含量比家猪高2.5倍。食用野猪皮可消除高度疲劳和小孩发育不良等症状，特别对人体代谢紊乱、生殖机能障碍等疾病疗效显著。经最新研究表明，野猪肉里含有抗癌物质锌和硒等，是一种理想的滋补保健肉类。野猪骨头还可制药。用野猪腿加工成的野猪火腿畅销国内外市场，其他分割下来胴体可进行真空包装，加工成野猪风味腊肉条、野猪肉香肠等。

近年来，国内特种野猪市场年消费量逐年上升，价格比一般活猪和猪肉要高2～3倍，因此野猪养殖发展前景十分广阔。

任务一　野猪繁殖育种技术

一、发情鉴定

野猪适宜的初配年龄应根据发育状况而定。人工杂交选育的特种野猪，初配体重要求达到成年体重的70%左右，因此，母猪初配年龄一般为8～10月龄，公猪初配年龄10～12月龄。母猪发情周期平均为20天(18～24天)，发情持续期一般3～5天。发情时，由于卵泡雌激素大量产生，使母猪产生性欲和性兴奋。通过观察母猪精神状态、食欲、行为和生殖道变化，可判定母猪发情程度、排卵时间，从而准确确定母猪的适时配种时间，提高母猪的受胎率。

1. 外部观察法　母猪发情时，行动不安，鸣叫、翻圈、神情呆滞；喜欢爬跨其他母猪或被母猪爬跨、频频排尿、等外部表现；食欲减退或停止采食；阴户红肿，颜色由浅变深，发情旺盛时期，外阴排出白色浓稠呈丝状黏液，公猪爬跨时表现为安静不动，接受交配。

2. 试情法与压背法　当主动接近公猪，接受公猪爬跨时，可用手按压母猪背部。如果母猪站立不动，尾上翘，弯腰弓背，有交配欲望；或用手臂推动母猪时表现为不躲闪，并有向后的反作用力，即表示母猪已发情。

二、配种

母猪发情持续期的3～5天，分前、中、后三期，适宜配种时间在发情中期，即母猪出现发情症状后24 h左右，只要肯接受公野猪爬跨即第一次交配。第一次交配后经18～24 h再配第二次。一般在一个发情周期内交配2次。交配次数过多并不能增加产仔数，甚至有副作用。

1. 本交配种　即使用同品种的公猪，自然爬跨交配母猪。程序如下：

(1)经鉴定确认母猪发情后，在公母猪饲喂前、后2 h进行交配。选择安静而平坦的地方，先将母猪赶入交配场所，用毛巾蘸取0.1%的高锰酸钾溶液，洗净母猪的阴户、肛门和臀部。

(2)将配种公猪赶进配种场所，当公猪跨上母猪背部后，同样用蘸有0.1%的高锰酸钾溶液的毛巾洗净公猪包皮的周围及阴茎，这样可减少或避免母猪生殖道感染疾病。然后把母猪尾巴拉向一侧，使阴茎顺利地插入阴道。必要时可用手握住公猪包皮引导阴茎插入母猪阴道。

(3)阴茎置入母猪阴道后，观察配种过程。当公猪射精完毕离开母猪后，要用手轻拍或按压母猪腰部，不让母猪弓腰，以免精液倒流出阴道。

(4)配种完毕，把母猪赶回原圈休息。要防止母猪卧下和洗冷水澡；公猪要休息片刻再赶回原圈，同样要防止洗冷水澡。

(5)配种完成后，要及时在种猪卡片上做好记录，以便观察是否妊娠以及推算预产期。

2. 配种方式　对母猪的配种可采用“单配”、“复配”和“双重配”三种方式。

①单配 在母猪的一个发情期中，只用公猪配一次。其好处是能减轻公猪的负担，提高公猪的利用率，可以减少公猪的饲养头数，降低生产成本。其缺点是掌握适时配种较难，可能降低受胎率和减少产仔数。

②复配 在母猪的一个发情期内，先后用同一头公猪配种两次，是生产上常用的配种方式。第一次交配后，过 24 h 再配一次，使母猪生殖道内经常有活力较强的精子，增加与卵子结合的机会，从而提高受胎率和产仔数。

③双重配 在母猪的一个发情期内，用血统较远的同一品种的两头公猪交配，或用两头不同品种的公猪交配叫双重配。第一头公猪配种后间隔 10～15 mim，再用第二头公猪配种。此法只适用于商品猪场，不适用于种猪场和留纯种后代的母猪，因为这种方法会造成血统混杂，无法进行选种选配。

3. 人工授精 特种野猪人工授精的程序与家猪相同。主要应注意以下几个问题：

①要对精液做严格检查 精子密度过稀、活力不强或畸形精子过多等都不宜用作输精。

②必须掌握好输精时间 做到母猪排卵最多时输精。

③掌握好输精量 一般可用 0.5～1.5 倍的稀释精液 20～30 mL 进行一次输精，精子数为 15 亿～20 亿个。

④注意精液的保温问题 气温在 5℃以下输精效果不好，要注意途中运输的保温和输精器械的保温，以免精子受到低温的刺激，影响配种效果。

三、妊娠诊断

为了减少母猪漏配和加强对妊娠母猪饲养管理，需要对配种后的母猪进行早期妊娠诊断，以免漏配。对屡配不孕的母猪可以考虑及时淘汰，以免浪费饲料；对配上种的母猪做好保胎补料的工作，避免死胎或流产。

1. 外部观察法 如果母猪配种后约 3 周没有再出现发情，且食欲增加、被毛光顺、膘情增加明显、行动谨慎、贪睡、尾巴自然下垂、阴部缩成一条线、驱赶时夹着尾巴走路，则初步断定母猪已经受孕。该法简单易行但易受一些因素影响而造成误诊，如母猪安静发情、乏情、卵巢囊肿等导致母猪发情不明显或不发情可能会误诊为已经妊娠。

2. 试情法 配种后 30 天，将公猪和母猪放在一起接触，若公母猪愿意接近，母猪允许公猪嗅其外阴部，接受公猪的追逐和爬跨，是未受孕的表现。反之可断定母猪已经受孕。

3. 注射雌激素 在母猪配种后的 16～18 天，在耳根皮下注射 1 mg 或 3～

5 mL 人工合成雌激素(己烯雌酚)。若注射 2～3 天后出现发情的母猪为未妊娠,在 5 天内不发情的母猪为已妊娠。但要注意,使用此法一定要慎重,如果使用不当会造成流产或繁殖障碍。

4. 直肠触诊　母猪妊娠后,其子宫颈、子宫体及子宫中动脉会发生一些生理变化。该法难以在初产母猪实施,只能检查体重超过 180 kg 的经产母猪。该方法实施时,最好是在母猪吃料时,这样就不需保定。

检查时,检查者徒手或戴上长臂手套,涂上润滑用的石蜡油或肥皂水,手握成锥形伸入母猪直肠 35～45 cm 处(如有粪便应先掏出),用手指面经直肠壁向下触摸。妊娠 21～30 天时,子宫两角分岔处尚无明显变化,而子宫颈和子宫壁变得薄而软,子宫中动脉直径有 5～8 mm 粗,未孕母猪的不会超过 5 mm。妊娠 60 天以后,母猪子宫中动脉变得更粗,搏动明显,很易判断。

5. 超声波诊断　近年来,在工厂化养猪场中已逐步使用超声波妊娠诊断仪来诊断母猪是否怀孕,超声波诊断通常在配种后 30 天进行,准确率较高,可有效降低母猪空怀率。

四、预产期推算

母猪的妊娠期一般在 108～120 天(平均 114 天)。应根据配种日期、妊娠期和乳房、阴门的变化以及分娩前的动态来判断母猪分娩日期,以便做好接产、护理准备工作。预产期的推算方法采用“3 3 3”推算法,即,将母猪的妊娠期看做 3 个月+3 个星期+3 天。从母猪交配受孕的月数和日数加 3 个月 3 周 3 天,即 3 个月为 90 天,3 周为 21 天,另加 3 天(正好是 114 天),即是妊娠母猪的预产大约日期。

例如,配种期为 12 月 20 日,12 月加 3 个月,20 日加 3 周 21 天,再加 3 天,20 日加 3 周 21 天,再加 3 天,则母猪分娩日期是在 4 月 14 日前后。

任务二　野猪的饲养管理

一、种公猪饲养管理

1. 种公猪的选择　一般选择身长、腿高、耳小、嘴尖、獠牙粗壮等符合野猪特征的公猪留作种猪。用野猪与家猪杂交的特种野猪所产的后代留种,培育出来的后代有返祖现象,即生产出来的猪只,外观不像野猪而像家猪。所以,二元杂交的特种野公猪不宜留作种用。如受条件限制,非用特种野猪作种公猪用时,也要选择具有 70%以上野猪血缘的三元杂交特种野猪作种猪,在血缘关系上还要防止近亲交配,这样,其后代抗病力强,生长迅速。

2. 种公猪的合理利用　合理利用种公猪有助于延长种用年限，充分发挥利用价值。

(1)初配月龄和体重　公猪一般10～12月龄，体重90～120 kg开始配种。如果公野猪发育迟缓，达到一定月龄而达不到应有的体重时应当淘汰。初配过晚会使公野猪烦躁不安，影响食欲，不利于正常生长发育。

(2)配种调教　青年公野猪配种前应进行调教。调教初期，应尽量使用发情盛期的小母野猪来训练小公野猪爬跨。调教应在固定平滑、平坦的场地，早晚空腹时进行，每次以10～15 mim为宜。

(3)利用强度　种猪1～2岁为青年阶段，尚处在发育时期，每周可配种1～2次。2～5岁为壮年阶段，每天可配种1～2次，为提高产仔率，可进行2次重复配种，连续配种4～5天后要休息1天，在配种旺季，饲料中要加入适量青饲料或胡萝卜等。为维持旺盛的性欲与体力，配完种后可每天早晚各喂一次生鸡蛋。做好猪舍冬季保暖、夏季防暑，防止与其他种公野猪混群。舍内设置饮水器。

(4)提高受精率　要提高公野猪精液品质、适时配种，防止公猪发生疾病、缺乏营养和管理不当造成精子密度过低，活力下降、畸形精子增多或无精子；公猪不要过度使用，以免使射精量减少，精子密度降低。公猪长期不配种，精子容易老化或死亡，畸形精子或不成熟精子增多，影响受精率，第一次射精的精液应废弃不用或再配一次。

(5)其他事宜　要做好配种记录，使系谱清晰，防止近亲繁殖。1头公野猪可负担10～20头母野猪的配种任务，如常年配种，1头公猪可负担20～30头母野猪的配种任务。公猪的种用年限为3～4年，可饲养到4～5岁，种猪群年更新率为20%～30%。如种公野猪使用合理，饲养得法，体质健康结实，膘情良好，可适当延长使用年限至5～6岁。

3. 种公猪科学饲养

(1)供给充足的动物性蛋白饲料　种公猪需要较多的粗蛋白质，若日粮中的蛋白质不足，会造成公猪的精液少而稀，精子发育不完全、活力差，受胎率下降，甚至丧失配种能力。因此要供给充足的动物性饲料，如鱼粉、骨粉、豆粕、小虾、蚕蛹等，以提高种公猪精液的数量和质量。

(2)补充足够的维生素　种公猪对维生素需求量大，特别是维生素E、维生素B_1、维生素B_2，如不足则会影响种公猪的体质和精液品质。野猪大量采食青绿多汁饲料情况下，一般不会缺乏维生素；而在北方冬季青绿多汁饲料不足或公猪交配后，应适当补充维生素添加剂。

(3)添加适量矿物质　缺少矿物质会影响种公猪的健康和精液品质，尤其是钙、锰、锌和硒。平时应多喂含钙丰富的青绿多汁饲料与干草粉、含磷较多的糠麸，补充适量的骨粉、石粉或贝壳粉等。

(4)加强配种期营养　季节性配种的公猪，从配种前 45 天开始要逐步提高营养水平；常年配种的野猪应均衡供应种野猪所需的营养物质。种公猪的青粗饲料喂量不宜过大，以免形成草腹而影响配种，日粮的用量以占体重 2.5%～3%为宜。

4. 种公猪科学管理

(1)适量运动　运动是增强公猪体质，保证其旺盛的性欲，提高精子活力必不可少的措施。野公猪小的时候，就要给予适当的运动，每天让它进行 1～2 h 的运动。

(2)做好卫生　猪舍必须每天冲洗，做到清洁、通风干燥，冬暖夏凉，冬季铺垫褥草保温，夏季防暑降温。同时还要保持猪体的清洁，每天用硬毛刷刷拭猪的皮毛一次，对保证野公猪的健康，防止各种疾病极其有效。

(3)定期称重　对种公猪定期称重，了解其体重变化，以便随时调整日粮中的营养。总之，公猪必须保持不胖不瘦，腰板挺直，肚不下垂，行动灵活，性欲旺盛。

二、空怀母猪饲养管理

1. 后备母猪饲养管理　后备母野猪是指 4 月龄至初配前留作种用的母野猪。此阶段饲养既要保持其正常的生长发育，又要保持适当(七八成)膘情，过肥、过瘦都会导致发情异常，受精率、繁殖力下降。

(1)在饲养方面要分阶段饲喂

①生长育肥前期(体重 30～60 kg)　采用生长育肥期饲料，自由采食。

②生长育肥后期(体重 60～100 kg)　采用后备母猪专用饲料，自由采食。145～150 日龄，体重要达 95～100 kg，背膘为 12～14 mm。

③100 kg 至配种前的饲养管理　饲喂后备母猪料，根据膘情适当限制或增加饲喂量，并供给充足的清洁饮水，让骨骼、性器官充分发育，并使其达到不肥不瘦(八成膘)的种用体况。

④配种前 2 周　实行短期优饲能增加排卵数，从而增加产仔数。一般配种前 15 天至配种结束，在原日粮基础上多喂一些能量饲料，如玉米、麦麸等。配种结束后恢复原日粮基础。

(2)在管理方面要掌握好以下要点

①小群饲养，每圈 3～5 头(最多不超过 10 头)，以保证其肢体正常发育，小群饲养既有利于节省圈舍，也有利于发情，最好不要单栏饲养。

②适当运动，有利于增强体质与促进发情，每天至少运动 30 mim。

③体重达标后，每天用试情公猪查情 1～2 次。

④第 1 次发情就必须作好记载，便于确定配种时间。

⑤配种前按摩乳房，刷拭躯体，建立人猪感情，使母猪性情温顺，便于配种。

2. 经产母猪饲养管理　根据母猪的膘情调整日粮结构，对于断乳后体弱的经产母猪，应采用短期优饲，即增加精料喂量，使其体况尽快恢复，然后再降低精料喂量，以防过肥。对于过于肥胖的母猪，则应在断乳前 3 天左右逐渐减少精饲料喂量，适当增加青粗饲料的比例，同时加强运动，促进其发情排卵。

3. 空怀母猪配种　在正常条件下，母野猪在仔猪断乳后 5～7 天正常发情配种，后备母野猪初配年龄应在 8～10 月龄，后备猪过早初配，不仅影响其头产繁殖成绩，还会影响其本身发育，降低其终生繁殖性能。过晚配种会增加培育费用，而且影响产仔后的泌乳量。

三、妊娠母猪饲养管理

1. 饲养要求　妊娠母猪必须看膘投料，应有中等膘情。按照妊娠生理特点和胚胎生长发育规律，饲养方式一般有下列三种。

①“高-低-高”方式　妊娠初期（20 天左右）增加精料喂量，待体况恢复后再降低精料，以防过肥，妊娠后期 90 天后至产前 3 天再加喂精料。该方式适用于断乳后体弱的经产母猪，这类猪在猪群中占多数。

②“步步高”方式　根据母猪生长发育需要及胚胎增长，逐渐增加精料的比例，并增加蛋白质与矿物质饲料，产前 1 个月达高峰，到产前 3～5 天逐渐减少饲料日喂量。该方式适用于青年母猪和哺乳期配种的母猪。

③“前低后高”方式　妊娠前期增加青饲料，不增加精饲料量，基本满足胎儿的营养需要；妊娠后期增加精料，以满足胎儿后期增重加快的营养需要。该方式适应于配种前体况较好的母猪。

2. 管理要求　中心任务是做好保胎，防止机械性流产。

①分群饲养　妊娠前期每群 3～4 头，妊娠中期 2～3 头，后期实行单圈饲养，临产前 5～7 天转入分娩舍。

②适当运动　可增强体质，减少难产发生。妊娠第 1 个月，为恢复体力和膘情，少运动、多休息；1 个月后，母猪每天运动场自由活动 2～3 h；妊娠后期适当减少运动，在产前 5～7 天停止运动。

③防止有害刺激　防止母猪拥挤、咬架、滑倒、鞭打、惊吓等，以免造成机械性流产。

④防寒防暑　冬季防寒保温，防止感冒发烧造成胚胎死亡或流产；夏要防暑降

温，特别是妊娠初期，防止高温造成胚胎死亡。

⑤预防疾病性流产和死胎　按免疫程序合理进行免疫接种，预防疫病发生。

⑥保持圈舍清洁卫生　防止子宫感染和其他疾病的发生。

⑦保证饲料卫生　发霉、变质、有毒和冰冻饲料，会造成母猪中毒、胚胎死亡和流产。

⑧饲料更换要逐渐过渡　过渡期一般4～5天。切忌突然变更，以免引起便秘、腹泻、流产。

四、哺乳母猪饲养管理

1.产仔前准备　母猪预产期表应贴在产房墙上或猪栏上，做到心中有数，防止产仔时无人接产护理。

(1)产房准备　母猪分娩时应有专门的产房。产房要求温暖干燥，清洁卫生，舒适安静，阳光充足，空气新鲜；温度在15～18℃，相对湿度65%～75%为宜。同时备好仔猪的保温装置(保温箱、红外线灯、电热板等)。产房内温度过高或过低，湿度过大容易造成仔猪死亡和母猪患病。在母猪产前10天就应准备好产房。将产房的墙壁用石灰水粉刷，猪栏、地面、饲槽、走道等冲刷干净，用2%苛性钠(火碱)水溶液或百毒杀等对猪栏、饲槽、地面、走道进行喷雾消毒，消毒后再用清水冲刷。如果产房潮湿，应注意通风，并向地面撒布石灰，在圈内放一些干燥清洁的垫草。

(2)接产用具及药品的准备　包括母猪产仔记录表格、照明灯、接产箱(筐)、擦布、剪子、5%的碘酒、高锰酸钾溶液、结扎线(应浸泡在碘酒中)、秤、耳号钳、保暖电热板或保温灯等。

(3)转入母猪　临产前1周左右，可将母猪转入已准备好的产房，使其提前熟悉环境，便于接产管理。进入产房前应对猪体进行清洁消毒，用温水擦洗腹部、乳房及阴门附近。进栏宜在早晨空腹时进行，进入产房后进行饲喂。饲养员应对其进行训练，养成在指定地点躺卧、排泄的习惯。产前应对母野猪进行检查，如发现有疥癣、猪虱，要用2%敌百虫水溶液喷雾灭除，以免产后传给仔猪。

(4)变料及减料　产前20天起妊娠母野猪开始改用哺乳期饲料，如果母野猪膘情好，产前5～7天开始逐渐减少喂量，至产前减至日粮的50%，并尽量少用干粗不易消化的高纤维饲料，用精料糠麸等配合全价饲粮，掺入青绿饲料饲喂，供给充足的饮水，防止便秘影响分娩。发现临产症状，停止喂料，只饮豆粕麸皮汤(加少许食盐，冬季用温水调制)，如果母野猪膘情不好，乳房膨大不明显，则不但不减料，还应加喂一些富含蛋质的催乳饲料。

2.接产 根据临产征状，准确地判断分娩时间。接产过程，要认真按规程操作。

(1)产前征状 产前1～2天，母猪腹部膨大下垂，乳房膨胀，乳头外张(少数野母猪症状不明显)，用手挤乳头会挤出初乳。初乳一般在产前数小时或一昼夜开始分泌，亦有个别产后才分泌的。

产前6～12 h，母猪阴部松弛红肿，尾根两侧稍凹陷(骨盆开张)，行动不安，叼草作窝，粪便变细。此时尽量避免人员接近，以防其咬人。

临产时，母野猪呼吸加快，站卧不安，时起时卧，频频排尿，然后卧下，开始阵痛，阴部流出稀薄黏液(破水)。此时应用高锰酸钾水溶液清洗母野猪阴部，后躯和乳房并挤出每个乳头一滴乳汁，准备接产。

(2)接产技术 母猪一般在夜间分娩。在整个接产过程中，要安静，动作迅速准确。接产时接产人员的手臂应洗净，并用2%的来苏儿消毒。

仔猪产出后，应迅速擦干口、鼻、全身的黏液。然后断脐，用手把脐带撕断，留下3～5 cm长，脐带头涂上或喷上碘酒，如果脐带流血，应用在碘酒中浸泡过的结扎线扎紧。

处理完脐带后，要做好剪乳牙、剪尾工作，最后是称重、编号和作产仔登记。对产仔过程不安的母猪，可先将产出的仔猪装入保温箱里，待分娩结束后一起送给母野猪哺乳，但时长不得超过3 h，必须让仔猪吃足初乳。

(3)假死仔猪的急救 仔猪产出后，心脏和脐带动脉还在跳动，但呼吸停止，这种现象叫假死。初生仔猪假死的原因较多，常见的如：脐带在产道内即被拉断；胎位不正；仔猪在产道内停留的时间过长，造成窒息；胎儿过大并卡在产道的某一部位；母猪产道狭窄；胎儿被胎衣包裹；黏液堵塞气管等。急救常用以下技术：

①呼气法 即向假死仔猪鼻内或嘴内用力吹气，促其呼吸。

②人工呼吸法 即饲养员把仔猪放在麻袋或垫草上，然后两手分别伸屈两前肢和两后肢，促其呼吸；提起两后腿，头向下，用手拍胸拍背，促其呼吸。

不管用那种方法，在急救前必须先把口、鼻内的黏液或羊水用手捋出并擦干后，再进行急救，而且急救速度要快，否则假死会变成真死。

(4)助产技术 在接产过程中，如果发现胎衣破裂，羊水流出，母猪用力时间较长，但仔猪生不下来，可能是发生难产。助产技术要掌握好五字措施，即“推、拉、掏、注、剖”。

推：是接产人员用双手托住母猪的后腹部，随着母猪的努责，向臀部方向用力推。

拉：看见仔猪的头或腿时出、时进，可用手抓住头或腿把仔猪拉出。

掏：母猪用力努责，仔猪长时间仍生不出来，可用手在努责时慢慢伸入产道掏仔猪，并随努责把仔猪掏出来，当掏出1头仔猪后转为正产时，就不要继续掏了。掏前先剪指甲，消毒手臂，涂上润滑剂。掏后用手把40万IU青霉素抹入阴道，防止患阴道炎。

注：肌肉注射催产素3～5 mL。

剖：即以上措施都采用后，仔猪还是生不下来，就应请兽医做剖腹产。

3. *产后护理* 母猪分娩过程中一般不喂食，如果分娩时间过长，可喂些稀的热小麦麸盐水以补充体力，防止母猪因过于口渴吃仔猪。

母猪分娩后，身体极度疲乏，常感口渴，不想吃食，也不愿活动，此时不要急于饲喂平常的饲料，更不可马上喂给大量精饲料，特别是饼类饲料，以免引起消化不良和乳汁过浓而发生乳房炎和仔猪拉稀，只喂些热的小麦麸盐水、豆饼水等即可。

产后第2～3天，可根据母猪食欲和膘情逐渐增加精料量；产后1周左右可转入哺乳期的正常饲养水平。如果母猪体弱和膘情较差，产后泌乳量少或无奶，产后第2天就应加强营养，增加精饲料和富含蛋白质的饼类和鱼粉等。母猪产后4天内，由于体弱，只能在圈内休息不能放出活动。要注意观察母猪的呼吸、体温、粪便和乳房情况，以防产后患病，特别是患高烧的疾病。产后5天如天气好而无风，可让母猪到运动场去活动。

4. *饲养管理要点*

①掌握投料量 仔猪45～55日龄断乳的情况下，产后10～20天日投料量3～4 kg，20～30天泌乳盛期4～5 kg，30～35天至断乳前3～4天逐渐减少投料量。断乳前2天还要控制饮水。

②饲喂次数 一般每天喂3次，分别在7时、12时、17时，也可以喂4次。使母猪有饱腹感，夜间不站立拱草寻食，减少压死、踩死仔猪，有利于母野猪泌乳和母仔安静休息。

③饮水和投青料 饮水器保证有足够的出水量和出水速度，最好喂生湿料（料∶水＝1∶(0.5～0.7)）。有条件的可饮豆饼浆汁，加喂一些饲料草、南瓜、甜菜（捣细碎或打浆）、胡萝卜等催乳饲料。饲料结构要保持相对稳定，不频变和骤变，不喂发霉变质和有毒饲料。

④保持产房清洁 产房小气候条件恶劣，产仔舍不卫生，粪便污染母猪乳头等，会增加仔猪黄白痢的发生，也可造成产后感染子宫炎症。因此，要保持产房清洁，空气清新、干燥。每天最少清扫产栏和走道2次；每2～3天，选用对猪体无害消毒药（过氧二酸、来苏儿、百毒杀等）喷雾消毒1次。

⑤减少干扰 避免噪声、粗暴操作对母猪的刺激，利于母猪泌乳。

五、仔幼猪培育

仔幼猪具有独特的生理特点：一是生长发育快，物质代谢旺盛；二是消化器官不发达，消化腺机能不完善；三是体温调节机能发育不全，抗寒能力差；四是缺乏先天免疫力，容易患病。因此，应加强饲养管理，创造良好环境，促进仔猪快速、健康生长发育。培育要点是“抓三食、过三关”，即抓乳食、抓开食、抓旺食；过初生关、补料关、断乳关。

（一）抓乳食，过好初生关

1. 保证吃初乳 初乳中含有镁盐，具有轻泻性；初乳的酸度高，有利于消化道活动，可促使排出胎粪，吃足初乳是仔猪早期获得抗病力最重要的用途。仔猪刚出生时，四肢无力，行动不便，往往不能及时找到乳头，尤其是在寒冷季节，仔猪可能被冻僵，失去哺乳能力。因此，仔猪出生后，在擦干仔猪全身和断脐时，立即放入保温箱内，待全部仔猪产出后，立即人工辅助哺乳，使仔猪尽快吃到初乳。母猪分娩结束后，全部仔猪都要吃到足够的初乳。

2. 固定乳头 仔猪有固定乳头吸乳的习惯，但在初生吸乳时往往互相争夺乳头，强壮的仔猪争先占领最前边的乳头，而弱小仔猪则迟迟找不到乳头，错过放乳时间，吃乳不足或根本吃不到乳。还可能由于仔猪争抢乳头而咬伤母猪乳头，导致母猪拒绝哺乳。为使同窝仔猪发育均匀，必须在仔猪出生后 2～3 天内，采用人工辅助方法，促使仔猪尽快形成固定吸食某个乳头的习惯。

固定乳头的原则：将弱小仔猪固定在前边的几对乳头；初生重较大、健壮的仔猪固定在后边的几对乳头，使弱仔获得较大量乳汁以弥补先天不足。虽然后边乳头泌乳量不多，但因仔猪健壮，拱揉乳房和吸乳的动作较有力，仍可弥补乳汁不足的缺点，从而使窝内仔猪生长发育快且均匀。

固定乳头的方法：当窝内仔猪差异不大，有效乳头足够时，生后 2～3 天内绝大多数能自行固定乳头，不必过多干涉。但如果个体间竞争激烈，应加以管理。

若窝内仔猪间的差异较大，则应重点控制体大和体小的仔猪，中等大小的可自由选择。辅助体小的个体到前边的乳头吸乳，把体大的固定在后边的乳头。对个别争抢严重、乱窜乱拱的个体需进行人工控制，可先不让其拱乳，只是在放乳前的一刹那放到其固定的位置，或干脆停止其吸乳一二次，以纠正其抢乳行为。如此，经过两天基本上可使全窝仔猪哺乳时固定乳头。如果同窝内仔猪数较多，可利用一块隔板，放在母猪的中部，将仔猪分开，从而使仔猪数和活动范围相对缩小，防止仔猪哺乳时因找乳头位置前后乱窜。

固定好乳头的标志是母猪哺乳时，仔猪能固定在某个乳头上拱揉乳房，无强欺弱、大欺小、争夺乳头的现象，母猪放乳时，仔猪全部安静地吸乳。

3. 保温防冻　仔猪最适宜的环境温度：0～3 日龄为 30～35℃，3～7 日龄为 28～30℃，7～14 日龄为 25～28℃，14～35 日龄为 22～25℃。低温对仔猪的直接危害是冻死，同时又是压死、饿死和下痢、感冒等的诱因。因“小猪畏寒”，而“大猪怕热”（母猪的最适温度为 18℃），如果把整个产房升温，一则母猪不适应，影响母猪的泌乳，二则多耗能源，不经济。因此，产房温度控制在 15～18℃，需要单独为仔猪创造温暖的小环境，采用特殊保温措施来提高仔猪周围局部温度。

厚垫草保温：在水泥地面上垫厚草，厚度 5～10 cm，在不靠墙的几边设挡草板，以防垫草四散，垫草要清洁、干燥、柔软，长短适宜（10～15 cm），并注意更换，同时应注意训练仔猪养成定时定点排泄的习惯，使垫草保持干燥而不必经常更换。

红外线灯保温：是目前普遍采用的保温措施。将红外线灯悬挂在仔猪栏上方或特制的保温箱内，仔猪生后稍加训练，就会习惯地自动出入红外线灯保温区或保温箱。不同日龄的仔猪可通过调节灯的高度来调节床面的温度，如在舍温 6℃时，距地面 40～50 cm，可使床温保持在 30℃。如用木板或铁栏为隔墙时，相邻两窝仔猪还可共用一个灯泡。

电热板取暖：电热板是供仔猪取暖用的“电褥子”，是将电阻丝包在一块绝缘的橡皮内，可根据不同仔猪对温度的要求调节温度，也可自动控制，其特点是保温效果好，清洁卫生，使用方便。

4. 防压　在生产中，压死仔猪一般占死亡总数的 10%～30%，甚至高达 50% 左右，且多数发生在生后 1 周之内。压死仔猪的原因，一是母猪体弱或肥胖，反应迟钝；性情急躁的母猪易压死仔猪；初产母猪由于护仔经验差也常压死仔猪。二是仔猪体质较弱，或因患病虚弱无力，或因寒冷活力不强，行动迟缓，叫声低哑不足以引起母猪惊觉。三是管理上的原因，抽打或急赶母猪，引起母猪受惊；褥草过长，仔猪钻入草堆，致使母猪不易识别或仔猪不易逃避；产圈过小，仔猪无回旋和逃避空间。生产中，应针对上述情况采取防压措施。

加强产后护理：母猪多在采食和排便后回圈躺卧时压死仔猪。因此，仔猪生后 1～3 日龄内应加强看护，可在吃乳后将仔猪捉回保温箱，下次吃乳时放出，至仔猪行动灵活稳健后，再让其自由出入护仔栏。若听到仔猪异常叫声，应及时救护，一经发现母猪压住仔猪，应立即拍打其耳根，令其站起，救出仔猪。

设护仔栏：在产圈的一角或一侧设护仔栏（后期可用作补料栏），用红外线灯、电热板等训练仔猪养成吃乳后迅速回护仔栏内休息的习惯。从而实现母仔分居，防止母猪踩死、压死仔猪。

5.补充矿物质　仔幼猪最容易发生缺铁、缺硒现象。

(1)补铁　正常生长的仔猪,每日约需铁 7 mg,而每天从母乳中只能获得 1 mg。如果没有铁的补充,仔猪体内的铁储量仅够维持 6～7 天,10 日龄左右即出现因缺铁而导致的食欲减退、被毛粗乱、皮肤苍白、生长停滞等现象。仔猪补铁的方法很多,普遍采用的方法是:在仔猪生后 2～3 天,肌肉或皮下注射右旋糖苷铁或葡聚糖铁 1～2 mL(每毫升含铁量 50～150 mg);为加强效果,2 周龄后可再注射 1 次。

(2)补硒　仔猪对硒的日需要量为 0.03～0.23 mg。缺硒严重时会导致仔猪突然死亡。目前多在仔猪生后 3～5 天肌肉注射 0.1%亚硒酸钠维生素 E 合剂 0.5 mL,2～3 月龄时再注射 1 mL。对已吃料的仔猪,按 1 kg 饲料添加 0.1 mg 的硒补给。硒是剧毒元素,过量极易引起中毒,用时应谨慎。加入饲料中饲喂,应充分拌匀,否则会因个别仔猪过量食入而引起中毒。

6.寄养并窝　所谓寄养,就是将一窝中过多的仔猪过寄给另一头母猪哺育;并窝则是指把两窝或几窝仔猪,合并起来由一头母猪哺育。寄养和并窝以及调窝是生产中常用的方法,为使其获得成功,应注意以下问题:

(1)寄养的仔猪与原窝仔猪的日龄要尽量接近,最好不要超过 3 天,超过 3 天以上,往往会出现大欺小、强辱弱的现象,使体小仔猪的生长发育受到影响。

(2)寄养的仔猪,寄出前必须吃到足够的初乳,或寄入后能吃到足够的初乳,否则不易成活。

(3)承担寄养任务的母猪,性情要温顺,泌乳量高,且有空闲乳头。

(4)母猪主要通过嗅觉来辨认自己的仔猪,为避免母猪因寄养仔猪气味不同而拒绝哺乳或咬伤寄养仔猪,以及仔猪寄养过晚而不吸吮寄母的乳汁,应分别采用干扰母猪嗅觉和饥饿仔猪法来解决。

(二)抓开食,过好补料关

母猪泌乳高峰期是在产后 20～30 天,35 天以后明显减少,而仔猪的生长速度却愈来愈快,存在着仔猪营养需要量大与母乳供给不足的矛盾。母乳对仔猪营养需要的满足程度是,3 周龄为 92%,4 周龄为 84%,5 周龄为 65%,到 8 周龄时降至 20%。可见 3 周龄以前母乳可基本满足仔猪的营养,仔猪无需采食饲料,但为了保证 3 周龄后仔猪能迅速大量采食饲料以弥补母乳营养供给的不足,必须在 3 周龄以前提早训练仔猪开食。对早期断乳仔猪更应该提前开食补料。

1.开食训练　仔猪从吃母乳过渡到吃饲料,称为开食、引食或诱食。它是仔猪补料中的首要工作,其意义有两个方面:一是锻炼消化道,提高消化能力,为大量采食饲料做准备。二是借助饲料的刺激,胃壁提早分泌盐酸,从而形成一种酸性环境，能有效地抑制各种微生物的生长繁殖，预防下痢。一般要求生后5～7日龄左右开食。在诱导开食时，应根据仔猪的生理习性进行，具体应注意以下几个方面：

(1)利用仔猪的探究行为　仔猪6～7日龄开始长臼齿，牙床发痒，常对地面上的东西用闻、拱、咬，特别喜欢啃咬垫草、木屑、母猪粪便中的谷粒等硬物。利用仔猪这种探究行为，可在补饲间的墙边地上撒一些开食料(多为硬粒料)供仔猪拱、咬，也可将开食料放入周身打洞、两端封死的圆筒内，供仔猪玩耍时拣食从筒中落在地上的粒料。10日龄以后，仔猪已能采食粒料，可给予稠稀料、干粉料、颗粒料或幼嫩的青草、青菜、红薯、窝瓜等碎屑，放于小槽内诱导，并随食量增加调整供给量。一般到20日龄仔猪即能正常采食，30日龄食量大增。

(2)利用仔猪喜香甜习性　仔猪喜食香、甜、脆的饲料，利用这一习性，可以选择具有香味的饲料，如炒得焦黄酥脆的玉米、高粱、大麦和大豆粒等，以及具有甜味的饲料，如在仔猪的开食料中加入香味剂、食糖等。

(3)利用仔猪的模仿行为　仔猪具有模仿母猪和大猪行为的特性。在没有补饲间时，可放低母猪的食槽，让仔猪在母猪采食时，随母猪拣食饲料。为此，母猪食槽内沿高度不能超过10 cm。

2. 正式补料　仔猪经开食训练后，25日龄左右可正式进入“旺食”阶段，应根据不同体重阶段的营养需要配制标准饲粮，进行仔猪补料时应注意以下几个方面：

(1)饲粮营养　要高能量、高蛋白、营养全面、适口性好而又易于消化，另可根据需要适当添加抗菌素或益生素等.

(2)饲料调制　颗粒料、潮拌料(1份混合料加0.5份水拌匀)或干粉料料型，有利于仔猪多采食干物质，细嚼慢咽消化好，增重快。而稀料和熟粥料减少仔猪采食干物质量，冲淡消化液影响消化，容易污染圈舍，下痢病多，影响增重。

(3)饲喂次数要多，适应肠胃的消化能力　补饲阶段的仔猪生长发育好，对营养物质的需要量大，但胃的容积小且排空快，最好采取自由采食的饲养方式。若采用顿喂，一般日喂次数最少5～6次，其中一次应放在夜间。

(4)保证清洁充足的饮水　仔猪生长迅速，代谢旺盛，需水量较多，应保证水的供应。若饮水供应不足，将致使生长缓慢或仔猪喝脏水引起下痢。

3. 预防下痢　下痢是哺乳仔猪最常发的疾病之一，严重威胁仔猪的生长和成活。临床上常见黄痢和白痢，引起发病的原因一般多由受凉、消化不良和细菌感染三个因素引起。主要的预防措施有：

(1)妊娠期母猪要实行全价饲养，特别是宜多喂青饲料，保证正常的繁殖体况；母猪产前10～20天接种K88，K99大肠杆菌腹泻菌苗。

(2)产仔前彻底消毒产房，整个哺乳期保持产房干燥、温暖、空气清新并进行定期消毒,尤其要注意仔猪保温。

(3)泌乳母猪的饲粮应全价,饲粮相对保持稳定,饲料骤变常引起母猪乳汁改变而引起仔猪下痢。

(4)按饲养标准为仔猪配制饲粮,要求饲粮营养全面,适口性好,易消化。目前常在仔猪补料中添加酸化剂、抗菌素、益生素等来预防仔猪下痢。

一旦发生仔猪下痢,应同时改进母猪饲养,搞好圈舍卫生,消毒并及时治疗仔猪,不能纯给仔猪治疗。更重要的是消除感染源。

4.适时去势　公母猪在性成熟后所表现出的性活动就会影响食欲和生长速度。公猪若不去势,其肉具有较浓厚的性臭味而几乎不能直接食用。商品猪在6月龄左右出栏,母猪可不去势直接进行肥育,但公猪需去势后进行肥育。

仔猪3个月龄内去势对生长速度和饲料利用率的影响较小,日龄越大或体重越大,去势时操作越费力,而且创口愈合缓慢。目前,趋向于2周龄对公仔猪去势,4～5周龄对母仔猪进行去势。仔猪去势后,应特殊护理,防止互相拱咬创口引起失血过多;保持圈舍卫生,防止创口感染。

5.预防接种　仔猪应在20日龄进行猪瘟疫苗接种。50～60日龄进行猪瘟疫苗再次接种;同时,进行猪丹毒、猪肺疫和仔猪副伤寒疫苗的预防接种。受到猪瘟威胁时,可进行猪瘟的超前免疫。是否进行其他疾病的预防接种,视本地区的疫情和本场的猪群健康状况而定。

仔猪去势和免疫注射,避开在断乳前后的1周时间,以免应激影响仔猪增重和成活。

(三)抓防病,过好断乳关

从断乳开始到75日龄,为断乳幼猪保育阶段。仔猪需经受心理、营养和环境应激的影响,如饲养管理不当,很容易造成生长发育缓慢,甚至患病和死亡。

1.断乳时间　仔猪断乳早,可增加母猪配种繁殖的利用强度,但仔猪的饲养难度会加大,成活率降低。一般情况下,母猪产后大约需20天(3周)的子宫复原期;仔猪在4～5周龄时,所需的饲养管理已和8周龄仔猪相近。因此,一般的养殖场(户)可在仔猪8周龄断乳。如果饲养管理技术、饲料条件比较完善,也可实行早期断乳。

2.断乳方法　可采用一次性断乳法、分步断乳法。根据情况灵活运用。

(1)一次断乳法　当仔猪达到预定断乳日龄时,将母猪与仔猪完全分开。此种方式方法简单,工作量小,规模化猪场较为常用。但由于断乳突然,仔猪会因食物及环境的突然改变而引起消化不良、起居不安等,生长会受到一定程度的影响,绝大多数有失重表现;同时,泌乳较充足的母猪,也会乳房胀痛,不安,甚至引发乳房炎。因此,这种方法对母猪和仔猪都不理想。

(2)分步断乳法　又称安全断乳法。一般在仔猪预定断乳期前的 4～6 天,将母猪赶到另外的圈舍或运动场隔开,定时放回原圈,逐日递减哺乳次数。哺乳次数为:第 1 天 4～5 次,第 2 天 3～4 次,第 3 天 2～3 次,第 4 天 1～2 次,第 5 天完全隔开。这种方法可避免仔猪和母猪遭受突然断乳的刺激,适于泌乳较旺的母猪,尽管工作量大,但对母仔均有益。

3. 断乳仔猪培育技术要点　为了养好断乳仔猪,应重点做好以下技术环节:

(1)营养与饲养　断乳后 2 周内,饲粮的营养、料型以及饲喂方法上都应与哺乳期相同,防止突然改变降低仔猪的食欲,引起消化机能紊乱。2～3 周后,逐渐过渡到断乳仔猪饲粮。此外,可在饲粮中加入外源消化酶等,以促进仔猪对饲粮的消化,减少腹泻的发生。

(2)饲喂方法　断乳后第 1 周,要适当控制仔猪的采食量。如果哺乳期的补料常用的是自由采食,则断乳后第 1 周仍可把饲料撒在地面上,让小猪左右采食。因为,野猪从小就有把地面饲料全部吃光的习惯,因此,撒料时要注意控制总量,既保证每头仔猪都能吃饱,又要防止摄入过多造或消化不良。1 周过后,可采用自由采食方式。

(3)环境条件　断乳仔猪对环境的适应性和对疾病的抵抗力都较差,因此,要求断乳(保育)仔猪舍温度适宜、干燥、清洁。没有保育仔猪舍的猪场,最好是将母猪调出哺乳舍,仔猪留在原圈饲养;2 周后再将小猪调圈,以减少环境应激。如果断乳仔猪需要并窝,亦应在断乳 2 周后进行。

技能训练一　野猪的发情鉴定

一、目的要求

通过现场训练,使学生能准确找出发情母野猪,确定最适配种时期,掌握野猪的配种技术。

二、材料及用具

公野猪 1 头、发情待配母野猪若干头。

三、方法与步骤

发情鉴定人员经过更衣消毒后,带着记录本进入母野猪舍,在工作道上逐栏进行详细观察,也可以在本舍饲养员的指导下,重点寻找将要发情的后备母野猪或是断乳后 1 周左右的母野猪。

1. 外部观察法 发情母野猪行动不安，食欲减退，跳圈，鸣叫，排尿频繁；外阴红肿有光泽，阴道黏膜充血，有少量黏液；爬跨其他母野猪，主动接近公野猪，公野猪爬跨时表现为安静不动，接受交配。

2. 阴门变化 将疑似发情母野猪赶到光线较好的地方或将舍内照明灯打开，仔细观察母野猪阴门颜色、状态。阴门由潮红变成浅红，由水肿变为稍有消失出现微皱，阴门较干，此时可以实施配种。如果阴门水肿没有消失迹象或已完全消失，说明配种适期不到或已过。

3. 阴道黏液法 仔细观察疑似发情母野猪阴道口的底端，当阴道口底端流出的黏液由稀薄变成黏稠。用棉签蘸取黏液不易与阴道口脱离，拖拉成线时，说明此时是配种的最佳时期，应及时进行配种。

4. 试情法 将疑似发情母野猪赶到配种场或配种栏内，让试情公野猪与疑似发情母野猪接触，如其接受试情公野猪的爬跨，说明此时可以进行配种。如果不接受公野猪爬跨说明不是配种佳期。

5. 静立反应检查法 将疑似发情母野猪赶到静立反应检查栏内，检查人员站在其腹侧面或臀后部，用双手用力按压发情母野猪背部(30 kg 左右压力)，如果发情母野猪站立不动，出现神情呆滞，或两腿叉开，或尾巴甩向一侧，出现接受配种迹象，说明此时最适配种。具体做法是，发情鉴定人员侧坐或直接骑在疑似发情母野猪的背腰部，双手压在母野猪的肩上，如果母野猪站立不动，说明此时是最适配种时期。

四、实习报告

写出发情鉴定的结果与心得体会。

技能训练二 野猪接产技术

一、目的要求

掌握野猪的接产技术。

二、材料及用具

临产母猪、接产所需备品。

三、操作方法

当母猪安稳地侧卧后，发现母猪阴道内有羊水流出，母猪阵缩频率加快且持续时间变长，并伴有努责时，接产人员应进入分娩栏内。若在高床网上分娩应打开后门，接产人员应蹲在或站立在母猪臀后，将母猪外阴、乳房和后躯用 0.1%的高锰酸钾溶液擦洗消毒，然后等待接产。母猪经多次阵缩和努责，臀部上下抖动，尾巴翘起，四肢挺直，屏住呼吸时仔猪将产出。

(1)"抠膜"和"擦身"：接产人员一只手抓住初生仔猪的头颈部，另一只手的拇指和食指用擦布立即将其口腔内黏液抠出，并擦净口鼻周围的黏液，防止仔猪将黏液吸入气管而引起咳嗽或异物性气管炎，上述操作生产中称为"抠膜"。紧接着用擦布将仔猪周身擦干净，既卫生又能防止水分蒸发带走热量引起感冒，这一过程称为"擦身"。

(2)断脐："抠膜""擦身"后，应进行断脐。接产者一只手抓握住仔猪的肩背部，用另一只手的大拇指将脐带距离脐根部 4～5 cm 处捏压在食指的中间节上，利用大拇指指甲将脐带切断，并涂上 5%的碘酊，如果脐带内有血液流出，应用手指捏 1 mim 左右，然后再涂一次 5%的碘酊。

(3)吃初乳：上述处理完毕，应将初生仔猪送到经 0.1%高锰酸钾溶液擦洗消毒，又经清水擦洗的乳房旁吃初乳，吃初乳前应挤出头几滴初乳弃掉，防止初生仔猪食入乳头管内的脏东西。

(4)超前免疫：如果本地区猪瘟流行，应对初生仔猪实行超前免疫，具体做法是仔猪出生后不立即吃初乳，而是集中放在仔猪箱内，待全部产仔结束，稀释猪瘟弱毒苗，在最短时间内完成全窝仔猪免疫(1 h 内)，夏季要将稀释的猪瘟疫苗溶液衬冰使用，防止猪瘟疫苗效价降低，一般进行 2 倍量免疫接种，2 h 后吃初乳。

(5)待全窝仔猪全部产完，一起称重，编号并做好记录。为了防止初生仔猪的乳齿咬伤母猪乳头，产仔结束后，应使用剪刀将乳齿剪断。用左(右)手抓握住仔猪的额头部，并用拇指和食指紧捏住仔猪上下颌的嘴角处，将仔猪嘴捏开，然后用右(左)手持剪刀在齿龈处，将上、下、左、右所有的乳齿全部剪断。

(6)全部仔猪吃饱初乳后，应将仔猪放到保温箱内(箱内温度控制在 34～32℃)，这样既能让母猪休息又能防止初生仔猪接触脏东西引起下痢，50～60 mim 后再放出来吃初乳，吃饱后再放回仔猪箱内。放置仔猪箱时要用防压栏与母猪隔开，防止母猪拱啃弄坏。产后 2～3 天内一直如此重复，以有利于母仔休息及健康。

(7)接产完毕，将分娩圈栏打扫干净。用温度为 35～38℃的 0.1%高锰酸钾溶液或 0.1%的洗必泰溶液，对母猪、地面、圈栏等进行擦洗消毒，如有垫草应重新铺上，一切恢复如产前状态。接产人员用3%来苏儿洗手后，再用清水净手。

四、实验报告

叙述接产的方法和体会。

【知识与技能测试】

一、名词解释：

特种野猪，双重配种，人工授精，性成熟，寄养，并窝

二、填空：

1. 母野猪发情周期平均为（　　）天；妊娠期平均为（　　）天。

2. 青年种公野猪每周可配种（　　）次。壮年种公野猪每天可配种（　　）次，为提高产仔率，可进行2次重复配种，连续配种（　　）天后要休息1天。

3. 初生仔猪需要补充的必需微量元素是（　　）和（　　）。

4. 哺乳仔猪的饲养管理中，抓“三食”是指（　　）、（　　）、（　　），过“三关”是指（　　）、（　　）、（　　）。

三、选择：

1. 对于断乳后体弱的经产母猪，适合采用下列（　）饲喂方式。

A. 高-低-高方式　　B. 步步高方式　　C. 前低后高方式

2. 在仔猪固定乳头时，应将弱小的仔猪固定在（　）的几对乳头。

A. 前边　　B. 中间　　C. 后边

3. 为防止仔猪贫血症，一般于仔猪生后（　）天，肌肉或皮下注射右旋糖苷铁或葡聚糖铁等铁制剂。

A. 1　　B. 2～3　　C. 7～8

4. 寄养的仔猪与原窝仔猪的日龄要尽量接近，最好不要超过（　）天。

A. 3　　B. 5　　C. 10

5. 公野猪的运动一般以每天（　）h比较适宜。

A. 0.5　　B. 1～2　　C. 4～5

四、简答：

1. 野猪具有哪些生物学特性？

2. 母野猪助产技术的“五字”措施指的是什么？

3. 哺乳野仔猪的饲养管理有哪三个关键环节？

模块四　特种禽类经济动物

项目一　雉鸡

【项目提要】雉鸡是一种广泛分布于欧亚大陆的陆生禽类，由于其不善于高飞、肉质鲜美，自古以来就是人们野外狩猎的对象。本章主要介绍雉鸡的生物学特性，繁殖育种，各阶段的饲养管理技术。

【知识目标】了解雉鸡的分类分布、形态特征、生活习性；了解雉鸡的繁殖生理及配种选配技术；掌握雉鸡养殖场的规划设计及饲料配制技术。

【技能目标】能利用所学知识进行雉鸡场的建设与引种；掌握雉鸡的人工孵化技术；掌握雉鸡各阶段的饲养要点。

【典型知识及工作任务】

编号	名称	内容提要
典型知识	雉鸡的生物学特性	雉鸡的分类分布、品种特征、生活习性
任务一	雉鸡的繁育技术	雉鸡的繁殖规律、自然交配、孵化技术
任务二	雉鸡的饲养管理	雏鸡的培育，育成期、繁殖期、休产期的饲养管理

【典型知识】雉鸡的生物学特性

一、分类与分布

雉鸡在动物学分类上属于鸡形目，雉科，雉鸡属，野生广泛分布于欧亚大陆，后被引进到北美，西欧和其他地区。雉鸡是我国分布最广的雉类，除西藏羌塘高原和海南省外，野生雉鸡遍及全国。野生雉鸡共有30个亚种，我国境内就有19个。不同亚种雉鸡的体型大小、体羽颜色斑纹、面部特征差别很大。一般北方亚种比南方亚种体型大，羽色更艳丽。雉鸡一般具有白色颈环，也有的颈环或仅有部分颈环（不完整颈环）的雉鸡。

二、外貌特征

雉鸡体型略小于家鸡，但尾羽较长，公母雉鸡性成熟后外貌、羽色斑纹差异较大，容易区分公母。公雉鸡羽色艳丽，七彩斑斓，具有长长的尾羽，用以吸引母雉鸡，以获得更多的配偶与交配权。母雉鸡羽色暗淡，这样在地面草丛中做巢孵蛋时不容易被天敌发现。

成年公雉鸡全身羽色鲜艳华丽，具有极高的观赏价值，因此公鸡的销售价格也高于母鸡，是制作标本的首选。公雉鸡头和颈上部的羽毛为蓝绿色，带有金属光泽，头顶两侧各有一束耸立的蓝绿色毛角（耳羽簇）。公雉鸡性成熟后面部出现肉垂，肉垂上有短的红色绒毛，点缀有小黑点。不同公雉鸡其红色肉垂大小不一样，用以区分等级，在采食和交配权上红色肉垂大的具有优先权。雉鸡的大多数亚种颈部有白环，有的亚种两眼睑上有白色眉纹。人工饲养繁殖的雉鸡有时会出现白色突变种，也有发黑的突变种。

成年母雉鸡羽色暗淡，头颈部黄褐色，头顶有黑色斑纹，脸部淡红色，颈部有蓝紫色闪光。体羽黄褐色，背部有大的黑色板块，胸部斑纹细小，腹部为沙黄色无斑纹，性成熟后脸部也会出现红色。尾羽较公雉鸡短，脚趾灰黑色，部分个体有距，部分个体没有距，喙淡黑色，体型和体重小于公雉鸡。

三、主要品种

1. 美国七彩雉鸡　美国人驯化选育而成的高产品种，是用中国的华东亚种雉鸡和蒙古亚种雉鸡杂交培育而成。美国七彩雉鸡以其体型大、生长速度快、繁殖率高、适应性强而著称，已广泛分布于世界各地，我国目前饲养的雉鸡品种主要也是该品种。公雉鸡颈部白色颈环较窄且不完全闭合，在颈腹部有间断。成年公雉平均体重为1.5～1.8 kg、母雉为1.1～1.4 kg。美国七彩雉鸡驯化程度较高，不善活动和飞窜，生产性能较高。年产蛋量在70～120枚。美国七彩雉鸡见图4-1。

2. 地产雉鸡　由中国农业科学院特产研究所，在1978—1989年对野生河北亚种雉鸡进行人工驯化和选育而成。公雉鸡体重1.2～1.5 kg，母雉鸡0.9～1.2 kg。公雉鸡头部眶上有明显白眉，环颈完全且环颈腹侧稍宽。地产雉鸡体细长，善活动，易惊飞。生产性能较低，一般年产蛋量仅20～30枚，但肉味鲜美，肉质细腻，深受国内外消费者的喜爱。

图 4-1 美国七彩雉鸡

3. 白雉鸡　是美国七彩雉鸡的白色突变种。公雉鸡的头顶、颈部、喙及身体各部位羽毛均为纯白色，虹膜为蓝灰色，面部皮肤为鲜红色。体型大小、产蛋量、孵化率与美国七彩雉鸡相近。突出优点是生长速度快、饲养周期短、饲料转化率高、饲养成本低，14～15 周龄即可上市。肉质光滑、风味独特，口感好。目前我国上海、河南洛阳等地有大批试养。

4. 左家雉鸡　是中国农业科学院特产研究所于 1991—1996 年通过美国七彩雉鸡进行两代杂交河北亚种雉鸡培育的新品种。眼眶上方有 1 对清晰的白眉，白色颈环较宽不太完整，在颈腹侧有间断。成年公雉鸡体重 1.5～1.7 kg，母雉鸡体重 1.1～1.3 kg。肉质白嫩，肌纤维细，香味浓而持久，口感很好。目前在我国广泛饲养，既具有地产雉鸡的抗逆性强的优点，又兼有美国七彩雉鸡的高产性能。

四、生活习性

1. 适应性强　雉鸡属于广泛性分布的鸟类，野生雉鸡从北亚热带到北寒温带，从荒漠干旱气候区到温湿多雨气候区都有分布。栖息在海拔 300～3 000 m 陆地各种生态环境下，能适应不同温度、不同地形条件。雉鸡在丘陵、山区、平原、灌丛、竹丛、草丛以及河边茂密的苇塘内常见，夏季栖息于海拔较高的针、阔叶混交林边缘的灌木丛中，秋冬季迁移到低山的避风向阳处，也出现在稻田、麦地和菜地等农田中，冬季可以在雪地里觅食。

2. 啄斗行为　雉鸡具有集群活动的特点，冬季非繁殖期喜欢大群活动、觅食，但在人工集约化饲养条件下，由于饲养密度加大，容易发生啄癖行为。在我国北方，每年春季进入繁殖季节，公雉鸡之间常常为争夺配偶而发生激烈的争斗，最后建立正常群序，产生王子雉，打斗停止。规模养殖雉鸡在刚开产阶段，会出现啄肛现象，是引起产蛋母鸡死亡的主要原因，应注意预防。

3. 有飞翔能力　雉鸡胸肌发达，翅膀短圆，善于飞蹿，但飞翔能力有限，只能做短距离的滑翔，不能长时间高飞，因此国外将其作为狩猎禽类进行饲养。地面上行走的雉鸡也非常敏捷，受惊后会集体低飞，人工饲养场地四周和顶部要设置围网，防止逃走。

4. 杂食性禽类　雉鸡是一种陆生禽类，在陆地上觅食，形成了杂食性的特点。陆地上不同季节食物来源不同，因此雉鸡的食性很广，植物种子、嫩草、树叶、浆果、各种昆虫、蚯蚓等都是雉鸡摄食的对象。

5. 反应机敏，易受应激影响　雉鸡生性机警，易受惊吓，当一只受惊飞起后全群慌乱，拼命向某一方向飞奔、碰撞，有时会撞得头破血流，甚至折断颈椎而死。抓鸡时要用专用网罩，徒手很难抓到。也有养殖场发现，经常给雉鸡群播放一些轻音乐，能够减少惊群与应激的发生。

6. 喜沙浴和日光浴　雉鸡喜欢在沙子中洗澡，用来清洁羽毛，清除体表的羽虱等寄生虫。人工饲养雉鸡，在青年雉鸡和种雉鸡阶段，在运动场要设置沙浴池，供雉鸡自由洗浴。雉鸡也喜欢晒太阳，特别是育雏结束到开产阶段，经常接受太阳照射，能够自身合成维生素D，促进血液循环，提高鸡群免疫力。因此雉鸡舍应建在背风向阳处，场地要有日光区，并且要增加雉鸡户外活动时间。

任务一　雉鸡繁育技术

【相关知识】雉鸡的繁殖生理

（一）雉鸡繁殖行为

1. 野生雉鸡繁殖行为　野生雉鸡每年春季繁殖，繁殖季节到来前，公雉开始占区，发出“嘎嘎”的叫声，有时拍打翅膀，招引母雉，驱赶其他公雉侵入领域。在我国北方，野雉的繁殖时间在4～7月，一公数母或一公二母组成一个繁殖群。性成熟的公雉肉垂和脸变红，头部两撮羽毛竖起，有时翅膀下垂，斜着走路。公雉上午8～10时表现活泼，发出清脆的叫声，拍打翅膀，引诱母雉。母雉不具主动求偶行为，仅在发情期表现为温顺的被动接受，交配时有主动蹲伏、翘尾等配合行为，交配结束轻轻抖动羽毛。野生雉鸡多营巢于灌丛下地面，巢穴隐蔽而简陋，在浅窝中垫些落叶、枯草和羽毛。每窝产卵6～15枚，孵化期24天。

2. 人工驯养雉鸡的繁殖行为　开放式饲养条件下，人工驯养雉鸡发情也有季节性，但产蛋期明显延长，产蛋量明显增加。北方一般是清明前后开始发情，到九月中旬产蛋结束；南方发情期会提前15天左右，产蛋持续期也较长。公雉鸡求爱的第一种方式是鸣叫，从早晨天放亮时就开始鸣叫。先拍打翅膀，然后伸脖抬头鸣叫，寻找发情母雉鸡进行配种。上午7～9时为鸣叫高潮，9时以后逐步减少。母雉发情时也用鸣叫声引逗公雉到身边配种，但声音小而短。人工驯养雉鸡，大群配种交配无择偶性。

3.交配行为　公雉鸡交配前颈部羽毛蓬松，尾羽竖立，迅速追赶母雉，从侧面接近母雉，翅膀下垂，另一侧翅膀不停扇动，头上下点动，围着母雉做弧形快速走动，并发出叫声。刚开始发情时，母雉一般不愿意接受配种，常被追赶，时间长了就没有上述表现，公雉跳到母雉背上配种。公雉用喙叨住母雉头顶羽毛，尾向下，肛门随之向下前倾，同时母雉泄殖腔外翻，接受配种，公雉射精的时间是0.5～1 s。完成配种后，母雉抖动并整理羽毛，公雉走开。

4.产蛋行为　据观察发现，母雉在无蛋日时飞、跑、跳自如，活泼好动。当天有蛋要产的母雉表现非常温顺，不好动，喜卧。母雉产蛋前很少采食，产蛋后食量增加。家养雉鸡，由于网室内饲养的雉鸡较多，互相干扰，因而产蛋没有固定地点。网室中随处都可以看到蛋，要及时拣蛋，防止啄蛋，同时母雉的就巢性消失。雉鸡产蛋时间多在上午10时到下午3时之间。产蛋时间很快，最快的半分钟，产蛋慢的也不超过6 mim。产蛋姿势是站立或半蹲，闭着眼睛用劲，并有轻微的叫声。也有部分雉鸡会在栖架上直接将蛋产于地面，容易将蛋摔破，因此产蛋期要将栖架移走。

（二）雉鸡的性成熟期

1.性成熟标志　雉鸡性成熟受光照、气温、纬度、季节、营养及饲养方式等因素制约。当开放式饲养公雉的鸣声较频繁（尤其早晨），脸部皮肤肉垂绯红变大，同时互相啄斗增加或追赶母雉并伴有颈羽竖起等表现时即标志公雉性已成熟。母雉性成熟后性情变得温顺，常喜欢接近产蛋场所，耻骨端由坚硬变得较松软而富弹性，耻骨间距变大，当公雉追赶时，由惊恐逃避转为较顺从随意接受交配等表现时，标志其已近性成熟。

2.野生雉鸡的性成熟期　野生雉鸡的性成熟较晚，并且具有明显的季节性。野生雉鸡10月龄左右才能达性成熟，在我国北方每年进入4月以后，上一年出壳的母雉鸡开始产蛋，产蛋主要集中在5～6月，到7月底结束。当年孵出的小雉鸡，要等到第二年春暖花开时才能交配、产蛋、繁殖后代。

3.驯养雉鸡的性成熟期　雉鸡经过人工驯化后，性成熟具有明显提前的趋势，在同样饲养环境条件和饲料条件下，性成熟越早的雉鸡，年产蛋量越高。美国七彩雉鸡一般6～7月龄达到性成熟产蛋，季节性繁殖特点不明显，冬季只要提高舍内温度，达到性成熟后也可以产蛋。

一、自然交配

1.公母配比 雉鸡是典型的一雄多雌婚配制禽类。野生雉鸡每只公雉鸡可配4～8只母雉鸡，组成一个婚配群，营巢于灌木丛、芦苇丛或草丛中的地面上，甚至农田中。每年繁殖1～2窝，每窝产蛋6～15枚不等。人工饲养雉鸡的最适公母比例为1∶(4～6)，100只左右为一群，最多不要超过300只。

2.公母合群 青年雉鸡在2月龄时公母分群饲养。在产蛋期或产蛋季节到来前15天放配，公母合群。在正式放配前，可先试放1～2只公雉到母雉群中，看母雉是否接受公雉，不接受说明母雉还没有达到性成熟，要推迟合群时间。雉鸡合群配种时，除考虑气温、繁殖季节和公雉的争斗地位等因素外，还要选择适时放对配种的时机。过早或过迟放配都不利于受精率提高。开放式饲养，在我国南方3月初即可放配，而北方则要延迟1个月。

二、人工孵化

雉鸡人工驯养以后，逐渐丧失就巢抱窝习性，要采用人工孵化法来繁殖后代，而且人工孵化法可以大大提高孵化效率。现代规模化雉鸡生产普遍采用电热孵化器孵化，实现了孵化温度、湿度、翻蛋的自动控制，大大降低了劳动强度，同时孵化率也得到了提高。传统的火炕孵化法、电热毯温箱孵化法、温水孵化法等，也能满足小规模饲养户的孵化要求。

(一)孵化条件

1.温度 雉鸡蛋孵化适宜温度为37.5～38.5℃。孵化室温度每升高10℃，孵化温度要降低0.4℃。在生产中，根据孵化过程中温度的变化与否，可分为恒温孵化与变温孵化两种供温制度。变温孵化随胚龄增加逐渐降低孵化温度，符合胚胎代谢规律，适合生产中整批入孵温度控制(变温孵化温度设定见表4-1)。

表4-1 雉鸡的孵化温度和湿度

孵化天数	孵化温度/℃	孵化湿度%
1～7	38.0	65～70
8～14	37.8	60～65
15～21	37.6	60～65
21～24	37.3	70～75

2.湿度 湿度与蛋内的水分蒸发与禽胚的物质代谢有关。孵化的早期，适宜的湿度可使胚胎受热均匀良好；孵化末期，提高湿度有利于散热和啄壳。雉鸡种蛋孵化湿度见表4.1。孵化湿度低，蛋内水分蒸发快，提前出壳，个体较小，容易脱水。湿度高，水分蒸发慢，延长孵化时间，个体较大，腹部较软。

3.通风 通风的目的是为禽胚发育提供必需的氧气，排除代谢过程中产生的废气（主要是二氧化碳）。在孵化初期（孵化的1～6天），胚胎的气体代谢与交换较弱，可完全关闭进气孔与排气孔（风门）。在孵化的中后期，随着胚龄的增加，需氧量增加很快，要逐渐打开气孔，加大通风量，落盘后全部打开。通风的要求，蛋周围CO_2的浓度不能超过0.5%，氧气含量不低于20%。否则会出现胚胎发育迟缓、胎位不正、死胚和畸形胚等现象。

4.翻蛋 翻蛋就是改变种蛋的孵化位置和角度。翻蛋的目的，一是避免胚胎与蛋壳膜粘连；二是保证种蛋各部位受热均匀，供应新鲜空气；三是有助于禽胚的运动，促进发育。在孵化的早期翻蛋更为重要，蛋盘孵化时，每次翻蛋的角度以水平位置左或右各45°为宜，每2 h翻蛋一次，落盘后停止翻蛋。

5.晾蛋 雉鸡胚蛋在孵化后期自身产热较多，会造成胚蛋过热，影响到胚胎的正常发育，孵化后期要进行晾蛋。雉鸡人工孵化16天开始凉蛋，16～20天每天凉蛋1次，21～23天每天凉蛋2次。凉蛋方法：打开机门、关闭热源，炎热季节可将蛋架车拉出到孵化室进行凉蛋。出雏期可以将30℃的温水喷雾到蛋表面，起到凉蛋与增湿的效果，可以提高出雏率。每次凉蛋10～20 mim，眼皮感觉温而不凉，蛋温凉至32℃左右即可推入孵化器继续孵化。

（二）种蛋管理

1.种蛋的收集 雉鸡全天产蛋高峰期是从上午10点开始至下午3点，这期间产蛋数占全天的70%，注意中午前后要有值班人员，及时收集种蛋，减少种蛋的污染和破损，以免种蛋暴露在直射光下太长，降低孵化率或被鸡踩碎。地面平养雉鸡要训练雉鸡到产蛋箱产蛋，产蛋箱要设置在棚舍内，每5只母鸡要设置1个产蛋位（窝）。产蛋箱内铺设柔软的稻草，并且经常检查垫料情况，没有垫料要及时铺上。雉鸡产蛋箱宽30 cm，深35 cm，高度30 cm，在前面入口处下方有10 cm高挡板，形成隐蔽的产蛋环境，减少其他鸡只造成的干扰。

2.种蛋的选择

（1）种蛋来源 种蛋应选自健康的高产种禽群，可以通过种蛋垂直传播的疾病还有鸡白痢和霉形体病，要进行净化，否则会造成孵化率与育雏成活率的下降。保存3～5天的种蛋孵化率最高，超过2周不适宜孵化。购买种蛋时，可以通过照检观察气室的大小来确定蛋龄，新鲜种蛋气室位于大头正中间，大小为大拇指指甲盖大小。时间长的种蛋气室移位并变大。

(2)蛋壳品质 首先要求蛋壳表面清洁卫生，没有粪便污染。蛋的表面致密、光滑、薄厚均匀一致，雉鸡蛋蛋壳平均厚度为 0.326 mm。雉鸡蛋壳颜色多样，主要为绿褐色，占 53.3%，其他颜色有褐绿、青色、瓦灰色等。破蛋和裂纹蛋要剔除。

(3)蛋重 蛋重的大小会影响到孵化率、雏鸡的体重和成活率。雉鸡合理的种蛋范围为 25～30 g，超出这一范围的不适合入孵。

(4)蛋形 雉鸡种蛋为椭圆形，有大头和小头之分。蛋形指数(纵径/横径)能衡量蛋的形状，过长、过圆的蛋不能入孵。雉鸡蛋平均纵径 4.34 cm，横径 3.47 cm，蛋形指数要求为 1.20～1.30 之间。

3.种蛋的保存

(1)保存时间 种蛋保存 3～5 天孵化率最高，雉鸡种蛋一般要求保存时间在 1 周以内，保存 1 周后的种蛋孵化率显著下降，最长不超过 2 周。

(2)保存温度 种蛋保存的适宜温度为 18℃左右，如果贮存时间不超过 3 天，贮存温度为 20～23℃即可；保存 1 周，温度为 18℃。

(3)保存湿度 在保存的过程中，应尽量减少蛋内水分的蒸发。保存湿度以接近蛋的含水率为宜，适宜的保存湿度为 75%～80%，过高的湿度会引起种蛋蛋壳发霉。适度通风，防止种蛋发霉。

4.种蛋的消毒

(1)甲醛熏蒸法 甲醛熏蒸法为种蛋最常用的消毒方法，方法简便，效果好，特别适合大批量种蛋消毒与孵化。消毒药品按每立方米空间 30 mL 福尔马林(40%甲醛溶液)，15 g 高锰酸钾。消毒温度 25～28℃，湿度 75%～80%，密闭熏蒸时间为 20 mim。严格控制药品的用量和熏蒸的时间。

(2)浸泡消毒 适合小批量孵化和传统孵化法，水禽种蛋蛋壳较脏多采用，在消毒的同时，对入孵种蛋起到清洗和预热的作用。常用的消毒剂有 0.1%新洁尔灭，0.01%高锰酸钾等，水温控制在 38～40℃，略高于孵化温度。

(3)喷雾消毒 适合分批入孵，为避免污染和疾病传播，种蛋装上蛋架车后，用 0.1%新洁尔灭或 0.3%～0.5%百毒杀溶液进行喷雾消毒。

(三)孵化管理

1.入孵前的准备

(1)制定孵化计划 一般每周入孵两批，工作效率最高，劳动强度适中。每一批次尽量入孵同一品种、同一日龄、同一保存期的种蛋，确保客户所购买的雏禽品种、健康水平、体重大小、抗体水平一致。雉鸡雏鸡销售季节性较强，每年 4～9 月为鸡苗销售黄金季节，应提前在电台、电视、网络等媒体做好广告宣传。

(2)孵化器与用品的准备　每一批种蛋孵化前要对孵化器进行全面检修，保证孵化过程中孵化器良好的运行状态。孵化一段时间或孵化率出现下降，要用温度计检验孵化器内的各部温差，上下、前后、左右温差要求不超过 0.2℃。每次孵化结束要对孵化器进行清洗消毒。孵化用品包括福尔马林、高锰酸钾等消毒药品、熏蒸消毒盆(陶瓷或搪瓷)、温度计、湿度计、照蛋器、孵化记录表格等。

(3)孵化器及孵化室的消毒　在入孵前 7 天，孵化室、孵化器要清理消毒。屋顶、地面各个角落都要清扫干净，机内也要刷洗干净，然后按房间及机器的体积每立方米放高锰酸钾 7 g，福尔马林 14 mL 进行熏蒸消毒，一般密闭熏蒸 30～40 mim。

(4)试机定温湿度　在开始孵化前，应全面检查孵化器，看风扇转动和翻蛋装置是否正常，各部分的配件是否完整，红绿指示灯是否正常。如有问题及时修理好，然后进行定温和调湿度，一切正常即可上蛋进行孵化。

(5)种蛋的预热　种蛋在种蛋库中温度较低，在入孵前要进行预热，使胚胎发育从静止状态中“苏醒”过来，避免蛋表凝水(出汗)，提高入孵消毒的效果。预热后还有利于提高孵化成绩，种蛋通常要在温度 22℃左右的孵化室内预热 6～10 h。

2.码盘　将合格种蛋大头向上放置在孵化盘的过程称码盘。在码盘过程中对种蛋进行严格挑选，太大的蛋、太小的蛋、破损蛋、裂纹蛋、蛋壳品质不良的要挑出，裂纹蛋要仔细辨别才能发现。小头向上放置孵化会造成胎位不正，出壳困难。

3.入孵及入孵消毒　入孵前要开动孵化器提前升温，达到 38.2℃。入孵后机内温度会下降，当机内温度重新升高到 27℃，湿度达到 65%时，进行种蛋第二次消毒，即入孵消毒。方法为甲醛熏蒸法，孵化器每立方米空间用福尔马林 30 mL，高锰酸钾 15 g，熏蒸时间 20 mim。然后打开排风扇，排除甲醛气体。注意分批入孵不能在孵化器内熏蒸消毒，以免影响前期入孵的种蛋，可以在熏蒸柜(刚好能放入 1 辆蛋架车的小空间)中消毒后入孵，或浸泡消毒。

4.做好观察记录工作　孵化开始后，要对孵化室温湿度、机显温湿度、门表温湿度、翻蛋状态进行观察记录。一般要求每隔 2 h 记录一次，以便及时发现问题，得到尽快处理。值班人员要认真填写孵化条件记录表。

5.照蛋　照蛋的目的是检查胚胎发育情况及孵化条件是否合适，剔出无精蛋和死胚蛋，以免污染孵化器，影响其他蛋的正常发育。头照在入孵后第 6～7 天进行，主要是检出无精蛋和死精蛋。二照在入孵后 13 天进行，观察胚胎的发育速度及检出死胚。照蛋特征为“尿囊合拢”(种蛋的小头有血管网)，可见到粗大的血管，看到胚胎活动。正常发育胚蛋特征，见图 4-2。

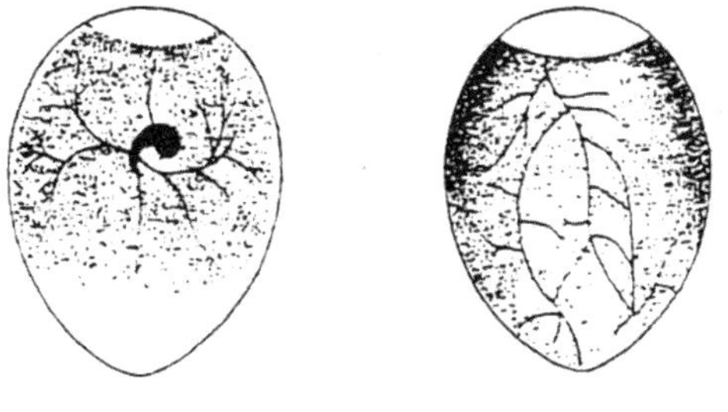

第6天特征　　第13天特征

图 4-2　雏鸡胚蛋照蛋特征

6. 落盘(移盘)　鸡胚孵化到 20 天结束时，将胚蛋由孵化蛋盘转到出雏盘中，移至出雏箱，降低温度，提高湿度，停止翻蛋，继续孵化等候出雏，这个过程称落盘。落盘时间不能推迟，防止在孵化蛋盘上出雏，被风扇打死或落入水盘溺死。值班人员在落盘前 3～5 h(夏季 3 h，冬季 5 h)对出雏器进行预温。

7. 拣雏　出雏器孵化至 23 天时开始出雏。这时要保持机内温湿度的相对稳定，并按一定时间拣雏，将雏鸡于孵化后第 24 天大批取出。

8. 清扫与消毒　为保持孵化器的清洁卫生，必须在每次出雏结束后，对孵化器进行彻底清扫和消毒。在消毒前，先将孵化用具用水浸润，用刷子除掉脏物，再用消毒液消毒，最后用清水洗干净，沥干后备用。

9. 停电时的孵化管理　孵化过程是一个生命体的发育过程，停电对孵化的影响较大，一般大型孵化厂应自配与孵化功率相匹配的发电机，如在生产中出现停电现象，应视室温和胚蛋的不同时期而采取不同的管理措施。

(1)孵化过程中停电的管理技术　当孵化器停电时，巷道孵化器首先打开前门，关闭风机，如时间超过 10 mim，应将孵化器的后门也打开，并将后期胚蛋车推到孵化室中。来电后先关孵化机后门，然后关孵化机前门，打开风机。

(2)出雏过程中停电的管理技术　如刚落盘且停电时间短，只需关闭风机开关，打开出雏器的门；如已出 50%以上的雏鸡，应立即把出雏车的筛子隔个抽出，若夏季停电超 0.5 h，把出雏车拉出到通风好的地方；来电后将出雏车恢复原位，关门、开风机，一切做好后将出雏室风机打开彻底更换出雏室空气。

任务二　雏鸡饲养管理

一、雏鸡培育

雏鸡从出壳到 42 日龄为育雏期，此阶段是雉鸡适应性、抗病力最弱的阶段，因此也是最难养的阶段，稍有不慎就会出现死亡，特别是由于育雏温度低出现打堆压死现象时有发生。

(一)育雏条件

1. 温度　温度与雏鸡体温调节、运动、采食和饲料的消化吸收等有密切关系。雏鸡体型较小，温度低，很容易引起挤堆死亡。育雏温度随育雏季节、育雏方式不同有所差异。第一周育雏温度掌握在 36～37℃，以后每周下降 2～3℃，6 周龄降至 18～20℃。温度计水银球以悬挂在雏鸡背部的高度为宜，平养距垫料、网面 5 cm。温度计的读数只是一个参考值，实际生产中要看雏鸡的采食、饮水行为来判断是否正常(图 4-3)。

图 4-3　不同温度下雏鸡的表现

伸腿、展翅、奔跑、跳跃、打斗、卧地舒展全身休息、呼吸均匀、羽毛丰满干净有光泽，证明温度适宜；雏鸡挤堆，发出轻声鸣叫，呆立不动、缩头，采食饮水减少，羽毛湿，站立不稳，说明温度偏低；雏鸡伸翅，张口呼吸，饮水量增加，寻找低温处休息，往笼边缘跑，说明温度偏高，应立即进行通风降温。降温时注意温度下降幅度不宜太大。如果雏鸡往一侧拥挤，说明有贼风袭击，应立即检查此处的挡风板是否错位，检查门窗是否未关闭或被风刮开，并采取相应措施保持舍内温度均衡。

2. 湿度　雏鸡从高湿度的出雏器转到育雏舍，湿度要求有一个过渡期。第一周要求湿度为 70%～75%，第二周为 65%，以后保持在 50%～60%即可。育雏前期高湿度有助于剩余卵黄的吸收，维持正常的羽毛生长和脱换，避免雏鸡在高温下脱水。

3. 通风　通风的目的主要是排出舍内污浊的空气，换进新鲜空气，有效降低舍内湿度。自然通风主要靠开闭窗户来完成，机械通风是利用风机来完成。生产中，要特别注意冬季舍内的通风换气。雏鸡新陈代谢旺盛，需氧量较大，而且排出的二氧化碳等废气也多。粪便中还会产生氨气、硫化氢等有毒气体。每天定时打开排气扇或者打开门窗，但要注意不能让冷空气直接吹到雏鸡身体，以防受寒感冒。

4. 光照　育雏期前 3 天，采用 24 h 连续光照制度，光线强度为 50 lx(相当于每平方米 15～20 W 白炽灯光线)，便于雏鸡熟悉环境，找到采食、饮水位置，也有利于保温。4～7 天，每天光照缩短到 20 h，8～14 天缩短为为 16 h，以后采用自然光照。光线强度也要逐渐减弱。随着光照时间的缩短，灯泡也逐步更换为小瓦数，降低光照强度，防止啄癖的发生。

5. 饲养密度　饲养密度的单位常用每平方米饲养雏鸡数来表示。在合理的饲养密度下，雏鸡采食正常，生长均匀一致(表 4-2)。

表 4-2　雏鸡饲养密度　只/m^2

周龄	平面育雏	立体笼养
0～2	60	80
3～4	40	60
5～6	20	30

(二)雉鸡育雏方式选择

雉鸡的育雏方式可分三种，根据饲养规模选用合适的育雏方式。

1. 地面育雏　适合小型饲养场和个体农户养殖采用。管理粗放，对房舍要求不高，可以节约投资。地面育雏要铺设垫料，有利于保温，同时保持地面干燥。地面育雏需要育雏伞、火炉或可以选择应用烟道供暖，一般育雏伞效果最好，但育雏运行成本较高。

2. 网上育雏　适合中等规模或大规模育雏。在育雏舍内离地面 1 m 左右高度设置小网床或大面积网面，将雏雉鸡放置其上饲养。设置网面要留有走道，便于饲养人员加料、加水、免疫接种等操作。小型料桶、真空饮水器放置在网床上。底网网眼大小 2 cm×1.5 cm。

3. 立体笼式育雏　大型饲养场普遍采用，育雏效率高，清洁卫生，便于防疫，但对房舍要求较高，需要有较好的供温设备(水暖、热风炉较好)。一般为四层重叠式，每层笼高度 28～35 cm，中间有承粪板。将灯泡、电线全部安装到雏鸡笼内，每笼 1 个 40 W 灯泡。雏鸡舍的电路、风机、锅炉系统检修一遍。

(三)育雏前的准备工作

1. 育雏室的清扫与消毒　全进全出饲养制度要求每次育雏结束后,要清除残留的任何活鸡或死鸡,将饮水器、开食盘、料桶等育雏用品移出育雏舍,清理舍内垫料,然后用高压水枪自上而下冲洗育雏舍。冲洗干净的育雏舍控制 2~3 天,自然晾干后用 2%~3%的烧碱或 2%的漂白粉等消毒液进行喷洒消毒。金属笼具、墙面、地面可用煤油喷灯进行火焰喷射消毒,各种病原微生物、球虫卵囊遇到火焰均可被迅速杀死。

2. 育雏设备的清洗与消毒　育雏一切设备需要移出禽舍,集中清洗消毒。塑料开食盘、饮水器、料桶、料槽等先用消毒液浸泡,然后用高压水枪冲刷或手工刷洗干净。浸泡消毒液可采用季铵盐类、过氧乙酸、高锰酸钾、复合酚、碘制剂、漂白粉溶液等。自动饮水系统也需要进行彻底消毒,首先清洗过滤器、水箱和水线,然后用季胺化合物(百毒杀)或含氯化合物消毒药浸泡 1~3 h,最后将消毒水放掉,用清水冲洗干净备用。最后对禽舍设备一起进行熏蒸消毒。

3. 育雏用品的准备　包括雏鸡用全价配合饲料(0~6 周龄累积饲料消耗为 600 g 左右)、药品及添加剂、疫苗、记录表格、温度计、湿度计、连续注射器、滴瓶、滴管、刺种针、台称、喷雾器、断喙器等。

4. 育维舍的预温　预温是指育雏舍进雏前 1~2 天开始点火升温,提高舍内温度,为进鸡做好准备。预温时,测定各点温度,雏鸡活动区域在 36℃左右,其他地方 25℃即可。预温后的鸡舍温度均衡,避免了温度的忽高忽低。

(四)雏鸡的选择与运输

1. 雏鸡的选择　雏鸡出壳重应在 19 g 以上,同一品种大小均匀一致,大小不一致说明不是同时出壳或种蛋来源不同,这样的雏鸡不好养。健雏表现活泼好动,无畸形和伤残,反应灵敏,叫声响亮。伏地不动,两腿外翻,不能站立的弱雏。腹部过大过小,脐部有血痂或有血线。健雏绒毛丰满有光泽,干净无污染。绒毛有黏壳,绒毛有黏着的为弱雏。

2. 雏鸡的运输　雏鸡运输要专用运雏箱,每箱装雏鸡 100~120 只。雏鸡的运输工具依季节和路程远近而定。汽车运输应注意做好防寒、防热、防闷、防压、防雨淋和防震荡。

(五)雏鸡的初饮和开食

进雏前应将舍内的灯全部打开,用 40 W 的灯泡照明,雏鸡均匀分布在栏舍或雏鸡笼内,认真巡视鸡舍,观察雏鸡的精神状况,确定喂水、喂料时间。如果是多层笼养,先放置在最上层,下边一层或两层暂时空歇。随着日龄的增加,减少饲养密度时再分散到下边两层内(一般在疫苗接种、断喙时分群)。

1.初饮　初饮用水要用凉开水,水温25℃左右。为了刺激饮欲,第一天可在水中加入葡萄糖或蔗糖(浓度为3%～5%)。对于长途运输后的雏鸡,在饮水中要加入口服补液盐,有助于调节体液平衡,预防脱水发生。真空饮水器水盘中放入鹅卵石,降低饮水深度,避免雏鸡弄湿羽毛。规模化饲养,7～10日龄后,可以过渡为自动饮水设备(乳头饮水器、自流饮水杯、平养普拉松饮水器)。

2.开食　雏鸡第一次喂食称为开食。开食时间一般掌握在出壳后24～36 h,有60%～70%雏鸡随意走动,有啄食行为时开食最好。另外,最好安排在白天进行开食,效果较好。为了促进采食和饮水,育雏前3天要求全天光照。雏鸡采食有模仿性,开食需要在平面上进行,用专用开食盘或将料撒在纸张、垫布上进行,1周后逐步改用料桶喂料。开食用颗粒料最好,如果是自己配合的粉状料,必须拌湿后饲喂,要注意现拌现用,吃完后再加,避免饲料霉变。

(六)雏鸡的日常管理

1.环境控制　温度、湿度、通风、光照、饲养密度等环境条件是成功育雏的基本条件。合理的育雏条件见前述。在这里特别强调温度要控制合理,避免雏鸡受凉打堆后压死。

2.合理饲喂　雏鸡胃肠容积小,消化能力弱,日常饲喂要做到"少给勤添",满足需求。育雏前3天自由采食,吃完就加;3～15日龄每4 h喂饲一次;15日龄后每6 h喂饲一次。第一周每只雉鸡每天平均采食5 g,第二周为9 g,第三周为13 g,第四周为17 g。

3.强弱分群　适时进行强弱分群,可以保证雏鸡均匀发育,提高鸡群成活率。在育雏过程中,要及时将发育迟缓,体质软弱的雏鸡挑出来。对于这部分鸡更要加强饲养,饲养在光线充足,温度适宜的环境中,同时供给优质全价饲料,使其很快得到恢复。

4.疫病预防　严格执行免疫接种程序,预防传染病的发生。每天早上要通过观察粪便了解雏鸡健康状况,主要看粪便的稀稠、形状、颜色等。对于一些肠道细菌性感染(如鸡白痢、大肠杆菌病、禽霍乱等)要定期进行药物预防。20日龄前后要预防球虫病的发生,尤其是地面垫料散养。

5.做好记录　记录内容有每日雏鸡死淘数,耗料量、温度、防疫情况、饲养管理措施、用药情况等,便于对育雏效果进行总结和分析。

(七)雏鸡的断喙

雉鸡饲养期长,在人工密集饲养条件下很易发生啄癖(啄羽、啄肛、啄趾等),尤其在刚开产阶段，啄肛会造成母鸡的伤亡，观察记录产蛋期40%死亡原因为啄肛引起。另外，鸡的采食时常常用喙将饲料勾出食槽，造成饲料浪费。断喙是解决上述问题有效途径，效果明显。

1. 断喙时间　断喙时间一般在10日龄左右进行，应和疫苗接种时间错开进行。56日龄进行第二次断喙，28周龄开产前进行第三次断喙。

2. 断喙方法　（见技能训练一）

二、育成期饲养管理

散养雉鸡性成熟期为6～7月龄，笼养雉鸡5个半月即可开始产蛋。育成期雉鸡是指留种用6～25周龄的雉鸡，商品雉鸡17～18周龄接近成年体重，羽毛更换为成年羽，颈部出现白环，这时可以上市卖相最好。

（一）育成期的饲养方式

1. 地面平养加运动场　这是传统的青年雉鸡饲养方式，满足青年雉鸡性情活跃、活泼好动的特点。在舍内地面铺沙，在靠墙处设置栖架，供夜间休息。运动场的2/3建成水泥地面，便于冲洗消毒，运动场的1/3铺10 cm厚沙土（沙浴池），满足雉鸡沙浴习性。饲养密度2～3只/m^2（按舍内加运动场面积），运动场四周及顶部要设置围网，防止雉鸡飞逃。围网高度2～2.5 m。

2. 笼养　准备人工授精的鸡群在育成后期提前上笼饲养，一般在120日龄上笼，使其能够适应笼养生活。上笼过晚或开产后上笼鸡群不安静，会引起鸡群应激死亡或脱肛比例增加。育成笼为三层阶梯式，单笼饲养3只，每组饲养90只。上笼前要进行断趾操作，用断喙器将爪切去，否则互相踩压引起皮肤损伤感染。

（二）育成期的饲养管理要点

1. 转群　6～8周龄由育雏舍转入育成栏舍，改变饲养方式和饲养方法。转群一般在夜间进行。结合转群，淘汰个体发育不良、有畸形的雉鸡，转入商品雉鸡群。留种的个体要求发育好，体格健壮，羽毛丰满，体重达到标准体重。美国七彩雉鸡8周龄体重公雉鸡500 g以上，母雉鸡450 g以上。另外，青年雉鸡实行公母分群饲养。

2. 选种与淘汰　雉鸡在16周龄时要进行一次严格选择，体重是一个重要的选种指标。要求地产雉鸡、雄雉鸡的体重在1 200 g以上，雌雉鸡在900 g以上；美国七彩雉鸡，雄雉鸡1 300 g以上，雌雉鸡1 000 g以上。另外，要求公雉鸡发育良好，脸绯红，耳羽直立，胸部宽深，羽毛丰满华丽、有光泽，雄性强；母雉鸡要求腹部容积大，耻骨间距宽，无畸形。

3. 限制饲喂 育成后期(19～25 周龄)的雉鸡容易采食过量出现过肥，为保证其繁殖期能获得较高的产蛋率和受精率，饲喂时可适当减少日粮中的蛋白和能量水平，增加青绿饲料的供给，减少饲喂量，加强运动。饲料粗蛋白水平控制在18%，代谢能控制在 11.3 MJ/kg。育成鸡每天要减少喂料次数，平养时上午一次性将全天的饲料量投放于料桶或料槽内，笼养时上午、下午两次投料。

4. 光照控制 育成期特别是育成后期(19～25 周龄)的光照原则是，光照时间不可以延长，光照强度不可以增加。育成期光照一般以自然光照为主，适当进行人工补充光照，使每天光照保持恒定时数，或者使光照时间逐渐缩短，避免出现早产现象。

5. 补充断喙 经过育雏期第一次断喙的雉鸡，在育成期有部分个体喙部又达到一定长度，在产蛋初期引起啄肛死亡。因此在转到产蛋栏舍时，结合转群对断喙效果不佳的个体进行补充断喙。

6. 疫苗接种和驱虫 育成期防疫的传染病主要有新城疫、鸡痘、禽流感等。驱虫是驱除体内线虫、绦虫等。驱虫要定期进行，每隔 2～3 个月 1 次，最后在转入产蛋舍前还要驱虫一次。驱虫药有左旋咪唑、丙硫咪唑等，笼养鸡用药片直接填喂，每只鸡 1 片，平养鸡用粉剂拌料喂给。

三、繁殖期饲养管理

(一)饲养方式

1. 地面散养 这是一种开放式的饲养方法，需要搭建棚舍，运动场四周、顶部设置围网，防止雉鸡飞逃。地面散养群体不要太大，200 只为一群，饲养密度 2 只/m^2。公母比例按照 1∶(4～5)搭配，自然交配。按每 5 只鸡设一产蛋箱或产蛋窝，便于种蛋收集运动场要设置挡板，阻挡王子雉的视线，否则王子雉会限制其他公鸡交配，引起受精率下降。挡板高度 50 cm 左右即可，设置挡板还可以减少雉鸡之间见面的次数，减少啄癖的发生。地面散养接近雉鸡的野生环境，在运动场的一角要准备一个沙浴池，满足雉鸡沙浴习性。

2. 立体笼养 规模化雉鸡生产，种鸡进行笼养是规模化养殖的发展方向，需要进行人工授精，要有专业人员对工人进行培训。

(二)预产期的饲养管理

1. 公母合群 公母合群在母鸡开产前 15 天左右比较好。秋季出壳留种雉鸡一般在第二年 3 月下旬放入种公雉鸡，但由于我国南北各地雉鸡进入繁殖期的时间早晚相差可达 1 个月，因此公母雉鸡合群的时间在各地都不同。正式合群配种前可以试放一两只公雉进入母雉鸡群，观察母雉鸡是否乐意接受交配。也可以根据雉鸡的鸣唱、红脸、做窝等行为等来掌握雉鸡的合群时间。

2. 设置产蛋箱　在雉鸡舍内阴暗处设置产蛋箱可以提高种蛋的合格率。产蛋箱用木板做成，宽度、深度、高度分别为 30 cm、35 cm 和 25 cm，特别注意不要太高，限制公雉鸡进入产蛋箱与母鸡交配，影响正常产蛋。最好在入口靠地面设置 10 cm 高度挡板，为母鸡创造相对隐蔽产蛋环境。产蛋箱中要铺设柔软垫料，减少蛋的破损。雉鸡产蛋箱见图 4-4。

图 4-4　雉鸡产蛋箱

3. 运动场铺垫河沙　在种雉鸡网室内运动场地面铺垫大约 5 cm 厚的细河沙，能够缓解和减少蛋与地面的撞击力，从而降低破损率。另外，沙砾能使雨后运动场不积污水，防止种蛋污染。

4. 保护王子雉　一个雉鸡群内，确立了王子雉后，公雉鸡间的争斗就会减少，群体也就安定下来，这样可以提高种蛋的受精率。因此，要注意保护王子雉，尽早树立王子雉的优势地位，以控制鸡群中其他公雉鸡之间的争斗，以减少伤亡。

5. 补充断喙　产蛋初期啄肛现象非常严重，主要原因有：饲养密度大，难产造成脱肛，输卵管炎症泄殖腔充血等。开产前一定要最后一次进行断喙，预防由于啄肛造成死亡。

6. 更换饲料　转入产蛋鸡舍后，更换预产期饲料，粗蛋白增加到 15.5%～16.5%，代谢能达到 11.6 MJ/kg，钙 2.0%。增加饲喂次数，每天 2～3 次。喂料量逐渐增加。或者直接更换为产蛋期饲料。预产期雉鸡的采食量明显增加，为产蛋储备营养物质，特别是矿物质的储备。

7. 增加光照刺激　从 28 周龄开始增加光照刺激，通过增加人工光照时间的方法来刺激鸡群迅速开产，而且开产比较整齐一致，产蛋率上升较快。在 28 周龄，体重达到标准时，第一周增加 1 h，以后每周增加 30 mim，一直增加到每天 16 h 维持恒定。转群时如果鸡群的体重偏轻，发育较差，要推迟增加光照刺激的时间，加强饲喂，让鸡自由采食。体重达到标准后，再增加光照刺激。

（三）产蛋期的饲养管理

1. 更换饲料　产蛋期饲料（粗蛋白 18%，钙 2.5%），这样既可以满足产蛋的需求，同时满足体重增加的营养需要。在满足蛋白质需要、矿物质需要、能量需要的同时，最容易忽视的是维生素需要。作为种鸡，维生素需要不仅要满足产蛋量的需要，还要满足较高水平受精率与孵化率的需要。

2. 加强饲喂　产蛋期雉鸡每日喂料 3 次，每天喂料量要计算好，当天的饲料在晚上熄灯前吃干净，避免饲料在料筒料槽中过夜。粉状料不要磨得太细，太细的粉料不便于雉鸡采食，会造成营养缺乏。散养雉鸡料筒最好放置在凉棚下，不要放在太阳光照射的地方，否则会造成维生素的破坏而出现维生素缺乏症，影响到种蛋的受精率。也要避免雨水将料筒弄湿。

3. 预防啄癖发生　进入产蛋期的鸡群管理不当容易发生啄肛，啄蛋等恶癖。啄肛会造成雉鸡的伤亡，是产蛋期死亡的主要原因，一定要加以预防。措施为逐渐增光，避免突然增光会造成脱肛，从而引起啄肛。保持合适的公母比例，刚开产阶段 1∶5，太多的公鸡会造成过度交配，引起母鸡死淘率升高。产蛋后期公母比例 1∶4。产蛋期要降低饲养密度，散养每平方米饲养面积 2 只。产蛋前做好断喙工作，可以有效预防啄癖。

4. 勤收蛋　雉鸡产蛋在每天中午前后较为集中，中午要有值班人员收蛋。每天上午 10 点后，要求每隔 30 min 拣蛋 1 次，下午 5 点后最后一次拣蛋。勤收蛋防止种蛋破损和受到污染，还可以避免雉鸡形成啄蛋、食蛋恶癖。

5. 维持固定的工作程序　固定的工作程序有利于雉鸡形成条件反射，便于管理，提高合格种蛋的数量。要求饲养人员固定，进入鸡舍要穿工作服，操作动作要轻，严禁外人进入雉鸡舍。每天喂料、加水、捡蛋、清粪、打扫卫生的时间要固定。

6. 做好生产记录　填写产蛋鸡管理日报表，记录内容包括：当日存栏数，当日死淘数，当日总耗料量，平均只耗料量，种蛋合格情况等内容。种雉鸡产蛋期日报表见表。

四、休产期种鸡饲养管理

雉鸡的利用期为 2～3 年，第一个产蛋期结束后，要经过严格挑选，将优秀个体留下，加速换羽。经过 3 个月左右的修整，鸡群会进入下一个产蛋期。

1. 选留与淘汰　产蛋结束后，要进行雉鸡体况检查，同时淘汰病弱个体。提前停产的个体年产蛋量低，是淘汰的对象。一般留种数量为70%～80%，淘汰掉20%～30%的个体。

2. 公母分群　休产期雉鸡需要公母分开饲养，避免公鸡对母鸡的踩压伤害，还可以减少公鸡之间争夺配偶出现的打斗，维持鸡群的稳定。选留后公母比例仍然按照1∶4留种。

3. 更换饲料　休产期母雉鸡产蛋已经结束，更换为休产期饲料，增加粗纤维含量，降低蛋白质含量与矿物质含量。休产期饲料主要以玉米、麸皮为主。休产期饲料中粗蛋白含量12%～14%即可，换羽阶段增加到15%～16%。

4. 越冬期管理　在散养条件下，换羽结束天气转寒，育种群和一般繁殖群中的雉鸡要进行重新断喙和新城疫Ⅰ系疫苗预防注射。同时，做好雉鸡舍防寒保温工作，准备越冬。日粮中要增加玉米等能量饲料比例，蛋白质水平可降至15%左右即可。冬季要注意天气变化，防止大雪压塌棚舍或围网，出现鸡群逃跑现象。

技能训练　雉鸡的短喙

一、目的要求

(1)了解雉鸡断喙的意义。

(2)掌握断喙器的使用与维护，能够正确掌握雉鸡的断喙操作。

(3)了解家禽断喙的注意事项。

二、材料及用品

提供15～18日龄雉鸡若干只；台式电热断喙器。

三、方法与步骤

(1)由教师讲解断喙器的使用方法。电热断喙器通过加热的刀片将喙尖切去，同时烧烙止血。刀片温度通过断喙器电压旋钮来调整，要求达到在700℃(颜色暗红色)。刀片上下运动频率可以通过旋钮来进行调节。

(2)由教师或熟练工人操作并讲解断喙操作要点。右手握住雏鸡头颈部，拇指压住鸡头顶，食指放在咽下并稍微用力，使雏鸡缩舌防止断掉舌尖；左手抓住雏鸡后躯，固定雏鸡。将雏鸡头颈部拉长，把鸡喙插入断喙器刀架圆孔中，刀片向下运动将喙尖切去，然后在刀片上烧灼1.5～2 s，保证伤口不出血。断喙长度上喙切去

1/2(喙端至鼻孔),下喙切去1/3,断喙后雏鸡下喙略长于上喙(图4-5)。

图4-5 雏雉鸡断喙

(3)学生实际操作。

(4)教师讲解断喙注意事项。切除部位掌握准确,掌握好插入深度,初次操作人员注意不要插入太多,可以通过烧烙将喙烙到合适长度。如果切得太多,则无法补救。断喙前后2天应在雏鸡饲料中添加维生素K,饮水中添加复合多维,有利于止血和减轻应激反应。断喙后1周内饲槽中饲料应有足够深度,避免采食时伤口碰到料槽而出血。断喙后应注意观察鸡群,发现个别喙部出血的雏鸡要及时烧烫止血。

四、注意事项

(1)注意做好劳动保护,防止学生被断喙器烫伤。

(2)注意动作力度,不能造成雉鸡伤亡。

【知识与技能测试】

一、名词解释:

王子雉,断喙,季节性繁殖

二、填空:

雉鸡在动物分类学是属于(　　)纲、(　　)目、(　　)科、(　　)属。自然界存在(　　)个亚种。目前饲养量最大的品种为(　　),它是由(　　)和(　　)杂交的后代。

三、判断：

1. 雉鸡属于陆生禽类，具有杂食性特点。（ ）

2. 雉鸡的性成熟时间为7月龄左右。（ ）

3. 母雉鸡的利用年限为2年，公雉鸡为3年。（ ）

4. 雉鸡人工饲养，公母比例应为1∶(8～10)。（ ）

四、简答：

1. 公、母雉鸡的羽色斑纹为何差异很大？

2. 雉鸡有哪些生活习性？哪些习性在生产中要加以克服？

3. 雉鸡的经济价值表现在哪些方面？

五、论述：

1. 引种时如何区分美国七彩雉鸡和地产雉鸡？

2. 雉鸡的繁殖特点表现在哪些方面？

3. 雉鸡人工孵化的技术要点有哪些？

项目二 鹌鹑

【项目提要】鹌鹑是一种小型高产禽种，经过长期选育分化出专门化蛋用和肉用类型。鹌鹑以其肉、蛋产品营养丰富、风味独特、容易消化吸收和具有一定的药用价值等特点，越来越受到消费者欢迎，被营养专家誉为“动物人参”。本章主要介绍鹌鹑的生物学特性，主要品种，鹌鹑的繁殖与孵化技术，各阶段的饲养管理技术。

【知识目标】了解鹌鹑的分类、形态特征、生态习性；了解鹌鹑的品种与繁育技术；了解蛋用鹌鹑自别雌雄配套系的选配技术；掌握鹌鹑养殖及饲料配制技术。

【技能目标】能利用所学知识进行鹌鹑引种；掌握鹌鹑的人工孵化技术；掌握鹌鹑各阶段的饲养要点。

【典型知识及工作任务】

编号	名称	内容提要
典型知识	鹌鹑的生物学特性	鹌鹑的分类分布、外貌特征、生活习性、主要品种
任务一	鹌鹑的繁育技术	鹌鹑的繁殖规律、孵化技术、种鹌鹑的选择
任务二	鹌鹑的饲养管理	育雏管理、仔鹑管理、产蛋期管理，产品包装及销售

【典型知识】鹌鹑习性及分类

一、分类与分布

现代家养鹌鹑是由野鹌鹑驯养而来。现存的野鹌鹑仍然过着迁徙的候鸟生活，分布范围很广，全世界有20种，有亚洲鹑、非洲鹑、欧洲鹑等。亚洲鹑主要分布于日本、朝鲜、中国东部、蒙古、俄罗斯西伯利亚地区。家养鹌鹑按用途分为蛋用和肉用两大类，每一类都有若干高产培育品种。

二、外貌特征

鹌鹑的体型较小，是鸡形目中体型最小的一种。例如蛋用型日本鹌鹑母鹑140 g，公鹑只有110 g。成年母鹑较同品种的公鹑体重大。成年鹌鹑呈纺锤形，外形似雏鸡。鹌鹑头小，喙细长而尖，无冠髯和耳叶。尾短而下垂。胫部表面无鳞片，无距，胫部无羽毛。成年公鹑的泄殖腔腺发达外裸。家养鹌鹑的羽色以野生羽色为主，是栗色花纹型，但培育品种中也有白色、黄色类型。栗色羽类型公鹑和母鹑羽色有区别。公鹑额头、脸部、喉部均为砖红色。其他部位黑褐色，间有黄白色条纹，腹部黄白色。母鹑额头、脸部、喉部均为近白色，胸部有许多较大的褐色斑点，身上的黄白色条纹较深。鹌鹑外形见图4-6。

图4-6 鹌鹑

三、生活习性

1. 摄食行为　鹌鹑为鸡形目鸟类，属于为陆禽，野生鹌鹑在地面找食，为杂食性禽类，各种植物嫩叶、浆果、昆虫都是它的食物。人工驯化后发现鹌鹑喜欢采食颗粒状饲料，如果饲料粉碎太细会造成采食困难，粉料拌湿后可以增加采食量。鹌鹑采食行为比较有规律，正常情况下鹌鹑在早晨和傍晚进食和饮水较频繁，每两次间隔时间很短，下午采食次数较少，在下午产蛋后 1 h 内基本停止采食。每天天亮后不久和天黑前 1 h 是一天中进食量最大的时间，应注意加料。鹌鹑具有明显的味觉喜好，喜食甜酸味的饲料。

2. 喜欢温暖的环境　鹌鹑不同于其他家禽，为候鸟，对温度变化较为敏感。野生鹌鹑每年春秋都要进行长距离迁徙。人工饲养条件下，鹌鹑生长和产蛋均需要较高的环境温度。育雏温度高开始要达到 38℃左右，以后逐渐降低。产蛋期维持高产的适宜温度为 17～28℃，最佳温度为 24～25℃，达到理想的饲料转化效率。雏鹑对温度的变化比鸡更为敏感，要密切注意，保证昼夜温度一致。

3. 反应机敏，易受到应激影响　鹌鹑个体小，不善高飞，野生鹌鹑往往是各种兽类的攻击对象，国外把鹌鹑作为狩猎鸟类。因此野生鹌鹑富于神经质，对周围的环境反应敏感，随时准备躲避敌害。家养鹌鹑虽然经过了近百年的人工驯化，但野性尚存。鹌鹑饲养应选择比较安静的地方建场，饲养人员要固定，不能随意更换，日常各项操作动作要轻，不能有大的响动。否则容易出现惊群现象，出现死亡和产蛋率的突然下降。

4. 适合笼养　鹌鹑个体小，具有栖高性，适合高密度笼养。种鹑笼养也能进行正常交配，保持高的受精率。鹌鹑笼养管理方便，加料、加水、收蛋、疫苗接种效率大大提高，促进了规模化鹌鹑生产的发展。

5. 有斗性　鹌鹑生性好斗，亚洲某些国家把公鹑用作“斗鹑”，进行娱乐和表演。种鹑在繁殖季节常为争夺配偶而打斗，因此应确定合适的配种比例，避免公鹑太多。种鹑要降低饲养密度。一般公母比例为 1∶3，商品鹌鹑可以在育雏期要进行断喙处理。但种公鹑不能断喙，否则不能进行正常交配。

四、主要品种

(一)蛋用品种

1. 龙城系朝鲜鹌鹑　育成于朝鲜，俗称花鹌鹑，是分布最广、饲养数量最多、养殖历史最悠久的品种。适应性能好，产蛋性能高，抗病能力强。成年鹌鹑羽毛呈栗褐色，雄鹌鹑脸部、下颌以及喉部呈淡褐色，胸部羽毛为砖红色；雌鹌鹑面部呈淡褐色，下颌呈灰白色，胸部羽毛为灰白色并有匀称的小黑点。成年体重雄鹌鹑平均 130 g，雌鹌鹑 165 g，40 日龄开始产蛋，年产蛋量 260 枚，平均蛋重 12 g，壳色为棕色或青紫色的斑块或斑点，平均产蛋率 75％～80％，只日耗饲料 24 g 左右，蛋料比为 1∶3。

2. 中国白羽鹌鹑　为隐性白羽纯系，由朝鲜鹌鹑白羽突变个体选育而成，体羽洁白，偶有黄色条斑，眼粉红色，喙、胫、脚为肉色。产蛋比朝鲜鹌鹑蛋重 1 g，产蛋多 20 枚。具有伴性遗传的特性，为自别雌雄配套系的父本。用中国隐性白羽鹌鹑公鹑与有色羽母鹑交配，后代出壳可按羽色区别雌雄：浅黄色为母鹌鹑（后变为白色），有色羽为公鹌鹑。成年公鹑体重 130～140 g，母鹑 160～180 g。6 周龄开产，年平均产蛋率 85%左右，蛋重 11.5～13.5 g，蛋壳有斑块与斑点，每天每只鹌鹑耗料 23～25 g。料蛋比为 2.73∶1，选种日龄为 90～300 天，受精率 90%。

3. 南农黄羽鹌鹑　体羽浅黄色，夹杂褐色羽丝。初生雏胎毛浅黄色，喙、脚浅褐色。成年公鹑体重 130 g，母鹑 160 g。6 周龄开产，年产蛋量 260～300 枚，年平均产蛋率 83%，蛋重 11～12 g，蛋料比 1∶2.7，蛋壳颜色同朝鲜蛋鹑。俗称黄鹌鹑或红羽鹌鹑，具有伴性遗传特征，属于隐性黄羽类型，可根据胎毛色彩自别雌雄。该品种适应性广，育雏期容易管理，成活率高，耐粗饲，生产性能稳定，体质较好，抗病力强，杂病少，饲养期为 14 个月，自然淘汰率 5%～10%。

4. 自别雌雄配套系　利用隐性基因鹌鹑纯系具有伴性遗传的特性，当隐性白羽或黄羽公鹌鹑与栗羽母鹌鹑杂交时，其子一代可根据胎毛颜色自别雌雄，具有较高的育种与生产价值。主要有：隐性白羽公×栗羽母（朝鲜鹌鹑、法国肉用鹌鹑等），隐性黄羽公×栗羽母（朝鲜鹌鹑）。

5. 日本鹌鹑　体形较小，成年体重公鹌鹑 100 g，母鹌鹑 140 g。羽色为野生型，栗色（麻色）。40 日龄性成熟，年产蛋 300 枚左右，蛋重 10 g 左右，种蛋受精率较低，只有 50%～70%。环境要求较高，要求温度适宜、光照合理、环境安静、空气清新。对饲料中蛋白质含量、原料品质要求较高，适合密集型饲养。目前在我国蛋鹑生产中所占的比例不大。

6. 爱沙尼亚鹌鹑　体羽为赭石色与暗褐色相间。公鹌鹑前胸部为赭石色，母鹌鹑胸部为带黑斑点的灰褐色。身体呈短颈短尾的圆形。背前部稍高，形成一个峰。母鹌鹑比公鹌鹑重 10%～12%，具飞翔能力，无就巢性。该品种为其主要生产性能：年产蛋 315 个，产蛋总量 3.8 kg，平均开产日龄 47 天，成年鹌鹑每天耗料量为 28.6 g，每千克蛋重耗料 2.62 kg。35 日龄时平均活重为公鹌鹑 140 g、母鹌鹑 150 g，平均全净膛重为公鹌鹑 90 g、母鹌鹑 100 g。

（二）肉用鹌鹑

1. 法国迪法克 FM 系肉鹑　法国迪克公司培育。体型大，成年鹌鹑体羽呈黑褐色，间杂有红棕色的直纹羽毛；头部黑褐色，头顶有 3 条淡黄色直纹；尾羽短。公鹌鹑胸羽呈红棕色，母鹌鹑胸羽则为灰白色淡棕色，并缀有黑色斑点。生长迅速，6 周龄活重 240 g，4 月龄达最大体重 350 g。商品肉鹑 45 日龄上市，活重 270 g。年产蛋 200 枚，蛋重 13～14 g。

2. 法国莎维麦脱肉鹑　为法国莎维麦脱公司育成。体型硕大，其生长发育与生产性能在某些方面已超过迪法克肉鹑。母鹌鹑 35～45 日龄开产，年产蛋 250 枚以上，蛋重13.5～14.5 g。在公母配比为1∶2.5时，种蛋受精率可达90%以上，孵化率超过85%。成年公鹑250～300 g，母鹑350～400 g。5周龄平均体重超过220 g，料肉比为2.4∶1，适应性强，疾病少。

3.美国法老肉用鹌鹑　是美国新近培育的肉用新品种。成年体重300 g左右，育肥后35天可达250～300 g，屠宰率高，生长均匀度好。

4.中国白羽肉鹑　从迪法克肉鹑中选育，纯白羽肉用鹌鹑，体型同迪法克鹌鹑，黑眼、喙、胫、脚肉色。经北京市种鹌鹑场测定，白羽肉鹑成年母鹌鹑体重200～250 g，40～50日龄开产，产蛋率70.5%～80%，蛋重12.3～13.5 g，每只每天耗料28～30 g，90～250日龄采种，受精率为85%～90%。

任务一　鹌鹑繁育技术

【相关知识】繁殖特点

1.性成熟期短　鹌鹑40～45日龄达到性成熟，开始产蛋。种鹑开产后10～15天就可以进行公母交配。刚开产的鹌鹑产的蛋蛋个小、受精率低、畸形蛋比率较高，不适合孵化，只能作为商品蛋销售。在60～70日龄时，产蛋率达到80%以上，达到合格种蛋的要求，才能孵化出健康的雏鹑。

2.自然交配　目前鹌鹑生产中仍然以自然交配方式进行繁殖。常用的配种方法为大群配种，种鹑笼内饲养15公鹑和45只母鹑（公母配比为1∶3）。配种前，应先将公鹑放入种鹑笼中，熟悉环境，然后再放入母鹑，可以提高交配的成功率和种蛋的受精率。

3.种用期短　刚开产种鹑所产的蛋不适合孵化，当产蛋率上升到80%以上时，开始收集种蛋，进行孵化。从产蛋率80%以上计算，蛋用种鹑的利用期为8～10个月，肉用种鹑为6～8个月。种用鹌鹑最多饲养1年，第二年要重新培育新的种群进行繁殖。

4.无就巢性　家养鹌鹑经过人类的长期驯化，产蛋性能大幅度提高，丧失了就巢性。因此，必须进行人工孵化才能繁殖后代。人工孵化可大大提高孵化效率，满足种苗的需求。

一、孵化技术

1.种蛋的选择　种蛋应来自产蛋多、蛋质好、没有任何疾病的种鹑，避免传染病垂直传播给幼鹑，雏鹑成活率降低。其中，鹌鹑白痢对孵化的影响最大，种鹑一定要进行白痢的净化。种蛋要大小适中(蛋用品种 10.5～12.5 g,肉用品种 14～17 g),蛋形正常(纵轴长约 2.5 cm),大头小头分明。颜色斑点符合品种品系要求,蓝色、青色、白色或茶褐色的蛋是老鹑、病鹑所产,不能孵化。蛋壳破损,严重粪便污染的种蛋应淘汰。沙皮蛋,孵化中水分蒸发过快,胚胎容易脱水死亡。

2.种蛋的保存 种蛋可横放或大头向上存放在 13～18℃、相对湿度 75%的室内,防止暴露在阳光下或受蚊子、苍蝇叮咬。夏季存放不超过 7 天,冬季不超过 14 天。在夏天要有专用蛋库,及时入孵。

3.鹌鹑孵化条件

(1)温度 目前鹌鹑孵化普遍采用整批入孵、变温孵化制度,孵化温度逐渐降低,应掌握"前高、中平、后低"的原则。孵化 1～5 天为 39.2～39.0℃,5～10 天为 38.9～38.6℃,11～15 天为 38.5～38.3℃,16～17 天为 37.5～37.2℃。

(2)湿度 孵化阶段(1～15 天)为 60%,出雏阶段(16～17 天)为 70%。实践证明,16 天落盘后,每天用喷雾器喷洒温水雾于鹑蛋表面 1 次,可以提高出雏率。

(3)翻蛋 孵化阶段每天翻蛋 12 次,机器孵化自动翻蛋,翻蛋角度 90°。落盘后停止翻蛋。

(4)通风 随胚胎日龄的增加,需要的氧气量逐渐增多,所以要逐渐打开风门挡板,加大通风量,尤其是孵化第 13 天以后,更要注意换气、散热,以免胚胎发育停滞、胎位不正、畸形、死亡。

4.孵化日常管理

(1)孵化期 孵化期 17 天。其中第 1～15 天为孵化阶段,16～17 天为出雏阶段。

(2)码盘 将合格种蛋大头向上放置在孵化盘上,也可以 45°斜放。小头向上码盘,容易造成胎位不正,出雏困难,死胚增加。

(3)预热 将码放好的蛋架车推入孵化室中,在 25℃的孵化室内预热 6～8 h。孵化室温度越高,预热时间越短。冬季预热时间长,夏季预热时间短。

(4)入孵及入孵消毒 预热后,关好孵化器门,开机升温。入孵消毒方法同雏鸡孵化。

(5)日常观察与记录 同雏鸡。

(6)落盘 孵化到第 15 天结束时,将胚蛋从孵化盘移至出雏盘中。

(7)捡雏 出雏孵化至 17 天时开始出雏。这时要保持机内温湿度的相对稳定,并按一定时间捡雏。当有 60%个体出壳时,第一次捡雏。以后每隔 4 h 捡雏

1次。17天结束时,彻底清理干净,清扫消毒孵化器。

5.初生鹑雌雄鉴别　初生鹑个体太小,很难用翻肛法进行鉴别。大多数品种初生时不进行鉴别。羽色自别雌雄配套系可以方便进行鉴别。

(1)中国白羽×朝鲜龙城　由原北京市种鹌鹑场培育的世界首创的鹌鹑自别雌雄配套系,即用白羽公鹑与朝鲜龙城母鹑交配,子一代即可根据羽色分别公母,即栗羽为公,浅黄色为母鹑(后变为白色),准确率100%。

(2)中国黄羽×朝鲜龙城　由南京农业大学培育成功的自别雌雄配套新品种,用中国黄羽公鹑与朝鲜龙城母鹑交配,子一代黄羽为母,栗羽为公。

(3)正反交都可自别雌雄的品种　该品种1997年由中禽种鹌鹑场培育成功,用中禽白羽与中禽黄羽交配,无论是正交还是反交,子一代都可根据羽色自别雌雄,且准确率98%以上,用白羽公鹑与黄羽母鹑交配,子一代栗羽为公,白羽为母。反交则栗羽为公,黄羽为母。

二、种鹑的选择

1.基本要求　留种鹌鹑来源要清楚,无白痢感染,头小而圆,嘴短,颈细而长。两眼大小适中、有神,羽毛丰满有光泽,羽毛颜色符合品种要求,姿态优美,性情温驯,手握时野性不强,体质健壮,无畸形,肌肉丰满,皮薄腹软。

2.母鹑要求　羽毛完整,色彩明显,头小而俊俏,眼睛明亮,颈部细长,体态匀称。体格健壮,活泼好动,食量较大,无疾病。产蛋力强,年产蛋率蛋用鹑应达80%以上,肉用型的也应在75%以上。月产蛋量24～27枚以上。体重达到该品种标准。体格大。蛋用型成熟雌鹑体重140～160 g为宜,肉种鹑则体重越大越好。腹部容积大,耻骨间有两指宽,耻骨顶端与胸骨顶端有三指宽,产蛋力则高。这种检查方法仅对母鹑第一产蛋年可行,母鹑年龄越大,腹部容积越大,但其产蛋量却越小。选择产蛋力时,一般不等到一年产蛋之后再行选择,可以统计开产后3个月的平均产蛋率和日产蛋量,符合上述要求即可选择。

3.公鹑要求　鹑羽毛覆盖完整而紧密,颜色深而有光泽。体质健壮,头大,喙色深而有光泽,吻合良好,趾爪伸展正常,爪尖锐,以免交配时滑下,影响交配,降低受精率。眼大有神,叫声高亢响亮,声长而连续。体重符合标准,蛋用公鹑在115～130 g,肉用公鹑250～280 g。泄殖腔腺发达,交配力强。选择时主要观察肛门,应呈深红色,隆起,手按则出现白色泡沫,此是已发情,一般公鹑到50日龄会出现这种现象。

任务二 鹌鹑饲养管理

一、育雏期饲养管理

1. 育雏方式的选择

(1)笼育 笼育有很多优点,育雏环境容易控制、清洁卫生、育雏量大。小型育雏笼用一层,规模化饲养普遍采用叠层式多层育雏笼,4～6 层。单笼放入 150 只雏鹑(图 4-7)。为了保证雏鹑腿部的正常发育,育雏前 1 周要求在笼底铺上垫布,经常清洗更换。

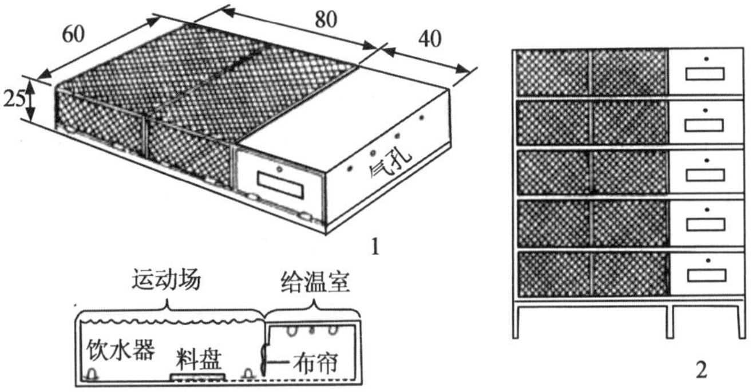

图 4-7 鹌鹑育雏笼(单位:cm)

1. 单层规格 2. 横截面

(2)平面育雏 我国广大城镇、农村小型养鹑户,常常采用平面育雏,育雏效果也很好,但饲养数量受到限制。火炕育雏在北方地区较为普遍,具有投资小、育雏效果好等优点。每平方米炕面可以饲养 150～200 只。

2. 育雏舍建造要求 保温性能良好,墙壁和房顶要加设隔热保温层。舍高 3 m 左右,窗户小而少,有利于保温。设置进气口和排气口,排气口装小型风机,进行负压通风;进气口加设导风板,避免冷气直接吹到鹌鹑,排气口设置在靠近墙角处。墙壁、地面、顶棚要光滑,不吸水,密闭性好,便于冲洗和熏蒸消毒。

3. 育雏条件控制

(1)温度 育雏需要较高的温度,并且随日龄增加逐渐降低。根据雏鹑表现可及时调整温度,特别要避免低温造成雏鹑扎堆压死。

(2)湿度 正常的湿度有利于雏鹑卵黄囊的吸收利用、减少呼吸道疾病和霉菌病的发生。第一周要有加湿的措施,如在地面洒水、喷雾加湿、火炉上放置水盆等。

之后要防止湿度过高,及时清理粪便,在承粪板和垫料上撒生石灰。加强通风,避免饮水器漏水。育雏期湿度见表 4-3。

表 4-3 鹌鹑育雏温度和湿度

日龄	育雏器温度/℃	相对湿度/%
1～6	37～35	65～70
7～12	34～31	50～60
13～18	30～26	
19～25	25～20	

(3)光照 1～3 日龄明天要有 24 h 连续光照,利于雏鹑熟悉生活环境,尽早学会采食和饮水。4～15 日龄为每天 23 h 光照(1 h 黑暗),便于雏鹑自由采食,迅速生长。16～21 日龄减少到每天 12～14 h 光照。光照一般使用白炽灯,灯泡数量及功率按 10～30 W/m^2 配置。特别注意,中国白羽鹌鹑是红眼睛,视力差,要求光照强度要大一些,尤其是前 5 天必须 24 h 光照,不能停电,否则会丧失视力,吃不到东西大批饿死。

(4)通风 机械通风量要达到每千克体重每小时 6 m^3。冬季通风可通过天窗的开闭自然通风,通风在温暖的中午进行。

(5)饲养密度 密度不可过大,以免造成部分鹌鹑找不到采食、饮水的位置,影响正常生长发育,生长均匀度差;但密度过小浪费占地面积,且不利于鹌鹑保温。合理的饲养密度见表 4-4。

表 4-4 鹌鹑的饲养密度 只/m^2

周 龄	1	2	3	4	商品鹌鹑	种鹌鹑
夏季饲养量	150	100	80	60	55	42
冬季饲养量	200	120	100	80	66	48

4. 雏鹑的挑选 弱雏、畸形雏和残雏应严格挑出淘汰。健康雏鹑标准为:外观无畸形和伤残,绒毛丰满有光泽,活泼好动,反应灵敏,叫声响亮;手握绒毛松软、丰满,挣扎有力;触摸腹部大小适中、柔软有弹性;卵黄吸收良好,腹部柔软,脐部愈合良好,脐孔上有绒毛覆盖;出壳体重大,蛋用型雏鹑 6 g 以上,肉用型雏鹑 8 g 以上,同一品种大小均匀一致。

5. 雏鹑的运输 运雏箱常用一次性瓦楞纸箱(也可用塑料网箱,消毒后可多次使用)。运雏箱四周要留有通气孔,防止长途运输时闷死。运雏时在箱底铺上皱纹纸，防止腿部打滑受伤。运输过程中应注意防寒、防热、防闷、防压、防雨淋和防震荡。

6.雏鹑的饲养

(1)饮水 转入育雏舍后，要先休息 2 h，然后先饮水，再喂料。饮水时要防止弄湿羽毛，因雏鹑体型小，腿部力量不足，羽毛淋湿后易失去平衡摔倒而被踩死或淹死在饮水器里，因此，要尽量使用小型饮水器（饮水器水深 2～3 mm，最深处 7 mm）。

1～3 日龄饮用凉开水，100 kg 水中加入 50 g 速溶多维、30 g 维生素 C 和 10 kg 白糖，刺激饮水。初次饮水，管理人员要注意观察，确保每只鹌鹑都喝到水。对没有喝上水的鹌鹑，可以抓起来将喙放在饮水器内蘸一下，让其将水咽下即可学会饮水。15 日龄后，更换 1 kg 容量的真空饮水器，自由饮水。

(2)开食 饮水后 2 h，即可开始投食。开食饲料要撒在笼底铺好的白布上，用手指点布，诱导雏鹑学会采食。平面饲养可以用开食盘开食，火炕育雏直接将饲料撒在炕面。喂料 2 h 后要检查雏鹑嗉囊内是否有料，对于嗉囊内无料的要单独照顾直至学会采食。5 日龄后逐渐过渡到以料槽喂料，10 日龄以后全部采用料槽。为了防止将饲料钩出槽外，要在槽内饲料上铺一块铁丝网，网眼 1.2 cm 左右。

(3)饲喂 使用雏鹑全价配合饲料，料中可添加 0.4%土霉素等药物，防止雏鹑拉稀。饲喂要定时、定量，每天喂 4～6 次，每次加料量不宜超过料槽高度的 2/3，喂料前料槽应空 30 min，可以刺激食欲，防止饲料浪费。每日每只平均采食量为：3 日龄 3～4 g，5 日龄 5～7 g，7 日龄 9～11 g，11 日龄 13～15 g，15 日龄 16～18 g。

7.雏鹑的管理

(1)7 日龄前的管理 7 日龄前雏鹑个体小，羽毛稀薄，是最难管理的阶段。5 日龄开始第一次换羽（先长翼羽、尾羽，后长腹羽、头羽）。此期育雏室要安静，保持稳定的工作程序，饲养人员不能更换，动作要轻，要特别精心。育雏期间疾病一般发生较少，但要防止意外死亡，如相互踩死、被饲槽或饮水器压死、掉入饮水器淹死、垫草下压死、突然受惊吓死等。

(2)7 日龄后的管理 7 日龄后雏鹑发育加快，骨骼生长迅速，15 日龄后全部换成初羽。要注意饲槽、料桶的均匀放置，数量充足，保证雏鹑吃饱、吃好。要注意每日采食、饮水、睡眠情况，发现异常及时采取措施。整个育雏期昼夜有人值班，定期检查温度、湿度、通风与光照情况，并且做好记录，按时进行疫苗接种。

(3)断喙 断喙可避免鹌鹑啄羽、啄蛋、啄肛。断喙在 15～30 日龄进行。断喙前后 2 天，应在饲料中添加维生素 K、维生素 C 等，以减少应激发生。鹌鹑断喙器的构造和使用与雏鸡相同，操作要点是：食指第二关节轻托下喙，拇指轻压头顶部，用断喙器切去上喙1/2、下喙1/3，烙干伤口不出血为止。断喙后1～2天料槽中不断料，以防止伤口碰到槽底流血。如发现有止血不完全，应及时烙干止血。断喙时不要切掉太多，切面应平整，以免导致残雏；如果断喙太少，可进行再断。

(4)粪便清理　每天上午将脏承粪板从每层笼底取出，立即插入干净的承粪板。脏承粪板集中清洗后浸泡消毒，晾干备用。平面圈养时，在1周龄以内每天要更换干净的垫布，取出的垫布清洗消毒；火炕育雏时，每天对炕面清扫1次，喷雾消毒。

二、仔鹑饲养管理

仔鹌鹑期为14天，特点是增重速度快，生长强度大，尤其是骨骼、肌肉、消化系统与生殖系统发育很快。饲养管理的主要任务是控制体重标准，正常达到性成熟期，同时要严格选择，及时免疫。

1.成鹑舍的准备　如果是新使用的鹑舍，可放入笼具，用甲醛、高锰酸钾熏蒸消毒24～48 h(用药量：每立方米甲醛42 mL，高锰酸钾21 g)。如果是旧鹑舍，要先用清水冲洗干净，墙壁地面用2%火碱喷洒消毒，笼具最好用火焰消毒；装好笼具后再用甲醛、高锰酸钾密闭熏蒸24 h。

2.转群　21日龄的鹌鹑可使用仔鹑笼或直接转入成鹑笼饲养。开始阶段鹑舍室温应和育雏室相同，避免突然低温应激，扎堆压死。转群后，5天内料槽中应尽量加满，料槽、饮水器挂的越低越好，便于采食，否则会大批饿死。

3.离温　随着鹌鹑生长，体温调节能力不断完善，在气温允许的条件下要逐步离温，初期温度保持在23～27℃，中期和后期温度可保持在20～22℃。天气突然变冷时则可继续加温。室内应注意保持空气新鲜，避免穿堂风，地面要保持干燥。湿度保持55%～60%。

4.分群　及时分群可以提高群体均匀度，避免早配和争斗。一般在鹌鹑长到21天后，按公母进行分群。可以根据鹌鹑胸部羽毛颜色、斑纹鉴定公母。公母鉴别方法为：

21日龄鹌鹑：公鹑胸部开始长出红褐色(砖红色)胸羽，其上偶有黑色斑点；母鹑在淡灰褐色胸羽上，密缀有大小不等的黑色斑点。

30日龄鹌鹑：鹌鹑基本更换为成年羽，公鹑脸部、下颌、喉部开始出现赤褐色，胸部为淡红褐色，其上分布有少量小黑斑点，腹部淡黄色；母鹑脸部为黄白色，下颌与喉部为灰白色，胸部密缀有黑色斑点，其分布范围似心形，整齐美观，腹部淡白色。

成年鹌鹑:成年公鹑肛门上方、尾巴下方有突出的囊腺(泄殖腔腺),排出的粪便上有白色的囊腺分泌物,呈泡沫状;母鹑无此结构。成年公鹑体型小,昂首挺胸,叫声短促、洪亮高亢,母鹑叫声细而轻。

5.饲料　将饲料更换为中雏专用饲料。料中要适当降低蛋白质水平,控制性成熟,避免过早产蛋。更换饲料时,要逐渐过渡,有5～7天的过渡期,以免发生应激反应。

6.限制饲喂　定期对鹌鹑称重,控制喂料量。一般从28日龄开始控料,降低营养浓度,以降低成本,防止性早熟,提高产蛋数量及质量。限制方法为:日粮中蛋白质含量降为20%,喂料量降为标准料量的80%。通过限制饲喂,蛋用型品种30日龄母鹑体重100 g左右,公鹑90 g左右;40日龄母鹑体重130 g左右,公鹑120 g左右;50日龄母鹑体重140 g左右,公鹑120 g左右。

7.控制光照　仔鹑期间需适当减光,保持每天10～12 h的自然光照,最多不超过14 h。25日龄后,更换为40 W小灯泡,在自然光照时间较长的季节,要用窗帘遮光,光照时间不变。通过光照与饲料的控制,使鹌鹑群体的开产期控制在45日龄以后,防止开产过早影响全期产蛋量。

三、产蛋期饲养管理

1.产蛋期生理特点　开产标志着鹌鹑已性成熟,但体重还在继续增长,直到开产后7～14天增重减慢。开产鹌鹑对环境变化反应敏感,新陈代谢旺盛,对光照反应敏感,一定要按时开灯补光,达到每天16 h恒定光照,35日龄后更换为25 W灯泡。

2.产蛋期饲养方式

产蛋鹑和种鹑采用密集型立体笼养。鹌鹑笼有重叠式和阶梯式两种。重叠式产蛋笼一般为5～6层,方便手工喂料、加水、拣蛋、清粪。机械化饲养,最多可以达到8层,自动喂料、饮水、集蛋、清粪等。阶梯式产蛋笼为4层(图4-8)。产蛋笼每层净高15～21 cm(种鹑笼要适当增加高度),笼深30～35 cm,便于采食、饮水。笼长90～100 cm,便于摆放。饲养密度,商品蛋鹑80～100只/m^2,蛋种鹑60只/m^2,肉种鹑48只/m^2。

3.产蛋前期的挑选

淘汰不合格的个体,有病和弱小的个体;商品蛋鹑应该及时地挑出鉴别错误的公鹑淘汰;种鹑群应该及时地淘汰不合格的公鹑,调整好公母比例。

4.饲料的更换

鹌鹑开产前1周更换为成鹑产蛋期饲料,为产蛋提前贮备能量和钙质。更换

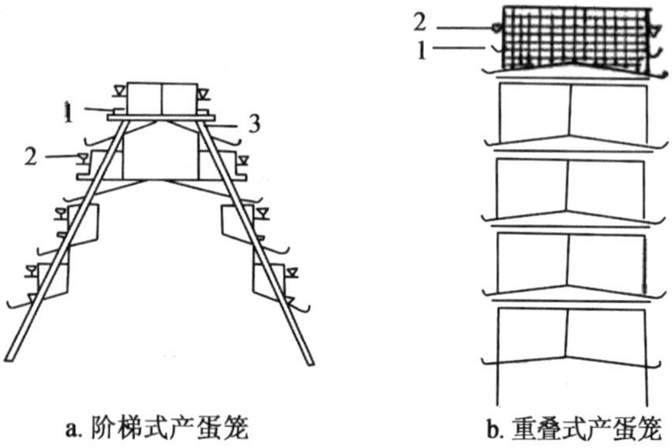

图 4-8 产蛋鹌鹑笼

1. 食槽 2. 饮水器 3. 笼架

饲料要根据鹑群平均体重和均匀度而定。如果鹑群已达到开产日龄,均匀度好,但平均体重偏小,应推迟更换饲料。如果均匀度差,应该分群饲养:将体重达到标准的放在一起,正常换料;体重低于开产体重推迟换料。这样可以保证鹌鹑蛋量的高产。35 日龄后将饲料更换为产蛋期饲料。当产蛋率上升到 50%时,饲料更换为产蛋高峰期饲料。产蛋后期仍然要用高峰期饲料,一直到淘汰。

5. 日常管理

(1)光照 产蛋期的光照强度为 10～15 lx(3～6 W/m^2),用普通灯泡、日光灯、节能灯等均可。从 35 日龄延长光照时间。光照时间在原来基础上每周增加 1 h,直到每天 16 h 后稳定不变。产蛋期光照时间和强度应相对稳定,突然变化都会引起产蛋率下降。每天早上 5 时开灯,自然光达到要求时关灯,下午舍内光线变弱时开灯,到晚上 9 时关灯。人工补充光照强度为 20 lx,每 10 m^2 地面用一盏 25 W 的白炽灯,离地高度 1.7 m。

(2)温度和通风 鹌鹑舍最佳温度是 22～26℃(范围为 17～30℃)。当气温超过 30℃时,要加大通风量,喷洒凉水,增加气流速度以增加鹌鹑对饲料的摄入量,增加蛋重,降低死亡率。

(3)观察鹑群 清晨要观察鹌鹑的采食和饮水行为,如果鹌鹑争先恐后采食,说明鹑群健康。早晨还要观察粪便形态,健康鹑粪便成形,颜色正常,公鹑粪便上有白色泡沫。如果粪便稀、黄绿色说明鹑群有病,应请兽医进一步诊断。

饲养员要在夜间关灯后 20～30 min 进入鹑舍,仔细听鹌鹑呼吸是否正常。发现异常声音,说明有病鹑。挑出病鹑诊断观察,确定是传染病还是普通病,及时采取相应措施。如果是传染病,立即确诊和治疗;如果是普通病,应淘汰病鹑。

(4)加料　每天早上进入鹑舍首先开灯，打开风机，然后在 30 min 内加料。加料完毕洗涤水槽，加足清水。中午上班后要检察鹑群的吃料和饮水状况，检查采食量和饮水量与往常相比有无异常。吃完料的地方及时补料。料多的地方向料少的地方均料。如果饲料全部采食干净，停料 20～30 min 加下一次料，同时检查和修理料槽。

图 4-9　笼养杯式饮水器

(5)检查饮水设备　每天要随时检查自动饮水设备，按压自流式饮水杯，看是否有清洁的饮水流出。检查水箱有无漏水，并且每隔 3～5 天清洗消毒一次。产蛋鹑自动杯式饮水器见图 4-9。

(6)清理粪便　重叠式鹌鹑笼应该每周抽出粪盘两次清粪。全阶梯式鹌鹑笼一个月清理一次，也可以用刮粪板机械清粪的方法每天清理一次。清粪配合通风可以保持舍内空气清新，给鹌鹑创造适宜的生活环境。清粪同时可以观察鹑粪的状态、颜色，以便了解健康情况，及时采取预防和保健措施。

(7)鹌鹑蛋收集　鹌鹑产蛋时间多在 12 点至晚上 8 点，下午 3—4 点最为集中。种用鹌鹑每天收蛋 2～4 次：下午 4 点、6 点、晚上 9 点各 1 次。软蛋、畸形蛋、蛋壳变白的蛋分类放置和记录。商品鹌鹑每天早上集中收蛋 1 次，以减少应激反应，保证正常产蛋。

(8)填写生产记录　生产记录表是管理鹑群、鹑场的基本数据，应实事求是地填写。填写当天工作内容，记录当日存栏数、死亡数、产蛋量、喂料量、温度等，统计存活率、死亡率、产蛋率等。

(9)环境保持　鹌鹑胆子小怕惊吓，产蛋鹑舍应减少外界干扰，尤其是下午产蛋时，饲养员除了进去喂料，减少在笼边活动时间。清扫、拣蛋时间都要往后挪，等到下午的 5:30 以后。

(10)防止蛋鹌鹑脱肛　鹌鹑在产蛋初期 2 周内，某些原因会造成脱肛，如蛋过大、过多或体躯过肥、过瘦及某种外界刺激等。脱肛后会诱使其他鹌鹑啄食肛门而死亡。为此，产蛋初期宜喂低蛋白质饲粮，防止或减少外界应激；发现脱肛鹌鹑应及时取出。对无治疗价值的病鹌鹑，应予淘汰。

6. 蛋鹑和种母鹑的选择

(1)15 日龄　分辨公母。公鹑胸部羽毛颜色较浅，黑色斑点较大而稀；母鹑胸部颜色较深,黑色斑点既小又密。

(2)30 日龄　区分公母的时机,同时选择种鹑。公母鹑的区别与 15 日龄的区分方法一样。种鹑要选择叫声高昂清脆者。

(3)49 日龄　已经全部开产,母鹌鹑应选择肛门松弛扁平湿润、耻骨间隙放下 2 个手指以上的个体。胸骨与耻骨之间的间隙在 3 指以上为高产鹌鹑。

(4)70 日龄　淘汰还没有开产的鹌鹑。未开产鹌鹑羽毛丰满有光泽,体重大,腹部容积小,胸骨末端到耻骨间隙小,肛门圆、紧闭、干燥,耻骨间隙小。

(5)300～350 日龄　经过 8～10 个月的产蛋后,群体产蛋率逐渐下降,这时要识别、淘汰已停产或低产的鹌鹑。高产鹌鹑两耻骨间距在一指以上,胸骨末端到耻骨间距二指以上,肛门扁平、松弛、湿润;停产或低产鹌鹑眼睛无神,反应迟钝,羽毛残缺,肛门圆、紧闭、干燥,腹部容积小、无弹性,胸骨末端到耻骨间距小于两指宽(3.5 cm),耻骨间隙小于一指宽(1.8 cm),耻骨末端变硬。

7.种公鹑的选择

在 15 日龄时将公母分群,公鹑要选择时要考虑:生长发育速度快,胫部直立,站立有力;背部要平整,不凹下也不凸起;胸部也要直不能弯曲;眼睛反应灵敏、明亮有神;胸部的羽毛颜色较浅,黑色斑点较大而稀。45～49 日龄后再次选择,要选留胸部羽毛颜色较浅而发红,黑色斑点较大而稀的公鹑;肛门上方腺囊要大而突起,用手挤压能排出白色泡沫样分泌物,叫声清脆高昂。

四、产品包装销售

1.鹑蛋收集与包装

(1)收集　每天清晨收集商品鹑蛋,收集后的鹑蛋要贮存在空气新鲜、流通,蚊蝇和老鼠无法侵入的贮蛋间内保存。大型养殖场可设蛋库,蛋库要密封、清洁、整齐,库内温度 10～15℃,湿度 70%左右。鹌鹑蛋蛋壳较薄,但蛋内壳膜坚韧,因此较耐贮存,即使在夏季,只要是蛋壳完好的无精蛋,也能贮存较长时间。但贮存时间过长,蛋内水分会慢慢蒸发,气室随之增大,蛋质变差。因此,应尽可能及时出售。

(2)挑选　每次收蛋后要精心挑选,分类销售。优质鹑蛋要蛋壳灰白色,上有红褐色或紫黑色的斑点和小斑块,色泽鲜艳,外形美丽,蛋壳结实,蛋形正常,蛋重在 10～13 g,蛋黄深黄色,蛋白粘稠浓厚。少量异色蛋、软壳蛋、畸形蛋,应和破损蛋一起挑出,不要包装出售。如果出现大量低质量蛋或软壳蛋,要检查饲料中维生素的含量和矿物质是否平衡。

(3)包装　鹌鹑蛋蛋壳较薄,强度低,容易破损,因此要轻拿轻放,小心包装。

最好采用蛋盒包装，蛋盒用硬纸板做成，内分小格，每格一枚鹑蛋，相互分开，不会碰撞。蛋盒分两打装(24 枚)与一打装(12 枚)两种，前者每盒蛋约重 250 g，后者约重 125 g。这种包装既便于计数、携带，外形美观，很受欢迎。运输时，两打装蛋盒，每 30 盒装一大纸箱. 每箱放蛋 720 枚。

如果直接装入互楞纸箱包装，箱底要填一层塑料充气薄膜，箱内用小硬纸条分小格，格内放蛋，上隔一层瓦楞纸，层层叠放。运输鹑蛋也可用木箱或纸板箱，底铺一层稻壳，上放一层鹑蛋，撒上一层木屑或稻壳再放一层鹑蛋，层层间隔，以防运输途中的破损。

2. 活鹑包装运输

(1) 挑选　好的肉仔鹑手抓时感到鹌鹑充满手掌，手感肥满，有一定重量(250～350 g)。体重与肥度不合格的雄鹑可再饲养一段时间，等合格后上市。开产约一年后淘汰的老鹑，骨头硬、肉质老、质量较差。病弱不适合屠宰食，要挑出。蛋用公鹑在出售前还要作一次公母鉴别挑选，挑出雌鹑供产蛋用，挑选均匀一的公鹑上市。

(2)活鹑运输　40 日龄以上的商品用鹌鹑，可以长途运输，途中可最长运输 4～5 天，只要喂些水和料，达到终点时，情况都会很好。运输活鹑的笼子可用竹蔑或柳条编成，也可采用现成的柳条小包装箱，每箱放 100～150 只。冬春密度可大些，夏秋应放稀些，一般每平方米放 120～150 只。运输途中要轻拿轻放，尽可能使鹌鹑少受惊。

3. 种鹑包装运输

异地购运种鹌鹑一般选择 20～40 日龄。可采用钙塑瓦楞纸制成运输箱，此种运输箱下底大，上面小，五面均有通气孔，上面 4 角和中间还有十字形支撑，所以重叠在一起运输，能保持通气良好。内分 4 格，每格内放 10～15 只，一箱放 40～60 只。运抵目的地后，可以将运输箱清洗消毒，折叠成片收藏好，反复使用。

4. 鹌鹑粪收集应用

鹌鹑粪便是副产品，一只成鹑每日可排泄约 30 g，干燥后得 12 g，全年可积粪 4 kg 以上。鹌鹑粪中含蛋白质 20%以上，是养猪、养鸭、养牛、养羊和喂鱼的好饲料。收集方法是，在每层鹌鹑笼底下的粪盘上撒满一薄层麸皮，次晨将粪盘抽出，将鹑粪连麸皮一起倒入桶中，运往晒场晒干，装入饲料空袋，可当饲料销售或自用。如果天气长期阴雨，可将鹑粪连同养鹑室清扫物(含有不少的饲料)一起直接饲用。鹌鹑粪喂猪、鱼、牛、羊时，在饲料中的比例应逐渐增加；喂鱼时，直接投入鱼池即可。喂商品猪，最好在上市屠宰前 1 个月停用，以免影响肉质。鹌鹑粪也是一种优良的有机肥料，含有丰富的氮、磷、钾，用前要充分发酵，腐熟后施用。

技能训练一　鹌鹑的雌雄鉴别

一、目的要求

掌握成年鹌鹑的雌、雄鉴别方法。

二、材料

成年朝鲜鹌鹑，公、母各10只。

三、方法与步骤

1. 体型比较　公鹑体型比母鹑小，公鹑昂首挺胸，母鹑常低头觅食。

2. 羽色差异　公鹑胸羽砖红色，脸部、下颌、喉部均为砖红色；母鹑的胸羽为淡灰色，上面有较大的黑色斑点，脸部、喉部均为黄白色。

3. 叫声差异　成年公鹑叫声洪亮高亢，声长而连续；母鹑叫声细而轻，短促。

4. 囊腺检查　公鹑肛门上方有发达的囊腺，按压有白色泡沫从肛门挤出；母鹑没有此结构。

【知识与技能测试】

一、名词解释：

自别雌雄配套系，蛋用鹌鹑，囊腺

二、填空：

1. 鹌鹑的经济价值有(　　)、(　　)、(　　)、(　　)。

2. 蛋用鹌鹑主要品种有(　　)、(　　)、(　　)、(　　)。

三、判断：

1. 同一品种，成年公鹌鹑的体重小于母鹌鹑。(　)

2. 鹌鹑属于单配制繁殖。(　)

3. 我国北方主要饲养蛋用型鹌鹑。(　)

4. 鹌鹑对外界环境与饲料变化非常敏感。(　)

5. 鹌鹑的产蛋量超过了鸡。(　)

四、简答：

1. 鹌鹑饲养有哪些优势？

2. 蛋用型鹌鹑和肉用型鹌鹑的主要区别在哪里？

3. 鹌鹑种蛋孵化要掌握哪些关键环节？

五、论述：

1. 如何提高鹌鹑生长的均匀度？

2. 如何提高鹌鹑的产蛋率？

3. 饲养鹌鹑如何减少饲料的浪费？

项目三 肉鸽

【项目提要】肉鸽是一种小型肉用珍禽，乳鸽是肉鸽生产的主要产品，其肉质细嫩，营养丰富，素有"一鸽胜九鸡"之说。本章主要介绍肉鸽的生物学特性，繁殖规律，饲料配制以及各阶段的饲养管理技术。

【知识目标】了解肉鸽的品种分类、形态特征、生活习性；了解肉鸽的繁殖生理及配对技术；掌握肉鸽生产基本设施要求。

【技能目标】能利用所学知识判断肉鸽品种的优劣，合理引种；掌握肉鸽的捉拿保定技术、雌雄鉴别技术与年龄鉴定；能够掌握提高肉鸽繁殖性能的综合管理措施；掌握肉鸽的屠宰与营销技术。

【典型知识及工作任务】

编号	名称	内容提要
典型知识	肉鸽的生物学特性	肉鸽的起源、品种特征、生活习性、经济学特性
任务一	肉鸽的繁殖技术	肉鸽的繁殖生理、种鸽配对方法，筑巢与产蛋，孵化及育雏
任务二	肉鸽育种技术	肉鸽品种，引种要求，品种提纯复壮
任务三	肉鸽的饲料配制	肉鸽保健砂配制与应用、肉鸽饲料主要组成
任务四	肉鸽的饲养管理	鸽舍的建造与设施准备、饲养管理技术

【典型知识】肉鸽的生物学特性

一、养殖分布

鸽子在动物学分类上属于鸟纲，鸽形目，鸠鸽科，鸽属。家鸽是由野生的原鸽经过长期驯化而来，原鸽分布于欧、亚、非大陆，包括我国部分地区，被驯养后引入世界各地，再次野化。目前，野鸽在欧洲南部、地中海沿岸、中东、印度、朝鲜及我国都有分布。鸽子按用途可分为肉鸽、信鸽和观赏鸽三大类，大规模饲养肉鸽，是近百年的事。我国规模化肉鸽生产是在20世纪80年代后。欧美一些国家比较重视肉鸽生产，如法国、美国、意大利等国肉鸽业较为发达，而且还培育了一些优良的品种(图4-10)。

图4-10 肉鸽

二、经济学特性

1. 肉用　肉鸽饲养的主要产品为乳鸽。乳鸽是指出壳后28天(28日龄)左右，供人们食用的商品肉鸽。鸽肉不仅肉质细嫩、味道鲜美、营养丰富，而且具有药用滋补功能。乳鸽的特点是体型大(是普通家鸽或信鸽的2～3倍)，羽毛丰满，屠体美观，屠宰率较高。乳鸽应适时上市屠宰，上市体重一般要求500 g以上，超过合适的屠宰日龄，肉质有所下降。

2. 蛋用　鸽蛋洁白如玉，营养丰富，口感细腻，风味独特，多在高档饭店消费。鸽蛋的特点是，有独特的营养、保健功能，蛋白比例高，具有美容护肤作用，在美容店是制作面膜的主要材料。

3. 药用　中药理论认为，肉鸽的肉、蛋、屎兼可入药。鸽肉对神经衰弱、健忘失眠、身体虚弱等症具有良好的疗效；对产妇、体弱患者、老年人具有明显的滋补和改善体质的功能；鸽蛋煮食可预防麻疹，蛋壳膜作为生物敷料，可治疗小面积的烫伤。鸽屎可治疗恶疮疥癣、阴症腹痛等病症。

三、生活习性

1. 单配制　肉鸽长到6个月左右身体发育成熟，即开始选择配对，公母一旦配对成功，通常能保持终身。多只种鸽放入同一笼中，会互相打斗，不能繁殖后代。

2. 晚成雏　刚出壳的幼鸽，体表只有少量纤细的绒毛，眼睛还没有睁开，腿脚软弱无力，不能站立，不能独立觅食，需要亲鸽哺喂才能成活。亲鸽的嗉囊能够分泌鸽乳，会将鸽乳吐出来哺喂刚出壳的幼鸽。公母鸽都能分泌鸽乳。

3. 素食性　肉鸽喜吃植物性饲料，而且喜欢采食颗粒状的原粮，如整粒玉米、豌豆、小麦等。如将原粮粉碎，会出现厌食现象，采食量下降，影响正常产蛋和哺喂。

4. 群居性　肉鸽喜欢群居觅食，青年种鸽可大群饲养，很少发生争斗行为。3～4 月龄后，随着鸽群进入性成熟，偶尔会因争夺配偶发生争斗。生产种鸽一般一公一母上笼配对笼养，可减少相互干扰，提高产蛋量和乳鸽成活率。

5. 喜洗浴　肉鸽喜欢在水中或沙中洗浴，清洗羽毛，清除体表寄生虫。群养青年鸽时要设置洗浴池，水深 10～15 cm，每天早晨清洗水池，更换清洁水；也可在场地中放置澡盆，供鸽子洗浴。笼养种鸽也要定期抓出，人工辅助洗浴，清除体表寄生虫。

任务一　肉鸽繁殖技术

【相关知识】繁殖生理

1. 繁殖周期性　肉鸽繁殖过程包括配对、筑巢、产蛋、孵化、育雏等环节。一旦配对成功，即进行周期性繁殖。肉鸽孵化期为 18 天，育雏期为 28 天，下一窝产蛋时间一般在上一窝育雏期内（出壳后 10 天左右）。笼养种鸽产蛋间隔大约为 45 天，年产乳鸽 6～8 对。

2. 性成熟期与配对时间　3 月龄后肉鸽陆续性成熟，但身体尚未发育完全，5～6 月龄可配对上笼进行繁殖。过早配对畸形蛋多见，而且蛋较小，不适合孵化。为了防止早配现象发生，3 月龄雌雄鉴别后要公母分群饲养。

3. 自然孵化与自然育雏　肉鸽为自然孵化与自然育雏，人工孵化虽然可以实现，但孵出的雏鸽人工喂养很难成活。当乳鸽长到 15 天后，可以从巢盆中抓出进行人工哺喂，提高种鸽年产子鸽数量。

4. 利用年限　种鸽的利用年限一般为 5～7 年，最长可用 8～10 年。

一、种鸽配对

1. 自然配对　肉鸽 3～4 月龄性成熟，出现求偶配对行为。正式配对要等到 5～6 月龄体成熟后进行。自然配对是将发育成熟的雄雌种鸽按照相同的比例放入同一场地散养，由雄雌鸽自行配偶，然后将配对成功的一对种鸽放入同一繁殖笼中饲养。

自然配对的种鸽关系维持较好，能相处较长时间，甚至终身不变。自然配对工作的关键是做好配对场所的准备，为了辨认配对成功的组合，在场地的四周要设置临时巢盆，晚上将在同一巢盆中雄雌鸽抓住，放入同一种鸽笼中。但自然配对容易出现近亲交配，应注意记录，加以强制调整。

2. 人工强制配对　发育成熟的肉鸽，经雌雄鉴定后，按照一公一母直接放入同一繁殖笼中饲养，人为决定种鸽的配偶。与自然配对相比较，人工强制配对不需要专门的配对场所，方法简单易行，被大多数养鸽场所采用。同时，人工强制配对也有利于育种工作的开展，完成合理选配。

人工强制配对要求雄雌鉴别准确度高，一般要由专业人员或有经验的饲养人员完成。这种方法一次配对成功率不高，配对后要注意观察，一旦发现打斗，要将其及时分开，重新配对。在性别鉴别错误情况下配对，如果是两只公鸽在一起，一般会有打斗行为，但有时也能和平共处，但长时间不产蛋；两只母鸽配对一般很少打斗，而且会在短时间产出 4 枚蛋。

二、筑巢及产蛋

种鸽配对后即自行开始筑巢，为产蛋孵化做准备。筑巢时公、母鸽会共同合作，公鸽负责外出找材料，母鸽负责做窝。人工饲养多采用笼养，要有专用的巢盆，饲养人员铺好垫料。垫料种类有麻袋片、海绵、废弃地毯、毛毡等。也有用稻草编织而成的巢盆(图 4-11)。

a. 塑料巢盆　　b. 陶瓷巢盆

图 4-11　巢盆

配对后 1 周左右，母鸽开始产下第一枚种蛋，之后间隔 26 h 产下第二枚种蛋。

肉鸽蛋为椭圆形，蛋重 18～26 g，平均 21.5 g，第二枚蛋比第一枚蛋重 1 g 左右。蛋壳白色，照蛋操作方便。

三、孵化及育雏

目前肉鸽养殖仍采用自然孵化。母鸽在产下 2 枚蛋后即开始孵蛋。孵化由公、母鸽共同完成，以母鸽为主，一般情况母鸽每天孵 18 h，公鸽在白天孵化，母鸽在夜晚孵化，换班时间一般为每天上午 9～10 点，下午 4～5 点。

孵化进行到 4～5 天，管理员要进行人工照检蛋检查，将无精蛋和死精蛋挑出（图 4-12）。经过 18 天孵化，雏鸽会破壳而出。

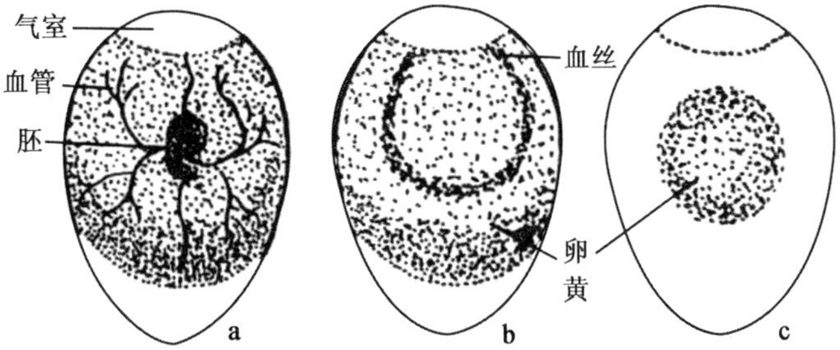

a. 正常发育胚蛋　　b. 死精蛋　　c. 无精蛋

图 4-12　鸽蛋的照检（第 5 天）

雏鸽需要亲鸽哺喂才能成活。孵出后的前 3 天，哺喂的完全是鸽乳。鸽乳是由亲鸽的嗉囊产生的：在孵化过程中，嗉囊上皮细胞在催乳激素刺激下逐渐增生，逐步具有产生鸽乳的能力。乳鸽刚出壳时是鸽乳分泌最快最多的时期，一般一昼夜可分泌 20 g 左右。前 3 天完全用鸽乳哺喂雏鸽，4 日龄后鸽乳中会混入亲鸽采食的饲料，7 日龄后鸽乳停止分泌，哺喂亲鸽吃进去的饲料。

任务二　肉鸽育种技术

一、主要品种

1. 美国王鸽　世界上最著名的肉用鸽品种之　。胸部呈球形，尾短而上翘，体态丰满结实，体型侧面呈元宝型。成年体重 700～850 g，年产仔鸽 6～8 对，28 日龄乳鸽体重 550 g 以上。羽色有白、银灰、绛、黑、蓝等。

2. K 种王鸽　又叫银羽王鸽，育成于香港。由纯种美国王鸽和中国石岐鸽杂交选育而成。繁殖率高、母性好、适合我国广大地区饲养。年产仔鸽 8～10 对。

3. 杂交王鸽　又称东南亚王鸽，与纯种王鸽相比，体型细长，体重稍轻，尾羽不上翘，繁殖率高。特点繁殖率高、母性好、适合我国广大地区饲养。年产子数 8～10 对，有多种羽色。

4. 卡奴鸽　原产地法国北部和比利时南部，羽色为绛色羽。美国后来又育成了白色卡奴，这两种羽色为肉用品系，其他羽色为观赏类型。该品种个体站立时身体上挺，尾部刚刚离开地面，前额鼓圆，两眼间距宽，颈粗短。胸宽，胸肌丰满，屠体美观。翅膀短，羽毛紧贴。成年雄鸽体重650～740 g，雌鸽体重600～690 g，年产子8～10对，28日龄乳鸽体重500 g左右。

5.新白卡鸽　利用卡奴鸽经定向选育而成的肉鸽新品系，体型外貌基本保持卡奴鸽的特点，就巢性好，母性较强，繁殖性能好。年可产蛋10窝，年育成乳鸽16只乳鸽，体重500 g，肤色为灰白微红。乳鸽鲜甜可口，肉质优良。

6.欧洲肉鸽　法国克里莫公司育成。超高产，体羽白色，体形优美，生产率高。年产乳鸽16～17只，28日龄重600 g左右，在我国适应性良好，生产性能良好，比较适合养殖。

7.泰深鸽　公鸽颈部到嗉囊间有4～6 cm的浅红褐色环。母鸽的羽色似"灰二线"。年平均产蛋9～10窝，可育成乳鸽13～14只，平均体重618 g，全净膛430 g，部分乳鸽肤色为浅黑色。乳鸽在出壳后3～4天，基本可依毛色辨雌雄。可以配成双母鸽专业生产鸽蛋，成为名副其实的'蛋鸽'。

8.石岐鸽　为我国优良的肉用鸽品种之一，原产地广东省中山市石岐镇。成年雄鸽体重750 g，雌鸽体重650 g，年产仔7～8对，28日龄乳鸽体重500～600 g。

二、引种要求

1.引种厂家　要选择正规肉鸽育种场引种，场里要有《种畜禽生产经营许可证》，有系统的生产记录和育种记录，进行系统的免疫，厂家无炒种不良记录。

2.品种选择　目前我国饲养的肉鸽以纯种王鸽和杂交王鸽为主，特点是生长速度快，繁殖率高，育雏性能好。羽色要求白色最好，因白色羽乳鸽，因其皮肤没有色素，屠体美观。另外银灰色羽毛也可以，皮肤色素较浅。

3.体重要求　引进种鸽要求6月龄体重在750～900 g，乳鸽1月龄上市体重500 g以上。种鸽并不是越大越好，体重过大的种鸽在孵蛋时容易把蛋压破。

4.繁殖率　种鸽年产乳鸽数达到6～8对以上，越多越好。年产乳鸽数低于6对的应淘汰掉。

5.年龄　1～4岁的种鸽生产性能高，养殖效益好。引种最好引6月龄左右刚开产的种鸽，年龄太大的种鸽利用期短。

三、品种提纯及复壮

目前我国养鸽生产中，肉鸽品种退化较为严重，表现为种鸽的年产仔鸽数量少，乳鸽上市体重偏小。为增强市场竞争力，必须做好肉鸽的选育、提纯、复壮工作。

1.品种退化的原因　主要有以下5个。

(1)基因不纯　引种时鸽种不纯,遗传性能不稳定,供种场品种定向培育工作不完善。

(2)近亲繁殖　由于种群数量有限,随意留种,引进外场血统不足,长期近亲繁殖,造成了本场肉鸽品种的退化。

(3)生理机能衰退　种鸽连续繁殖时间过长,长期并蛋、并窝造成种鸽疲劳,种鸽年龄过大造成生理机能衰退。

(4)饲养管理不当　种鸽饲养环境差,忽冷忽热,鸽舍通风不良;营养缺乏,甚至采食量严重不足。

(5)疾病原因　鸽场疫病流行,防疫措施不到位。鸽瘟、鸽痘流行,副伤寒、毛滴虫病、念珠菌病也时有发生。

2.提纯复壮措施　要按照以下步骤要求提纯复壮。

(1)建立核心群,严格选择　核心群由鸽群中符合种鸽标准的个体组成。体型、羽色具有本品种特征,体质健壮,结构匀称,发育良好,无畸形,体重要求公鸽750 g以上、母600 g以上;年产仔鸽6对以上,所产乳鸽28日龄体重550 g以上,达不到标准的淘汰。核心群年龄在1～4岁,特别优秀的可放宽到5～6岁。

(2)选择步骤　分为初选、复选、定选三个步骤。选在25～30日龄时进行,要求体在重600 g以上,生长发育良好,具有品种特征,羽毛无杂色。复选在6月龄配对时进行,要求体质健壮,体重750 g以上,配对公母鸽为同一品种、同一羽色类型,但要避免近亲交配繁殖。定选在配对半年后(12月龄)进行,主要考察其生产性能,凡符合条件者为合格,补入核心群中。繁殖性能和后代生长情况,要求半年产仔在3对以上,乳鸽体重在550 g以上。

(3)核心群的扩大和更新　核心群的后代应作好系谱记录,根据后代情况对核心群种鸽进行后裔鉴定。把符合选择条件的优良后代加入核心群,及时将后代品质差(生产性能低,出现异色羽或畸形)的种鸽淘汰出核心群。

(4)核心群管理　专人负责选种、选配工作。专家指导,技术人员参与。加强饲养管理,严格控制环境条件,保证营养供应,环境卫生。做好各项记录工作,记录种鸽编号、初选体重、复选体重、羽色、年龄等,记录产蛋、孵化、育雏、乳鸽成活率等生产情况。

任务三　肉鸽饲料配制

一、营养需要特点

肉鸽喜欢采食植物性饲料中的子实饲料。肉鸽采食子实类饲料不需要粉碎，以原粮的形式供给。因此，肉鸽饲料不需要特殊加工，配合简单，仅需将各种原粮混合在一块即可。

养乳鸽要准备保健沙。保健沙主要满足肉鸽对矿物质（如钙、磷、钠、氯等）和微量元素（如铁、铜、锰、锌、碘）的需求。另外，在保健沙中有一定比例沙砾，用来磨碎肌胃中的原粮。保健沙的合理配合和供给对肉鸽饲养相当重要，有人称保健沙是肉鸽生产的秘密武器。

肉鸽新陈代谢旺盛，对水的需求量大，要求全天供应清洁的饮水。每隔 2 天在饮水中添加水溶性复合多种维生素制剂，补充维生素。

肉鸽各阶段对营养的需求有很大差异，应根据各阶段特点和饲养标准，合理配合饲料。目前，还没有统一的肉鸽营养需求标准（饲养标准），是我国主要养鸽地区的地方性饲养标准见表 4-5，供参考。

表 4-5　肉鸽饲养标准

类别	代谢能（MJ/kg）	粗蛋白/%	粗纤维/%	钙/%	磷/%
青年鸽	11.7	14	3.5	1.0	0.75
非育雏亲鸽	11.1	13	3.2	1.5	0.85
育雏亲鸽	11.9	17	3.0	1.5	0.85
乳鸽（15～28 天）	12.56	22	3.0	1.2	0.65

二、常用饲料及配方

1. 能量饲料　主要使用玉米、小麦、高粱等粮食籽粒。玉米是饲养肉鸽最常用也是必不可少的饲料，用量占到饲粮的 25%～65%。玉米要整粒喂用，不必破碎，最好使用颗粒较小的玉米粒。不必把整粒玉米破碎成碎玉米喂鸽，这样反而使肉鸽厌食，而且玉米粉碎后容易发霉变质。小麦一般用量为 5%～25%，价格低于玉米时，可以增加到 45%左右。由于小麦种皮所含的镁离子有轻泄作用，单纯吃多容易引起拉稀，可配合高粱饲喂；高粱含有鞣酸，单独多吃会引起便秘，要配合小麦应用。高粱一般用量 8%～10%，价格便宜时可加大到 25%左右，夏季幼鸽可以加多一些，冬季种鸽可少些。

2. 蛋白质饲料 蛋白质饲料是满足肉鸽生长、羽毛更换、产蛋所必需的原料物质。一般使用豌豆、绿豆等。豌豆大小适中，颗粒圆，肉鸽喜欢采食，用量占饲粮15%～30%。野豌豆颗粒较家豌豆小，淀粉含量较高，蛋白质含量略低于普通豌豆，但因颗粒较小，肉鸽比较喜欢采食，用量同豌豆。绿豆具有清热解毒作用，适口性好，是我国养鸽的传统饲料，但是由于绿豆价格高、来源少，一般在夏季应用，用量在5%左右。

3. 其他饲料 火麻仁(大麻子)营养丰富，脂肪含量高(30.41%)，有利于羽毛生长，在换羽期(童鸽期以及每年8—11月)添加可添加1%～5%，喂量不可过大，否则会引起肉鸽下痢或过于兴奋。油菜子作用同火麻仁，有健胃通便、促进羽毛生长等作用，但有一定毒性，用量同火麻仁。

4. 配方举例 各地应结合气候特点和饲料资源进行饲料合理搭配。表4-6中列举的配方供参考。

表4-6 肉鸽常用饲料配方 %

类别	玉米	豌豆	高粱	小麦	大米	绿豆	火麻仁
青年鸽及休产鸽	50	20	10	20	—	—	—
	40	17	10	15	10	5	3
	34	10	25	25	5	—	1
育雏期种鸽	40	30	10	20	—	—	—
	30	10	10	10	20	15	5
	45	20	10	13	—	8	4
	20	30	—	10	40	—	—

三、保健沙配制和应用

1. 原料及功能 主要使用以下原料

(1)红泥土 富含铁、钴、锌等微量元素，可防止微量元素缺乏。肉鸽喜欢泥土味道，能促进采食。没有红泥土的地方可以用黏土代替。

(2)河沙 不含任何营养成分，协助肌胃来磨碎肉食入原粮。河沙要清洁卫生，无污染，选择绿豆大小的使用。

(3)贝壳粒 主要用来补充钙，满足骨骼生长和蛋壳形成需要。注意贝壳粉碎成小粒状，不要成粉末。

(4)石灰石　主要成分为碳酸钙,用来补充钙,可以代替贝壳粒使用。使用时粉碎成细颗粒状。

(5)骨粉　用来补充磷,另外也满足钙的需求。

(6)食盐　满足鸽子嗜盐性特点,补充钠离子和氯离子。

(7)木炭末　可吸附胃肠道中的有害物质,预防拉稀。

(8)其他　除了上述必需的营养物质外,一些中草药如龙胆草、甘草粉等具有防病、促进消化的功能;生石膏含有硫元素,换羽期添加有利于羽毛的再生;微量元素添加剂(生长素)可以补充铜、铁、锰、锌、碘、硒等微量元素。

2.保健沙配方　见表4-7。

表4-7　肉鸽保健砂配方 %

原料	编号						
	1	2	3	4	5	6	7
红泥土	24	35	34	25	35	40	23
河沙	32	25	10	20	25	20	25
贝壳粉	30	15	30	30	15	20	30
骨粉	2	10	5	10	5	9	10
石灰石	—	—	5	5	5	—	—
木炭末	5	5	10	4	5	5	5
食盐	4	5	4	5	5	4	4.5
生石膏	—	5	1	—	5	—	—
龙胆草	—	—	0.5	0.5	—	0.5	—
甘草末	1	—	0.5	0.5	—	0.5	1
生长素	2	—	—	—	—	1	1.5
合计	100	100	100	100	100	100	100

3.保健沙的使用　肉鸽在生产的不同时期对保健沙的需求量不同。自产蛋、孵化到育雏,需用量逐渐增多,一般要占到饲料采食量的5%左右;非育雏期每对每天5 g,育雏期每对每天6～12 g。保健沙最好现配现用,保证新鲜,一次可配3～7天的用量。每天下午3～4点供给定量的保健沙。保健沙不要和饲料放到一起,要配备专用保健沙杯,定期清理杯中的剩余物,以保证卫生健康。

任务四　肉鸽饲养管理

肉鸽的一生分为乳鸽期、童鸽期、青年鸽期和成年种用期四个阶段,每个阶段在生理特点、发育情况、营养需求等方面都有很大的差异,在饲养管理上每个阶段都有其特殊的要求。因此,肉鸽要分阶段饲养,科学管理。

一、乳鸽期

乳鸽期是指幼鸽 0～28 日龄阶段,此阶段幼鸽不会采食,需要在巢盆中由亲鸽哺喂。15 日龄以后的幼鸽可以从巢盆中抓出,放入暖房中进行人工哺喂。人工哺喂的乳鸽体大膘肥,而且可以缩短种鸽的繁殖周期,提高年产乳鸽数量。

1. *注意清洁卫生* 乳鸽期是在巢盆中度过的,巢盆及巢盆中垫料的卫生状况,直接影响到生长和成活,因此,要做好巢盆、垫料的清洁卫生工作,创造舒适的生长环境。每隔 1 周要更换垫料 1 次,将乳鸽放在笼底,对巢盆进行清洗消毒。

2. *加强种鸽饲喂* 为了提高乳鸽生长速度,要求增加种鸽饲喂次数,延长饲喂时间,增加豆类比例。幼鸽出壳后,逐渐增加种鸽饲喂量,饲喂次数由每天 2 次增加到 3 次,喂量由每对种鸽每天 100 g 逐渐增加到后期的 400 g 左右。喂饲时间每次 30 min。

3. *加强乳鸽护理* 由于亲鸽总是最先哺喂巢盆中固定位置的乳鸽,长期如此会造成一大一小,因此每隔 3～5 天要对两只乳鸽对换一次位置。如果两只乳鸽已经有体重差异,可在哺喂时间先把体重大的从巢盆中取出,让亲鸽先喂体重小的,然后再将另外一只放回哺喂,如此 3～5 次后,两只乳鸽体重就会接近,避免大乳鸽总是处于争强地位,体重不匀。为防止消化不良,要喂给亲鸽或乳鸽一些助消化药物,如酵母片、维生素 B_1 等。

4. *做好并窝工作* 育雏过程中,如果出现一只乳鸽死亡,可以把存活的并入日龄相近的其他窝中带养,利于亲鸽早日配种产卵,缩短繁殖周期。但要注意,并窝后的保姆鸽哺喂乳鸽数不能超过 3 只,否则会增加保姆鸽的负担。

5. *及时离巢* 乳鸽 25～30 日龄时要从巢盆中抓出留种或出售,以便亲鸽下一窝生产。

二、童鸽期

1. *童鸽生理特点* 童鸽是指留种用的 1～3 月龄的幼鸽。由于童鸽期由巢盆亲鸽哺喂变为离巢独立生活,转变为笼养、地面或网上平养,生活方式、生活环境发生了很大变化,童鸽需要一个过程适应新环境。此外,童鸽由亲鸽哺喂转为自己采食,采食行为比较笨拙,而且消化能力也较弱,也需要有一个适应学习过程。所以,童鸽阶段是鸽子一生中最难养、容易患病的时期,尤其在换羽过程中,毛滴虫病、念珠菌病、鸽温等很容易发生,要加强防疫和消毒。

2. *饲养方式* 童鸽要求房舍保暖性好,光照充足,通风良好。一般采用舍内网床饲养，沿房舍两侧设网床，也称育种笼，笼规格 200 cm×150 cm×100 cm，离地高度 80～100 cm，每笼可放 20 只。长形食槽、饮水杯挂在笼外。

3. 饲喂　刚开始采食期间，最好用颗粒较小的小麦、高粱、大米、豌豆等。喂前先用水浸泡软化，同时供给优质的保健沙，对还没有学会采食者要进行人工塞喂。童鸽易患消化不良和肠道疾病，可适当加喂一些多维片、鱼肝油。

4. 童鸽选择　童鸽体重达到 600 g 以上时，凡外形、羽色符合品种特征，生长发育良好、没有畸形缺陷都可以留种。达不到要求的鸽子作为商品鸽出售。

5. 换羽期管理　童鸽 50 日龄左右开始换羽。首先脱换第一根主翼羽，以后每隔 15～20 天更换 1 根主翼羽。换羽期间，外界的不良刺激(寒冷、空气污染或营养不良等)会引发疾病的流行，如沙门菌病、球虫病、毛滴虫病和念珠菌病等。因此，要做好防寒保暖、环境清洁卫生工作，并在饲料中添加火麻仁，以提高饲料能量水平。

三、青年鸽期

1. 饲养方式　青年鸽是指 3～6 月龄的种鸽，适合大群地面平养或网上平养，每平方米放养 2～3 只，在地面和网上设置栖架；舍外设置运动场，采食、饮水均在运动场进行，运动场要向阳，清洁干燥。地面平养鸽舍保暖性较好，适合北方寒冷地区采用；网上平养鸽舍通风、防潮性能较好，适合南方多雨、炎热地区采用。

2. 公母分群　3 月龄以后的鸽子陆续进入性成熟，会出现配对产蛋现象。过早配对产蛋，对种鸽后期生产性能发挥不利，生产中应尽量避免。6 月龄以前配对的都属于早配，因此，3 月龄前应将公母分栏饲养。

3. 限制饲喂　青年鸽生长迅速，新陈代谢旺盛，如果自由采食，会出现采食过多而引起过肥。要适当减少日粮中能量饲料的比例，同时控制喂量。3～4 月龄每只每天 35 g；5～6 月龄，每只每天 40 g。青年鸽每天饲喂 2 次。

4. 驱虫和疫苗接种　3 月龄时要肌内注射鸽瘟灭活苗 0.5 mL，上笼前再进行 1 次，用量 1 mL。上笼前驱虫，用左旋咪唑或丙硫咪唑，每千克体重 0.1 g(1 片)，2～4 周后再用 1 次，彻底消灭体内寄生虫。

四、成鸽及种用鸽

肉鸽 6 月龄时已进入成熟期。种鸽要通过自然或人工配对后单笼饲养。

1. 上笼配对　要注意观察配对情况，配对不良或错误的要分开重配，避免出现打斗。最好的办法是利用专门的配对笼，中间用铁丝网将隔开，两只鸽子只能隔网相望，3～5 天后，如果隔网相吻，说明配对成功，抓出一块放入种鸽笼中即可。

2. 备用巢盆准备 前一窝乳鸽出壳后 7～20 天，种鸽就要生产下一窝蛋。为了防止种蛋破损，保证正常孵化，需要准备备用巢盆。原来的巢盆和乳鸽可以放置在笼底。

3. 环境控制 创造良好的孵化、育雏环境。种鸽舍要求温度适宜，夏季不超过 30℃，冬季不低于 15℃。人工补充光照，每天达到 12 h。

4. 做好并蛋、并窝工作 孵化 4～5 天和第 10 天各进行一次照检，取出无精蛋、死精蛋和死胚蛋。照检后如果剩下 1 枚胚蛋，可以并入其他窝中，由保姆鸽代孵。有时 2 只乳鸽中途死掉 1 只，可以把另 1 只并入其他窝中，由保姆鸽代养。这样，没有胚蛋和乳鸽的种鸽，可以很快产下一窝，能提高年产乳鸽数量。

5. 防治体表寄生虫 每年春、秋两季是体表寄生虫病多发期，防治方法可用 0.3%灭虫菊酯或 0.2%敌百虫药浴（洗澡），羽毛干后再放入笼中。

6. 做好各项记录工作 育种群和商品群，都应该做好记录工作，通过记录可以反映生产经营状况；通过种鸽配对记录、产蛋记录、孵化记录，可及时进行照检和并蛋、并雏，缩短繁殖周期；通过种鸽产蛋、孵化记录和乳鸽生长记录，能够确定种鸽的优良程度，进行选留与淘汰。鸽场的记录表格，饲养场可以根据情况自行设计。种鸽检查时，可以用一根短竹竿从笼外伸入，轻轻将巢盆中鸽子挑起，即可看清产蛋、出雏情况（图 4-13）。

图 4-13 检查种鸽产蛋出雏情况

五、肉鸽繁殖障碍问题

肉鸽在饲养中经常会遇到停止产蛋、无精蛋增多、种蛋不孵化等问题。

1. 肉鸽停止产蛋 原因有以下 6 个：一是种鸽年龄太大停产。2～3 岁的种鸽繁殖性能最高，以后会逐渐减少产蛋，要及时淘汰低产老龄鸽。二是换羽停产。种鸽每年 9～11 月进入换羽期，停止产蛋，换羽期要注意营养，增加火麻仁或油菜子的用量。三是疾病造成停产。鸽瘟、鸽痘、念珠菌等传染病的发生会出现停产，生产中要注意作好疫苗接种和日常消毒，减少传染病的发生。四是肥胖或营养不良停产。饲料要合理搭配，保证保健砂的供给。五是产蛋疲劳停产。上一年产蛋、孵化任务太重，下一年繁殖率会显著下降，在每年冬季要结合换羽最好给予 1～2 个月的休整期。六是氯霉素、磺胺类等药物影响产蛋。

2. 肉鸽无精蛋增多　原因主要有以下 4 个：一是配对不当，公母感情不和，很少交配，需要拆开重新配对。二是公鸽生殖障碍，生殖道疾病、性欲差、精液品质不良，需要淘汰有病的公鸽，保证营养，提高性欲和交配次数，避免种鸽过肥。三是种鸽饲料营养不合理，缺乏蛋白质、维生素、微量元素，要注意谷类饲料和豆类饲料的合理搭配，合理配制保健砂。四是种鸽泄殖腔周围羽毛太长、太密影响到正常交配，要经常对泄殖腔周围羽毛进行修剪。

3. 种鸽不孵蛋　原因有 4 方面：一是饲养环境的变化，温度不适宜，有害气体浓度升高，环境噪声引起，要尽量创造舒适、安静的孵化环境。二是猫鼠等动物的侵袭威胁，要防鼠、灭鼠，防止野猫进入鸽舍。三是孵化环境不良，巢盆垫料潮湿、垫料污染、缺少垫料，平时要做好巢盆垫料的管理。四是羽虱、螨虫、蚊子等体表寄生虫侵袭种鸽，使其浑身瘙痒，不能安心孵蛋。每年春秋要进行体表驱虫。方法为，用杀灭菊酯乳油、溴氰菊酯乳油、二氯苯醚菊酯等喷雾或药浴，用药后间隔 7～10 天再用药一次效果更好；也可用阿维菌素混饲或皮下注射，每千克体重 0.2 mg。

技能训练　肉鸽的外貌识别

一、目的要求

(1)掌握肉鸽的捕捉方法和持鸽的手法；

(2)认识肉鸽各部位名称，区分成年种鸽与商品乳鸽。

二、材料及用品

成年种鸽 2 只，商品乳鸽 2 只。

三、方法与步骤

1. 肉鸽的捕捉　在鸽群中捕捉鸽子需要有捕鸽罩(图 4-14)，网口直径 35 cm 左右，网深 40 cm，杆长 2～5 m。用捕鸽罩可以轻松将地面、栖架及飞行的鸽子捕捉到。捕到后，将网口扣向地面，用一手深入网罩，压住鸽子背部，使其不能挣扎，然后用手掌同时将翅膀和鸽身夹紧，轻轻从网罩中取出。

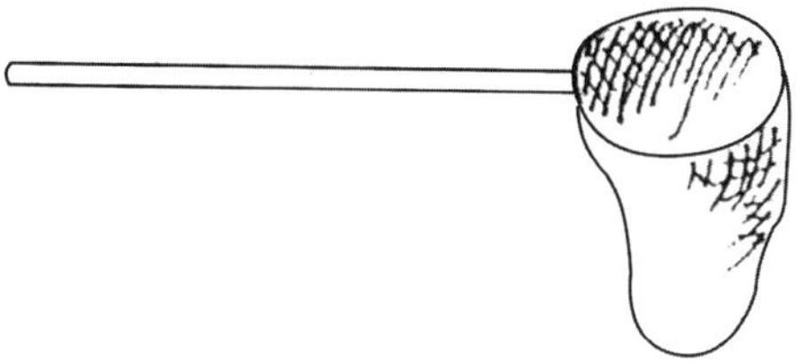

图 4-14 捕鸽罩

如果没有捕鸽罩，捕捉时应将鸽子赶到鸽舍一角，两手高举，张开手掌，从上往下迅速地轻轻将鸽子按住。按住后不要让鸽子扑打翅膀，以免损伤翼羽和尾羽。然后再用上面的方法将鸽子捉住。在笼中抓取鸽子时，一手深入笼中，将鸽子赶到笼子的一角，然后从鸽子身体后上方迅速按住背部，张开手掌抓住鸽子的身体及翅膀，从笼中抓出(图 4-15)。

图 4-15 捉鸽的方法

2.持鸽　鸽子捕捉到以后，要将其保持在手掌中，便于下一步认真观察和研究。持鸽的方法有单手持鸽法和双手持鸽法。单手持鸽:用拇指压住背部，其余四指轻握腹部，将双翅紧贴鸽身抓在手掌中，同时用食指和中指夹住鸽脚。双手持鸽:一只手的手法同单手持鸽，另一只手手掌放在鸽胸部，这样鸽子感觉比较舒适(图 4-16)。

图 4-16 持鸽的方法

1.单手持鸽法 2.双手持鸽法

3.外貌识别 ①头部。肉鸽头部无冠,头前部为角质状喙,上喙基部有鼻瘤,肉鸽眼圆,眼球稍突出,视力敏锐。②颈部。肉鸽颈部较长,转动灵活。③躯干。肉鸽体躯丰满,胸部宽深,胸肌发达,腹部柔软,背腰部宽直。④翼。肉鸽翼部宽大,主翼羽(翅膀边缘外侧大羽)10 根,副翼羽(翅膀边缘内侧大羽)11 根,能够做短距离飞行。⑤尾。尾羽发达,泄殖腔为生殖、排泄、泌尿的共同通道。⑥腿。腿部有羽毛。胫部没有羽毛,覆盖有鳞片。年龄越大,鳞片越明显。脚上有四趾,趾端有爪。

4.成年种鸽与商品乳鸽的外形区别 成年种鸽反应机敏,羽毛粗糙,鼻瘤硬实,颜色发白,脚上鳞片明显,颜色暗红;商品乳鸽步履蹒跚,反应较迟钝,羽毛光亮,有时头顶可见到没有退干净的黄色绒毛,鼻瘤大而柔软,鼻瘤呈肉色,脚上没有鳞片,颜色鲜红。

5.肉鸽的雌雄鉴别 肉鸽两性羽色完全相同,不能很直观地进行公母判断,主要从体型、性行为表现、头部特征、耻骨特征和孵蛋时间上来鉴别。肉鸽的耻骨位于肛门下方,左手抓住肉鸽,右手进行触摸判断。

(1)体型 公鸽从体型和体重上都比母鸽大。

(2)头颈部 公鸽头较大,头顶宽平;母鸽头小,面部清秀,头顶窄而隆起。公鸽喙粗大,鼻瘤大;母鸽喙细小,鼻瘤也比公鸽小。公鸽颈部粗短,母鸽颈部细长。

(3)耻骨特征 公鸽耻骨质地粗硬,两耻骨间距窄,宽度一般在一指以下;母鸽耻骨柔软有弹性,两耻骨间距比公鸽宽,一般在一指以上。

(4)性行为表现 3～4 月龄的肉鸽逐渐进入性成熟阶段,这时公、母区分比较容易,也比较准确。公鸽表现:发情明显,主动积极追逐母鸽,围着母鸽转圈,颈部鼓气,发出“咕咕”的叫声,同时频频向母鸽点头示爱,颈羽和背羽突起,尾羽放开如形,且不时拖地,尾羽较脏。母鸽表现:发情不明显,胆小,到处躲藏,表现得较温存,慢慢走动或半低头蹲着受到公鸽追逐,有时同时被多只公鸽追逐。很少发出叫声或无叫声，背羽较脏。接吻时公鸽张嘴，母鸽将喙伸进公鸽的嘴里。

(5)孵蛋时间　公鸽一般在白天孵蛋，母鸽在晚上孵蛋。换班时间为每天上午9～10点，下午4～5点。

【知识与技能测试】

一、名词解释：

乳鸽，鸽乳，晚成雏，保健砂，并蛋与并窝

二、填空：

1.鸽子在动物分类学是属于(　　)纲、(　　)目、(　　)科、(　　)属。按照用途鸽子分为三种(　　)、(　　)、(　　)。

2.肉鸽的主要品种有(　　)、(　　)、(　　)、(　　)。

三、判断：

1.玉米、豆粕是肉鸽的主要饲料。(　　)

2.肉鸽属于单配制繁殖。(　　)

3. 提高繁殖率是肉鸽养殖高效益的关键。(　　)

4. 肉鸽生产的主要产品为乳鸽和鸽蛋。(　　)

四、简答：

1.肉鸽的生活习性有哪些？

2.肉鸽生产的主要产品是什么？

3.引起产鸽停止产蛋的原因和对策。

五、论述：

1.如何提高肉鸽的繁殖率？

2.肉鸽养殖成功的关键技术有哪些？

项目四　鸵鸟

【项目提要】鸵鸟是世界上最大的鸟类，肉、蛋、皮、毛都具有较高的经济价值。本章主要介绍鸵鸟的生物学特性，鸵鸟的经济价值，鸵鸟的品种与繁育，鸵鸟各阶段的饲养管理技术。

【知识目标】了解鸵鸟的分类分布、形态特征、生活习性；了解鸵鸟的繁殖生理及配种选配技术；掌握鸵鸟养殖场的规划设计及饲料配制技术。

【技能目标】能利用所学知识进行鸵鸟场的建设与引种;掌握鸵鸟的人工孵化技术;掌握鸵鸟各阶段的饲养要点。

【典型知识及工作任务】

编号	名称	内容提要
典型知识	鸵鸟的生物学特性	鸵鸟的分类分布、外貌特征、生活习性、主要品种、经济价值
任务一	鸵鸟的繁育技术	鸵鸟繁殖特点、孵化技术、选种要求
任务二	鸵鸟的饲养管理	养殖场地建设、雏鸟培育、青年鸟饲养、种鸟饲养管理、商品鸟饲养管理,屠宰工艺要点。

【典型知识】鸵鸟的生物学特性

一、分类与分布

通常所说的鸵鸟,实际是对鸟纲中的今鸟亚纲、平胸总目一类大鸟的总称。平胸总目中,除了鸵形目之外,还有美洲鸵鸟目、鹤鸵目等。由于没有龙骨突和飞翔的胸肌,所以无飞行能力,只能在陆地上行走。常见的鸵鸟有非洲鸵鸟、鸸鹋(澳洲鸵鸟)和美洲鸵鸟 3 个种。其中,非洲鸵鸟被许多国家广泛驯养、选育,本章将重点介绍。

非洲鸵鸟,属于鸵形目、鸵鸟科、鸵鸟属,是世界上最大的一种鸟类,生活在非洲及亚洲西部,空旷大平原、沙漠、森林、密灌木丛、山区等地均有非洲鸵鸟的踪迹。

鸸鹋,是鹤鸵目、鸸鹋科唯一生存的物种,是世界上最古老的鸟种之一,第二大的鸟类,澳洲的特产,因此也被称作澳洲鸵鸟。鸸鹋栖息于澳洲森林和开阔地带,吃树叶和野果。体高 150～185 cm,体重 30～45 kg。翅膀比非洲鸵鸟和美洲鸵鸟更加退化。嘴短而扁,羽毛灰色、褐色或黑色,长而卷曲自颈部向身体的两侧覆盖。翅膀退化,足三趾,腿长善走,跑速可达每小时 50 km,被困时可用三趾的大脚踢人。

美洲鸵鸟,属于美洲鸵鸟目、美洲鸵鸟科,分大美洲鸵和小美洲鸵两种。是美洲大陆上最大的鸟类,分布于南美高原,是一种温顺聪慧的大型鸟类。形态与非洲鸵鸟很相像,头部较小、脖颈细长、弧形背脊,体形比非洲鸵鸟略小而显得纤细,体长为 80～132 cm,身高 120～170 cm,体重 25～36 kg,雌性略小。

二、外貌特征

非洲鸵鸟躯体较大,成年体重达 100～130 kg,体高 2.2～2.5 m。成年雄鸟羽毛黑色,雌鸟为灰褐色。雄鸟尾羽上翘,泄殖腔孔红色,排尿时生殖器外翻。雌鸟尾羽下垂(图 4-17)。

颈部细长，由19块颈椎组成，颈部没有大的羽毛，鸵鸟的胸骨扁平、无龙骨突，但很坚硬，具有保护内脏的功能。鸵鸟头顶平坦无冠，眼睛较大，直径2～3 cm，眼球突出，有长长的睫毛。视觉敏锐，能看清3 km外物体。喙扁平，基部鼻孔较大，脸部较小。鸵鸟舌头较短，不灵活。成年雄鸟眼睛周围，喙部呈红色，属第二性征。

图 4-17　鸵鸟

鸵鸟腿部肌肉发达，皮肤裸露。善于奔跑。腿部是鸵鸟的主要产肉器官，80%的肉来源于此。鸵鸟脚具有二趾。成年雄鸟胫前部为红色。

鸵鸟翅膀失去飞翔的功能，其功能主要是奔跑时平衡身体。夏季不停扇动散热。另外在交配、清扫巢窝、保护种蛋和雏鸟时、相互交流有一定的功能。鸵鸟的主翼羽和副翼羽为白色，具有很高的观赏价值。

三、生活习性

1. 食性　非洲鸵鸟虽属草食单胃禽类，但其食性较杂，能够采食青绿饲料的种类很多，包括众多种类的青草，有时也采食灌木和树木的青绿部分；在干燥的环境下，可以采食多汁植物以补充水分；在沙漠里，还啄食蜥蜴、蝗虫、白蚁等小动物，以补充蛋白质和能量的不足。

鸵鸟消化道结构与其他禽类有较大的差异。没有牙齿，也没有嗉囊，腺胃很发达，食管直通腺胃；腹腔有一对不等长的发达盲肠（一般左盲肠比右盲肠长10～15 cm），小肠和大肠特别长，使有限的食物可以在其中得以充分消化吸收，其中发达的盲肠、大肠提供了发酵空间，依靠微生物发酵能消化大量的纤维性饲料。

2. 适应性强　鸵鸟引入我国后表现出很强的适应性，能在腹腔皮下储存大量脂肪以度过食物短缺时期，在−30～45℃，鸵鸟能够正常繁殖。

3. 群居性强　野生鸵鸟在繁殖期常为1雄2～3雌结成小群生活，平时则一般10～15只一群，有时多至40～50只；当一群鸵鸟在采食或饮水时，常可看到至少有1只鸵鸟在探望扫视，待其他鸵鸟抬头时此鸵鸟才低头进食或饮水，这种轮换一次只需几秒钟，即便是在睡觉时，同样也有类似的现象；同群鸵鸟中一般不表现采食等级制度，只要有空间，鸵鸟间极少表现采食的攻击行为；当驱赶鸵鸟时，若是单独或少数几只，会显得难于进行，若整群则容易得多。

四、主要品种

非洲鸵鸟共有6个亚种，经过人工驯养、选育，现在已形成若干品种。

1.非洲黑鸵鸟　是主要的驯养鸵鸟，也是我国主要引进饲养品种。育成于南非，为北非鸵鸟、叙利亚鸵鸟和当地鸵鸟杂交而来。该品种保留了蓝颈鸵鸟的外貌特征，但个体较小，腿、颈变短，身躯较宽长，喙较短。优点是性情温驯，易于管理，羽毛质量高，产蛋性能大大提高，皮革质量高。母鸟2～2.5岁产蛋，年产蛋量80枚左右，平均蛋重1.5 kg，种用期7～10年。商品鸟12月龄体重达到100 kg以上，出肉率38%。

2.蓝颈鸵鸟　育成于南非和索马里，在津巴布韦有大量饲养。蓝颈鸵鸟体型较大，毛质一般，足大，颈部羽毛短硬，皮肤蓝色，优势生长速度快，出肉率高，但繁殖性能低。

3.红颈鸵鸟　育成于东非和北非。红颈鸵鸟体型最大，毛质低劣，足大，颈部有白环，雄鸟毛色较淡，皮肤从淡色到红色，性情暴躁。性成熟较晚，产蛋率低，生长速度快，出肉率高。广东省惠来县1998年引进，为目前国内唯一的红颈种鸵鸟养殖单位。

五、经济价值

18世纪下叶，鸵鸟羽毛受到青睐，高额利润驱使人们猎杀野鸵鸟以获取羽毛，造成鸵鸟数量急剧下降，并导致19世纪后期北非鸵鸟的灭绝。同时，高额利润促使一些国家开始驯化和饲养鸵鸟。南非是驯养鸵鸟最早的国家，在1860年出现第一个鸵鸟养殖场，主要用于生产羽毛。后来鸵鸟养殖逐渐扩散到其他国家，如埃及、澳大利亚、新西兰、美国和阿根廷。到1913年商品鸟达到100万只，仅南非鸵鸟场达8万家。经过150余年的发展，鸵鸟饲养业已经成为世界特种养殖业的重要组成部分。

我国于1988年开始进行鸵鸟的引种和人工养殖，并获得成功。无论在寒冷的北方，炎热潮湿的南方，鸵鸟都能很好地进行生长、繁殖。1996年，鸵鸟养殖已推广到全国20多个省区，目前已进入了商品生产阶段，每年有近10万只商品鸟供应市场，天津市、广东江门、河南郑州市等地已建立了规范、符合出口标准的鸵鸟加工企业，2003年以来，鸵鸟肉及其加工食品、皮革制品已能按国际标准生产，并已批量向国际市场供货。

鸵鸟的主要经济产品包括以下几种：

1.鸵鸟肉　鸵鸟肉鲜嫩滑润，外观与牛肉相似，属纯红肌。口感好，无异味，易消化吸收，且具有高蛋白、低脂肪(1.29%)、低胆固醇、低热量的特点，适合现代人膳食潮流。脂肪含量仅为牛肉、猪肉的1/10，铁、钙、锌、硒等的含量均高于一般肉类，还含有27种人体必需的氨基酸。据国外测定：每100 g鸵鸟肉中钠含量仅为43 mg，低于鸡肉(77 mg)和牛肉(63 mg)，对高血压患者属理想食品；每100克鸵鸟肉中铁含量为2.3 mg，高于鸡肉(0.9 mg)和牛肉(2.2 mg)，特别适合孕妇和贫血者食用；每100 g鸵鸟脂肪中多不饱和脂肪酸含量为29.1%，远高于牛肉和鸡肉，对预防动脉硬化有很好的作用。鸵鸟肉符合绿色有机食品要求，国内外售价均较高，其肉质特点适合多种烹调方法。

2.鸵鸟皮　鸵鸟皮属世界上名贵的优质皮革之一，柔软、质轻、耐磨、抗拉力。皮上的羽毛孔具有天然良好的透气性，做出的皮鞋、皮包透气舒适；皮质中含有一种天然油脂，在寒冷的气候下不变硬、不龟裂，不易老化；其抗拉力是牛皮的3～5倍，加工成皮鞋、皮带、皮包等耐用，可蜷曲。皮上的毛孔突起及羽毛孔圆点，形成特殊天然美观花纹图案，并随使用时间的增长，产品表面更光亮，品位高，日本人把鸵鸟皮用于高档轿车的内装潢材料。

3.鸵鸟蛋　鸵鸟蛋重量在1.5 kg左右，最大的达到2 kg，为鸟蛋之王。鸵鸟蛋口感细腻，味道鲜美独特，无腥味，营养价值高(表4-8)，适合加工蛋糕。鸵鸟蛋壳较厚(2 mm)，并且具有象牙般光泽，可进行雕刻、绘画，是加工高档工艺品的很好原料。

表4-8　鸵鸟蛋与其他蛋类的营养成分比　　　每100 g含量

种类	成分含量		
	蛋白质/g	钙/mg	铁/mg
鸵鸟蛋	22.54	80	4.03
鸡蛋	14.7	55	2.7
鸭蛋	8.7	71	3.2
鹅蛋	13.1	88	4.0
鹌鹑蛋	12.3	72	2.9

4.鸵鸟毛　鸵鸟羽毛构造特殊，羽小枝上不具有羽小钩，不形成羽片，故而柔软舒适，可以用来作为装饰品。鸵鸟白色的翼羽美观漂亮，易于染色，加工成的羽毛条广泛用于时装服饰；鸵鸟毛不产生静电，可以制成毛毯，用于精密仪器和高档轿车的除尘。

5.观赏价值　鸵鸟体型巨大，体态优美，羽毛光亮，具有观赏价值，建设成鸵鸟观赏园，可以开展丰富多彩的观光旅游活动。例如，位于郑州市东南郊区的河南金鹭鸵鸟园就是以鸵鸟养殖、观光、餐饮、产品加工销售为一体的企业，通过发展旅游业，带动了鸵鸟养殖加工业的蓬勃发展。

任务一　鸵鸟繁殖育种

一、繁殖特点

鸵鸟雌鸟一般2～2.5岁性成熟，最早18月龄产蛋；雄鸟性成熟较晚，一般在3岁以上性成熟。在人工饲养条件下，公母配比多为1∶2或1∶3，小群饲养，不发生争斗。配种比例的大小，主要看雄鸟的配种能力。

鸵鸟繁殖期，在早上和上午的交配较为频繁。交配时，雌鸟卧下，雄鸟从左侧跨在雌鸟背上，两个翅膀不停地交换着划扫地面，头和颈在身体上方有节奏地左右敲打，交配时间30～60 s。雌鸟产蛋选择在运动场上的沙窝中进行。产蛋时间为下午3～6时，繁殖季节每两天产下一枚蛋，蛋重1 500 g左右。刚开产的鸵鸟产蛋较少，4～5岁达到产蛋高峰。每年3～7月为鸵鸟的产蛋高峰期，占全年总产蛋量的73%，其中6月产蛋量最多，1月很少产蛋。野生鸵鸟寿命35岁，人工饲养可以达到40～45岁，繁殖利用7～10年最佳，一生可获得2 000多只后代。

二、人工孵化技术

非洲黑鸵鸟的平均孵化期为41～42天，雏鸟初生重860 g左右，初生重占蛋重比例为57.4%。

1. *种蛋收集及贮存*　饲养人员每天要观察雌鸟，种蛋产出后应及时收回，防止日晒和雨淋。收蛋一般在下午进行，用消毒过的毛巾包取，用记号笔标记，写明编号、蛋重、产蛋日期等内容，2 h后，画出气室，大头向上贮存。种蛋贮存适宜温度为18～22℃，湿度60%，储存最好不超过7天，最长不超过14天。

2. *孵化*　鸵鸟的孵化期为42天，目前已有鸵鸟专用的孵化器。鸵鸟恒温孵化，第1～37天在孵化机中进行，孵化温度36.5℃；第38～42天在出雏机中进行，出雏温度36.2℃。变温孵化第1～6天36.8 ℃，7～20天36.5 ℃，21～37天36.3℃，出雏机38～42天36.2 ℃。孵化期湿度：第1～37天相对湿度22%；38～42天相对湿度35%。平放或大头向上放置进行孵化，每2 h翻蛋一次。

3. *照蛋*　整个孵化期间需要照蛋5次，分别在入孵后第7、14、21、28、38天。7天照蛋捡出无精蛋，检查气室是否向上；14天照蛋可根据胚胎在羊水区的活动情况，较准确地区分无精蛋和死胚蛋；21天、28天照蛋观察胚胎发育是否正常和气室变化情况，发现有弱胚或死胚蛋，应尽早从机内取出；38天落盘时，照蛋观察胚胎喙部啄内壳膜的情况。

4. *出雏后的处理*　雏鸟出壳后要及时进行脐带消毒，用碘酒消毒，然后包扎。

等到雏鸟干燥后，称重，标记标签，转入育雏室饲养。

三、选种要求

1. 健康状况　要求精神饱满，合群性强，休息时颈部直立向上。肌肉丰满，两腿及脚趾无畸形，驱赶时步态正常，无跛形。食欲旺盛，粪便呈面团状，排尿量大，尿液透明。

2. 母鸟要求　在繁殖季节，好的母鸟间隔一天产蛋一枚，可连续产蛋8～15枚，蛋表面光滑富有光泽。体形匀称，两眼明亮有神，后躯肥厚，发情明显强烈，有公鸟或人员接近时，有自动坐地表现。

3. 公鸟要求　体格健壮，羽毛黑色光亮，腿部红色鲜艳，交配次数多，观察15～30天种蛋的受精情况。

任务二　鸵鸟饲养管理

一、养殖场地建设

1. 场地要求　非洲鸵鸟适宜在干旱或半干旱地区生活，过度潮湿多雨或酷暑严寒会影响鸵鸟的生产水平。因此，鸵鸟场最好能选择在地势较高，排水便利和通风良好，全年气温在－10～39℃，降水量较少、空气较干燥的地区。由于鸵鸟体型硕大，喜欢奔跑。应尽量选择地势平坦的地方，以松软、渗透性好的沙土或沙壤土为好。鸵鸟场周围环境应尽量安静，远离其他禽场。

2. 分区与布局　按照功能，鸵鸟场通常可划分为生产区、管理区、生活区。生产区分为孵化区、育雏区、后备鸟区、种鸟区、饲料加工区、隔离观察区等6个功能区。鸵鸟善于奔跑，因此在生产区需要较大的运动场，运动场地面应该平整；由于鸵鸟饲养场地面积大，每日采食量大，应按照饲养管理模式和生产流程把饲养各个生产环节有机衔接起来。

3. 栏舍设计　根据鸵鸟不同年龄的行为特性和生理特点，通常将鸵鸟栏舍分为种鸵鸟栏舍、生长鸵鸟栏舍和雏鸵鸟栏舍三大类。各类鸵鸟栏舍一般向南或向东南朝向设计，运动场在栏舍南侧。不同的鸵鸟栏舍间有专门的通道相连，栏舍门开设位置及大小应与通道配合，以利场内鸵鸟的调转。场内力争做到栏栏相通，路路相通，便于临时分隔和打通；栏舍四周有良好的排水沟渠，围栏、房舍、饲槽等拐弯处没有突起的棱角，场地平整，场地内没有无关杂物。雏鸵鸟舍旁边应安排值班室，以利夜间护理。

4. 栏舍面积　各类栏舍要为各阶段鸵鸟提供足够的饲养面积（表4-9）。运动场不可狭窄，避免鸵鸟互相冲撞，出现损伤从而导致生产性能下降。

表 4-9 不同年龄鸵鸟圈舍及运动场的建议规格

类型	鸟龄	圈舍面积/(m^2/只)	运动场面积/(m^2/只)	推荐标准
雏鸟栏	0～3 月龄	0.5～1.5	2～5	10 m×5 m/20 只
生长鸟栏	4～6 月龄	2	10～20	20 m×10 m/15 只
	>6 月龄	3	15～25	40 m×20 m/15 只
种鸟栏	产蛋种鸟	4	30～35	30 m×15 m/(3～4)只

5. 围栏设计 鸵鸟场围栏可用铁丝网、金属管栏栅，也可用简易的竹木栏栅，光滑不带刺，有一定弹性，以免撞伤鸵鸟。我国现时使用最多的是镀锌铁丝网围栏，铁丝直径 3.25 mm(10 号线)，网孔为 6 cm×6 cm，间隔 3 米宽打桩，以支持固定铁丝网。柱桩可用 12 cm×12 cm 水泥柱或 50 mm×50 mm×5 mm 角铁制成，长度为 2.5 m。青年鸟围栏高 1～1.7 m，种鸟栏高 1.5～2.0 m。使用铁丝网围栏时，要特别注意用塑料水管包住铁丝网上端的倒钩，以防其钩伤鸵鸟颈部。两个种鸵鸟栏之间，必须保持有 1.3～2.0 m 的间隔，以防止雄鸵鸟之间的打斗。

(1)铺沙与排水 由于鸵鸟喜干燥怕阴湿，饲养场地面最好是沙质地面。室内、运动场地面硬度适中，铺 5～20 cm 厚的沙，整个场地要分区、分栏建排水沟。雨水较少、干燥的地区，运动场用自然土质地面或自然草地面(草不能太高)，不需另外铺沙；南方多雨潮湿地区，应在运动场上铺沙，以便排水和卫生。水泥地面造价昂贵，容易打滑，导致鸵鸟受伤；草地面能防止打滑和食沙过多，但粪便容易污染草地，特别在雨季，雏鸵鸟采食被粪便污染的草后，易感染消化道疾病；沙地面能有效地防止打滑，但常会引起雏鸵鸟食沙过多而发生前胃阻塞，同时为保持卫生，需经常更换沙子，劳动量较大。因此，垫料选择应根据当地的气候特点来决定。

(2)种鸵鸟栏舍 种鸵鸟一般 1 雄 2～3 雌分栏饲养，面积 1 200～1 500 m^2，其中鸟舍面积 30～40 m^2，其余为运动场。鸟舍用作避风、挡雨、遮阳和产蛋用。舍门应宽大，门高不得低于 3 m。鸟舍正对运动场的一面敞开，舍内做一个宽 1 米、深 0.2 m 的沙巢，供雌鸵鸟产蛋。

(3)雏鸵鸟栏舍 栏舍宜坐北朝南，带有相应的遮阴运动场。为防鼠害，室内做水泥地面。运动场有 1/3 的水泥地面，其余为沙地。

二、雏鸟培育

雏鸟是指 0～3 月龄的幼鸵鸟。雏鸟对环境的适应性差，其特点：一是生长发育快，出壳体重仅 0.8～0.9 kg，3 月龄体重达到 22 kg。二是消化系统发育不完善，对粗纤维的消化能力差，4 月龄才接近成年鸟消化能力。三是抗病能力较差，易患肠道传染病、寄生虫病、营养代谢病，容易发生外伤、食入异物造成消化道阻塞等。四是羽毛稀疏，缺乏皮下脂肪，体温调节能力差。

1. 育雏方式　采取小群育雏，每 15～25 只为一群。7 日龄前在育雏室中度过，需要精心护理，称保育期，最好是在水泥地面，铺设麻袋，便于清洗消毒。7 天后，逐渐增加运动场的活动时间，运动场使用水泥地或沙土地面。

2. 育雏条件　第一周温度要求达到 34～36℃，以后每周下调 3℃，根据雏鸟的表现进行适当调整。7 天以内，湿度控制在 50%～55%，有利于消除水肿，随着日龄的增长，50%～75%均可适应。每天要定时通风，排出由尿液能产生的氨气和湿度。雏鸟多接受自然光照，4 周龄前自然光照和人工光照时间保证 20 h。1 周龄饲养密度可以每平方米 4 只，以后每周扩大围栏面积 10%，3 月龄时，每只不少于 2 m^2。

3. 饲养要点　鸵鸟育雏期采食量见表 4-10。

表 4-10　雏鸵鸟体重发育与采食量　　kg

月龄	体重	精料量	青饲料量
0～1	0.8～5	0.1～0.3	0.1～0.6
1～2	5～15	0.3～0.6	0.6～1.2
2～3	15～25	0.6～0.8	1.2～2.2
3～4	25～35	0.8～1.0	2.0～2.5

每天精料的喂量占体重的 1.5%～3.0%，饲料粗蛋白含量达到 18%，钙 1.7%，磷 1.0%，锰 100 mg/kg，铁 100 mg/kg，铜 8.0 mg/kg，锌 80 mg/kg。雏鸟出壳后 48～72 h 让其先学会饮水，饮水 1～2 h 后进行第一次喂料；开食料要拌湿，撒到地面或塑料布上进行，可以由几只稍大鸵鸟诱食；青料和精料拌到一块饲喂，用大塑料盆喂食；3 周龄前用真空式饮水器，避免水盆饮水雏鸟掉入水中，打湿羽毛受凉感冒。

4. 管理要点　刚出壳的雏鸟要按大小、强弱分开饲养，每群 15～25 只；2 月龄前的雏鸟，每周称重 1 次（早晨空腹进行），掌握生长发育情况，及时增减精料喂量。7 日龄后雏鸟要出舍活动，逐渐增加户外活动时间。注意场地清洁卫生，及时清理粪便、杂物，避免雏鸟误食引起消化道疾病。饲养人员随时观察雏鸟的采食、饮水、粪便、外伤、精神状况等，发现异常及时处理。

三、青年鸟培育

青年鸟是指3月龄到性成熟阶段的鸵鸟，需要经过1.5～2年时间。此期鸵鸟消化系统逐渐发育完善，消化粗纤维的能力增强，生长迅速。

1. 场地要求　青年鸟适合大群饲养，扩大围栏面积，有较大的活动空间。场地要求平整，避免运动时受伤；要搞好卫生，定期消毒，栏舍场地不能有杂物、粪便，防止采食异物。

2. 公母分群　4月龄鸵青年鸟应经过公母鉴定后分群饲养，每群50～300只。公母分群可以避免早配和打斗。公母鉴别方法为：翻肛观察生殖器，雄鸟具有较大、圆锥形的阴茎，雌鸟没有；9月龄时，通过排粪、排尿可以鉴别，雄鸟阴茎外露；12月龄雄鸟胫和喙开始出现粉红色，雌鸟为黑色；14月龄根据第二性征、体型大小可以容易鉴别；2岁左右雄鸟羽毛变成黑色，很容易区分。

3. 加强运动　以栏饲为主的鸵鸟，每天要定时在运动场驱赶2～3次，每次1 h。驱赶时要平稳，防止挤压或撞上围栏而受伤。

4. 营养与饲料　为满足营养需要和发挥草食性特点，青年鸟要更换生长期饲料，在精饲料中加入30%左右的草粉，降低营养比例，粗蛋白为15%～16%，钙1.4%，磷0.8%。同时增加青饲料喂量，精饲料饲喂要定时定量，防止过肥而影响以后繁殖性能的发挥。

5. 选择淘汰　鸵鸟12～14月龄时，要根据综合表现选择留种，不合要求的个体淘汰屠宰。入选者要求系谱清楚，生长发育迅速，生产性能优良，产肉性能好（比较其生长速度、料肉比、屠宰率等），繁殖力强（比较开产日龄、年产蛋量、蛋重、受精率、孵化率、健雏率、育雏成活率等）。

公鸟还要重点考察生殖器、第二性征、生长发育情况，要求阴茎粗长，向左弯曲，长25 cm以上。母鸟要外貌优良，头部清秀、眼大有神、姿势端正、步伐敏捷，产蛋性能好（后躯丰满，背部肥厚，羽毛污浊，毛尖干缩，背部后半部羽毛稀短或杂乱，尾巴下垂）。

四、种鸟饲养管理

1. 饲养方式　我国鸵鸟养殖场种鸟普遍采用1雄与2～3雌小群开放式饲养，运动场四周要设置围栏，围栏用粗铁丝、橡胶尼龙绳、粗竹竿等有一定弹性的材料做成，围栏高1.8～2.0 m（高过种鸟背部），采食盆要放置在围栏边，水槽用水泥浇铸成，设置在场地走道一侧。

2. 种鸟选择配对　配对可采用两种方法。一是自然选配：进入繁殖季节前，将数只雄雌鸵鸟养于较大的栏舍内，让雄鸟自行选择配偶，一经发现一只雄鸟与 2 只雌鸟交配成功，立即转出养于另一栏舍进行繁殖。二是人工选配：选择产蛋多的雌鸟配交配能力强的雄鸟，但要避免近亲交配，公母 3 代内无血缘关系，用年龄较大些的雄鸟配青年雌鸟。在人工饲养条件下，雄鸟择偶性不强，配种期可根据需要随时调换种鸟，好的雄鸟可日配 5 次，高者达 10 次。

3. 种鸟饲喂　种鸟投料要定时、定量，每天喂精料 1.5～2.0 kg，分两次投放。精饲料营养浓度：代谢能 10.0～10.5 MJ/kg，粗蛋白 18.0%，钙 2.5%，磷 0.45%，赖氨酸 0.9%，蛋氨酸 0.4%；青粗饲料可以多供应，切碎后和精饲料拌在一块饲喂，但要防止青绿饲料发霉变质；多汁饲料应现割现喂。精饲料中多种维生素的添加量要充足，特别是维生素 A 和维生素 E 的供应要满足需要。可以将精饲料和部分粗饲料压成颗粒，便于鸵鸟采食和消化，颗粒料直径 6～8 mm。

4. 种鸟的管理　要注意以下六个要点：

一是减少应激。繁殖季节要保持环境安静，更不能转群，防止惊群应激，影响产蛋量。

二是注意防暑防寒。夏季可洒水降温，供给充足饮水，运动场周围种植阔叶树木乘凉，防止中暑；鸵鸟产自热带地区，对低温耐受性差，冬季应注意鸟舍保温，必要时可以安装供暖设备。

三是做好助配。部分雄鸟初配时由于体位不正确，不能成功交配，要进行辅助：首先和鸵鸟接近，建立感情；然后用手按压发情雌鸟背部，使其坐地接受交配；最后用手辅助雄鸟完成交配。

四是做好休产。为保持种鸟体力，延长使用年限，提高种蛋质量和受精率，必须对其进行人工休产。北方地区在寒冷的冬季休产，南方地区在雨水较多的炎热夏季休产。方法是：将公母鸟分开，雌鸟大群饲养，雄鸟单独饲养，逐渐减少饲料用量和营养浓度，使产蛋停止。休产期一般 45～60 天。

五是做好卫生管理，防止饲料霉变。每天要清扫地上的饲料，料盆每天保持能吃干净。鸵鸟早晨排粪较多，每天上午清理粪便一次。场地每周喷洒消毒一次，道路用火碱每周消毒一次。

六是做好观察与记录。记录产蛋情况（表 4-11）、饲料消耗情况，种蛋受精率、种蛋孵化率、育雏成活率等，为以后的育种工作提供数据。

表 4-11 产蛋记录样表

种蛋编号	产蛋日期	雌鸟号	雄鸟号	蛋重	蛋壳颜色	蛋壳质量	备注

七是做好种蛋的收集。鸵鸟一般在圈舍内或运动场沙窝中产蛋，产蛋时间一般是在下午 2～7 时，种蛋要及时收回，防止风吹日晒。母鸟产蛋前表现焦躁不安，会在场地来回走动，临产前 2 min 左右，母鸟蹲下，口流黏液，扇动双翅，发出震颤声。收集种蛋不能用手直接拿，用消毒干净的毛巾包取，放入蛋筐中。

五、商品鸟饲养管理

1. 饲养模式　目前各地有一些大型鸵鸟养殖公司采取“公司＋基地＋农户”方式带动周边农户养殖商品鸵鸟，发展鸵鸟养殖产业。“公司”负责市场销售、产品开发及加工；“基地”负责种鸟饲养、孵化、防疫以及技术咨询、培训等；周边“农户”以饲养商品鸟为主，按合同每领养鸵鸟交一定的押金，从 3 月龄养到 12～14 月龄，达到回收标准后由公司统一定价收购。农户可以利用土地种草养鸟，一亩草地可养 20 只商品鸟。

2. 喂养措施　商品鸵鸟是 3～14 月龄生长期的鸵鸟，中心任务是提高生长速度和产肉量。3 月龄后的鸵鸟消化系统逐渐发育完善，对粗纤维消化能力增强；6 月龄前生长潜力大，生长速度快，此后生长速度减慢，饲料转化率降低。因此，6 月龄前供给较高营养水平的配合饲料，与青饲料一起任其自由采食。饲料粗纤维含量 12%～14%。6 月龄后配合饲料限量饲喂，青饲料自由采食，饲料粗纤维水平 16%～18%，充分发挥其耐粗饲的优点，降低饲料成本。

3. 管理措施　防止商品鸟发生营养不良及消化系统疾病，避免外伤、骨骼疾病的发生；4～5 月龄的肉用鸵鸟抵抗力和抗寒能力还不强，要做好夏季防暑和冬季保温工作，夏季防止日光长期直晒，冬季气温较低时应将其赶入室内；定期消毒和注射疫苗，供应充足的饮水；注意饲养舍卫生，每天坚持清扫圈舍。

六、屠宰工艺要点

12～14 月龄的商品鸵鸟虽然还没有达到最大体重，但此时蛋皮革质量、生产性能最高，此时活重可以达到 100 kg 左右，上市屠宰率可以达到 58.6%，出肉率37%。

1. 屠宰时间 一般在早晨或傍晚气候凉爽时屠宰，宰前断食12 h，断水6 h，防止消化道内容物过多影响屠宰。

2. 收取羽毛 宰杀前将翅膀羽毛及胸部的羽毛拔掉保存，收取价值高的羽毛，防止屠宰过程中受到污染。

3. 致昏放血 为了减少鸵鸟痛苦，防止屠宰过程中剧烈挣扎，造成皮肤、毛孔损伤，屠宰前要先将其致昏，方法有电击法、断颈法、电击法、二氧化碳致昏等，其中电击法最常用。致昏后，将其两条腿捆绑好，倒挂，颈动脉放血，切口尽量靠近头部，保证颈部皮肤完整。

4. 拔毛取皮 鸵鸟放血后，立即拔取全身其他部位羽毛，一根不留。拔毛后移入专门剥皮房，沿腹中线切开皮肤，钝性分离被皮。取皮不要用刀割，防止划破。

5. 屠体分割 首先是将两条大腿分离取下，然后将胴体挂起，打开腹腔，取出消化系统、呼吸系统、泌尿生殖系统等内脏，并进行兽医检验。检验合格者可转入冷库，冷却后进行骨肉分离，按照大腿、小腿、排骨、鸵鸟颈、头、翅膀等分类分割销售，其中价值最高的是腿部肌肉。

6. 鸵鸟皮预处理 钝性剥下的鸵鸟皮要展开，平放在桌面自然冷却15 min，然后用钝刀刮除皮下脂肪，等待鞣制。

【知识与技能测试】

一、名词解释：

鸵鸟，非洲黑鸵鸟

二、填空：

1. 鸵鸟是现存体型最大的鸟类，目前其主要用途为（　　）、（　　），另外（　　）、（　　）具有很高的观赏价值。我国目前饲养的鸵鸟品种为（　　），其主要特点为（　　）、（　　）、（　　）。

2. 鸵鸟的性成熟期为（　　），商品鸵鸟的上市时间为（　　），上市活重能够达到（　　），出肉率大约（　　）。

三、判断：

1. 鸵鸟就是指非洲鸵鸟，是世界上现存最大的鸟类。（　）

2. 鸵鸟属于平胸鸟类，脚上具有两趾。（　）

3. 鸵鸟在产蛋期每天产下一枚蛋。（　）

4. 鸵鸟属于草食性禽类。（　）

四、简答：

1. 鸵鸟的经济价值表现在哪些方面？

2. 鸵鸟种蛋管理与孵化管理要点有哪些？

3. 鸵鸟主要品种及特点。

4. 鸵鸟的繁殖要点有哪些？

五、论述：

我国鸵鸟产业现状与发展前景。

模块五　两栖及爬行类经济动物

项目一　蟾蜍

【项目提要】蟾蜍，也叫蛤蟆、癞蛤蟆，从它身上提取的蟾酥、蟾衣是我国紧缺的药材。本章主要介绍蟾蜍的生物学特性，繁殖技术，饲养管理以及蟾蜍产品的人工采收。

【知识目标】了解蟾蜍的形态结构、生活周期和生活习性；了解蟾蜍的养殖场建造，掌握蝌蚪、幼蟾蜍、成蟾蜍的饲养管理；了解蟾蜍的繁殖特性，掌握种蟾蜍的选择及饲养管理、蟾蜍的抱对、产卵、受精及孵化管理等繁殖技术；了解蟾酥、蟾衣等产品的采收与加工技术。

【技能目标】能利用所学知识进行蟾蜍的人工授精；掌握不同阶段蟾蜍的饲养管理；了解蟾蜍产品的采收与加工。

【典型知识及工作任务】

编号	名称	内容提要
典型知识	蟾蜍的生物学特性	蟾蜍的形态结构、生活周期和生活习性
任务一	蟾蜍的饲养管理	养殖场建造、蝌蚪、幼蟾蜍、成蟾蜍的饲养管理
任务二	蟾蜍繁殖技术	种蟾蜍的选择及饲养管理、蟾蜍的抱对、产卵、受精及孵化管理、人工授精技术
任务三	蟾蜍产品的人工采收	蟾酥、蟾衣、干蟾的采收与加工技术

【典型知识】蟾蜍的生物学特性

一、分类分布及经济价值

蟾蜍是两栖纲、无尾目、蟾蜍科动物的总称。蟾蜍科共有300多种蟾蜍，分属于26个属，主要分布在除了马达加斯加、波利尼西亚和两极以外的世界各地区。我国目前已知有2个属17个种和亚种，其中中华大蟾蜍(俗称“癞蛤蟆”，皮肤粗糙)分布最广，几乎全国各地均有分布。蟾蜍是一种药用价值很高的经济动物，其全身是宝。蟾酥、干蟾皮、蟾衣、蟾头、蟾舌、蟾肝、蟾胆等均为药材。由于经济价值较高，人为捕捉和生态环境恶化，野生资源已经急剧减少，现在入药的多为人工养殖的蟾蜍。

蟾蜍的耳后腺、皮肤腺分泌的白色浆液的干燥品叫蟾酥，是珍贵的中药材，内含多种生物成分，有解毒、消肿、止痛、强心利尿、抗癌、麻醉、抗辐射等功效，可治疗心力衰竭、口腔炎、咽喉炎、咽喉肿痛、皮肤癌等。目前德国已将蟾酥制剂用于临床治疗冠心病，日本以蟾酥为原料生产“救生丹”。我国著名的梅花点舌丹、一粒牙痛丸、心宝、华蟾素注射液等50余种中成药中都有蟾酥成分。蟾酥有利有弊，毒性很强，不能直接服用，需要提炼加工。

蟾蜍除去内脏的干燥尸体为干蟾皮，性寒、味苦，可用于治疗小儿疳积、慢性气管炎、咽喉肿痛、痈肿疔毒等症。近年来用于多种癌肿或配合化疗、放疗治癌，不仅能提高疗效，还能减轻副作用，改善血象。蟾衣是蟾蜍自然脱下的角质衣膜，对慢性肝病、多种癌症、慢性气管炎、腹水、疔毒疮痈等有较好的疗效。此外，蟾蜍的头、舌、肝、胆均可入药；同时蟾蜍的肉质细嫩，味道鲜美，还是营养丰富的保健佳肴。

二、形态特征

我国入药的蟾蜍种有中华大蟾蜍、西藏蟾蜍和花背蟾蜍，尤以中华大蟾蜍为多。

中华大蟾蜍形体大而粗壮，成体长10 cm左右，头宽大于头长，吻端圆而高，吻棱明显，眼间距离大于上眼睑之宽和鼻间距，鼓膜显著，口中无齿(图5-1)。

前肢较长而粗壮，指稍扁而略具缘膜，指长顺序由内向外为3、1、4、2，指关节下瘤成对，圆形棕色掌突两个、外侧者较大。后肢短粗，胫跗关节前达肩部，左、右跟部互不相遇，趾略扁，趾侧缘膜在基部相连成半蹼，内侧蹠突相距较远。

皮肤粗糙，背部密布瘰粒，仅头部较平滑，上眼睑及头侧有小疣粒，头部两侧有长条形隆起的耳后腺一对，胫部大瘰粒显著，体侧者较小，腹部有许多小疣粒。

体表颜色随季节和性别的不同而有差异，在繁殖季节及其前后，雄性背面呈黑绿色，有时体侧有浅色斑纹；雌性背面色浅，瘰粒呈乳黄色。体侧有黑色与浅色相间的花斑，自眼后沿耳后腺至胯部，有时具黑色斜纹，腹面乳黄色与棕色或黑色形成花斑，股基部有椭圆形斑，较小的个体更为显著。雄性体型略小，皮肤松弛而色深，瘰粒圆滑、未角质化。雌性之瘰粒上有不同数量的黑色或棕色角质刺，繁殖季节，前肢内侧三指基部肿胀，称为"婚瘤"或"婚垫"，繁殖过后自行消失，无声囊。

图 5-1　中华大蟾蜍

三、生活习性

1. 水陆两栖生活　蟾蜍无交尾器，繁殖季节的抱对、产卵、排精、授精以及受精卵孵化、蝌蚪的生活等都必须在水中进行。变态后的成年蟾蜍皮肤较厚，具有防止体内水分过度散失的作用，所以能长久居住在陆地上，开始营水陆两栖生活。由于后肢较短，身体笨拙，可以游水，陆地上爬行缓慢，可以小距离跳跃(一般不超过 20 cm)。

2. 喜安静怕惊扰　蟾蜍喜湿、喜暗、喜静，怕惊扰。发达的后蹠突可以掘土，以适应其穴居习性。除繁殖季节外，白天多隐匿在石块下、草丛中或土洞内。早晨、黄昏时和雨后出现在道路旁或草地上，如果遇到不利的情况，即停止活动，或跳跃、潜水、钻洞躲藏。在喧闹的环境下，蟾蜍难以抱对、产卵或排精。因此，人工养殖蟾蜍要注意保持环境安静，减少人为干扰。

3. 变温冬眠性　蟾蜍自身体温调节能力弱，为冷血变温动物，其体温随外界温度的变化而改变，所以喜暖。冬季潜于水底烂草中或泥土中冬眠，第二年春天出蛰活动。蟾蜍冬眠主要靠体内贮存的肝糖和脂肪来维持生命。人工养殖时，冬天可利用地热水、工业无害废热或安装保暖防风设备，使蟾蜍不冬眠或缩短冬眠期，以提高养殖价值。

4. 肉食性为主　刚孵出的蟾蜍蝌蚪依靠卵黄囊提供营养，2～3 天后蝌蚪开始进食，喜食浮游于水中的蓝藻、绿藻、硅藻等植物性食物，也可以摄取人工饲料(如鱼肉粉、蛋黄及豆渣、米糠、玉米粉等)。随着蝌蚪逐渐长大，也喜欢吃小鱼、小虾等动物性食物。蝌蚪变态成蟾蜍后，主要捕食蚯蚓、甲虫、蜗牛、地蚕、蝇蛆、白蚁、蟋蟀、蝗虫、蛾类、蝶类等多种虫类小动物。蟾蜍摄食时，往往是静候在安全、僻静之处，蹲伏不动，当捕食对象运动临近时才猛扑过去，动作迅速而准确。

四、繁殖周期

蟾蜍为卵生，体外受精。自然繁殖季节大多在春天，因蟾蜍性腺发育与环境温度有密切关系，所以北方产卵期常在 4～5 月，南方则在 1～2 月就已产卵。产卵早的卵孵化也早，蝌蚪和幼蟾蜍生长期长，产量高。蟾蜍卵较小（直径约 1.5 mm），动物极为黑色，成双或斜排成 4 行，排列于管状胶质透明卵带内，每次产卵数目极多，每只成熟的雌蟾蜍可产卵 5 000 粒左右。产卵时，雄蟾蜍爬到雌蟾蜍背上紧紧拥抱住，被抱住的雌蟾蜍在水底行行止止，排出的卵带均匀伸展在泥沙上或缠挂在水草上；雌蟾蜍排卵时，雄蟾蜍立即排出精液，精子在水中游动、数量很多，遇到卵子与之受精。

受精卵在水中孵化 3～4 天后变成蝌蚪，小蝌蚪有尾、无四肢，蝌蚪常常成群结队，集体向一个方向游动采食。蝌蚪逐渐发育，先逐渐长出两只后肢，再长出两前肢，尾巴逐渐脱落，经过 60～90 天后变态为幼体蟾蜍（只有 10～13 mm 长）。

蟾蜍蝌蚪时期有侧线、似鱼，用鳃呼吸；变态为幼蟾蜍后可以在陆地生活，用肺呼吸，同时其皮肤分泌黏液，帮助进行皮肤呼吸。经过约 16 个月发育，其内部器官系统逐渐完善，成体达到性成熟。雄性生殖器官包括精囊、输精细管、中肾管；精子成熟时储存于精囊中，抱对射精时，精子经过这些小管进入输精尿管，再经泄殖肛腔和泄殖肛孔排出体外。雌性生殖系统有卵巢、输卵管、子宫；繁殖时，成熟的卵排出进入输卵管，经子宫、泄殖肛腔和泄殖肛孔排出体外受精。

任务一　蟾蜍的饲养管理

一、养殖池建造

1. 场地选择　蟾蜍养殖场应建在背风、向阳的地方。场内必须要有水塘或水池，水质必须好，水要能排出去，也能灌进来；还要虫源比较丰富、气温比较暖和。养殖池必须通电，一方面排灌水需要用电，另一方面诱捕昆虫需要有灯光。

2. 养殖池建造　养殖池可利用房前屋后的自然旧池塘，也可选用排灌方便、水源充足、保水良好但肥力较差的稻田，最好是新挖建池塘。利用旧池塘时，投放种蟾蜍前要进行清池处理，清除污泥，生石灰消毒（按每亩池面积 100 kg 生石灰的比例），10～15 天后再注水灌池。新开挖的池塘池深 0.8～1.0 m，池塘大小可灵活掌握，便于管理即可，每个水池都要有灌水口和排水口。

3. 水质要求　池中水质必须保持良好，水的透明度在 20～30 cm，水黄绿色或黑绿色为好，若水池比较大，最好能保持细水长流，维持水质。池中种植一些水草，便于产卵时卵附着其上。

4. 安全防逃设施　要在养殖池进、出水口处用塑料纱网封堵；活动场地外周修半截墙或用尼龙网、焊接网围起来，防止敌害侵入。养殖池周围要用砖砌 1.5 m 高的围墙，也可用纱网、竹编作围栏。

5. 配套设施 池塘周围要留有空地作为活动场地，地面种草或小灌木，一方面可以遮阴，供蟾蜍在岸上活动时有隐藏的场所；另一方面也可招引蚊虫，供蟾蜍捕食。活动场地上空均匀吊装黑光灯，在夏、秋时节每天傍晚至 11 点开灯诱虫，为蟾蜍提供饵料。

二、引种及蝌蚪养育

1. 引种 养殖蟾蜍可以从大型养殖场引种，也可以捕捉野生资源做种。捕捉野生蟾蜍资源可采取三个途径：一是在春季繁殖季节，在水域里寻找打捞蟾蜍的受精卵，筛选后放入自家养殖池自行孵化；二是在春季繁殖季节，在水域内采收蟾蜍的蝌蚪，放回自家饲养池饲养管理；三是在夏秋季节的雨后，于路旁、草丛、稻田、河塘旁边寻找成年蟾蜍，捉回后放入养殖池，待第二年春季繁殖。

2. 蝌蚪培育 新孵化出膜的蝌蚪幼小体弱，摄食能力差，对外界环境不太适应，应在专门的蝌蚪培育箱（盆、池）中养育，或在蝌蚪池中用网箱暂养 10～15 天后，放入蝌蚪池饲养。刚孵化出来 3 天内的蝌蚪不需要投放饵料，第 4 天后开始采食浮游生物或动植物碎屑，此时可加入一些蛋黄。方法是：先将鸡蛋煮熟，剥出蛋黄，弄碎后加少量水搅成稀糊状，撒入池内供蝌蚪采食。正式转入蝌蚪池之前，应根据蝌蚪的大小、强弱进行分群，以便分池放养。

3. 蝌蚪放养前的准备 按照要求建造好的养殖池，在放养蝌蚪前要做好一系列的准备工作。

①水体处理 放养前 4～5 天，先用清水将池子洗刷干净，在池底垫层泥土，并在阳光下曝晒 1～2 天后注入新水。前期池水深 30 cm，以后逐渐加深池水至 40～50 cm。可用生石灰、漂白粉消毒池水。如果是新建成的水泥池，应事先进行脱碱处理。

②施肥 蝌蚪池消毒、注水后，可适量施放牛粪、猪粪等有机质粪肥，培育浮游生物，用量为 0.5～1 kg/m^2；或用稻草 0.6 kg/m^2，另加 5 g 尿素和 4 g 过磷酸钙。施肥 3～5 天后，池中会有浮游生物生成，可放入蝌蚪。如果在原孵化池中培育蝌蚪，应在蝌蚪刚开始脱膜时，逐次少量地撒入腐熟的有机肥培肥水质。

③植入水草 蝌蚪池施肥同时，可植入浮萍、金鱼藻等水草，占水面的 1/2 左右。如果是在孵化池中培育蝌蚪，在孵化前就要植入水草。

④检查及试水 放养前应对蝌蚪池和池水进行全面检查。检查内容包括：池中是否藏有敌害生物，水质、水温是否符合蝌蚪生长要求。经消毒的蝌蚪池，要等毒性消失后方可注水，试水确认安全后方可放养蝌蚪。试水方法：用脸盆从池中取一盆底水，放几十只蝌蚪试养 1 天，如果蝌蚪正常生活，就证明池水安全，可以放养

蝌蚪。

4. 蝌蚪放养　蝌蚪养育最好采用专门的网箱，网箱为长方体，用竹、木材料做支架；箱体用塑料网缝合而成，面积 5～10 m^2，深 0.8～1 m；网目大小根据蝌蚪的日龄确定，10～30 日龄的蝌蚪用 36～40 目/cm^2 的网片，30 日龄后用 16～36 目/cm^2 的网片。

蝌蚪按日龄分箱放养，目的是保证放养密度适当，均衡生长，避免大吃小。30 日龄和 60 日龄各分养 1 次。放养密度 10 日龄前 1 000～1 500 只/m^2，11～30 日龄 300～1 000 只/m^2，30 日龄至变态前 100～300 只/m^2。

5. 蝌蚪饲喂　蝌蚪饵料一是直接培肥水体，增加浮游生物的数量，二是人工投饵补饲。投饵方式可采用全池匀洒和设置饵料台投饵，每 2 000～3 000 只蝌蚪设一个饵料台。饵料台面积约 1 m^2，安放在水面下约 20 cm 处。

蝌蚪在孵化出的 1～3 天不需要投放饵料，4 日龄开始投饵。7 日龄前喂煮熟捏碎的蛋黄和煮沸过的豆浆；7～50 日龄用豆渣、麦麸、米糠、切碎的植物嫩叶，以及蚕蛹、蝇蛆、蚯蚓等人工饵料，同时投喂一些浮游动物、植物等；50 日龄以后以动物性饲料为主。30 日龄以前每天投饵一次（上午 8 时投饵）；30 日龄以后每天投饵 2 次（上午 8 时、下午 3 时）。

饵料投放量为蝌蚪体重的 7%～10%。每 1 万只蝌蚪每日投饵量：5～10 日龄，投入草履虫或其他浮游生物培养液 15～25 L，或 1～2 个蛋黄捏碎后加水 1～2 L 制成的悬浮液；11～30 日龄投入人工饵料 0.4～2 kg；30 日龄以后投人工饵料 2.1～12 kg。每次投喂料要注意观察蝌蚪采食情况，投喂 2 h 后，如剩余过多，说明投喂量大，如没有剩料，说明投喂量小，可适当增加。

6. 蝌蚪养育管理　主要是控制好水温水质，做好巡查工作。

水温对蝌蚪的采食和发育速度影响较大。水温适宜，蝌蚪活动力强，采食量大，利于生长发育，60 天后即可完成变态。适宜水温为 16～28℃，最佳水温为 18～24℃。

水质对蝌蚪成活影响很大。水质具体要求为，溶氧量：10 日龄要不低于 3.8 mg/L，30 日龄以上不低于 3.5 mg/L；水体 pH 值为 6.5～7.5；水中盐度低于 0.2%；池水透明层 25～30 cm；水色为草绿带黄、浅灰色、浅褐色或茶褐色。

应经常或定期换水。春秋季每周换 1 次水，夏季 2～4 天换水 1 次，冬季水温低，可 15～30 天换水 1 次，换水量为 1/4～1/2。换水宜在晴天上午 7～8 时或下午 4～5 时进行。换入的水温，春夏秋三季宜低于原池水温 0.5～1℃，冬季高于原池水温 0.5～1℃。

要防止工业污水、农药、化肥等对池水的污染。合理施肥和投饵，蝌蚪放养密度适宜,保持池水清洁卫生,控制水位,水深经常保持 30～60 cm。

每天早晨、中午、傍晚巡池 3 次。要求保证环境安静,发现鸡、鸭、鹅、蛇等敌害要立即驱除;注意检查蝌蚪池内的水温、水质、料量、蝌蚪生活状态等,如有问题应及时采取有效措施处理;经常清理漂浮杂物、死蝌蚪、剩余饵料等。

三、幼蟾蜍饲养管理

刚刚完成变态,到生长为成年蟾蜍期间为幼蟾蜍期,大约需要 16 个月的发育时间。

幼蟾蜍开始营水陆两栖生活。要根据大小分类、分池放养,每隔一段时间进行一次重新调整,并改变放养密度:刚变态的幼蟾蜍,每平方米水面放养 100～150 只;30 日龄左右每平方米放养 80～100 只;50 日龄左右每平方米放养 60～80 只;50 日龄以上每平方米放养 30～40 只。

幼蟾蜍开始摄食时,以蝇蛆、黄粉虫幼虫、小鱼苗、小虾类等活饵料为主。15～20 g 时可摄食小杂鱼、虾等活动物;此后,甚至可摄食泥鳅等大动物。经过食性驯化的幼蟾蜍,也可摄食动物内脏、肉及人工配合饵料等静态饵料。

每天投饵量应根据具体情况酌情掌握,一般为蟾蜍体重 10%左右,不超过 15%,以每次饵料吃完为宜。刚变态的幼蟾蜍宜多投喂活饵,然后逐渐减少活饵,相应增加静态饵料。30 天的幼蟾蜍,活饵与静态饵比例达到 2∶1,1.5 月龄达到 1∶1,2 月龄达到 1∶2;2.5 月龄后全部投喂静态饵料。如有条件最好全期都投喂活饵。

每日可投饵 1 次(下午 4 时),也可以投饵 2 次(9 时、16 时)。饵料投喂在饵料台上,饵料台数量根据蟾蜍数量而定,每个饵料台可供 50～100 只蟾蜍摄食。饵料台可用木板钉成长 120 cm、宽 80 cm、高 8 cm 左右的框架,底部用 40 目/cm^2 的塑料网纱钉紧,底部浸入水中 2～5 cm。饵料台也可以固定在蟾蜍池的岸边或陆岛,供投喂怕水的动物性活饵料。

幼蟾蜍生长发育最适宜水温为 23～30℃,水质的控制同蝌蚪的饲养管理。要保持幼蟾蜍登陆栖息的陆地湿润和较高的空气湿度,种植花草、作物等,以利于增加湿度。一般每隔 1～2 天换 1 次水,每次换水 5～10 cm 深。池水可由 0.3～0.4 m 逐渐加深至 0.5～0.8 m。

此外,要防敌害和逃跑,即使清理死蟾蜍,观察幼蟾蜍的摄食情况,发现疾病及时治疗。进入冬季后要保证养殖区安静,做好幼蟾蜍的越冬管理。

四、成蟾蜍饲养管理

越冬后的幼蟾蜍,可放养到成蟾蜍养殖池进行饲养,直到性成熟和体成熟。也可在水库、池塘、河流等处设置网箱养殖。放养前用 2% 的食盐水对蟾蜍体浸浴消毒，根据大小分类，分池放养。水温升至 18℃ 以上时，即可放养蟾蜍。通常为 10～30 只/m^2，种蟾蜍 5～10 只/m^2。

饵料要营养全面，数量充足。蟾蜍在刮浆前后，供给动物性饲料及蛋白质饲料要充足，保证刮浆后体质恢复和产生新浆液。活饵料丰富时，以投活饵为主。如养殖量大，在幼蟾蜍时期就进行食性驯化，以投喂配合料为主。日投饵量为蟾蜍体重的 10%～15%，日饲喂配合料为体重的 7%～10%。每日投饵 1～2 次，投饵方法与幼蟾蜍相同。

注意调整水温，保持在 25～30℃。水质要求同蝌蚪的饲养管理。一般每隔 2～3 天换 1 次水，每次换掉池水的 1/10～1/5。换入的水温差不大于 2℃。要注意防敌害和逃跑，及时清理死蟾蜍和料盘残料，刷洗消毒喂料盘；夏季池内要种养水草或搭遮阳棚降温，定期泼洒消毒药（5～7 天 1 次）；要观察成蟾蜍摄食情况，发现疾病及时治疗；保证养殖区安静，做好成蟾蜍的越冬管理。

五、种蟾蜍饲养管理

种蟾蜍放养前，同样要清理放养池、喂料台和整治陆地活动场所。活动场所种植树木、农作物、蔬菜等，并堆砌多孔洞的砖石堆。检查防护网或隔离墙的完整性，以防敌害侵入。清理后的放养池和喂料台要进行消毒，药性消失后，注入日晒曝气的水，池边水深 15～20 cm。

性成熟前的种蟾蜍每平方米可放养 30 只左右，随着日龄增加可逐渐减少密度。成年种用蟾蜍每平方米 2～4 只，雌雄比例通（2～3）∶1，也可采用 3∶2 或 8∶5 的放养比例。放养时要对蟾蜍身体进行消毒。

每日具体投料量可根据实际情况而定，一般为体重 10%～12%。投料 2 h 后有剩余料，说明投料量大；2 h 后或不到 2 h 全部被吃光，说明投料量少。种用蟾蜍饵料中动物性饵料比例不少于 60%。每日 2 次（7～8 时，18～19 时）。种蟾蜍抱对时基本停食，之后摄食量恢复正常，这一阶段要酌情增减投饵量。

要经常向种蟾蜍池注入新水，一般每周 1～2 次，每次换掉池水的 1/4～1/3。适宜水温为 18～24℃，新旧水温差不大于 2℃。产卵前后，活饵料占 60%～70% 以上，配合料占 30%～40% 。要保持环境宁静，发现病蟾蜍应及时隔离治疗；要防蛇、鼠等敌害，防止蟾蜍逃跑。越冬期注意防冻。

任务二 蟾蜍繁殖技术

一、种蟾蜍的选择

种用蟾蜍要加以选择。种蟾蜍个体要大，体质要健壮，皮肤有光泽，无病无伤；凡躯体及四肢被刺伤、留有伤痕或洞孔的，四肢发红，肢指（趾）骨裸露，行动迟钝，皮肤无光泽、发黑或腐烂的，均不宜作为种蟾蜍。种用蟾蜍要性征明显，雄性有明显的婚垫，雌性腹部膨大、柔软，卵染轮廓可见、富有弹性。

最好选 2～5 龄青壮年蟾蜍留种。为保证受精率、孵化率、蝌蚪成活率以及幼蟾蜍的生长发育，配对的雄性、雌性蟾蜍尽可能血缘关系不要过近（如同胞、亲子等）。种蟾蜍的成熟度要尽量一致，使产卵时间集中，便于孵化和蝌蚪的培育管理。雌雄比例以（2～3）∶1 为宜。

二、自然繁殖技术

蟾蜍产卵、受精必须借助于雌雄拥抱配对（简称抱对）才能完成。雄蟾蜍没有交配器，不可能发生雌雄两性交配，而是进行体外受精。抱对可刺激雌蟾蜍排卵，否则即使雌蟾蜍的卵已成熟也不会排出卵囊，最后则退化、消失。

1. 抱对　春季当水温回升至 10℃ 以上时，性成熟的雌雄种蟾蜍便出蛰，开始抱对繁殖。雄蟾蜍比雌蟾蜍提早 1～2 周发情。未发情的雌蟾蜍会拒绝与雄蟾蜍拥抱。抱对前，雄蟾蜍集中在池塘水边或水生植物上鸣叫，招引雌蟾蜍。卵子成熟的雌蟾蜍会响应雄蟾蜍，或依恋于雄蟾蜍左右。此后，相互在水中互相追逐，雄蟾蜍爬到雌蟾蜍背上抱对。抱对多在傍晚和下半夜进行，抱对需要数小时甚至 2～3 天后才分开。

2. 产卵及受精　抱对后，雌蟾蜍背负雄蟾蜍在水草间爬行，并借助腹部肌肉和雄蟾蜍的搂抱收缩产卵，将卵产在水中或水域内的水草上。同时，雄蟾蜍排精，精、卵在水中结合，完成体外受精。受精后的受精卵外面有一层卵胶膜包裹。待产卵、排精完毕，雄蟾蜍便离开雌蟾蜍。

雌蟾蜍产卵时间一般为 10～20 min。自然产卵受精的时间多集中在早晨 4～8 时。雨天产卵少。种蟾蜍抱对产卵期间，要注意保持环境安静，以免雌、雄蟾蜍受惊吓后中途散开而不产卵。

经过技术人员的摸索，蟾蜍的人工授精技术已经可以应用于生产实践。

三、蟾蜍孵化技术

孵化是指蟾蜍受精卵在一定的环境条件下发育到出膜成为蝌蚪的过程。养殖蟾蜍可以进行人工孵化，孵化量大时，要在专门的孵化池或孵化箱中进行；孵化量小时，可用简易的孵化池或水缸、瓷盆孵出小蝌蚪。

1.孵化准备　清理孵化池内的杂物及淤泥，清水冲洗干净，消毒处理；药性消失后，池内注入经日光曝晒过的水。水底铺垫 10 cm 厚的沙，水深 15～20 cm；池水保持缓流状态，以保证水质清新、水温恒定；池内种养一些水草(水草放置前先用 0.003%高锰酸钾溶液浸泡 10 min，清水冲洗)。

2.孵化设备　孵化需用网箱、孵化筐、孵化池等设备。网箱用 40 目/cm^2 聚乙烯塑料纱网(无毒性)，固定在长、宽、高分别为 100～150 cm、70～100 cm、50～80 cm 的网箱上做成。孵化时，先在箱内盛卵，然后将箱沉入水中孵化，箱底入水深 10～20 cm。孵化池与养殖池的建造基本相同，如果种卵少，可用缸，盆等容器盛水(水深 5～10 cm)孵化。

3.卵块的采集　繁殖季节的早晨、中午和傍晚，均要巡查产卵池，发现卵块应及时采集。收集卵块要用光滑器具捞取和盛放，防止损伤。收集卵块不能用手抓或用网捞取，操作人员应下水，现用剪刀把卵块周围连着卵块的水草轻轻剪断，用手轻轻拖动后，将卵块和附着物(如剪断的水草)一起轻轻倒入容器中，立即移入孵化池，同一天产的卵要放养在同一个孵化设备内。每平方米孵化池放 5 000 左右卵粒。收集、搬运和倒卵时不能颠倒卵块方向。

4.放养卵块　将收集到的卵块装在容器中，搬运卵块时避免震荡。放养卵块时，将盛卵容器口靠近水面，轻轻将卵块倒入孵化设备内。注意不能颠倒卵块方向，动物极(呈青黑色)朝上，植物极(为乳白色)朝下。倒卵动作切忌过大，切忌从高处往下倒卵。相同日龄的卵要放在同一个卵化池内孵化。日龄相差较大的卵在同一孵化池内孵化，会出现蝌蚪大小不一，卵、胚胎、蝌蚪同在一池的混乱局面。孵出后也会出现大蝌蚪吞食小蝌蚪，小蝌蚪吞食胚胎或卵的现象。

5.环境控制　最佳孵化水温为 25～30℃，卵经 2 天左右即可孵出蝌蚪；18～20℃需经 4 天孵化；22～25℃约需经 3 天孵化。孵化池应有保温设备，避免夜晚以及低温天气不利影响；夏季炎热，要对孵化池采取遮阳措施，防止水温过高。孵化池水要求清洁，有机物含量低，pH 值 6.5～7.5，盐度 0.2%以内。不宜用饮用自来水(自来水含氯，对受精卵有致死作用)。蝌蚪脱膜以前，水中溶氧量应保持在 3.4 mg/L 以上。蝌蚪孵出至鳃盖完成期以前，应保持在 5 mg/L 以上 。

6.孵化管理　蟾蜍胚胎发育过程应按照要求保持水质、水温，水深 15～

20 cm,卵块要保持悬浮,防止其沉入水底。卵外面的胶膜在充分吸水膨胀后变得稀薄,弹性很差,受搅拌、震荡后会使胚胎受损。因此,要避免机械振动,防止野杂鱼、水生昆虫等进入搅拌破坏。

最好采用微量流水孵化,不能冲动卵子;若用静水孵化,要每天下午换水 1 次,每次换水 1/4 左右。孵化期间,禁止向孵化水源或水体施肥,及时清除滞留杂物,捞出死卵。孵化环境避风、向阳,不要强光直射。孵化过程如遇大雨,应事先用塑料薄膜遮盖孵化池,以防雨滴打散卵块。如遇大风,应用绳子将孵化网箱或孵化筐固定。

7. 出孵　蟾蜍胚胎发育至心跳期即可孵化出膜。刚孵出的蝌蚪幼小体弱,全长 5～6.5 mm,不会取食,以吸收卵黄囊内养料为主;游动能力差,依靠头部下方的吸盘吸附在水草或其他物体上。因此,刚孵出的蝌蚪不宜转池,不需投喂饵料,不要搅动水体。孵出 3～4 天后,两腮盖完全形成时即开始摄食,此后可每天投喂蛋黄(捏碎)或者投喂豆浆,也可喂单细胞藻类、水虱类、草履虫等。蝌蚪孵化出 10～15 天后,即可转入蝌蚪池饲养或出售,进入蝌蚪培育阶段。

任务三　蟾蜍产品人工采收

一、蟾酥采收与加工

蟾酥是一种重要的动物药材,是蟾蜍耳后腺、皮肤腺分泌出的蟾酥浆液(白色浆液)干制而成的,蟾酥浆原本是蟾蜍受到刺激而分泌的自我保护物质,有一定的毒性。成年蟾蜍冬眠出蛰后 10～15 天便可分泌蟾酥浆,冬眠前 15～30 天停止,人工养殖采收蟾酥的时间在每年 4～8 月份,高峰期在 6～7 月份,此间每 2 周采浆 1 次。

1. 采收工具　为采集蟾酥,采收前需要准备相关工具,一是酥夹,用于夹挤刺激皮肤腺,可到药材器械商店购置,最好为铜铝材料;也可选取长 20 cm,直径 5～7 cm 的竹筒劈成两半,用合叶、拉簧自制成竹夹。二是浆液容器,用小瓷盆或瓷盘,忌用铁器皿。三是其他用品,包括手套、口罩、眼镜等,以防止浆液溅入眼鼻。

2. 采收方法　捕捉待采蟾蜍,洗净体表泥土,晾干水分;左手抓住蟾蜍后腹部,背部向上,拇指后压背部,其余四指轻轻压腹部,使耳后腺及皮肤腺充满浆液(蟾蜍固定方法见图 5-2);右手用酥夹夹住耳后腺或者皮肤腺,适当用力,使浆液喷射到酥夹内壁上或溅射到容器内,每个腺体夹挤 2～3 次,也可用竹片或者竹夹刮去蟾蜍的耳后腺和皮肤腺的浆液,刮去 2～3 次。

图 5-2　蟾蜍固定方法

3. 注意问题　蟾蜍耳后腺的浆液最多，采浆时，先采耳后腺浆液，后采皮肤腺浆液。夹挤腺体时，用力要适度，以腺体张开口为宜，不要造成出血。采浆后的蟾蜍，要将其放在荫蔽干燥的地方，切勿直接放入水中，以免伤口感染化脓。采浆后蟾蜍身体虚弱，要加强饲养管理，使其恢复 2～3 天。采浆操作最好戴上手套、眼镜和口罩，如操作不慎使浆液进入眼鼻，可用煎好的紫草水清洗。

4. 蟾酥加工　新采收的鲜浆，乳白色或微黄，有亮光、黏性大，拉力强。采取的浆液，要在 24 h 内进行加工。如果浆液干净、无杂质，可直接进行加工；若浆液有杂质，需用 100 目的铜丝筛，或用 60 目、80 目的尼龙丝筛过滤；若浆液太浓不易过筛，可加入 15%的洁净水搅匀、过筛。最后，将过滤后的浆液用竹片，均匀涂布于玻璃板或瓷盆上阴干或晒干。

5. 贮藏　蟾酥易发霉、黏结。经加工干燥后的蟾酥应密封保存。贮藏方法为：称取 500 g 左右干石灰粉，均匀铺盖于玻璃缸底部，石灰粉上铺一层干草或数层卫生纸备用；将阴干或晒干的蟾酥用牛皮纸包好，一包一包整齐的摆放在缸内，将玻璃缸加盖密封。

产品蟾酥呈扁圆形、团块状或片状，棕褐色或红棕色。团块状质坚，不易折断，断面棕褐色，角质状，微有光泽；片状质脆，易碎，断面红棕色，半透明，气微腥，味初甜而后持久的麻辣感，粉末嗅闻会打喷嚏。

二、蟾衣采集

蟾衣是蟾蜍生产的另一种动物药材，是蟾蜍生长过程中自然蜕下的角质衣膜。蟾蜍脱皮是一种生理现象，每年要脱皮 1～2 次，一般在每年的 4—6 月份(高峰期 6—9 月份)脱皮。野生蟾蜍一般是夜间脱皮(凌晨 1～5 时最多)，在水中进行，特别是连续晴天后的雷阵雨前最易发生脱皮。脱皮一般从后脚开始，最后脱到头、嘴，自然情况下，蟾蜍脱皮后会自行将皮吃掉。蟾蜍脱皮适宜温度为 25～30℃，整个脱皮过程需要 5 min 左右。

1. 采集准备　为收集蟾衣，养殖场要在室内建水泥脱衣池，规格(120 ×90×40) cm，池底部设 2～4 cm 斜面，池内光滑，并于低角落处留一小水孔。选择脱衣蟾蜍，体重要在 100 g 以上，腹部、肢部无明显脱衣花纹，四肢齐全，健壮，无病。蟾蜍放养半个月后，将其用清水洗净，放入脱衣池，池内保持湿润，每天视池内湿度情况，喷水 2～5 次。待蟾蜍背上水分干后，用细眼喷壶喷少些脱衣素(市场有售)在蟾蜍背上，一般用药后 4 天开始脱皮，10 天内全部脱衣。

2. 采衣操作　蟾蜍脱衣时，会出现单独停留，反应迟钝，外表变湿，背部弓起，低头，后腿用力等表现，有此表现时约 10 min 后即开始脱衣。开始脱衣时，从背上开始，其后是头、后腿、腹部、前腿。当蟾蜍还有一条前腿没有脱完衣时，立即用右手抓住蟾蜍，以一指卡住蟾蜍口部，用左手拿镊子卡住蟾蜍口部，于口中夹出蟾衣。

3. 蟾衣处理　刚脱下的蟾衣有黏液，要用镊子夹住，在清水中轻轻漂洗干净，然后用不锈钢镊子把蟾衣放在玻璃板上(25 cm×12 cm)，轻轻拉平摊开，不要拉破或拉不开。完成后放在室内晾干或放入红外线消毒柜中烘干。一般有九成干即为成品，包装密封保存或出售。

4. 脱衣蟾蜍处理　脱过衣的蟾蜍在另一个池内放 2 h，待身上干后刮取蟾酥或放养。如食料充足，饲养得法，到秋天或冬眠前可再取衣 1 次。

三、干蟾制备

蟾干或叫干蟾，为除去内脏的干燥蟾蜍体。加工品呈扁片状，四肢完整，背面通体黑褐色，带有瘰疣，腹面土褐色，有黑斑，气腥。干蟾具有破结、消痞积、行水、解毒、杀虫、定痛之功效，用于治疗疔疮、发背、阴疽瘰疬、水肿、恶疮、小儿疳等。多于夏、秋二季将蟾蜍捕捉杀死，除去内脏，洗去血污，用竹片撑开腹腔，挂于通风处阴干或者用烘箱烘干。干蟾制成后呈现干瘪状，四肢完整。

刮浆后处死后的蟾蜍，除了制备干蟾外，还可取皮、头、舌、肝、胆洗干净，分别制取蟾皮、蟾头、蟾舌、蟾肝和蟾胆，均可入药。

技能训练　蟾蜍人工授精技术

一、目的要求

(1)掌握蟾蜍催产药物的准备和使用技术；

(2)掌握蟾蜍人工授精的操作技能。

二、材料及用品

每组配备成年蟾蜍 4 只(雄性、雌性蟾蜍各 2 只)，相关器械及化学试剂。

三、方法与步骤

1. 催产药物的制备　催产药物可使用绒毛膜促性腺激素(HCG)、促黄体生成激素释放激素类似物(LRH-A)、蟾蜍脑垂体注射液等。其中 HCG 和 LRH-A 有商品出售。

本实验训练蟾蜍脑垂体注射液的制备,方法介绍如下:

①蟾蜍脑垂体的摘取:蟾蜍脑垂体位于脑的底部,即上颚后部,隐蔽于蝶骨的蝶鞍中。用尖手术剪从颚骨的一角插进蟾蜍嘴,剪开两侧嘴角至鼓膜后面,在鼓膜后面横着把头剪下。然后把口腔上颚的皮肤向前翻起,露出头骨,用小剪刀从枕骨大孔向眼窝前侧斜剪两刀。将剪成的三角形骨片向前翻折,并用镊子将此骨片提起,即暴露出脑的腹向,可见一粉红色的小体便是脑垂体。用镊子捏住周围的结缔组织,取出脑垂体。

②蟾蜍脑垂体注射液的制备:把新收集的或经丙酮干燥过的蟾蜍脑垂体,在经过消毒处理的小研钵中,研磨成粉末状。然后加生理盐水(即蒸馏水内溶入 0.9% 的氯化钠)或加林格氏液稀释,使其溶解,取上清液过滤,即为蟾蜍脑垂体注射液。

其中,林格氏液应随用随配,配制方法:氯化钠 6.5 g、氯化钾 0.14 g、氯化钙 0.12 g、碳酸氢钠 0.2 g、磷酸二氢钠 0.01 g、葡萄糖 2 g,溶解于 1 000 mL 蒸馏水中即成。

2. 催产药物的使用　雌性和雄性蟾蜍均需注射催产药物。

①使用剂量:雌性蟾蜍每千克体重用蟾蜍脑垂体 6～8 个,并加 LRH-A 25 μg 或 HCG 500～600 IU;也可每千克重单用 LRH-A 30 μg,或 HCG 1 200 IU,或 15～20 个蟾蜍脑垂体。雄蟾蜍使用量:相当于雌蟾蜍 1/2 的剂量。

②使用方法:将每只蟾蜍的用药量,用生理盐水或林格氏液稀释至 1～1.5 mL,臀部肌内或腹部皮下 1 次注射。臀部肌内注射按 45°角进针 1.5 cm 左右。腹部皮下注射则用镊子夹起皮肤,按水平方向进针 2.5～3 cm。注射时最好两个人操作,一人用左手握住头部,并用拇指与食指夹住前肢,右手握住蟾蜍后肢,腹部向上,防止蟾蜍后蹬跃起。另一个人右手握住针筒,左手压住后肢或夹起皮肤,准确进针。退针时,用左手拇指与食指按摩针孔,防止药剂外溢。

注射后,按雌雄 1∶1 的比例,将种蟾蜍放在产卵池水边,让其自行活动或进入水中水温在(25℃左右)。

3. 制备精液悬浊液　催产药物使用后 25～40 h,捕捉雄蟾蜍,杀死或麻醉,用剪子和镊子剖开其腹部,取出精巢。将精巢轻轻地在滤纸上滚动,除掉粘在上面的血液和其他结缔组织。在经消毒处理的研钵或培养皿中把精巢剪碎,每对精巢加入 10～15 mL 生理盐水或 10%的林格氏液稀释，静置 10 min，即制成精液悬浊液。

4. 挤卵 催产药物使用后 25～40 h，捕捉雌蟾蜍，使其背部对着右手手心，手指部分刚好在其前肢后面圈住蟾蜍体。另一人抓住后肢，使其伸展，然后用左手从蟾蜍体前部分轻加压力，并逐渐向泄殖腔方向移动，使卵从泄殖孔排出。

5. 授精 将雌蟾蜍的卵子挤入已配制好的精液悬浊液的器皿中，边挤卵边摇动器皿，或用羽毛等柔软物品轻轻搅拌，促使精子与卵子充分接触，提高受精机会。授精时，水温在 20～30℃受精率最高；水温低于 18℃ 或高于 32℃ ，受精率都会降低。

【知识与技能测试】

一、名词解释：

蟾酥，变态，抱对，出孵

二、填空：

1. 在适宜的条件下，受精卵发育成幼体（蝌蚪）的时间一般为（ ）天。

2. 蝌蚪的投喂量一般为蝌蚪体重的（ ）。

3. 蝌蚪生长发育的水温范围是（ ）℃，最适温度为（ ）℃。

4. 蟾蜍自身体温调节能力弱，为冷血（ ）温动物。

三、简答：

1. 幼蟾蜍的饲养管理要点。

2. 蟾蜍的繁殖特性。

3. 蟾酥的采收与加工技术。

四、论述：

蝌蚪的饲养管理要点有哪些？

项目二 牛蛙

【项目提要】牛蛙原产于北美洲，1959 年传入中国，因其鸣声似牛故得其名，它是一种大型食用蛙，经济价值高，还可作药用。本模块主要介绍牛蛙的生物学特性，繁殖，饲养管理技术等。

【知识目标】了解牛蛙的分类分布、形态特征、生活习性等；掌握牛蛙的繁殖特点及技术；掌握牛蛙的饲养管理技术。

【技能目标】掌握牛蛙的繁殖技术;掌握牛蛙的饲养管理技术。

【典型知识及工作任务】

编号	名称	内容提要
典型知识	牛蛙的生物学特性	牛蛙的分类分布、外形、生活习性、经济价值
任务一	牛蛙的繁殖技术	种蛙的选择、性成熟与产卵、孵化
任务二	牛蛙的饲养管理	场址的选择、蛙场的建设、牛蛙的饲养管理

【典型知识】牛蛙的生物学特性

一、分类及分布

牛蛙在分类学上属两栖纲、无尾目、蛙科、蛙属,原产于北美落基山脉一带,为北美最大的蛙类,因其鸣叫声洪亮酷似牛叫,故名牛蛙。牛蛙有近百年的人工养殖历史,目前引进养殖几乎遍及世界各国。我国1959年开始引进并人工养殖牛蛙,现分布于我国中部和南部各省,主要品种有:沼泽绿牛蛙、西方牛蛙、印尼牛蛙、非洲牛蛙、非洲大牛蛙等。已被我国列入首批外来入侵物种,养殖过程中要注意防逃。

二、经济价值

1. 肉用价值高　牛蛙肉营养丰富,味道鲜美,是一种高蛋白、低脂肪、低胆固醇营养食品。中医认为,牛蛙肉具有滋阴壮阳、解毒安神、养心补气之功效,可以促人气血旺盛、精力充沛,对消化功能差、胃酸过多、体质衰弱的人有食疗作用。目前牛蛙肉已成为高档餐桌的常见菜肴。

2. 药用价值好　牛蛙内脏及其下脚料中的蛋白质,经水解可生成复合氨基酸,经分离提纯后,可作为医药滋补品、食品添加剂、化妆品的天然原料;牛蛙的内分泌系统可分泌各种激素,经提取可用于医药、工业生产和科学研究。如脑垂体提取的激素,可用作鱼类、两栖类的人工催产剂;胃腺、肠腺及胰腺提取物含有丰富的消化酶,尤其是水解蛋白质酶类含量高;提取牛蛙的胆汁,加工后可作药用。蛙皮是制作外科手术线的优质原料,蛙油可制作高级润肤油。

3. 饲养效益好　牛蛙适应性强、繁殖快、生长发育迅速、食性多样,易饲养。只要具备无污染的淡水水域,采取防逃措施,提供充足的饲料,防止天敌侵害,一般都能养殖成功。1只成年雌蛙一年产卵上万粒,孵化率可达90%,孵化后2个月变态为幼蛙,经1年生长可达0.5～0.6 kg,因此,养殖投资不大,只要精心饲养、科学管理,便可取得理想的经济效益。

三、形态特征

牛蛙春季繁殖，卵产于水中。从卵中孵出的蝌蚪呈绿褐色，带有深色斑点。成熟的牛蛙与一般蛙外形大体相同，但个体较大：体长约 20 cm，后肢长 25 cm，成体体重 1～1.5 kg。全身皮肤裸露，光滑湿润，具黏液，肤色可随温度、光照和所生活环境色调变化而变化：一般有黑褐色、绿色两种基色，冬季和早春是褐色，春末为鲜绿色；秋季为淡褐色，幼蛙多呈绿色；腹面白色。咽喉下面的颜色随雌雄而异：雌性多为白色、灰色或暗灰色；雄性为金黄色。牛蛙寿命较长，正常能活到 16 年。

图 5-3　牛蛙

外形分为头、躯干及四肢 3 部分，无颈及尾。头部宽扁，口端位，吻端尖圆面钝。眼球外突，背部略粗糙，有细微的肤棱。四肢粗壮，前肢短无蹼，雄性个体第一趾内侧有一明显的灰色瘤状突起；后肢较长大，趾间有蹼，见图 5-3。

四、生活习性

1. 两栖性　牛蛙是两栖动物，喜水，较少登陆。多栖息于水草丛生的江河、池沼、溪流、浅滩、湖泊等未被污染的淡水及其有草木遮阴的岸边。皮肤全部裸露，保水性能差，必须保持潮湿，以进行皮肤呼吸。牛蛙无交接器，必须在水中抱对，产卵、排精、受精、孵化和变态。

2. 野生性　牛蛙警觉性强，稍受惊扰就跳跃逃跑或潜水、钻泥，利用保护色潜伏于草丛中，在喧闹的环境中往往不吃食，难以抱对、产卵或排精等。牛蛙弹跳、攀爬、钻洞能力强，跳高可达 1.5 m，跳远可达 5～6 m，攀爬网栏可达 1 m 高，还可以从很小的洞隙进出。

3. 食性　蝌蚪阶段以植物性食物为主，成体以捕食活虫、活物为主。成体牛蛙眼睛善于发现并捕食活动的动物，只要能吞下去的动物几乎都能吃，甚至小乌龟、小蛇、小鸟、老鼠、其他蛙类。在食物缺乏时会出现大蛙吃小蛙，或健壮蛙攻击衰老蛙现象；饥饿状态的牛蛙也吃死物或人工配制的饲料，经驯养可改变吃活食的习性。

4. 群栖性　牛蛙常常几只或十几只共栖一处，每只蛙有大致固定的栖居位置。每到生殖季节，常集体迁居到环境优良水陆场所，大声鸣叫招引异性，然后抱对交配。完成生殖任务后仍返回原栖息地。这种定向迁移的距离可达 9 km 之远。牛蛙具有按地面或天文定向标进行定向活动的能力，即便在雨天黑夜也能返回原栖息地。

5. 冷血变温性　牛蛙与蟾蜍一样为"冷血动物",体温随环境温度而变,生长发育、繁殖及活动明显受季节周期和水温制约。在我国北方有4个月的冬眠期,南方及沿海各省有1个月的冬眠期。人工饲养在25℃左右条件下,不仅无冬眠性,而且可常年繁殖。

任务一　牛蛙的饲养管理

一、场址选择

1. 环境条件　根据牛蛙特殊的生态生活习性,蛙场应选择有水陆条件,环境安静、温暖,植物丛生、浮游生物与虫类繁多的场所。

2. 场地要求　场地地面最好稍向东南方向倾斜。一是可以扩大阳光直射面,地温、水温上升较快,对牛蛙繁殖及饲料成长有利;二是夏季可受东南季风的影响,水面波动,可增加水中含氧量,对成蛙及蝌蚪的生长有利。

3. 水质条件　养殖池的水应能排灌方便、水位可控。不同的水源对水的温度、盐度、含氧量、pH值、水色及肥度等有显著影响,牛蛙养殖场选择水质中等、未污染的水域,过分清洁的水域由于生水资源少,对牛蛙生长不一定有利。

4. 饵料条件　场地要饵料丰富,能诱集昆虫,供应浮游生物、螺类等饵料;或者有丰富而廉价的饵料原料及土地,如,有畜禽养殖场提供粪肥,食品加工厂提供下脚料等,培育浮游生物,养殖蚯蚓、蝇蛆等。

5. 其他条件　要有交通条件和电力保证,有人员生活设施及用房。

二、蛙场的建设

1. 养殖池建造　牛蛙养殖池也分为蝌蚪池、幼蛙池、成蛙池、产卵池和孵化池。普通商品蛙场上述各养殖池面积大致比例为1∶10∶20∶1∶0.05;育种蛙场可适当缩小成蛙池的比率。每个蛙池不宜过大或过小,过大操作困难,管理投料不便,发生病害难以控制;过小则水体理化、生物学性能不稳定,浪费土地,增加操作次数。池形一般为长方形,长宽比例(2～3)∶1。池子设进水口、出水口,搭设遮阴棚,池内种些漂浮水生植物,池中设饵料台,放饵料的塑料网面位于水位线下约10 cm处。各类池子的型号可参考表5-1。

表 5-1　牛蛙养殖池建设参考规格

类别	长度/m	宽度/m	池深/m	池壁坡度	要求
蝌蚪池	6	2～3	0.6～1	1∶10	
幼蛙池	20	5～10	0.6	1∶25	建 100、150、200 m^2 三种规格
成蛙池	25	12	1.2	1∶25	堤坡约 2 m 高。建成大中小三种型号
产卵池	20	1	1.5	1∶25	全场设 2～3 个即可
孵化池	1～2	0.5～1	0.6	1∶25	水深 15～40 cm，池底铺沙土 6 cm

蝌蚪池池壁坡宜大些，以便蝌蚪吸附其上休息，并便于蝌蚪变态后幼蛙登陆。蝌蚪池周围建围墙，以防敌害侵入。幼蛙池和成蛙池形态与结构相仿，要建有大、中、小三种规格，视幼蛙发育情况，随时调整，分级饲养，池周或小岛上挖些人工洞穴，也可搭遮阴棚，周围设防逃围墙，水面上安装黑光灯诱集飞虫。

产卵池建筑不宜太大，最好设 2～3 个，以供发情、产卵期的亲蛙抱对、产卵、排精使用。特别要注意，产卵池的生态环境应该模拟天然条件。孵化池用砖石水泥砌建，也可使用相应大小的塑料箱，保持水深 15～40 cm，孵化池数量根据养殖亲蛙数，将不同亲蛙或不同时期所产的蛙卵分批孵化。

2. 围墙的建筑　牛蛙善跳、游、钻、爬，所以必须设置防逃围墙；同时起到防止外敌侵入的作用。围墙一般高 1.5 m，埋地 30 cm，根据不同条件可建成竹墙、砖木墙、砖墙等。

三、蝌蚪饲养管理

1. 场地准备　刚孵化出的蝌蚪，体小、黑色、游泳能力差，随着个体长大，游泳能力增强，要在孵化池中饲养 10 天左右方可转入蝌蚪池。蝌蚪下池前，水池要清洗干净，并用 200 mg/L 漂白粉消毒。如果是泥土池，则要用生石灰（每 666.7 m^2 75 kg）消毒，过 7 天，生石灰药效消失（并经试水）后，再放入蝌蚪。

2. 饵料投喂　刚孵出的蝌蚪 4～5 天不吃东西，靠卵黄囊供给养料；第 6 天起卵黄囊消失，开始吃浮游植物，绿藻、矽藻等。因此，在孵化前要把水质培肥，使浮游生物繁殖；如水质不肥，可用煮熟的蛋黄喂，按 10 000 尾蝌蚪供给一个蛋黄进行投喂，早晚一次。半个月后可喂豆浆，按体重总量的 10%～15%投喂，上午 9 点一下午 4 点。

30 日龄到完全变态期，除了人工投喂商品饲料外，还必须培育浮游生物作天然饵料，100 只蝌蚪投饵 40～80 g，动物饵料占 47%，植物占 43%。每天投 1～2

次，上午下午或下午一次。将饵料分别投放在食台上。

3. 巡池记录　每天早晨与傍晚必须巡视养殖池，及时记录气温、水温、水质、蝌蚪生活状况（如，有无浮头现象，上次饵料吃剩情况等）。发现问题及时处理。对于刚孵出的蝌蚪以及变态高峰期的蝌蚪，尤其要注意观察及管理。

4. 水温水位　最适宜的水温为 23～30℃。水温较高时或天气异常闷热时，蝌蚪黎明前后会在水面上“浮头”。若水温高于 35℃，则要及时换水、开增氧机。换水时，将原池水排出 1/4～1/2，引进水温较低的清洁水；如水质污染，也需采取类似的换水措施。水位一般宜保持水深 40～60 cm。养小蝌蚪或水温较低时，水位宜低些，相反则应高些。

5. 控制水质　蝌蚪池的水质应清洁，水中溶氧量应大于 3 mg/L，盐度小于 2‰，pH 值 6.6～8.2 之间。一经发现水污染变质，则要立即换水。换水时不要猛然使水温等生态因子变化太大，一般换水量为 1/4～1/2，并注意掌握换水时间。养殖蝌蚪最好处在肥水及较肥水之间，在人工投饵的情况下，处在瘦水中也可以。水质的好坏一般可用肉眼看水色来估测。

6. 池水卫生　发现水面有悬浮杂物、浮膜、死去的蝌蚪时要及时捞出。饵料台要经常取出洗刷，用漂白粉液消毒或日光曝晒杀菌。饵料台上的残余食物要及时清除，以免在池水中腐烂。经数月饲养后，池底如积有污泥及沉淀食物残渣要及时清除。

7. 保持密度　刚孵出至 10 日龄的蝌蚪，养殖密度 1 000～2 000 尾/m^2 为宜；11～30 日龄 500～1 000 尾/m^2；30 日龄至变态为幼蛙前 100～130 尾/m^2。

8. 越冬管理　越冬前清理池底污泥，以减少耗氧量。有条件的池塘，可以将水温控制在 15℃以上，最好达到 20～30℃，可保证蝌蚪正常生长变态。无保温条件时，池水保持 1 m 深，底层水温保持 5℃左右，即便表层水冻结、积雪，蝌蚪也能安全越冬。如果发生水位下降或水温低、缺氧时，要及时灌水、充气。

四、幼蛙饲养管理

幼蛙指刚变态完成，但还未达性成熟的小蛙。幼蛙喜活食，主要有蚯蚓、蝇蛆、小鱼、小虾、蜻蜓、蚕蛾、蝗虫、蚱蜢、甲虫等各种昆虫。

1. 幼蛙饲养　完成变态的幼蛙要及早驯食，以便适应静态饵料（“死饵”），节约成本。驯食开始先投放活饵，以后逐渐混入死饵。1 月龄时，活饵与死饵之比为 2∶1，1.5 月龄为 1∶1，3 月龄可全部投喂死饵，饵料粒度以幼蛙一口能吞下为宜。

饵料投放量以每次投入量能够吃完为宜，随着幼蛙生长，投饵量要逐渐增加，达到幼蛙体重的 5%～10%。饵料要能满足幼蛙生长发育，力求多样化、营养丰富、价格低廉,如,蚯蚓、蜗牛、蝇蛆,屠宰场、食品厂的下脚料等,也可自配或购买饵料,使用黑光灯诱集昆虫等。

2.幼蛙管理 幼蛙池最适宜的水温为23～30℃,高于35℃必须降温、换水。适宜pH值为6～8。要经常清除剩余饵料,捞出死蛙及腐烂的植物、浮膜等异物。如水质污染则要换水或消毒,以保持清洁。幼蛙主要以肺呼吸,对水质,尤其是水中氧气含量的要求不如蝌蚪严格,但仍不可忽视。要经常保持陆地潮湿,种植作物或建棚以避强光照射。及时分类分池管理,一般40日龄(指变态完成后开始计算的日龄),密度为100只/m^2,40日龄后70只左右。经常做好病虫害和天敌的防治工作。

3.越冬管理 水温降至6℃、气温10℃左右时,幼蛙将进入冬眠,需潜伏于离冻层30～40 cm下潮湿的池边洞穴空隙处越冬。因此,入冬前要给幼蛙提供越冬条件,可以采取以下的方法:

一是提供越冬洞穴。在幼蛙池四周挖掘松土,并在向阳避风、离水面20 cm处挖数个直径13 cm、深1米的洞穴,洞穴保持湿润,池水不淹没洞穴。幼蛙在入冬前会自动钻入越冬。

二是提供越冬棚。在原幼蛙池离水面30 cm高处,悬盖塑料薄膜保护牛蛙越冬。也可以在离水面30 cm处架一大草棚,草棚四周与池边紧相贴,在池的东北角位置深处放置几个瓦筒,供牛蛙群集于其中越冬。越冬期间水温保持10℃左右。

三是草堆越冬。在养殖池向阳背风方向,堆一草堆,或先铺松土50 cm厚,上盖草堆,保持湿润,再覆盖一层塑料薄膜。当气温下降时,牛蛙会自行钻入草堆中越冬。如遇特殊寒冷天气,则可加盖更厚的草堆,再加盖一层塑料薄膜保温。

此外,还可采用缸桶越冬、室内砖池越冬、温泉水流越冬等方法。只要水温或气温为6～12℃,潮湿,有一定氧气,无敌害的环境,幼蛙一般均可安全越冬。

幼蛙越冬期不吃不动、闭目休眠,缓慢进行肺呼吸,甚至在低温的水中仅以皮肤进行低水平气体交换,因此也称为休眠期。休眠期幼蛙完全无抵御敌害的自卫能力,容易受到敌害(老鼠)的侵袭,因此要经常检查越冬情况,如有死蛙要及时清除,如发现有红腿病等疾病要及时治疗,防止传染蔓延。如环境温度升高至10℃以上,幼蛙会苏醒,呼吸加强,开始活动,甚至摄食。

五、亲蛙饲养管理

幼蛙经1年养殖后达性成熟即为成蛙。成蛙最小体长11 cm左右,体重为200 g左右。成蛙的管理与幼蛙基本相同,但其活动能力强,善跳跃,应注意围墙的维修、防止外逃；成蛙摄食多，排泄的废物多，要经常保持水质清洁不被污染。夏天最好每天换水，换水量为1/2，温差不得超过2℃。成蛙饲养密度一般为每平方米40只。

亲蛙特指选留作为繁殖、育种，已生长2～3年的成蛙。一般体重在500 g左右。亲蛙摄食大，一般每只每日投饵量为其体重的10%，饵料要营养全面、种类尽量多些，其中动物性饵料不应少于60%；亲蛙在发情时摄食量减少，抱对、产卵、排精时基本停食，之后摄食量大增，要根据以上情况酌情增减投饵量。一般每天傍晚投饵1次，要定点、定时，经常清理投饵台，以保持清洁卫生。

亲蛙池不仅是亲蛙摄食、生活的场所，更重要的还是产卵、排泄、孵化的场所。因此，环境条件既要适合亲蛙生存，更要适合卵的受精及孵化。适宜水温23～30℃（最佳25～27℃），水位保持在15～40 cm，经常换水确保水质优良，其溶氧量、盐度、pH值、生物组成等要适于卵受精及卵的孵化。亲蛙的养殖密度要小，一般每平方米为1～2只。亲蛙产卵后应及时用盆将卵细心托出，不要颠倒卵的上下位置，不搅动卵块，轻轻放入孵化池。

亲蛙池环境要保持安静，切忌人声嘈杂。抱对中的亲蛙处于生殖兴奋状态，对天敌入侵反应不灵敏，行动也不方便，御敌能力大为降低；产下的蛙卵更容易被鱼类、其他蛙类吞食。因此，要谨防天敌捕食抱对亲蛙及蛙卵。要特别重视亲蛙的越冬工作，方法类似幼蛙越冬管理。

任务二　牛蛙繁殖技术

一、种蛙选择

在投产前要进行选种、运种工作。近距离的少量引种，各个季节均可进行，大批量引长途运输引种，在春秋季运输更为安全。一般情况下，种蛙的适宜雌雄比例1∶1，雌雄牛蛙可以根据鼓膜、前肢、咽喉部、体色、体型等特征鉴别（表5-2）。

表5-2　牛蛙的雌雄鉴别

部位	雌性特征	雄性特征
鼓膜	与眼睛大小相同或稍大	比眼睛大1倍左右
前肢	第一指不发达无婚姻瘤	第一指很发达，有婚姻瘤
咽喉部	呈灰色，皮下无声囊，鸣声低	黄色，皮下有声囊，鸣声如黄牛
体色	黄褐色，斑点明显	暗绿色
体型	生长缓慢，体型较小	生长迅速，体型较大

青壮年蛙生活力强，产卵、排精量高，因此，最好选择 2～3 年生的壮年蛙。选择个体时要注意选发育良好、体躯强健、无损伤、无疾病、善于游泳、性情活泼、雌蛙腹部膨大，体重约 250 g(雄)至 300 g(雌)以上。凡躯体及四肢被刺伤，留有伤痕和洞孔的，四肢发红、肢指骨裸露、行动迟钝、皮肤无光泽、发黑或腐烂的均不宜选为种蛙。

二、产卵管理

牛蛙从蝌蚪期到成体性成熟一般需 8～9 个月，性成熟时间因温度、饵料、养殖方式的不同有很大的区别。性成熟时，雌蛙体重要达 350 g，雄蛙体重 300 g。

1. *发情抱对* 牛蛙繁殖季节一般在 4～9 月，随地域不同有早有迟。性成熟后的牛蛙在温度、光照等适宜的条件下均可发情。雄蛙发情后不断鸣叫(每小时叫 100 次以上)召唤雌蛙，并有追逐行为；前肢第一肢基部内侧的"婚姻瘤"凸出明显，呈肉红色；捕捉用手指轻触其颌下胸部，左右前肢会迅速合拢相抱。雌蛙发情后则暂停捕食，向雄蛙的鸣声处跳去，发出"咔咔"应和声。双方相遇亲和时，雄蛙跳到雌蛙背上，前肢合拢紧抱雌蛙，完成抱对。雌雄抱对，一般在下半夜进行，抱对时间一般长达 1～2 天。

2. *产卵受精* 牛蛙产卵的关键条件是温度(水温达 20～30℃)。抱对后牛蛙一般在雨过天晴时产卵，特别是半夜至黎明之前，也有在中午、下午产卵。抱对行为接近尾声时，雌蛙受异体刺激，脑垂体分泌激素，在性激素的作用下，用力后蹬，腹部借助呼吸和雄蛙的搂抱，身体收缩，将卵产出体外。雌蛙排卵后，雄蛙会随即迅速射精于其上，完成体外受精。

排卵一次会持续 10～20 min。每次产卵量一般为 2 万～3 万粒，最多达 5 万粒。牛蛙的卵为圆形，动物极为黑色，植物极为灰白色。刚产的卵块黑白相间、麻麻点点；产卵后 30～60 min，卵自动转位，动物极全部朝上，卵块呈黑色麻点。如果 2 h 后还有白色植物极在上的卵，则为未受精卵。

在雄蛙开始日夜鸣叫时，就应将产卵池或亲蛙池的环境整理好，加注新水，保持水质清新，池中若无水草，应放入适量水草。蛙卵全产于水草上。若无水草或水草不足，则卵块容易沉底而缺氧死亡。

3. *采捞卵块* 产卵季节要每天至少三次到产卵池边巡视，巡视时脚步要轻，行动要缓慢。如发现牛蛙正在产卵切不可惊动，在牛蛙产卵和卵块周围做好标记。产卵后 30 min 应及时采捞卵块，避免种蛙及鱼类等活动冲散卵块或吞食蛙卵；也防止因时间过长，胶膜软化，卵粒沉入池底，降低孵化率。采捞卵块时，人要站在水中，用剪刀将卵块周围和卵块下面相连的杂草剪断，然后用脸盆从旁边轻轻插入卵块下面水中，将其搬入孵化池中孵化。

三、孵化

1. 孵化前的准备　牛蛙孵化技术与蟾蜍基本相同。孵化池可用水泥池、土池、网箱、水缸等做成，以面积较小的水泥池和网箱为最好；土池水质易浑浊，蛙胚落入池底后，易被泥土覆盖而造成死亡。水泥池和网箱以 5～15 m^2 为好，水深 20～30 cm；要水质清新，不受污染。卵块上方用覆盖物遮阴，以免阳光直射和雨水冲淋；要防止水温骤变，特别是高温时突降暴雨。水温骤变是引起死胚的重要原因，必要时可将卵块移入室内孵化。

2. 孵化条件　温度是影响蛙卵孵化的主要因素。温度高，发育快；温度低，发育慢。水温在 19～27℃时，卵需经 3～4 天半方可孵出蝌蚪；而水温在 25～32℃时，只需 2.5 天就可孵出。牛蛙胚胎发育的适宜温度在 20～33℃之间，最适温度为 28～31℃，生理温度为 11℃，致死温度为 36℃。

技能训练一　牛蛙的雌雄鉴别

一、目的要求

(1)通过实验、参观或录像，增进学生的感性认识，巩固课堂教学内容。

(2)初步掌握牛蛙性别鉴定的方法。

二、材料及用品

牛蛙饲养场或成年公母牛蛙若干只。

三、方法与步骤

(1)由老师或养殖场熟练技术人员将牛蛙捉出。

(2)指导学生仔细观察牛蛙的外貌特征、运动情况等。

(3)先由教师进行雌雄鉴别，边示范，边讲解，鉴别方法根据表 5～6 牛蛙雌雄鉴别的特征区分。

(4)学生根据老师的示范与讲解进行练习。

四、注意事项

注意动作力度，不能造成牛蛙伤亡。

五、实习报告

写出牛蛙雌雄鉴别的结果与心得体会。

【知识与技能测试】

一、名词解释：

瘦水，肥水，较肥水，病水，亲蛙

二、填空：

1. 牛蛙的主要品种有：沼泽绿牛蛙、(　　)、(　　)、(　　)、(　　)等。

2. 牛蛙寿命较长，正常能活到(　　)。

3. 牛蛙的发育需要经过(　　)、(　　)、(　　)三个阶段。

三、选择：

1. 牛蛙原产于(　)。A. 中国；B. 英国；C. 法国；D. 美国

2. 牛蛙属于(　)动物。A. 水生；B. 陆生；C. 两栖

3. 牛蛙是(　)。A. 恒温动物；B. 变温动物

四、简答：

1. 牛蛙具有哪些生活习性？

2. 如何选择种蛙？

3. 如何对蝌蚪进行合理的饲养管理？

4. 如何对幼蛙进行合理的饲养管理？

5. 如何对成蛙进行合理的饲养管理？

项目三　蛇

【项目提要】蛇的全身都可以入药。人工养殖的蛇主要用于药用和食用。本章主要介绍蛇的生物学特性、繁殖技术、饲养管理及产品采收。

【知识目标】了解蛇的形态特征、生活习性；了解蛇的生殖类型，掌握蛇的发情与交配、产卵(仔)与孵化、仔蛇的生长发育和蛇的人工选育技术；掌握蛇的饲养管理、蛇产品的采收与加工技术。

【技能目标】能利用所学知识进行蛇的繁殖；掌握蛇产品的采收与加工技术。

【典型知识及工作任务】

编号	名称	内容提要
典型知识	蛇的生物学特性	蛇的分类及经济价值、形态特征、生活习性
任务一	蛇的繁殖技术	蛇的生殖类型，掌握蛇的发情与交配、产卵(仔)与孵化、仔蛇的生长发育和蛇的人工选育
任务二	蛇的饲养管理及产品采收	蛇的饲养管理、蛇产品的采收与加工

【典型知识】蛇的生物学特性

一、分类及经济价值

蛇是爬行纲、有鳞目、蛇亚目的总称，是爬行动物中最多的一个类群，目前已发现世界上约有 3 000 种，其中有毒蛇 650 种。我国大约有蛇 200 种，多属于游蛇科和蝰蛇科，其中有毒蛇 48 种。蛇在全国各地均有分布，特别是南方湿热地区分布更多。人工养殖的蛇类主要有银环蛇、金环蛇、蝮蛇、蕲蛇、眼镜蛇、竹叶青蛇和乌梢蛇等。

1. 药用价值　蛇全身都可以入药。全蛇去内脏后烘干，用白酒浸泡，3～4 周即可服用，有治疗中风、惊风、痹病、麻木不仁、肢体疼痛等作用，对顽固性神经痛、骨髓炎、慢性气管炎、肝炎、风湿性关节炎等症均有疗效。蛇毒含有卵磷脂酶及一种能使动物出血的毒质，能增加血管的渗透性，并能使局部出血及组织坏死，可以作为良药治疗多种疾病，特别是对癌肿及各种疼痛都有很好的疗效。蛇蜕有祛风、解毒、杀虫、明目之功效，主治惊痫、喉痹、诸疮痈肿、疥癣、目翳等。蛇胆有行气、化痰、搜风祛湿、清肝明目、平肝息风的功能，能治疗支气管炎、百日咳、风湿痛、目赤肿痛、小儿惊风、老年中风等症。蛇皮与斑蝥(一种虫类药用动物)一起药浸酒，外擦可治疗白癜风。蛇油可用来治疗冻伤、烫伤、皮肤皲裂、慢性湿疹等。蛇血可用来治疗关节痹痛和变形，并有升高白血球的作用。

2. 食用价值　蛇肉含有丰富的蛋白质，以及钙、磷、铁、维生素等，是上等肉食品，并对人体有滋补功能。我国南方很早以前就有蛇餐馆，现在全国各地的餐馆均有蛇肉菜肴。广州市名菜“龙虎斗”就是用蛇肉和猫肉作为主要原料烹制而成的，享誉全国。

图 5-4　蛇

二、形态特征

蛇类身体细长，身体表面覆盖有鳞。无四肢，无足；头扁平，呈三角形或椭圆形，鼻孔位于吻端两侧，无可活动的眼睑和瞬膜，无耳孔和鼓膜，但有发达的内耳和听骨。大多数蛇无毒，部分有毒。蛇的外观见图 5-4。

蛇类可分为无毒蛇和有毒蛇两大类。毒蛇与无毒蛇的主要区别见表 5-3。

表 5-3 有毒蛇与无毒蛇的外观区别

项目	有毒蛇	无毒蛇
头部	较大，多呈三角形	较小，多呈椭圆形
颈部	较细	较粗，与头部无明显界限
躯干	粗短，不匀称	细长，匀称
尾	短，自泄殖孔后突然变细或侧扁	自泄殖孔后逐渐变细
颜色	鲜艳者多	不鲜艳者多
瞳孔	裂孔状	多为圆形
毒牙及毒腺	有毒牙 1 对或 3～4 对，有毒腺 1 对	无毒牙，仅有锯齿形小牙
活动状态	常蜷曲，爬行慢，安稳不惊	多不蜷曲，爬行快，易惊恐
性情	凶猛	不凶猛

毒蛇的牙齿结构比较特殊，分无毒牙和毒牙。无毒牙呈锥状且向内弯曲，毒牙又分为沟牙和管牙。沟牙一般 2～4 枚，较短小，圆锥状，不能活动，在牙的前面有一输送毒液的纵沟。根据其着生部位的不同，沟牙又分为前沟牙(在上颌骨前端)和后沟牙(在上颌骨后端)两种。管牙通常 1 对，呈羊角状，内有管道，能活动。蝮蛇、尖吻蝮蛇、竹叶青蛇等都具有管牙。

毒牙上端与毒腺相接，毒腺位于头部两侧、口角上方，外面有一层强韧的结缔组织，前端有一细长管道和毒牙基部相通。毒腺收缩便可挤出毒液，经过毒牙的管、沟注入捕获物。

三、生活习性

1. 采食规律 蛇类是肉食性动物，主要采食各种活的动物，如各种昆虫、鱼、蛙、蜥蜴、蛇、鸟、鼠类等，体型较大的蟒蛇还可吞食大型哺乳动物。蛇类的采食是先把食物整个吞入腹中，然后再慢慢消化。毒蛇主要是采取突袭方式咬伤并致毒小动物，当中毒动物不能动时，蛇再慢慢吞食。无毒蛇一般是靠其上、下颌着生的尖锐牙齿咬住猎物，然后很快用身体把猎物缠死或压细长再吞食。

2. 活动规律 蛇的采食和活动有明显的季节性和昼夜性。冬季天气寒冷、食物缺乏，蛇进入冬眠期，在冬眠入蛰前或出蛰后的 15～20 天，蛇基本不进食。每年 3 月至 4 月，蛇从冬眠中苏醒，晴朗天气出洞晒太阳；4～5 月开始四处觅食，寻找配偶；6～8 月份一般经常在水草丛或水边活动，天气炎热时食欲减退；9～10 月是蛇繁殖和生长旺季，进食量很大，生长较快，贮存冬眠前的身体脂肪，蛇显得粗壮；11月开始返回冬眠地，陆续入蛰，翌年春天出蛰，周而复始。

3. 蜕皮规律　蛇的体表覆盖一层鳞片，鳞片外层是角质层，鳞片之间彼此相连成一个整体。由于随着蛇的生长，角质层会周期性脱落，被下面的新角质层取代，因此，蛇每年要蜕皮3次左右。幼蛇生长速度快，蜕皮次数较多，食物丰富时，生长较快，蜕皮次数也增多。蜕皮时，皮肤表面呈现出不透明的乳白色，尤其在眼睛上的角质层更显著。这时蛇张开口，将吻端和唇在硬物上摩擦，使老皮裂开，并向外翻转，顺着头部向后推去，直到整个老皮被蜕掉。脱落的皮叫"蛇蜕"。

任务一　蛇的繁殖技术

一、蛇的生殖类型

蛇是雌雄异体，一般生长发育到3年后达到性成熟。在外部形态上，两性差异不大，一般雄蛇头部较大，尾部较长，逐渐变细，而雌蛇头部相对较小，尾部较粗，向后突然变细；用手指紧捏蛇的肛门孔后端，雌蛇肛门孔显得平凹，而雄蛇的肛门孔中会露出一对交接器(两个"半阴茎")。蛇的种类不同，其繁殖行为和生殖类型也有差异。

1. 雌蛇生殖类型　大多数蛇类是产卵繁殖(卵生)，如金环蛇、银环蛇、眼镜王蛇、尖吻蝮、乌梢蛇、蟒蛇等。也有少部分蛇是产仔繁殖(卵胎生)，如蝮蛇、竹叶青蛇等。卵生型蛇的卵是在自然条件下孵化出仔蛇；卵胎生蛇的卵是在雌蛇的输卵管内发育，然后产出仔蛇。卵胎生仔蛇发育过程中，靠的是卵黄提供营养，母体只是为孵化提供了一定的条件，这与哺乳动物的"胎生"发育有着本质不同。

2. 雄蛇生殖类型　蛇类的雄性生殖分为四个类型。

一是夏季型及交配后型：精子在春夏秋温暖季节生成，成熟的精子贮存于雄蛇附睾及输精管内，交配期一般在春天；也有在春秋两季交配，通过交配将精子贮存于雌蛇输卵管内过冬。二是混合型：精子在春末生成，到次年春天成熟交配。三是交配前型：精子在交配期完成并成熟。四是连续型：整年有生殖活动。

二、发情与交配

1. 交配季节　蛇类为季节性发情，在春秋季发情交配。但大多数蛇在春季出蛰后不久进行交配，夏天产卵或产仔。这样幼蛇才有较长时间摄取食物，利于生长和积存能量，度过第一个寒冬。表5-4中列出了几种蛇交配、产卵时间。

表 5-4 蛇的交配和产卵时间

名称	交配时间/月份	产卵(仔)时间/月份
眼镜蛇	5—6	6—8
银环蛇	5—6	6—8
金环蛇	4—5	5
黑眉锦蛇	5—6	7
竹叶青蛇	5—6	7—8
尖吻蝮	4—5、10—12	6—8(8—9)
白眉蝮蛇	5月末,8—9	8月下旬至9月下旬
乌梢蛇	5—6	7—9

2. *发情表现* 进入交配季节后,雌蛇皮肤和尾基部腺体能分泌一种有特殊气味的物质,雄蛇依靠敏锐的嗅觉找到同类雌蛇。有些蛇在交配前有求偶表现,如眼镜蛇在求爱时,把头抬离地面很高,进行一连串的舞蹈动作,在交配前,这种舞蹈动作可持续 1 h 以上。

3. *交配* 大部分的蛇有集群过冬的习性,在出蛰时就有较多的两性相遇机会,往往在越冬场所附近交配,然后再分散活动;有些蛇则在草地上、蛇房内或灌木丛中交配。交配时,雄蛇从泄殖腔伸出两侧的"半阴茎",并用尾部缠绕雌蛇,尾部抖动不停,雌蛇则伏地不动。每次交配,雄蛇只将一侧交接器伸入雌蛇泄殖腔内,射精后,雄蛇尾部下垂,使交接处分开,静止一段时间后公母分开,雄蛇先开始爬行,雌蛇则稍后恢复活动。

蛇的种类不同,交配时间不同。一般情况下,乌梢蛇为 25~48 min,尖吻腹 15~120 min,蝮蛇最长可达 24 h。在繁殖季节,一条雄蛇可与数条雌蛇交配,而雌蛇只交配一次,且交配后,精子在雌蛇泄殖腔中可维持 3 年的受精能力。人工饲养条件下,公母比例以 1∶(8~10)为宜。

三、产卵与孵化

1. *产卵及产仔* 卵生型蛇一般在 6 月下旬至 9 月下旬产卵,每年 1 窝。蛇卵为椭圆形,大小、长短不一,大多数蛇卵为白色或灰白色。卵壳厚,富有弹性,不易破碎。刚产的卵,表面有黏液,常常几个卵黏在一处。产卵过程是间断性的,产程一般 30~50 min,有的蛇可达 2 h。产程的长短与蛇的体质强弱和有无环境干扰有关,健壮的蛇产程短,不健康的蛇产程长,有的可持续 20 h 以上。正在产卵的蛇如受到惊扰,均会使产程延长或者停止产卵,剩余的卵,两周后会慢慢被吸收。

卵胎生型蛇大多数生活在高山、树上、水中或寒冷地区，受精卵在母体内生长发育。产仔前几天，母蛇不吃不喝，选择阴凉安静处，身体伸展呈假死状，腹部蠕动，尾部翘起，泄殖腔孔张大，流出少量稀薄黏液，有时带血性。当包在透明膜中的仔蛇产出约1/2时，膜内仔蛇清晰可见，到大部分产出时膜即破裂，仔蛇突然弹伸而出，头部扬起，慢慢摇动，做向外挣扎状。同时，母蛇继续收缩，仔蛇很快产出，有的完全产出后胎膜破裂。仔蛇钻出膜外便自由活动，5 min后即可向远处爬行，脐带脱落。如果产出后膜仍然完好，亦不见仔蛇在内活动，即为死胎。

蛇的产卵或产仔数少者3～5枚，多着可达20枚。不同种类、年龄、体型大小和健康状态的蛇，产卵（仔）数差异较大，体大健康的个体，产卵或产仔数要多于体小、老弱的个体。

2. 孵化　大多数蛇产卵后就弃卵而去，让卵在自然环境中自生自灭。只有极少数蛇，如眼镜王蛇、银环蛇、尖吻蝮等有护卵现象。蛇的种类不同，孵化期相差很悬殊，短则数日，长则数月，大多数蛇需2个月左右。

蛇的孵化期长短与温度、湿度密切相关。在适温范围内，温度越高，孵化期越短。适宜的孵化温度20～27℃。如果温度低于20℃、相对湿度高于90%，孵化时间就要延长，并有部分卵孵不出来；如果温度高于27℃，相对湿度低于40%，蛇卵会因水分蒸发而变得干瘪坚硬（表5-5）。

表5-5　几种蛇的孵化温度、湿度与孵化期

名称	孵温度/℃	孵化湿度/%	孵化期/天
黑眉锦蛇	17～23(20～25)		80～88(67～72)
尖吻蛇	25～30	74～95	25～27
银环蛇	17～25(25～30)	70～95(60～90)	45～58(25～30)
乌梢蛇	28～32	15～18(土壤)	46～70
眼镜蛇	20～27	60～90	47～57

人工养蛇，采收的蛇卵可进行人工孵化。蛇卵人工孵化的方法很多，常见的有缸孵法和箱孵法。

(1)缸孵法　将干净无破洞的大水缸洗净，消毒、晾干，放在阴凉、干燥而通风的房间，内装半缸沙土，沙土比为1∶3。沙土的湿度以手握成团、松手就散为宜。沙上摆放3层蛇卵（横卧），缸内放干湿温度计。为了防止敌害侵入，缸上要加盖，但要注意通风。要每周或隔一周检查一次，并把孵化缸内的蛇卵上下翻动一次。检查时，如果观察到卵胚中的网状脉管逐渐变粗，逐步扩散，则可孵化出小蛇；无此现象则不能孵化出小蛇，需及时拣出。

(2)箱孵法　将木箱放入阴凉、干燥而通风的孵化室，箱内铺高约 30 cm 厚细沙土和干草，并做成盆状窝。沙的温度要求同缸孵法。沙土上摆放几层蛇卵(横卧)，并用湿纱布盖上，以防止蚊虫叮咬。盖上箱盖，孵化期间的管理同缸孵化法。

3. 仔蛇生长　仔蛇出壳前，头端有一突起点(卵齿)，仔蛇靠此划破卵壳出壳。从划破卵壳到出壳，约需 24 h。当卵壳被划破后，仔蛇先把头部伸出壳外再缩回去，反复多次才爬出壳外。仔蛇出来不久，卵齿即脱落。无论是卵生还是卵胎生的蛇，都不需要母体提供营养。仔蛇出生前数天，卵黄囊及其剩余内容物即被吸收到体腔内并进入肠道，初生仔蛇可利用这些未耗尽的卵黄作为食物贮备而开始生活。大部分蛇生后 7～10 天开始觅食，5～10 天开始第一次蜕皮。毒蛇的仔蛇出壳就有毒性。

四、蛇人工选育

人工选育是养蛇场常年都要做好的工作，应集中做好以下三方面的工作。

1. 种卵的选择　种卵要个大，卵形、卵色正常，无破损。入孵的种卵要新鲜、优质，存放时间短。因此，要经常观察怀孕母蛇，发现卵块接近肛门，要及时关入蛇箱或产卵房内产卵，产后把卵放入孵化器内孵化。

2. 仔幼蛇的培养及选育　仔蛇出生后可暂养于蛇箱中，提供适宜的环境，保证优质、易消化的饲料，对采食能力弱或不能采食的仔蛇，可填食一些流体食物，保证营养需要；加强仔幼蛇的驯化，增强其适应能力，尽量缩短冬眠时间，缩短养殖周期，提高经济效益。

要根据仔幼蛇生长发育速度，选择生长发育快、食性广、食欲旺盛、适应性强、抗逆性强的个体作为后备种蛇，后备蛇要加强管理，注重驯化，使其能很好地适应人工养殖条件和食物条件。

3. 成蛇的选育　春季蛇出蛰后，配种前要对雌雄蛇进行一次严格选择。选择体型大、体质健壮、食欲正常、活泼好动、无伤残、无疾病的个体，特别是发情、交配行为正常的种蛇组成育种核心群并合群配种。对以生产蛇毒为主的蛇，还要侧重泌毒量和毒液的质量；对全身入药的蛇则要侧重体型大小、色泽与花纹等指标。

冬季蛇入蛰前要再次对种蛇进行一次选择。选择体肥、无伤残、无疾病和泌毒量高、质量好的个体。为入选者创造适宜的环境条件，使其安全越冬；要淘汰瘦弱和患病的个体，以免冬眠期间死亡或传染疾病。

任务二　蛇的饲养管理及产品采收

一、养殖方式

1. *散放养殖*　把蛇散放在海中的孤岛，或大型水库的小岛上，以水作天然屏障，蛇靠捕食岛上的鸟、鼠、鱼、蛙等天然食物生存。此种养殖方式，蛇类仍然处于野外生活状态，只要食物丰富，敌害少，气候条件适宜，便可繁殖发展。

2. *半散放养殖*　模拟自然生态条件，或选择自然生态条件适宜、蛇分布密度较大的场所，再补建一些必要的设施或条件，开展散放饲养。场内要有树林、草地、水流、石山等栖息条件；要有一定量的蛙、雀、鱼、昆虫等天然饲料资源；需要建设围墙等防逃设施，建设适合蛇类栖息、繁殖和越冬的蛇房和人工饲料池；还需要引捕种蛇放在散养区。

3. *人工圈养*　按蛇的生活习性，模拟自然生态条件建设蛇场，人为提供饲料和栖息场所，进行人工繁殖、饲养管理、产品采收和加工。饲养密度和生产水平比前两种养殖方式都有所提高。

二、蛇场建设

1. *蛇场布局*　蛇场不宜过大，可分成多间，每间以 5 m 宽、4～6 m 长为宜。蛇场四周建有 2.0～2.5 m 高的围墙，墙基 0.8～1.5 m，用水泥灌注，防止鼠类打洞，蛇从鼠洞外逃；墙的内角要做成弧形，以防蛇借助直角沿墙角上爬翻墙而逃。蛇场设双重围墙和大门，内层门向里开，外层门向外开，以防栖息在门下的蛇趁人开门之机而逃遁。蛇场也可不留门，饲养人员借助梯子出入或在墙内外修筑阶梯，内阶梯离墙上沿儿 0.7～1.0 m，进出时，在墙与内阶梯间搭一木板，用后及时将木板撤出。

2. *蛇场结构*　蛇场内要设有蛇窝(房)、水池、水沟、饲料池、产卵室和活动场。蛇窝建在大门对面地势较高处(防止雨水灌入)，建成坟堆式或地洞式，四壁用砖砌成或用瓦、缸做成，外面堆以泥土；蛇窝内径 50 cm、高 50 cm，顶上加活动盖，以便观察和取蛇；蛇窝底层应深入地下，窝内铺沙土、稻草；每个窝至少有两个洞口与蛇园地面相通，注意防水、通风、保温。每个蛇窝要能容纳中等大小的蛇 10～20 条。

紧挨蛇窝要建水池，通过水沟与饲料池相通。水池要高于饲料池，面积约 5 m^2，池深 40 cm，水池与水沟间设一道闸门，晚上拉开闸门，水池中的水便可沿水沟入饲料池。饲料池约 5 m^2，池中可种植水草，放养些黄鳝、泥鳅、蛙类和蛭类，上搭凉棚遮阴降温，凉棚下装一只小黑光灯来诱聚昆虫供蛇捕食。饲料池水位需常年保持 20 cm 左右，池底通过安装金属筛网的下水道通往蛇场外，用以更换池中之水。

三、饲养管理要点

1. *饲养要点*　蛇的种类不同，添加饲料的量也不完全一致。如，银环蛇每年约采食 1～2 kg，每天傍晚将少量黄鳝或泥鳅投放饲料池中，以刚吃完为度，50 g 小泥鳅可供 10 条蛇吃一餐；蝮蛇食量较大，一次可吞食 15～25 g 的蛙或鼠，或连续吞食 3～5 只小白鼠。

为保证饲料多样性，也可在园内放养蚯蚓、蟋蟀、黄粉虫等昆虫，或将鱼头、尾和畜禽副产品加工成辅助饲料，让蛇自由捕食。在饲养池中，还可养殖泥鳅等鱼类，定期捕捞到浅水饲料池中供蛇自行捕食。

蛇有很好的耐饥能力，一般 7～10 天进食一次(可每月喂 2～3 次，或每周投喂 1 次)，也可根据蛇的种类、年龄、性别、体型灵活掌握。投食后要注意观察采食情况，调整下次投喂的时间和数量。

对自然采食能力弱或拒食的蛇可人工填食，对患有口腔炎的蛇填食前可用 0.05%的高锰酸钾或生理盐水冲洗口腔后再填食；填食后蛇要饮用大量水，需供给足够的清水，水中可加少量抗生素，避免疾病的发生。

2. *管理要点*　蛇是变温动物，其活动、采食、饮水、繁殖和生长发育都与环境有关。气温 13～30℃、空气相对湿度 50%以上最适合蛇类生活。气温在 10℃以下、相对湿度 70%时进入冬眠，如果温度低于 5℃会被冻僵。因此，在饲养过程中适宜的温度、湿度十分重要。几种蛇生命活动与环境温度、湿度的关系见表 5-6 和表 5-7。

表 5-6　四种蛇的生命活动与环境温度的关系　℃

名称	出蛰	交配	产卵(仔)	孵化	生长发育	冬眠	死亡
乌梢蛇	20	22～27	25～30	28～32	24～32	15～17	>34，或<5
尖吻蝮	11～13	13～31		25～30	22～30	5～10	
银环蛇	13～15	15～18	21～28	23～32	20～30	8～10	>45，或<5
蝮蛇	10～15	15～17	25～30		18～30	1.5～5	>45，或<0

表 5-7　四种蛇的生命活动与环境湿度的关系　　%

名称	交配	产卵(仔)	孵化	冬眠	正常活动
乌梢蛇	68～85	72～88	50～70	70	50～60
银环蛇	30～60	50～70	60～90	70	50～65
尖吻蝮	50～60	60～70	70～90	70	50
蝮蛇	50～60	60～70		60～75	

蛇场饲养池的水要保持清洁，每周清洗一次，天热时搭棚遮阴，避免池水晒热。每天清除变质饲料，保持园内清洁。

四、不同季节管理

1. *春季管理*　蛇类一般清明前后爬出洞口或在靠近洞穴的地方晒太阳、盘蜷取暖，但反应迟钝，可到野外捕捉或收购，饲养不久即可繁殖。出蛰前，要对蛇场进行清扫和消毒，饲料池、水池要进行彻底洗刷；出蛰后，由于蛇体较弱，2～3 周内不食少动，要注意保温，不宜采毒及清扫卫生；刚出蛰时，正逢春季干旱，空气干燥，蛇体水分散失较多，不利蜕皮生长，要经常喷水，调节湿度，同时还有利于园内植物生长，饲料池要保持一定水位。

2. *夏季管理*　夏季是蛇交配、产卵(仔)、孵化、捕食以及幼蛇的生长发育时期。

一是要严格选择好种蛇。安排隔离区，将公、母种蛇按比例放在一起组成繁殖群，其他蛇要雌雄分开单独饲养。种蛇在合群之前，应给予丰富的营养，保持良好的体况。配种期内精心管理，减少伤亡。

二是要做好怀卵母蛇管理。最好将其单独放置在隔离区内，供给其喜食的饲料，保持环境安静；随时观察母蛇行为，并检查卵发育程度，当看到卵距离泄殖腔 3～4 cm 时，意味着本周内要产卵，应精心护理，并将临产母蛇养在蛇箱或繁殖罐内，待安静产卵(仔)后再放回蛇园。有些母蛇有护卵习性，产卵后不进食，消耗体内营养；如果采取人工孵化，要将母蛇强行分走，尽快恢复体质。

三是做好幼蛇饲养管理。幼蛇生后 7～10 天，一般不进食，特别是前 3 天主要靠卵黄自体营养。卵黄吸收尽后，幼蛇活动能力逐渐增强，需要外来营养，但幼蛇进食能力差，需要填食或提供流体饲料(如卵黄、牛奶等)，人工诱食，以后陆续投给蝌蚪、幼蛙、乳鼠以及各种人工组合饲料，长大后可投给小白鼠、大白鼠、成蛙、蟾蜍等较大的动物。幼蛇蜕皮时不食不动，易遭敌害侵扰，皮肤易感染病菌，必须精心护理。

四是做好环境管理。保持环境清洁干燥，防暑降温和通风。气温在 15～18℃

时，蛇喜欢在中午出来短时间晒晒太阳，若其他时间在白天出洞的蛇，多是公蛇或体质较差或有病的蛇；夏天暴雨之后，晚上蛇出洞最多，几乎可全部出洞活动。要经常对蛇园清扫、换土，及时清除动物的尸体及食物残渣和不利于蛇活动的杂草。要经常更换池中的水，不喝污染的水。在暴雨来临之际及时清除蛇园的粪便，排出场内积水，防止霉菌入侵。养蛇房内要时常用石灰水或高锰酸钾水消毒。

3. 秋季管理　9～10 月间是蛇类捕食旺季，蛇要大量贮备皮下脂肪，以备安全越冬，并维持翌年出洞身体消耗需要。应供给充足多样的食物，使蛇增加肥满度，提高抗寒、抗病能力。入冬前做好冬眠场所的建造、维修工作，越冬蛇窝要建在向阳、通风、利于排水之处；要根据冬季冻土层的厚度，安排蛇窝保温土层厚度，以保证冬眠温度要求。

4. 冬季管理　一般 11 月开始，蛇陆续进入冬眠状态。不同纬度、不同蛇类冬眠期长短及入蛰、出蛰时间不同。环境温度降到 10℃左右，大多数种类的蛇都停止采食进入冬眠状态。安全越冬是人工养蛇的一个关键问题，为减少越冬死亡率，可采用以下几种越冬方法：

一是钻洞越冬。在饲养场地，用铁钎钻深孔，让蛇爬进洞内，待蛇完全入洞后，将洞口盖上 20 cm 厚的土。第二年春暖时除去覆土，让蛇爬出。

二是挖坑越冬。在饲养场内，挖 1.5～2 m 深的坑，内堆石头、杂草，待蛇爬进石缝冬眠后，再覆上 20 cm 厚的土，待春暖后清去覆土，让蛇自然爬出。

三是容器越冬。在木箱内铺一层 20 cm 厚的细沙，把蛰眠的蛇放一层在沙土上，再铺上一层 20 cm 厚的细沙，再放一层蛇，如此直至装满盖好，把木箱放置在 0～2℃的窖内，第二年春天，将蛇箱搬入养殖场，任其自由爬出即可。

五、蛇产品采收与加工

1. 蛇毒　采集蛇毒有“死采”和“活采”两种方式。“死采”是利用加工单位切下的毒蛇头或将后沟牙类毒蛇及产毒量较少的海蛇麻醉处死后，从其头部削离出毒腺取毒，这种方法破坏性强，只有在特殊情况下偶尔用之。

(1)活体采毒　一般均用“活采”法，介绍如下。

电刺激采毒法。用“针麻仪”等微弱的电刺激工具，用特制的电极刺激蛇口腔内壁。蛇一受到电刺激，就会因电麻而立即排毒。

咬皿采毒法。采毒工具为小玻皿或小瓷碟(匙)。采毒时，将蛇自然地放置在工作台上，用一手提住蛇颈，另一手将玻皿或瓷碟送入蛇口，蛇咬住后即有毒液流出，到毒液停止流出时，取出器皿或小瓷碟即可。

咬膜采毒法。采毒工具用小玻璃漏斗，漏斗口覆盖上透明而有一定弹性的尼龙薄膜，并用绳子绑牢，漏斗末端用橡皮塞堵紧。采毒时用，一手捉住蛇颈，另一手将漏斗边轻碰蛇口，趁蛇张口之际将漏斗边沿送入蛇口（上牙咬入透尼龙膜，下唇在漏斗外），蛇咬后随即会将蛇毒排入漏斗内，待毒液停留后，稍扭动漏斗促使其松口，趁机退出漏斗薄膜，收集蛇毒。

负压采毒法。此法是对咬膜法的改良。即漏斗口绑覆一层塑料薄膜，漏斗底通过橡皮塞与离心管线连，漏斗侧管经橡皮管接于水泵上，采毒前打开水泵的龙头抽气使漏斗内形成负压。采毒的操作方法同咬膜法，但此法对于产毒量少、毒液黏稠的毒蛇（如，蝰蛇）效果更好，但需经常更换薄膜才能保证负压作用，毒牙粗大的毒蛇不适用。

挤压采毒法。一手握蛇颈部，使蛇头置于盛毒容器上方，用另一手的食拇二指在两侧毒腺部位由后向前推动挤压，毒液即自蛇口流出，挤到无毒液流出即可。

在上述各法的采毒过程中，若发现被采蛇的口腔发炎，有红肿状或脓血时，则不宜采毒，应及时给予治疗，待完全治愈后再采不迟。

（2）干毒制备　蛇毒是一种胶状液体，水分不易蒸发。为获得较高质量蛇毒，要让蛇毒尽快变成固体，干燥过程中不能丧失活性（称为“粗毒”）。目前所采用的干燥方法有 3 种：

常温真空干燥法。将鲜蛇毒移入真空干燥器内，放入干燥剂（如硅胶或氯化钙），铺上一层纱布，放妥密封后抽气。在抽气的过程中若出现气泡，需稍停片刻再继续抽气（防止外溢），直至彻底抽干，静置 24 h。真空干燥的蛇毒，呈大小不等的结晶块或颗粒。

冰冻真空干燥法。将真空干燥器置于一个大的冰桶内，桶底及干燥器周围填满小冰块，再按常温真空干燥法进行抽气真空干燥。还可将蛇毒事先放置在冰箱内，待冰成块后，在进行真空干燥。

低温真空冰冻干燥法。冷却剂使用干冰，其原理类似冰冻真空干燥法原理，所不同的是不用干燥剂吸水，而是利用仪器和蛇毒温差来干燥蛇毒。此法干燥快、产量高、操作方便，更能保证干蛇毒的质量。

（3）贮存　干毒称重后，尽快装入茶色或棕色瓶内，瓶口用软木塞塞紧，然后用蜡封口，放置于室内阴凉处或冰箱恒温保存，一般可保存 10 年以上。切忌置于阳光下或超过 30℃高温的地方。如数量品种较多时，要在器皿上标记蛇毒名称、重量、采毒日期或检验批号等。为了长期保存，最好每隔一年左右再次进行真空干燥一次，以免回潮影响质量。

2. 蛇肉　中医认为蛇肉具有祛风湿、散风寒、舒筋活络的功效，并有止痉、止痒作用。临床应用于风湿性关节炎、风湿性瘫痪、类风湿性关节炎、麻风、小儿惊风、疥癣等病。蛇可直接用鲜蛇肉加工制成药物,如纯蛇粉胶囊、蛇肉注射针剂、蛇药酒、各种蛇干等。以鲜蛇肉入药,可保留较多的生物活性物质,药效要略胜于干制品。

3. 蛇胆　蛇胆位于蛇颈与肛门之间稍微偏后的位置,大者如拇指,小如花生米。取胆时,可用左脚踩住蛇尾,手执蛇头使其腹面朝上;然后,用大拇指由上而下轻轻触摸,若摸到一个稍微坚实、且有滚动感的圆形物,那就是胆囊。可用锋利的剪刀剪开一处小口,探手将蛇胆抠出。摘取时,应连同分理出的胆管一起取下,并将胆管自然打结或用线系住,以防胆汁外溢。蛇胆取出后应立即加工处理。蛇胆可加工成蛇胆干、蛇胆酒、蛇胆粉、蛇胆丸,以及蛇胆中药制品等,这里不再赘述。

4. 蛇鞭　蛇鞭是雄蛇的生殖器官,一副完整的蛇鞭应包括两只性腺睾丸、两条交接器。杀蛇时,要养成脚踏蛇肛门下端的习惯,这样便于随时分辨蛇的雌雄。若是雄蛇,在脚下稍用力踩踏肛门下端时,一对蛇鞭就会马上翻伸出来,在做完斩头、剖腹、取胆等操作后,顺便用剪刀将一对蛇鞭完整剪下。成对的蛇鞭在药效和价格上均高于单鞭和散鞭。蛇鞭可制成蛇鞭干(洗净、风干)、蛇鞭散(碾碎装入胶囊)、蛇鞭酒(泡于50°以上白酒中)等。

5. 蛇蜕　蛇蜕为蛇脱下的干燥表皮膜,内含有骨胶原等成分,具有清热解毒、祛风杀虫、明目退翳等功能,每年除冬眠期外,其余时间均可采集。蛇蜕可加工炮制成煅蛇蜕、蛇蜕酒及其他蛇蜕制剂备用入药。

6. 蛇干　蛇干一般用蕲蛇(五步蛇)、金线白花蛇、乌梢蛇、白花蛇,以及蝮蛇和海蛇制成。秋季是加工乌蛇干的最佳季节。方法为:将淘汰的蛇处死,剥掉内脏、脂肪及血污;以蛇头为中心逐渐向外盘成圆形,盘后用细竹签以"十字形"插入蛇体内加以固定后,放置在电烤箱内烘烤,烤干、凉透后密封保存。蛇干质量,以蛇体干燥、皮黑内呈黄白色、体质坚实、无毒无虫蛀、腥而不臭、物烤焦现象极为上品。

7. 蛇皮　蛇皮是杀蛇时从表面剥离下来的,合表皮和真皮为一体。剥皮时,先将蛇头斩落,从腹面正中分开,待剥开一点边后,再用力扯住蛇皮,自前往后,均匀用力撕扯,剥下整张蛇皮。蛇皮剥下后,立即进行干燥定形,蛇皮腹面朝上、笔直地平摊在固定板上,用8分钉钉住,皮两侧每隔1 cm左右各布一钉定型干燥。

【知识与技能测试】

一、名词解释:

卵生型,卵胎生型,蛇蜕

二、填空:

1. 蛇类产品主要有(　　)、(　　)、(　　)、(　　)、(　　)、

(　　)、(　　)等。

2.蛇的孵化温度一般以(　　)℃为宜。

3.蛇卵人工孵化的方法很多,常见的有(　　)和(　　)。

4.大部分种类的蛇生后(　　)天才开始觅食。仔蛇生后(　　)天就开始第一次蜕皮。

三、判断:

1.有毒蛇头部较小,多呈椭圆形。(　)

2.蛇是肉食性动物。(　)

3. 人工饲养条件下,公、母比例以1∶(8～10)为宜。(　)

4.卵胎生型蛇与真正的胎生没有本质的区别。(　)

四、简答:

1.蛇类的雄性生殖周期区分为哪四个主要生殖类型?

2. 蛇毒的采集与干燥方法。

五、论述:

蛇场夏季管理的要点有哪些?

模块六　特种虫类经济动物

项目一　蝎子

【项目提要】蝎子是古老的陆生节肢动物，是重要的野生动物药材。人工提取的蝎毒是珍贵的抗癌药物。本章主要介绍蝎子的生物学特性，繁殖技术，饲养管理以及蝎的产品采集及初加工技术。

【知识目标】了解蝎子的生态环境、形态特征、生活习性及冬眠现象；了解蝎子种苗的来源、引种时间与规格、繁殖技术；了解蝎的饲养管理及采收与加工。

【技能目标】掌握蝎子的采收与加工技术。

【典型知识与工作任务】

编号	名称	内容提要
典型知识	蝎的生物学特性	蝎子的生态环境、形态特征、生活习性及冬眠现象
任务一	蝎的繁殖技术	蝎子种苗的来源、引种时间与规格、繁殖技术
任务二	蝎的饲养及产品采收	蝎的饲养管理及采收与加工

【典型知识】蝎的生物学特性

一、分类及经济价值

蝎子是古老的陆生节肢动物，属节肢动物门、蛛形纲、蝎目、钳蝎科、问荆属。蝎目种类主要分布在热带及亚热带地区，多在干燥的环境营隐居夜行生活。埃及的五条纹蝎(此蝎毒性最强)，美国南部的长若莱尼蝎，欧洲的意大利蝎，北美洲的墨西哥蝎、苏夫斯蝎、赛茹那特蝎，以及我国的东亚钳蝎都是世界上著名的蝎子种类。我国有11种蝎，主要分布在华北、东北及长江以南的广大地区（北纬32°～42°之间），而在水分较少的西北部地区分布较少。东亚钳蝎是我国最常见的人工养殖种类。

蝎子是古老而著名的动物药材，具有较高的药用价值和食用价值。《本草纲目》对蝎子的形态、生态和药用记述最为详细，称其为“全蝎”或“全虫”，药性平，味辛，有毒，具有“熄风镇痉、解毒散结、通络止痛”等功效。全蝎常用来治疗惊痫、风湿、半身不遂、口眼歪斜、耳聋语涩、手足抽掣等。用全蝎配成的中药处方多达100多种，是人参再造丸、大活络丹、七珍丹、保安万灵丹、牵正散等30多种中成药的重要原料。蝎子营养价值丰富，是重要的滋补保健品。我国目前人工饲养的蝎子，除少量继续满足中医药发展的需要外，大量全蝎产品作为食品和保健滋补品来消费。蝎子酒、蝎子罐头、速冻全蝎、蝎粉保健品相继问世，“油炸全蝎”出现在许多宴席上。现代医学研究发现，人工提取的蝎毒是珍贵的抗癌药物，对食道癌、肝癌、结肠癌等有一定疗效。

二、形态特征

蝎子身体可分为头胸部、前腹部和后腹部三部分。头胸部和前腹部合在一起，呈扁平长椭圆形，称为躯干部。头胸部背甲坚硬，前窄后宽，呈梯形；头部的中央有1对中眼，两个前侧角各有3个单眼；头胸部由6节合成，其上有1对钳肢和4对步足，步足基节互相紧密连接形成了头胸部的大部分腹壁。前腹部又称中体，背板分为7节；在前腹部腹面胸板后面有生殖厣，由两片半圆形甲片组成，打开后，可见一个多褶的生殖孔。后腹部分5节，尾状，又称尾部，尾节内有1对白色毒腺，外面各包一层肌肉，尾尖有毒刺，毒刺末端上部两侧各有1个针眼状开口，与毒腺通出的细管相连；肛门开口于后腹部第五节腹面后缘的节间膜。蝎子的钳肢和毒刺为自卫、捕食器官。具体形态见图6-1。

三、生态习性

1. 食性特点　蝎子属于肉食性动物，喜吃黄粉虫、地鳖虫、蚊、蝇、蚯蚓、蚂蚱等软体多汁昆虫，不喜吃熟食，蝎子捕食时，一般张开蟹螯状的钳，向猎物逼近或等待猎物靠近，然后突然将猎物钳住，同时用锋利的毒刺，将猎物刺伤。初生仔蝎主要靠卵黄中的营养维持生长发育，出生10～12天仔蝎在温度30℃以上时开始捕食。成蝎5～7天捕食一次，一次可吃掉3只黄粉虫。刚产过仔蝎的母蝎食欲较强，与母蝎分离后的仔蝎食量也大，一次可以吃掉与它同等体重的食物。冬蛰前，蝎子食量大增，虽然气温较低，但仍然取食，为冬眠积蓄营养。

2. 活动规律　蝎子喜欢生活在酸碱度中性、不干不湿的土壤环境中，其生存对

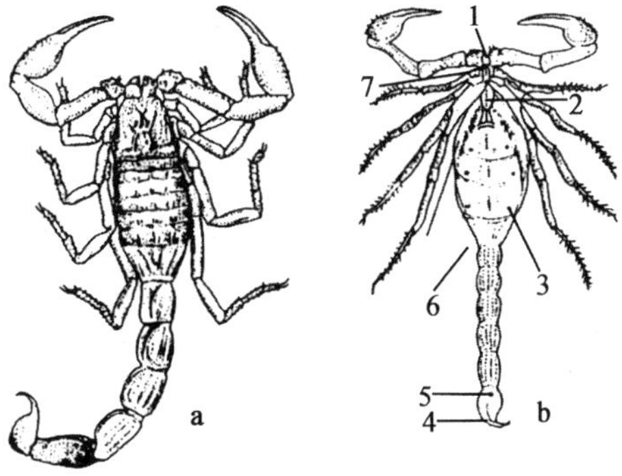

a. 雌(背面)　　　b. 雄(腹面)

图 6-1 东亚钳蝎的外部形态

1. 口器　2. 生殖厣　3. 肺节孔　4. 毒刺　5. 肛门
6. 栉状器　7. 蝎蜕口

活动场地温度、湿度要求较严。在 0～40℃温度中均能存活,生长发育适宜温度为 25～39℃(以 30℃左右最佳),繁殖活动适宜温度为 35～38℃;气温低于 20℃时活动减少。人工养殖蝎子,活动场所要偏湿,栖息窝穴则要稍干燥些,空气相对湿度以 60%～70%为宜,窝穴土壤湿度以 6%～15%为宜。蝎子在 4 月下旬(谷雨)前后出蛰,11 月上旬(立冬)前后入蛰,一年之中活动 6 个月(南方 7 个月)。活动期间,蝎子昼伏夜出,白天躲在石下、窝内,黄昏至前半夜出来活动;温暖无风、地面干燥的夜晚活动频繁,有风时较少活动。蝎子夜出活动与光和温度有关,日落时间影响蝎子开始夜出活动的时间,而气温高低影响蝎子活动时间的长短。

3. 趋性规律　蝎子对弱光有正趋性,对强光有负趋性,夜间把马灯放在饲养池内,蝎子有慢慢靠拢过来的现象,若用手电筒突然照射,它们会很快逃走。蝎子对声音有明显的负趋性，轻微的声响能使蝎子受惊而逃；对强烈的噪声表现烦躁，严重时还发生异常行动，如互相残杀、咬斗。人工养蝎子时，噪声能使正在进行交配的蝎子终止交配，并能使正在产仔的母蝎遗弃幼蝎，降低幼蝎的成活率。因此，在选择养殖场地时，一定要将养殖场建在较安静的地方。

4. 相互残杀　在发情期，为了争得与母蝎交配，公蝎之间经常会发生争斗、残杀现象，胜者与母蝎交配，繁殖后代。人工饲养时，公蝎与母蝎要搭配好，一般公、母蝎比例为 1∶3。成蝎饥饿时，常残食幼蝎、弱蝎以及正在蜕皮或刚蜕皮的蝎子。繁殖期母蝎背负幼蝎阶段，是其他蝎子残食幼蝎的主要时期。环境条件不适，如噪声、有害气体刺激等，会引起蝎子行动异常而互相残杀。所以，首先要给蝎子充足适口的食物，让每只蝎子吃饱、吃好；其次改善蝎子的生态条件，避免噪声、有害气体的污染。

5. 冬眠习性　蝎子是低等变温动物，每当冬季到来之时，活动逐渐减弱。当地表（离地面 5 cm）平均温度降至 10℃以下时，它便沿石缝钻至地下 25～70 cm 的深处蛰伏，当窝穴内的气温降至 0～12℃时开始冬眠（最适冬眠温度为 2～7℃）。冬眠期间，蝎子行为、活动完全停止，只维持体内必要的生命代谢活动，靠消耗冬眠前贮存的营养为生。冬眠状态与环境温度密切相关，4～6℃时，附肢和后腹蜷曲，反应迟缓，腹面向上，多不能自行翻过身来；在 0～1℃时，全身松弛，失去知觉，长时间在此温度下，即便临时升温也不能复苏；－2℃以下，即冻僵，化冻后也是死亡。人工常温养殖时，蝎子冬眠的适宜土壤湿度在 15%以下，温度 2～3℃，冬眠死亡率一般为 10%～20%。

任务一　蝎的繁殖技术

一、引种与选种

人工养殖蝎子，种蝎来源主要有两个途径：一是捕捉野生蝎，进行驯化培养；二是从其他蝎场引种。蝎种质量的好坏会直接影响养殖的成功与否以及产量，为了保证成功，养殖前应做好调查工作，了解蝎种的质量。

由于蝎子的活动受季节影响，引种应选择晚春时节。此期气温温和，蝎子不仅体壮、抵抗力强、死亡率低，而且引种 1～2 个月即可收获仔蝎。秋季气温也较适宜，由于母蝎不在产仔期，运输对其影响不大，但如果购回后常温养殖，需等到第二年 7 月份才产仔，这时引青年蝎为好；如购回后采用冬季控温养殖，则春节就可产仔。夏季是蝎子产仔的季节，路途运输途颠簸及蝎子间互相挤压，容易造成临产母蝎流产和死亡，而且引回来的孕蝎一个月内所产仔蝎成活率也极低，而产仔母蝎经过孵化、产仔后，体十分虚弱，成活率、繁殖率都低。冬季是蝎子冬眠的季节，不宜引种。

优良种蝎外观应是体表发亮、富有光泽、尾部向背弯曲、健壮活泼，要食欲旺盛、适应性强。实践证明：母蝎若体长在 4.8 cm 以上，腹部肥大饱满，产仔率高，产期早；如果体长在 4.5 cm 以下，体型较小，虽然鲜嫩饱满，但产仔率低，繁殖期晚，有的甚至当年不能繁殖。公蝎应挑选刚成年的小公蝎，因为大公蝎有可能已经失去交配能力。

选好的种蝎要及时运回。一般包装工具为纸箱和无毒的编织袋，装运时的适宜密度为每袋 500 只。运输时先将种蝎装入洁净、无破损的编织袋后扎口，再放进底部有海绵或纸板、纸团的纸箱内。然后在纸箱内放入几块湿海绵块，以调节箱内湿度。纸箱上部四周要打几个通气孔，以便通风透气。运输过程中要避免剧烈震动。

二、雌雄鉴别

蝎子雌、雄异体，两性差别较为明显，可通过体型、钳肢、生殖厣等加以区别。同等月龄下，母蝎比公蝎长，如果成年公蝎长 4.8 cm，母蝎体长则会在 5.2 cm 以上；母蝎躯干宽度超过尾宽的 2.0～2.5 倍，而公蝎不到 2 倍；母蝎胸板的下边较宽，而公蝎较窄。母蝎钳肢的钳细而长，可动指长度与掌节宽度之比为 2.5∶1；公蝎钳肢钳粗而短，可动指长度与掌节宽度之比为 2∶1。钳肢可动指的基部不同，公蝎此处内缘有明显隆起，而母蝎不明显。母蝎的生殖厣较软，公蝎的较硬。

三、交配方式

蝎有求偶行为，雌蝎发情时能排出一种特殊气味，引诱雄蝎前来交配。东亚钳蝎雄性多在 6～7 月间寻找雌性，找到以后用触肢拉着雌蝎到僻静的处所，用钳肢的钳夹着雌蝎的钳，两蝎头对头，拖来拖去。求偶行为可持续数小时，甚至数天。然后，雄蝎从生殖孔排出精荚粘于地上，把雌蝎拉过来，使精荚的游离端与雌孔相接触。游离端有一杠杆装置，因受雌体生殖区的压力而释出精块。雌蝎接纳精子后，保持 3～5 年的受精产仔能力。

人工养殖蝎子，在一年中可有两个交配时间：第一次是产前交配，即 5～6 月份交配、7～8 月产仔，孕期 40 天；第二次是产后交配，在 8～9 月间(母蝎产仔后 15 天左右)再次发情交配。产后交配的受精卵在母体内需经过 10 个月的孕期发育。

公母蝎交配多在光线暗处或夜间进行。人工饲养条件下,可采用三种交配方式:

1. 单交　将一母一公的种蝎单独捉入一个场所(如烧杯等)进行交配。这种方式母蝎受精率较高,但费工费时,多在进行养蝎研究时采用。

2. 复交　将已交配过一次的公蝎移走,再捉入另一只未交配的公蝎进行复配,这种方式受精把握大,但也费工费时,有时还会出现母蝎拒绝复交而引起搏斗的现象。

3. 混交　在一个蝎池内按比例放进公母蝎(公母比例以 1∶3 为宜),让其自行找对象进行交配,这种方法较省事,多数场户采用这种方法。

四、孵化产仔

东亚钳蝎为卵胎生动物,受精卵在卵巢管腔内发育,发育经历数月甚至 1 年多,其中产后交配者孕期一般为 290～300 天,加温条件下也需 120～150 天。随着胚胎发育,卵壳由灰黄色变为浅灰色,最后呈白色透明状,预示将临产。临产时的孕蝎一般停食,前腹部异常膨大,行动缓慢,开始在背光安静处寻觅产仔地点。找好地点后,用脚须和 4 对步足撑高体躯,两栉状器向左右展开,从生殖孔分批产下仔蝎,每批 5 只左右,每产一批间隔 30～60 min,整个产程大约 3 h。东亚钳蝎一般在 7～8 月间产仔,一般产仔 20～30 只。

刚产完的母蝎非常需要补充水分,不然会把仔蝎吃掉。该期母蝎完全停食,处于不动或少动状态,专心致志地监护幼仔。其他动物入侵时,会马上做出反应,保护自己的幼仔。如果有小蝎从母蝎背上离去,母蝎会用触肢轻轻地钳住小蝎,诱导它重新返回到母背上。遇到天敌或气候恶劣时,母蝎会背负着小蝎迁移,躲藏到比较安全的地方。若遇到极其严重的情况,母蝎便会极力挣脱,将背上的小蝎摔掉,待平静后,小蝎又会重新返回到母蝎背上。当 1 龄仔蝎离开母背时,息养期结束,开始寻食活动。

初产仔蝎长不到 1 cm,色乳白,仅眼丘黑色;身体和附肢上的齿、突起和爪都尚未长成;起初互相粘连不会动,约经 30 min 开始活动,然后爬上母背,在母背上不吃任何食物。5 天后蜕皮成 2 龄蝎(每完成一次蜕皮为 1 龄),此时体长达 1.5 cm 以上,但仍生活于母背;约 1 周后脱离母体营独立生活,共经 5 次蜕皮(6 龄蝎)。野生自然环境下,要到第三年才变为成蝎,第四年秋天才能繁殖,一般可以连续繁殖 5 年(寿命 8 年)。

任务二 蝎饲养及产品采收

一、饲料配制

蝎子是肉食性动物，主要以活的昆虫等节肢动物为食，尤其喜食高蛋白质、低脂肪的体软多汁的幼虫。一只成熟的雌蝎，一次能将一只蝼蛄吃掉。

养殖蝎子的常用饲料除诱捕、人工饲养昆虫外，也可制作配合饲料。配合饲料主要以肉类为主，将肉类切成黄豆粒大的小块或用绞肉机绞成肉泥，与植物性饲料按比例加水制成软颗粒投喂。一般肉泥、麸皮、面粉、青菜按 3∶3∶3∶1 配合。示例配方：肉泥 30%，麸皮或馒头渣、饼干屑 30%，蛋黄粉 10%，乳汁 30%。肉泥 40%，麸皮 30%，鲜蛋汁 30%。鸡蛋 1 个，煮熟去壳，玉米面 50 g，炒熟后将蛋搓入玉米面内，再加乳汁或水。

二、饲养方式

1. 室内养殖　目前人工养蝎基本上是室内养殖，能挡风挡雨，易于控温控湿，管理方便，且饲养效果明显好于室外养殖。室内人工养蝎主要用砖瓦式和温棚式。砖瓦式饲养房，多是利用闲置的空房、旧房（没堆放过农药、化肥和其他刺激性气味的物品），噪声、水源、电源、排水等均符合场址相应条件要求。

2. 室外养殖　室外养殖又叫山养。选择适合蝎子生长繁殖的山地，要求地势较高，植被稀疏，土石潮湿，最好是野生昆虫较多的地方。在周围修建防逃设备，或利用四周环水形成天然防逃设施，场内用石块、土块或瓦片做成多个垛体，里面形成蝎窝，环境和蝎子野生状态时基本相当。其优点是投资少，可大量饲养，但不易管理、敌害多，饲养周期长，产量低。

3. 半散放饲养　综合室内饲养与室外饲养的方法。室内设置蝎窝供蝎子栖息，室外则设置仿外界蝎子的生长环境的活动场所，让蝎子自由出入室内和活动场所。

三、饲养管理原则

1. 适宜的饲养密度　饲养密度以每平方米面积计算：2 龄蝎 10 000 只左右，3 龄蝎 6 000 只左右，4 龄蝎 4 500 只左右，5～6 龄蝎 3 000 只左右，成年商品蝎 2 000 只左右，种蝎 800 只左右；如果是临产母蝎最好不超过 600 只。饲养密度过高，会影响了蝎子正常活动和蜕皮，容易出现集结成团，影响呼吸、通风和换气，造成挤压受伤、滋生细菌、感染疾病，甚至由于争窝而自相残杀。相反，如果密度过低，则饲养场所得不到充分利用，浪费人力、物力。

2. 科学投放饲料　鲜活虫类可直接投放在蝎池内，供蝎子任意捕食。非昆虫组合饲料可放在食盘中或塑料布上供蝎取食，不可直接投进蝎池、蝎窝里，以防剩余食物腐烂，污染蝎池环境；食盆应设定点位置，投食时间应在傍晚，投食后 2 h 左右应检查吃食情况，若不够再补投一些。第二天早上要把食盆取出，清理食物，如果虫类有死亡的应及时拣出。喂食的次数由气温高低来决定：28～39℃时每天喂 1 次，25～28℃时每两天投喂 1 次，20～25℃时每 3 天投喂 1 次，20℃以下时不喂。下雨天少喂或不喂，喂量以不剩或少剩为宜。

3. 科学喂水　喂水有两种方法：一是按每平方米养殖面积放置三块 10 cm×40 cm×4 cm 左右的泡湿干净水的海绵，让蝎子晚上出来活动时吸吮水分；二是养蝎池里放些碟子、盘子，盘内装过面的鹅卵石或石粒，然后往盘中加水，以不见明水为准，让需要水的蝎子爬到潮湿的石面靠蝎子自身的调湿性进行自动吸湿或直接吸吮。海绵和碟子、盘子及鹅卵石、石粒要清洗干净后用 0.1%高锰酸钾消毒，而且每隔 1 周左右消毒 1 次。消毒液也可用 2%食盐溶液。水要经常更换，保持新鲜，一般每 2～3 天换 1 次，夏天或加温养殖一定要经常检查水质，污染后及时更换。水分供应适宜时，蝎体光泽明显，反之则干枯，甚至脱水死亡。

4. 及时分龄分群饲养　蝎子的生长速度与其摄食能力密切相关，即使同一窝幼蝎生长差异也很大。这样，有时为了食物、争窝等原因，个体健壮的大蝎很容易吃掉体弱的小蝎，未蜕皮的吃掉正蜕皮的弱蝎，为减少此类情况发生，可多准备一些场地，将体质强弱的不同龄蝎分别存放，及时分养。

5. 注意防逃　蝎子极善爬行，白天躲在瓦片或砖头缝里不怎么活动，而夜晚四处行走，寻找逃跑的地方。无论是盆养、箱养还是池养、缸养，一定注意四周要有光滑的防逃设施。因蝎子怕水，在池子四周地面上，或者在池子墙壁顶上，或蝎房外四周，用水泥修一周水槽，平时都要盛满水。房子四周粘贴一圈防逃玻璃，在门口也应粘贴上高 20～30 cm 的玻璃，使防逃玻璃形成完整的一圈。采用塑料纱网或不锈钢纱网做成不同规格的纱罩罩在盆、缸或池子上，为便于投食、供水，可在适宜的地方安上 20～50 cm 长的拉链，工作时间打开，平时锁上。门和窗周缘要装垫海绵或橡胶衬垫，使门窗不留任何缝隙，即使逃出池子也逃不出门，白天再仔细观察室内墙壁各角落有无在逃蝎子，若有，一一捉拿归池。

四、不同阶段饲养管理

1. 孕蝎饲养管理　重点是创造条件，利于胚胎发育。孕蝎要供给足够的多种饲料虫，或一些肉类食物，满足胚胎发育需要，饮水中添加维生素和微量元素。确保环境的安静，适当增加光照。妊娠后期，母蝎会频频外出寻找繁殖场所（特别是在晚上），所以，要经常检查蝎池、蝎窝，及时修补漏洞，尤其要注意填堵一些用黏土黏堵的孔、洞，注意防止孕蝎挖掉黏土外逃。临产孕蝎行动迟缓、腹部肥大饱满，呈嫩灰色，攀附能力差，白天不进窝，喜欢采光，要用竹筷或夹子将其轻轻夹入备好的单居产房中，或夹入盆中倒入群居产房内。

2. 育仔期饲养管理　育仔期一般为 10 天左右，重点是确保母仔平安。控制沙土的含水率在 20%、温度在 28～38℃，保持安静，不得无故捕捉，不要乱移动产房，不要惊动母蝎，避免噪声、光、风等的突然刺激。产完仔的母蝎非常需要饮水，要保持池中海绵潮湿，让母蝎充分得到水分，同时池土不可过于干燥。为了不影响母蝎育仔，此期期间不投喂饲料。为防止母蝎捕食自己所产的仔蝎，应在 7～10 天内及时将母蝎、仔蝎分离。

3. 幼龄蝎的饲养管理　幼蝎是指仔蝎离开母背独立生活至 3 龄蝎这段时间。幼蝎蜕皮时容易死亡或相互残杀，因而，幼蝎饲养管理的关键是保证顺利蜕皮，提高成活率。在窝内放一些碎石子或烧完的煤渣及风化土块，以帮助幼蝎机械性蜕皮。蝎窝土壤含水量为 15%～20%，室内空气湿度 75%左右，蝎房的温度保持在 33℃左右（不超过 35℃）。2 龄蝎应有足够的小昆虫饲料，严禁喂比其身体大的一些昆虫，防止造成幼蝎反被活昆虫所食；3 龄蝎可以投喂一些稍大一些的昆虫。应注意饲料多样化，交替喂黄粉虫、黑粉虫、蜘蛛、土鳖虫、米蛾等，这些昆虫体内含有不同激素，对幼蝎蜕皮能起到关键的作用。幼蝎蜕皮期间，减少放养密度，蜕皮前 7 天往往不再吃食，这时应把饲料更换为蝇蛆、米蛾、小土鳖虫等。另外，必须加强幼蝎的防逃管理。

4. 青年蝎的饲养管理　4～5 龄为青年蝎阶段，此期生长速度略有下降，进入生殖器官发育阶段，管理重点是加强营养、确保成活率并进行第一次种蝎的选育。可适当投些体型稍大的饲料虫，并注意饲料虫要新鲜、清洁，让蝎子吃饱、吃好。要认真检查蝎子捕食的情况，发现不够时，添加第二次饲料。切实控制好生态环境，提供适宜的温度、湿度、通风和光线等。要特别注意饲料和饮水清洁、没污染，及时清理池中的死饲料虫和变质饲料，饮水要定期更换，海绵和石碟要定期消毒。随着蝎子生长发育，应及时捕移分群和进行第一次种蝎的选育。留种蝎要专池饲养，不留种的应调整适宜密度。

5. 成年蝎的饲养管理　6～7 龄是成年蝎阶段，此期生长速度开始下降，但生殖器官发育最快，处于性成熟阶段，是进行种蝎的选育和培育的最佳时期。此期要在创造良好环境、加强营养基础上，着重进行种蝎的选育和培育优良种蝎。从第一次选留的种蝎中再选出更优良的种蝎，按照计划配种繁殖；对原来使用过的大公蝎应立即淘汰，不留种的成年蝎则进行一段时间育肥，作为商品蝎增加重量，然后加工或出售。

五、商品蝎采收与加工

1. 蝎子采收　由于蝎子能用毒刺蜇人，人被蜇伤后轻则疼痛数小时，重则引起呼吸麻痹、心血管高度兴奋，可能引起中毒死亡。因此，捕蝎不能徒手进行，应有一定的防护措施。

(1)准备好捕蝎工具　一要准备扫帚一把，可在收捕房养蝎时进行扫收。扫帚要紧实、细密，且柔性较适当，这样既能扫净蝎子，又不伤害蝎子，扫帚内还不藏蝎子。二要准备好簸箕、镊子等工具，镊子要质地较软，用竹片、木片做成，或者金属镊子，但尖部用软塑料管套上，使用时防止夹伤蝎子。镊子不能太小太细，一般长15～20 cm，尖端张口 3～5 cm，钳面宽 1 cm 左右。三要准备好一副手套，防止毒蝎刺伤手，最好用革质以减少穿透的可能，手套腕部要长，最好能套着衣袖，防止蝎子进人衣袖内。四要有盛蝎的容器，可采用搪瓷盆、铁桶或大玻璃瓶等，容器不能太小，保证容易装入、便于运输，并要求带盖，盖上留有通气孔。除此之外，还应有一些必备的物品，如酒精、手电筒和一些药品，防止蝎子蜇伤。

(2)采收时机　一般情况下，在清明与谷雨期间采收的蝎子，未大量取食长肥，尚未交配怀孕，加工出的成品率较高，而且颜色纯正，称之为“春蝎”，是全蝎中的上品。而过了这个时期以后，蝎活动日趋增强，食欲剧增，腹内贮存物质多样，而且又处在交配产仔时期，因此加工出成品率大打折扣，而且色泽相对较差，称之为“伏蝎”或“秋蝎”，只能算是中下等产品。

(3)挑选分离　在对盆养、池养、房养蝎的采收中，难免会把各种蝎子收进盆中，应对采收的蝎子进行挑选，挑选青年蝎、幼蝎以及健壮的母蝎、孕蝎留下来，其余的则进行加工。也可挑选健壮的母蝎、孕蝎和一部分健壮公蝎作为种蝎出售。

(4)蜇伤处理　东亚钳蝎尾刺中的毒腺，能不断地制造毒液，平时贮藏的毒液有 10 滴左右。在捕捉或采蝎毒时万一操作不慎被蝎子蜇伤，有灼痛感，有时也会头晕眼花，周身出冷汗，异常难受，约 1 h 后开始消退，也看不出明显被尾刺刺伤的针眼。

被蝎子蜇伤后，可用小绳扎捆住刺伤部位，吸出毒汁，然后用冷的浓肥皂水、洗衣粉水，或用浓度较大的高锰酸钾水或氨水涂抹、浸洗伤处。也可用中药附子捣碎，加入醋调成汁涂敷。也可用清凉油涂抹伤处，可使症状缓解或消失，减轻痛苦。

2. 全蝎的加工　蝎子的加工通常是将活蝎完整地加工做成“全虫”(全蝎)。

(1)加工前处理　人工养殖的蝎子，由于取食充足，捕捉后最好停食 1 周左右，使蝎排出体内食物杂质后再加工，提高药用品质。此外，由于新捕的蝎子身上一般都粘有沙土等，且腹内也有未消化的食物及未排泄的粪便等，加工前必须先清洗。清洗的方法是，将活蝎投入清水中，轻轻用工具搅动淘洗，为了洗干净，捞出后可换水重复淘洗一次。

(2)淡全蝎加工 捞出后的蝎子放入锅中加入清水，以浸过蝎子为宜，然后用旺火煮沸 30 min(高压锅煮沸腾时间 10 min)，出锅后，放在竹席或草席上晾干，密封包装。

(3)盐水蝎加工 先配制盐水：每千克活蝎用水 2.5 kg，食盐 250 g(盐水浓度 10%，最高不超过 20%)。将捞出的干净蝎放入煮锅内，按要求倒入配好的盐水，上面加物压着蝎子，使蝎子全部浸泡在盐水中。刚开始用猛火煮制，煮沸 1 h 左右打开锅盖，可见蝎体挺直竖起，僵直不弯，且可发现背面有抽沟，腹部瘪缩，则证明已煮制好了，可以捞出。煮好的蝎子，捞出后放在竹席或草席上，放在通风阴凉处阴干。

3.蝎毒提取 蝎毒提取可以采取杀蝎剪尾取毒和人工刺激取毒。

(1)杀蝎剪尾取毒法 剪下蝎尾节(毒囊)，冲洗去尾节表面的灰尘，然后将尾节浸于蒸馏水或生理盐水(0.9%的氯化钠溶液)中，用离心机离心(5 000 r/min) 5 min，重复 3 次，将上清液收集在一起，真空冷冻干燥，就可得到淡黄色粗毒干粉。分装标记后，放于-20℃中保存。

(2)机械刺激取毒法 用夹子夹住蝎子后腹部第 5 节处，再用一细棒轻轻撞击蝎子的头胸部或前腹部，受攻击的蝎子本能地从尾刺排出毒液，用试管接取流出的毒液即可。或用两个夹子进行采毒，一个夹住蝎子后腹部第 5 节，另一个夹住一个触肢，蝎子的尾刺便会有毒液排出。要注意的是，在用夹子夹持蝎子的尾部及触肢时，用力要适当，不能使蝎子受到损伤。

(3)电刺激取毒法 用蝎毒采集器，调整好电压(3～8 V)和频率(100～128 Hz)，一个电极夹住蝎的一个钳肢，用金属镊夹住蝎子第二尾节处，将另一电极不断接触镊子，蝎子受到电刺激即可排毒，毒液先清后浊排出，达一定数量时，用注射器吸取并分装于深色安瓿内，抽去空气，密封，放入 -10～-5℃低温冰箱中保存。10 天后方可再次对蝎子取毒。

4.蝎毒加工 因为蝎毒是由多种成分组成的混合物，其中毒素和酶类是主要的活性成分，其对热很敏感，容易失去活性，特别是酶类。因此，新鲜蝎毒应尽快进行干燥加工，以提高粗毒的稳定性，便于保存。蝎毒的干燥需采用真空冷冻干燥法，如果不需要保持其中酶的活性，仅保持毒液的活力，可采用真空干燥法。

技能训练　蝎毒采收与加工

一、目的要求

熟悉蝎毒的采取方法，掌握相应操作技能。

二、材料及用品

蝎子、桶、盆、簸箕、刷子、筷子、镊子、锅、笊篱、食盐、白酒、生理实验多用仪、小烧杯、手套、长筒靴、布袋、喷雾器、冰箱等。

三、方法与步骤

1. 蝎子的采收　在蝎房内，用喷雾器将30°左右的白酒对养殖房喷雾。喷雾前将门窗关好，仅留下墙基脚的两个出气孔不堵塞。喷雾约30 min后，蝎子耐不住酒精的刺激，便会从出气孔向外逃窜。在出气孔处放一较深的塑料盆(桶)，蝎子逃出时逐个掉入盆(桶)内。

采收蝎子时要谨慎操作，防止人蝎受伤。对采收到的蝎子进行分拣，将中小蝎子拣出留作种用，非种用大蝎用于加工。

2. 人工采毒　取6龄以上的蝎子，用镊子夹住蝎子的一个触肢，不能夹破，蝎子因自卫便会排毒。先用玻片接取蝎毒，用注射器收集毒液，然后分装于深色安瓿内，抽去空气，密封，放入－10～－5℃低温冰箱中保存。

3. 电刺激取毒　用生理实验多用仪，调频到128 Hz，电压6～10 V，以1只电极夹住蝎的一个触肢，1个金属镊夹住第二尾节处，用另一电极不断接触镊子，蝎子即可排毒，毒液先清后浊，排量较大，用小烧杯收集毒液，达一定数量时，用注射器吸取并分装于深色安瓿内，抽去空气，密封，放入－10～－5℃低温冰箱中保存。10天后方可再次取毒。

为防接触不良，可在电极与触肢的接触处滴上生理盐水。

四、实训要求

按程序写出实训报告及体会。

【知识与技能测试】

一、名词解释：

育仔蝎，幼蝎，青年蝎，成年蝎

二、填空：

1. 在人工饲养时，公蝎与母蝎要搭配好，一般公蝎、母蝎比例为（　　）。

2. 蝎子繁殖全过程包括（　　）、（　　）、（　　）和（　　）。

3. 蝎子的交配方法有三种：（　　）、（　　）、（　　）。

4. 蝎子的饲养方式主要有（　　）、（　　）、（　　）。

三、判断：

1. 蝎子对弱光有正趋性，对强光有负趋性。（　）

2. 人工常温养殖时，蝎子冬眠时的死亡率一般为 30%～50%。（　）

3. 仔蝎产后 9～10 天第一次蜕皮后爬下母背。（　）

4. "秋蝎"是全蝎中的上品。（　）

四、简答：

1. 优良种蝎的标准。

2. 如何进行蝎子的雌雄鉴别？

3. 蝎子饲养管理的一般原则。

五、论述：

不同阶段蝎子的饲养管理要点。

项目二　蜈蚣

【项目提要】蜈蚣俗称"百脚"，是传统的重要中药药材之一。本章主要介绍蜈蚣的生物学特性，繁殖技术，饲养及产品采收。

【知识目标】了解蜈蚣的外部形态、生活习性、蜕皮与生长；了解蜈蚣的雌雄鉴别、交配产卵与孵化；掌握蜈蚣的饲养管理、蜈蚣的采收和加工。

【技能目标】掌握蜈蚣的采收与加工技术。

【典型知识及工作任务】

编号	名称	内容提要
典型知识	蜈蚣的生物学特性	蜈蚣的外部形态、生活习性、蜕皮与生长，经济价值
任务一	蜈蚣的繁殖技术	蜈蚣的雌雄鉴别、交配产卵与孵化
任务二	蜈蚣的饲养及产品采收	蜈蚣的饲养管理、蜈蚣的采收和加工

【典型知识】蜈蚣的生物学特性

一、分类及经济价值

蜈蚣是一种古老的生物,属节肢动物门,多足纲,唇足目,蜈蚣属。大约在3.5亿年前,就出现在地球上,已知世界有蜈蚣4 000种。我国养殖量较多的是少棘蜈蚣。

蜈蚣性微湿,味辛而微咸,有毒。它在医学上的利用在我国已有很长的历史,是传统的重要中药药材之一。现代药理研究表明,在蜈蚣体内含有两种似蜂毒的有毒成分,即组织胺样物质及溶血蛋白质,此外,还含有脂肪油、亮氨酸、甘氨酸、丙氨酸、牛磺酸、赖氨酸、谷氨酸等。蜈蚣的主治功能,与不同药物配伍,表现出不同的功用,具有抗肿瘤、止痉、抗菌等作用。主治小儿惊风、破伤风、抽搐、口眼歪斜、淋巴结结核、肿毒疮疡等,近年来发现蜈蚣有治疗肿瘤的作用。

我国原是世界上药用蜈蚣的主产地,野生资源丰富。但是,近年来,由于自然生态环境变化,影响蜈蚣的生存和繁衍,加上捕捉过多,使蜈蚣的野生资源越来越少,收购量逐年下降,而医药市场上对蜈蚣的需求量又呈上升趋势,致使全国药用蜈蚣出现紧缺。为扩大药用蜈蚣的货源,不少地区开展了人工饲养。人工饲养蜈蚣,饲料来源方便,投资少,见效快。

二、形态特征

蜈蚣体扁而长,全体由22个同型环节构成,长60～160 mm,宽5～11 mm。整个体躯可分为头部和躯干部两部分。蜈蚣的头部为整个躯体的第1体节。头板呈圆形或饼子状或袍子状,扁平。前端较窄,突出,长约为第1背板的2倍,头板和第1背板均呈金红色或红褐色,角质,有光泽。头部共6节,但到长成时消失。头部具感觉和摄食的功能。头部器官有眼、触角和口器、颚足等。蜈蚣的眼都是单眼,共4只。个别蜈蚣种类为小眼。触角位于头的顶端,共一对,灵敏细长,17节。触角有感觉和嗅觉功能。口器由1对大颚、2对小颚、上下唇、舌等组成。颚足是猎取食物的主要工具,也称毒颚。

蜈蚣的躯干部是第2体节至尾部这一部分。第2体节也称颈部,近似梯形,暗红色,有光泽。蜈蚣体形狭长,具许多体节及步足。躯干部至少有15个体节,多的有21个。体节由背板、腹板和2个侧面板组成。每个体节有1对肢体。躯体自第2背板起为金红色、墨绿色和黑褐色。腹部下面生有21对步足,呈黄色或赤褐色,并有9对气孔。尾部腹面有排泄生殖器1对。具体形态见图6-2。

三、生态习性

1. 栖息环境　蜈蚣一般栖息在阴暗潮湿的石块下、瓦砾之间、杂草丛中、成堆

图 6-2 少棘蜈蚣

的树叶里、腐烂的植物枝叶和乱石的缝隙里。蜈蚣是夜行动物，行动敏捷，据观察，晚上 8～12 时，是蜈蚣外出活动的高峰时间，觅食、饮水、交配等，一般在凌晨 4 时左右停止活动，回到隐蔽处栖息。蜈蚣畏光，害怕直射阳光。若把它放在光照较强的环境中，会破坏它的正常活动。因此，人工饲养蜈蚣应遮光。

2. 喜温冬眠　蜈蚣为变温动物，生长发育适宜温度为 20～35℃（最佳 25～32℃），35℃以上躲在阴凉处，40℃以上极易使体内失去水分，甚至死亡。在生长期内若气温高于 20℃，活动量大；低于 20℃时，活动量小，生长发育也受到抑制或因消化不良而产生腹胀，母体的孵化期延长或停止交配。当气温下降到 10℃以下时，活动渐渐减少；－5～0℃时，即失去活动能力，停止摄食，蛰伏在适于越冬的场所开始冬眠。休眠期间的温度最好在 5～10℃。低于 0℃以下，则易挨冻死亡。

3. 喜湿怕干　空气湿度和饲养场地的湿度是否适宜，对蜈蚣的正常活动和生长的关系极大。在一般情况下，蜈蚣生长所需的空气相对湿度为 65%～75%，饲养池内的湿度为 20%～30%。饲养场内湿度过大，极易受微生物危害，对蜈蚣蜕皮造成困难；而过于干燥，饲料水分又较少，不但影响蜈蚣的正常生长，而且还可能诱发它们之间互相残杀，甚至产生生理性病变。休眠期间，池穴的湿度以 10%～15%为宜，空气相对湿度不宜过高。蜈蚣还有饮水的习惯，如果几天不喝水，就会缩短其寿命，甚至死亡。蜈蚣饮的水多以清泉、露水等清净的水为主。

4. 食性特点　蜈蚣为肉食性动物，食物广泛，但选择性小，喜食各种昆虫之类的小动物。主要捕捉蟋蟀、蝗虫、蜘蛛、地鳖虫、青虫、蝴蝶、飞蛾、蚯蚓、蝇蛆等，也食一些鲜嫩草料。蜈蚣的摄食量较大，一次可食占其体重 3/5 的食物。一条蜈蚣可以一次连吃两只蟋蟀。但蜈蚣耐饥能力较强，数月不食东西也不会饿死。在极度饥饿的情况下，会互相残杀。

5.蜕皮生长 蜈蚣需蜕几次皮后才达到成蜈蚣，一生一般蜕皮5～10次。每次蜕皮后，蜈蚣除增大体积外，各部分器官也相应发生变化，最明显的变化是最后一次蜕皮后，产生完全而结构清楚的性器官。蜈蚣的生长期中，大约有70%的时间在进行皮肤变化，其余时间为营养物质的储存。蜈蚣不能顺利蜕皮或蜕不成皮，会造成死亡。在饲养中应尽量避免影响蜈蚣蜕皮的因素产生。

任务一 蜈蚣的繁殖技术

一、雌雄鉴别

蜈蚣是雌雄异体、卵生动物。人工饲养蜈蚣，雌雄搭配比为(8～10)∶1。一般可从外部形态及生殖器区别雌雄。雄性蜈蚣个体一般较小，头部背板隆起，呈椭圆形，背板后缘隆起而尖，腹部较瘦，体质较硬，腹板后绿窄尖而圆；雌性蜈蚣较宽大，头部背板扁平而圆，背板后绕平圆，腹部肥厚，体质较软。腹板后缘平直，较宽。捉住成年蜈蚣，用手指轻轻挤压尾部生殖腔，在生殖区前生殖节胸板有一对退化的生殖肢，这是雄性蜈蚣；雌性蜈蚣没有生殖肢。

二、交配产卵

雌体蜈蚣一般在完成7次蜕皮、达到性成熟之后进行交配。蜈蚣的交配一般在3～6月雨后天晴的清晨在茅草地上进行。每次交配2～5 min，交配后，经26～30天，雌蜈蚣卵巢里的卵粒开始发育成熟，腹部逐渐臃肿，不久产卵。产卵前2～3天，蜈蚣不吃不动。找一个阴湿避光、水浸不到的地方，将腹部紧贴在地面上，用头板、口器和身体前面的步足挖一个1 cm深的穴，以备产卵时将头部置于穴内。随即整个身体弯曲成“S”形。产一个卵后，经几分钟间歇，再产另一个卵粒。在不受外界惊扰的情况下，需2～3 h产卵结束。产卵完毕，约经20 min，开始进行孵化。

蜈蚣具有重新产卵的现象。产卵时，或在抱卵孵化期，雌蜈蚣若受到强烈惊扰，就会停止产卵，或将产出的卵或卵团全部吃掉。但为了保证种族继续生存，相隔1个月左右，雌蜈蚣会重新产卵一次。蜈蚣的产卵期受气候、地区等因素的影响而异。如在我国东南沿海，少棘蜈蚣的产卵期自6月中旬开始，一直延续到8月上旬，其间以7月上、中旬为产卵盛期。而在广东的产卵期在3月中旬至5月上旬，在河南的产卵期则在7—9月。

蜈蚣产卵的数量，随种类及其生活环境的不同而有较大的差异。少棘蜈蚣每次产卵一般为 20～60 粒，为 40～50 粒，最高的达 70 粒。人工饲养的，产卵数量比野生的多。地蜈蚣产卵数量最多，一般每次产卵 130～250 粒。

三、孵化

蜈蚣产下的卵粒相互粘连在一起，如花生米大小，呈椭圆形。产卵完成后，蜈蚣母体抱卵监护进行孵化，时间长达 43～45 天。在此期间，雌蜈蚣不吃不喝，一直不离卵团，精心守护；若受到惊扰，或其他外来刺激，就容易激动暴躁，会将正在孵化的卵块全部吞吃掉，导致孵化失败。所以，特别要注意，应绝对保持孵化池环境的安静。蜈蚣产卵前几天要停止给食，尤其在孵化过程中更应严格禁止喂饵，否则蜈蚣吃食时会因食物沾染在卵块或胚胎上而将卵块或胚胎一起吃掉。

卵团的孵化过程较缓慢，15～16 天后卵粒形成腰子形，中间始裂开，此阶段为第一次蜕皮；20 天后第二次蜕皮成月牙状，初具幼虫形态；35～40 天幼体进入第三次蜕皮，能在母体怀抱内上下爬动；再过 5～7 天，幼体表皮几丁质逐渐加厚，体色变黄褐，在母体的保护下生活，经过 1 个月后就能脱离母体独立生活，自行觅食。

任务二　蜈蚣饲养及产品采收

一、饲养场地

人工养殖蜈蚣，可根据蜈蚣的生活习性，因地制宜地选择养殖场所和确定养殖方法，场所可选在野外露天建养殖设施，也可在室内建养殖设施。

野外露天建场，是选择适宜的荒地、闲地，在其四周围挖一条小水沟，以防止逃逸和供其饮水。场地宜呈小丘状，以防积水。在场地上堆积砖瓦、石块，或用砖砌成多缝的窝巢。场地上还应种植杂草，以保持一定的天然环境。同时，场地上还要挖几条长沟，埋放畜禽粪便、杂草、鸡毛、垃圾等，以便繁殖昆虫、蚯蚓，供蜈蚣捕食。冬天野外露天养殖，要在场地上覆盖干草保温，不使蜈蚣受冻害，让它安全越冬。

室内养殖，是在空闲的房内建养殖池，或设置养殖缸、箱。如建池，应环绕池口用水泥筑成水沟，或用玻璃条粘在池壁上口，缝隙处要密闭，以防蜈蚣逃走。养殖池、箱、缸内要用瓦片、砖头堆叠成窝巢，底部还应铺放泥块，以便于蜈蚣栖息、产卵和进行孵化。

二、养殖方式

蜈蚣养殖方法可采用野地养殖、环水式养殖、薄膜围壁式养殖、砖池养殖、地下池养殖等多种。必须要创造蜈蚣栖息、隐身的缝隙和洞穴，尽可能保持野生生态环境。

1.野地养殖　选择山坡、荒地或住宅附近地势较高处，用砖砌成高 0.8 m 围墙，南围墙下设 2～3 个排水孔，并用铁丝网钉严。围墙内四壁的第一层砖下，镶嵌一圈防逃玻璃条。围墙内分活动房和育虫沟。场的中央挖一条长沟，内放马粪、鸡毛、杂草、垃圾，上覆松土，以繁殖蟋蟀、白蚁等昆虫，供蜈蚣自行觅食。活动场约占整个面积的 3/4，育虫沟四周均匀堆置 8～10 个长 1.5 m、宽 1 m、高 0.5 m，留有缝隙的土坯垛体或砖坯垛体，垛顶用油毛毡覆盖。在坯垛与育虫沟之间均匀分布4～6 堆碎砖、瓦片或石块，以供蜈蚣藏身栖息。其他空余地方种植花卉、杂草和少量灌木，以便夏天遮阳。

2.环水式养殖　选择四面是水的孤山小岛或荒地。岛上人工垒成假山和投放相当数量的碎砖、石块，供蜈蚣栖息。在岛上种植灌木和杂草，以防止水土流失和保持土壤湿润。同时在岛上投放一定数量的蚯蚓、鼠妇等，让其繁衍，供蜈蚣捕捉食用。

3.薄膜围望式养殖　选择朝北背阴、土质疏松的地方，用砖砌成一个方形或长方形的水泥池，池壁高 40～80 cm，面积可大可小。池内壁可用塑料薄膜覆严，接缝处要粘牢。薄膜要经常擦干净，使其不沾上污泥，保持光滑。池底加铺一层约 20 cm 厚的新土，上面用碎石、破瓦片铺叠和覆盖些枯柴、烂草等，以供蜈蚣潜居和出入。池内也可栽种杂草、树木，修建荫棚以遮阳避光。考虑到蜈蚣在产卵期、孵化期需将雌、雄和幼蜈蚣分开饲养，池内应隔成“田”字形的小池，中间用高 20～60 cm 的玻璃作壁。池的四周要挖好排水沟，防止池内积水。

4.房式养殖　选择朝北背阴处，用砖砌成双坡式房屋。向阳面两边开窗，中间留门，大小视房而定。窗门均用塑料窗纱封住。房内用土坯垒成一排一排的蜈蚣窝，土坯之间留一些空隙，以增大蜈蚣栖息活动的面积。房顶的向阳面用玻璃做顶，以便在冬季有较高的温度。背面可用瓦或稻草作顶。房的四周留 50～100 cm 的空间，空间外用玻璃做成高 30 cm 的围墙。在房周围的空地中可种植一些草和花卉，以招引昆虫，供蜈蚣捕食。晚上打开房门，让蜈蚣进行捕食活动；白天关门以防天敌入内。在水源方便的地方，也可在房周围 50～100 cm 的地方开挖 20 cm 宽的水沟。外沿垂直，防蜈蚣爬出；内沿砌成 30～40°的斜坡，便于下沟饮水。沟内的杂物应经常更换，保持清洁。

5.砖池养殖　用砖头砌成 1 m^2 的池，也可用 0.4 cm 粗的铁丝作为骨架，用水泥浇制。池顶安装能活动的玻璃小门，用于观察和投料。池的两端开口，以便通风换气，开口处要安装窗纱布。池壁的衔接处要密封，不能有空隙，以防蜈蚣钻隙逃逸。池底铺 20 cm 厚的泥块，在泥块上面再用砖、瓦有规则地堆叠。泥块和砖瓦之间的空隙要大一些，便于蜈蚣出入活动、产卵和孵化。

6. 缸式养殖　选用直径为 40 cm 以上的破旧瓷缸，将其底部打掉，口朝下埋入地下约 5 cm 处，将外边的土拍实。缸内中间用瓦片或土坯叠起，高度不超过缸面，四周和缸壁留有一定空隙，即可放养蜈蚣。

7. 木箱养殖　用木板做成长 1 m、宽 55 cm、高 60 cm 的箱子，四周开小窗，并用塑料窗纱封住。箱盖上并开一扇活动玻璃小门，以便投料。箱内铺上 10 cm 厚的泥块，并放一些瓦片或砖头。

8. 地下池养殖　从地面向下挖 80 cm 深、宽 150 cm、长 190 cm 池子，池底和池壁用砖铺砌，水泥抹面。当池壁砌到与地面平时，把砖向池内平伸 10 cm，然后在伸砖外侧的四周垒一道 60 cm 高的墙，墙两侧面用光滑的塑料薄膜粘住。紧靠围墙的里侧绕四周建一条 9 cm 宽、3 cm 深的水沟，并在沟的一角留一排水口。沟、墙用于防止蜈蚣逃逸。靠沟的里侧建一条 32 cm 宽、3 cm 深的料槽。待池干燥后，先在池内填 50 cm 厚的疏松细沙土。然后，填 3 cm 厚的发酵好的畜粪，另外，加些鸡毛、鸡骨，最后铺上碎瓦片或碎石，瓦片层稍高于料槽。这时即可放入蜈蚣饲养。若池建在室外，池的上方要搭一个比池大一点的棚，以防雨淋和阳光曝晒。

9. 立体多层养殖　为充分利用空间，可建立体多层养殖池，池建 3～5 层，每层高 35～40 cm。每层搁置一块薄板，池壁用砖和水泥砌成，池壁接缝处要抹严。池的正面设一挡板并留空当，安装上活动塑料窗纱供投料用和通风换气。每层底铺放 10 cm 厚的泥块，上面堆放石块、瓦片等，供蜈蚣栖息。

三、饲养管理

1. 种蜈蚣的选择　蜈蚣分布有明显的地理差异，受海拔高度和气候条件等影响，因此，人工养殖蜈蚣应选择药用价值高、体型大、产量高、性温和、产卵多、易饲养的种类。目前，各地养殖以少棘蜈蚣为主。少棘蜈蚣分布在华中地区的江北和江南两区，若移到北方地区养殖不太适宜，成活率较低，因此要创造接近于自然条件生长和繁殖的环境。一般说，长江中下游各省可选择少棘蜈蚣养殖，南方各省可选择模棘蜈蚣养殖，海南岛可选择哈氏蜈蚣养殖，新疆、青海、西藏等地可选择马氏蜈蚣养殖，广西、湖北、浙江也可选择多棘蜈蚣，长江以北及西北广大地区可选择本地体型大、药用价值高的种类养殖。

人工养殖蜈蚣的种苗，可向养殖场引种，或捕捉当地的优良野生蜈蚣。捕捉作种用的野生蜈蚣，最好选择在清明至立夏这段时间，因这时雄蜈蚣尚未产卵。捉回后不久，便可交配和产卵，当年就能增加蜈蚣数量，为次年发展蜈蚣生产打下基础。

种用蜈蚣要选择头红、体宽、身长、光泽好、无损伤的蜈蚣作种。蜈蚣的雌雄比例应为3∶1。

捉到后应及时把蜈蚣投放到养殖池内饲养,以免相互挤压造成残伤。同时,投放的个体大小要均匀,尽量做到雌、雄,大、小分开饲养。残伤或病态的个体,要挑出来另养。投放前要将各类蜈蚣用纸烟喷上几口,以防止不同的生蜈蚣放在一起相互咬伤。

2. 饲料配制 喂养蜈蚣常用饲料有昆虫纲、蛛形纲、唇足纲、腹足纲的一些多汁软体甲虫和昆虫,以及爬行类、两栖类、鸟类动物的肉体等肉食类饲料,蛋类饲料,植物类饲料,另外还有碳水化合物饲料、矿物质饲料、维生素添加剂等。最好喂饲配合饲料。投喂配合饲料,应根据蜈蚣的龄期、体重、外界条件、饲养方式,确定各种营养物质分量,给予不同的喂量。参考配方如下:

(1)1龄蜈蚣 干昆虫粉40%,鲜蛋50%,面包屑10%,拌匀;肉粉20%,牛乳60%,饼干屑20%,拌匀;泥鳅肉50%,蛋黄粉30%,麦粉20%,拌匀。

(2)2龄蜈蚣 肉粉40%,鲜蛋30%,玉米粉30%,加适量水拌匀;蚯蚓粉50%,牛乳5%,麸皮45%,加适量水拌匀;蜗牛粉55%,动物油3%,麦麸42%,加适量水拌匀。

(3)3龄与成年蜈蚣 肉粉30%,牛乳40%,麸皮30%,加适量水拌匀;蛎肉粉40%,蛋黄粉10%,牛乳20%,饼干屑30%,适量水拌匀;干蝇蛆粉35%,蛋黄粉35%,加适量水拌匀。

3. 饲养密度 蜈蚣有自相残杀恶习,如饲养密度过大、拥挤,容易因争窝、争食而相互攻击、咬斗,以及出现伤残、死亡或被吃掉。同时,如果不按蜈蚣的龄期、雌雄和体质强弱分群饲养,即使投喂的饲料再充足,还会出现成年蜈蚣残食幼蜈蚣,体质强壮者吃掉体弱者。

蜈蚣交配后,要把雄蜈蚣分开饲养,否则也有被雌蜈蚣吃掉的可能。在蜈蚣产卵、孵化期间,也应把其他蜈蚣移到另池内饲养,不能混养在一起。否则会互相干扰,一旦受惊会食卵粒或幼蜈蚣。所以,要适时按雌雄、大小或按各龄分群饲养,饲养密度为:1龄每平方米1 000~1 200条,2龄每平方米750~800条,3龄期为600~650条,4龄期和成年蜈蚣为400~500条。冬眠期间,密度可大一些,每平方米可养成年蜈蚣700~800条。在繁殖季节,便于雌蜈蚣产卵、抱卵孵化,有一个比较安静、宽敞的地方,可适当减少饲养密度。

4. 不同季节饲养

(1)春季 惊蛰节气过后,冬眠蜈蚣开始苏醒。但早春气温仍较低,蜈蚣很少到窝外活动。在此期间,管理工作的重点以防寒保温为主。如冬季进行加温饲养的，不能拆炉停止加温，仍需加温，以防止出现早春复苏后因天冷而造成死亡。清明以后，气温逐渐升高，蜈蚣开始出窝爬到地面上活动和觅食，脱离越冬生活，这时应向养殖地的泥土洒水，同时，投喂足量的饲料，补充因冬眠而消耗殆尽的体内营养，恢复体质；还应在池内放置饮水器，供蜈蚣及时饮水。

(2)夏季 立夏后，各龄蜈蚣均进入活动、摄食、生长发育旺期，雌蜈蚣也大都进入产卵、抱卵孵化期。此期因增加投喂量，以投鲜活昆虫类饲料为主。保证活动场地的湿度，供应足量的饮水；做好各龄蜈蚣的分群移养工作，确保环境的安静，为产卵、孵化提供条件。气温超过 35℃时，要做好防暑降温，以免因闷热而亡。

(3)秋季 立秋后气温仍较高，要仍以投喂鲜活昆虫类饲料为主，并继续做好降温通风。秋分后，天气开始逐渐变冷，有时出现连绵秋雨天气，影响蜈蚣的正常生长；同时，蜈蚣将进入冬眠的准备阶段，摄食量增大，新陈代谢旺盛。这时，可根据空气湿度适当减少供水量，若环境过于潮湿，应开窗通风。多投喂含脂肪较多的昆虫和肉食类饲料，以便积蓄营养物质，安全越冬。

(4)冬季 立冬后气温下降，蜈蚣逐渐停止活动和摄食，钻入土中越冬，一直至翌年惊蛰。冬眠期间，长期过度低温有可能冻死，要做好养殖场所防寒防冻工作。

如冬季加温饲养，创造适宜的环境，不但可以打破休眠，而且蜈蚣能继续生长繁殖，缩短饲养周期，仔蜈蚣从出生发育至成蜈蚣，由原来 2～3 年性成熟，能提前 1～1.5 年。还能提高幼蜈蚣的成活率。因此，如有条件，可在冬季采取加温饲养。

5.孵化期管理 蜈蚣的产卵、抱卵孵化期间应保持安静的环境。

(1)隔离怀卵雌蜈蚣 在孵化期间要绝对保持环境安静，避免各种因素的干扰。在同一个养殖坑内，雌蜈蚣不会在同一时间里产卵，产卵有先有后。尚未产卵的雌蜈蚣和雄蜈蚣的活动常常干扰正在产卵或抱孵的雌蜈蚣，有的甚至抢食卵粒。因此，最好把雌蜈蚣在产卵前移至另池单独饲养，以使蜈蚣能安全产卵和孵化。

(2)增加喂食量和营养 孵化期间，蜈蚣不吃、不喝，全靠消耗体内贮存的营养；雌蜈蚣在产卵前有大量摄食的习性。因此，在产卵前要增加投喂量，投喂营养丰富的食料，食料要含脂肪、蛋白质较多。

(3)注意夏季降温 蜈蚣孵化的适宜温度为 28～33℃，相对湿度约为 95%。蜈蚣抱卵孵化正值夏季，气温高，应采取通风、遮阴、洒水等多种措施，降低孵化池温度，防止温度过高，造成卵粒烧死，或者蜈蚣体内水分丢失而被灼伤，甚至死亡。一般每天用壶洒水一次，以保持湿润。洒水时应顺着池、缸的壁慢慢洒，不要把水直接洒在巢内，以避免卵粒发霉腐烂。

(4)保持安静的环境 防止出现惊扰、震动、强光、噪声等刺激因素。因此，孵化场所应安静、阴暗。可用布或竹帘遮挡窗户，以防强光照射；孵化缸、池等不要轻易移动，不要随便观看孵化情况，不能用手电筒照射。最好安装红灯。幼蜈蚣出壳后可单独活动和觅食，雌蜈蚣也离开孵化巢自行活动。蜈蚣有争食和大吃小的习性，所以应将幼蜈蚣及时移出，或将幼蜈蚣分缸、池饲养。

6. 不同龄期饲养管理

(1)1 龄期蜈蚣饲养管理　是指经母体抱卵孵化后自由生活，到当年冬眠之前的幼蜈蚣。一般体长为 3～4 cm，活动能力弱，口器幼嫩而小，捕食能力差，以吸吮软体、多汁的昆虫浆汁为食。

此期可饲喂从稻米、玉米、面粉等粮食中筛出的米虫，或米蛾、菜青虫、夜蛾、肉蛆、剁成肉泥的肉食等；也可用乳、蛋类拌和适量的肉粉、蛋黄粉、面包屑等饲料饲喂；还可饲喂多汁的水果和以 60%～75%的多维葡萄糖水溶液，用海绵蓄之，放在小平盘内让其吮吸。1 龄蜈蚣采食量很少，每次仅需 0.1 g 饲料，每天饲喂一次即可。吃剩的残食一定要及时清除，以免腐烂发臭，产生致病微生物，感染患病。

1 龄蜈蚣要求较高的温度，最好控制在 28～32℃，温度要均衡，不能忽高忽低。温度过高，在几分钟内被烘干；温度太低，易被冻干死亡。越冬时，可以将养殖池温度控制在 8～12℃，保证安全冬眠；或是将池温控制在 25～30℃，打破其冬眠期。空气相对湿度为 70%～80%，饲养的窝泥湿度要求在 15%～20%。要经常注意观察，适时调节温湿度。夏季气温高，水分蒸发快，可每天早晚喷洒一次水，以保持湿润为宜；冬季寒冷，应减少洒水次数，7～10 天喷洒温水(水温 25℃)一次即可。

1 龄蜈蚣宜单独分群，放在玻璃缸或池中饲养，饲养密度可大些，每平方米 1 000 条。长大后要及时分缸饲养，以免拥挤。由于蜈蚣体小，钻缝能力极强，一旦逃逸后根本不容易捕获，即使捕获也难免被捉伤或捏死。因此，饲养池要平整、光滑、无缝隙，绝对根除可能引起逃逸的条件。

(2)2 龄蜈蚣饲养管理　从第二年出蛰后到当年冬眠之前的为 2 龄蜈蚣，一般体长为 4.5～5 cm。

2 龄蜈蚣是一生中生长、发育最快的时期，也是摄食最多的时期。饲喂量要增加，并应以鲜活昆虫类饲料与配合饲料为主。在冬眠前，应以肉食类饲料为主，使其能有足够的营养物质贮积，以便安全越冬。

2 龄蜈蚣适宜温度为 25～32℃，空气相对湿度以 75%为宜，窝泥湿度为 20%。春天气温变化大，做好保暖工作，保持昼夜温度均衡；夏天高温季节，室外养殖要搭棚遮阴，室内养殖要通风降温，发现病死蜈蚣要及时挑出；冬季霜冻易导致死亡，气温降至 8℃时，迁入室内饲养。随着季节和气温的变化，要注意调节湿度。

由于 2 龄蜈蚣活动敏捷，并已具备互相残杀的能力，每平方米可饲养 700 条，雌雄分群单养。

(3)3 龄与成年蜈蚣饲养管理　饲养到第三年,体长 9～10 cm 的蜈蚣为 3 龄蜈蚣。3 龄蜈蚣已开始进入营养生长和生殖生长。3 龄以上的蜈蚣为成年蜈蚣,3 龄与成年蜈蚣的饲养管理基本相同。一是要保证饲喂足够的饲料;二是要给予适宜温度(25～32℃)、湿度(空气相对湿度 90%,窝泥湿度为 20%～30%);三是要饲养密度合适,每平方米放养 400～500 条。

四、蜈蚣采收及加工

1. 采收时间　药用蜈蚣的收购价往往以蜈蚣干制品的长度而定,越长质量越好,价也高。因此,在冬季即将来临,进入冬眠前,可采收已交配过的雄蜈蚣和已产卵繁殖 2 次以上的雌蜈蚣,以及不太健壮的成年蜈蚣或体衰的老蜈蚣。采收时,应注意,不能折头断尾,否则影响品质。如冬季进行加温饲养的,可全年随时采收。

2. 采收方法　采取池、箱、缸式养殖的,可手戴医用橡皮手套翻动池、箱、缸中的砖瓦,随手捕捉个体大的蜈蚣作商品蜈蚣,留下小的继续饲养。若饲养面积较大,可在饲养场地内挖一个圆坑,坑的大小能故一个瓷盆或桶即可。盆或桶的沿与地面一样高。晚上当蜈蚣外出活动或觅食时就会掉入盆内或桶内。然后根据所需要的规格,捕大留小、捕弱留强。

3. 加工处理　将采收的蜈蚣先用沸水烫死,然后取一片长宽与蜈蚣基本相等、两端削尖的细竹签或竹片,一头插入蜈蚣的下颚,另一头扎入尾部上端撑起。借竹的弹力,使其撑直。再以 5～10 个为一排,用薄竹片夹好,放在阳光下晒干。如遇阴雨天不能及时晒干,可用炭火或用别的热源烘干。干燥后即可入药或出售。如肠内有粪便或腹内有卵,应挤出卵或粪便后再晒干或烘干。

最佳的商品蜈蚣应是身干、条长、全身完整、头红、身黑绿色、无虫蛀霉变,不得压碎,或混有杂质。晒干以后,不要去掉竹签。以 50 条为一包,用厚纸包裹,然后用木箱包装。箱内应衬防潮油纸,密封,放置在干燥通风处。为防止生虫,在包装时可放入一些大蒜头(用量为 100 条蜈蚣放 15 个)。每隔 2～3 个月检查一次,若已受潮即应日晒至干。如商品蜈蚣数量少,用纸包好后放在石灰缸内保存。应注意,切忌用硫黄熏的办法来防虫。用硫黄熏会使蜈蚣脱足、变色,从而影响品质。在贮存期间要防止老鼠偷吃蜈蚣。

技能训练　蜈蚣的采收与加工

一、目的要求

掌握蜈蚣的采收和药用加工方法。

二、材料及用品

钉耙、竹片、容器、煮制设备等。

三、方法与步骤

1. 采收 用钉耙翻动蜈蚣栖息的瓦片、碎石，发现蜈蚣时，用宽竹片夹住，放入容器中。若发现蜈蚣，而没有夹子，可徒手捕捉，用食指或其他工具压住其头部，使其毒额张开，不能合拢，然后用拇指配合食指捏起头部，拿起后一只手将蜈蚣躯体握进手掌，扔进容器中。在扔进容器的过程中要注意将其头尾一起脱手，否则易被蜇伤。

2. 初加工 将采收的蜈蚣用两端削尖的竹片，刺入头尾两端，将其撑起绷直，晒干或烘干。

3. 注意事项 捕捉时要安静，防止发生惊扰。同时要注意安全。

四、实训要求

按程序写出实训报告及体会。

【知识与技能测试】

一、名词解释：

一龄蜈蚣，二龄蜈蚣，三龄蜈蚣

二、填空：

1. 蜈蚣孵化的时间很长，为(　　)天。

2. 人工养殖蜈蚣，可根据蜈蚣的生活习性，因地制宜地选择养殖场所和确定养殖方法，如(　　)、(　　)、(　　)、(　　)、(　　)等多种。

3. 饲养密度一般为每平方米饲养 1 龄蜈蚣(　　)条；2 龄蜈蚣(　　)条；3 龄期(　　)条；4 龄期和成年蜈蚣(　　)条。

4. 蜈蚣孵化的适宜温度为(　　)℃，相对湿度约为(　　)。

三、判断：

1. 蜈蚣为恒温动物。(　)

2. 少棘蜈蚣一生蜕皮 10 次，石蜈蚣为 4～5 次。(　)

3. 蜈蚣是雌雄异体、卵生的动物。(　)

4. 人工饲养蜈蚣，雌雄的搭配比例以(5～6)∶1 为好。(　)

5. 蜈蚣一般在雌体完成 7 次蜕皮、达到性成熟之后进行交配。(　)

四、简答：

1. 如何进行种蜈蚣的选择？

2. 商品蜈蚣的要求与保存方法。

五、论述：

春、夏、秋、冬四个季节蜈蚣的饲养管理要点。

项目三 蜗牛

【项目提要】蜗牛作为人类高蛋白低脂肪的上等食品和动物性蛋白饲料的开发，日益受到人们的重视。本项目主要介绍蜗牛的生物学特性，繁殖，饲养管理技术等。

【知识目标】了解蜗牛的分类分布、形态特征、生活习性等；掌握蜗牛的繁殖特点及技术；掌握蜗牛的饲养管理技术。

【技能目标】掌握蜗牛的繁殖技术；掌握蜗牛的饲养管理技术。

【典型知识及工作任务】

编号	名称	内容提要
典型知识	蜗牛的生物学特性	蜗牛的分类分布、外形特征、生活习性、经济价值
任务一	蜗牛的繁殖技术	蜗牛的繁殖生理特点、种蜗牛的选择、配种繁殖、采卵孵化、幼龄蜗牛的饲养
任务二	蜗牛的饲养管理	饲养前的准备、饲养方式、饲喂方法、蜗牛的管理

【典型知识】蜗牛的生物学特性

一、分类及经济价值

1. 分类　蜗牛是陆地上最常见的软体动物之一，在动物学分类上属于动物界，软体动物门，腹足纲。蜗牛的种类很多，遍及世界各地，约有 2.5 万种。仅我国便有数千种，分布各省区。我国所说广义的蜗牛，一般是指腹足纲的陆生种类；西方国家不区分水生的螺类和陆生的蜗牛。通常所说的蜗牛，一般指柄眼目、大蜗牛科的所有种类动物，主要生活在森林、灌木、果园、菜园、农田、公园、庭园、高山、平地、丘陵等地。

蜗牛是一种雌雄同体的陆生软体动物，大多数蜗牛有毒不可食用，有饲养和食用价值的种类很少。我国有食用价值的约11种，如褐云玛瑙蜗牛、高大环口蜗牛、海南坚蜗牛、皱疤坚蜗牛、江西巴蜗牛、马氏巴蜗牛、白玉蜗牛等。现在世界各地作为食用并人工养殖的蜗牛主要有三种：

（1）法国蜗牛　又叫葡萄蜗牛、亮大蜗牛，主要生活在葡萄种植园内，以葡萄茎、叶、芽、果等为食，又因其形似苹果，故而又称苹果蜗牛，学名叫盖罩大蜗牛。本品种产于法国、意大利、俄罗斯等国，体重可达400 g。贝壳呈圆球形，壳高28～35 mm，宽45～60 mm。壳质厚而坚实，不透明，有5.0～5.5个螺层，壳面呈深黄褐色或黄褐色，有光泽，并有多条黑褐色带。

（2）庭园蜗牛　属"哈立克斯"蜗牛，原产欧洲中西部的法国、英国等地，通常栖身于园林或灌木丛中，故称为之"庭园蜗牛"，又叫散大蜗牛。其成蜗牛体形略小，直径约3 cm左右，螺壳质薄，呈黄褐色，并具有4条紫褐色带，壳表面布满许多黄褐色的小斑点。目前，我国养殖的散大蜗牛，因品种退化，个体小，经济效益较差。

（3）玛瑙蜗牛　台湾称露螺，广东一带叫东风螺、菜螺或花螺，属于玛瑙蜗牛类。原产于东部非洲的马拉加西岛，是世界上最大的蜗牛，故又称非洲大蜗牛。螺形呈锥状，螺壳表面包有一层黄褐色的壳皮，并带有深褐色花纹。螺壳长6～8 cm，宽3～4 cm，重50 g以上。目前是世界上的主食蜗牛，较适应在我国自然条件。

目前，我国普遍养殖的品种叫白玉蜗牛，别称"白肉蜗牛"，因其头、腹、足洁白如玉，肉色雪白，故称为"中华白玉蜗牛"，简称"白玉蜗牛"。它属于玛瑙蜗牛的变异品种，是中国独有品种。

2.经济价值　蜗牛的养殖在世界上已有100多年的历史，既有食用价值，也有药用价值。

（1）食用价值　蜗牛含有人体所需的全面而均衡的营养成分，蜗牛肉营养丰富，味道鲜美，属高蛋白(60.42%)，低脂肪(低于2%)，低胆固醇(几乎为零)食物，富含20多种氨基酸及丰富的微量元素和维生素，是国际市场最走俏的7种野味之一，被列为世界四大名菜(鱼翅、鲍鱼、干贝、蜗牛)之列。蜗牛肉是体质虚弱，营养不良以及久病体弱者的食疗首选。所含的酶能化积除滞，谷氨酸和天冬氨酸则能增强人体脑细胞活力，多吃蜗牛对皮肤和毛发产生营养美容作用。

（2）药用价值　蜗牛所含的特效蛋白十分有益于儿童的智力开发。蜗牛的肉和卵在医药上能治多种疾病。据《本草纲目》记载，蜗牛可配制18种药方；现代中医学认为，蜗牛性寒、味咸，入大肠、肺、肾，具有祛痰、清热解毒、利尿、消肿、平喘、软坚、理疝的功效，主治痔疮肿痛、喉肿、哮喘、脱水、小儿脐风、烂足、乙脑、风邪惊癫、白喉、流行性腮腺炎、高血压等症，还可止鼻血、通耳聋。

二、外形特征

蜗牛的整个躯体包括眼(蜗牛的眼睛长在触角上)、口、足、壳、触角等部分,身背螺旋形的贝壳,其形;颜色大小不一,它们的贝壳有宝塔形、陀螺形、圆锥形、球形、烟斗形等等。目前国内养殖的白玉蜗牛的外形见图 6-3。

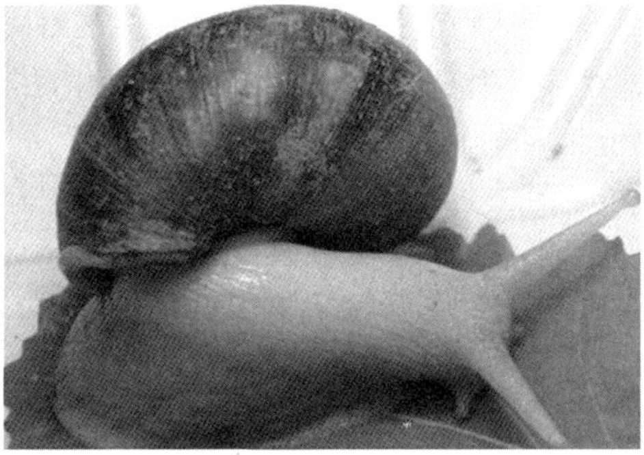

图 6-3 蜗牛

三、生活习性

1. 喜暖忌冷　蜗牛是变温动物,温度对蜗牛的生长、繁殖显得尤为重要。蜗牛生长活动最基本的温度要求是 15～39℃。最佳温度为 23～35℃,温度降至 8℃时,陆续进入休眠状态,0℃以下有冻死的危险,当温度升至 40℃时,会导致夏眠。

2. 爱潮恶浸　蜗牛生活离不开适宜的湿度。因为蜗牛在活动中要不断分泌含水量较多的黏液,以保持身体湿润和助于爬行。当蜗牛身体失去 30%的水分之后,就会停止活动,甚至死亡。另一方面,因蜗牛是依靠外套膜呼吸空气,所以不能完全浸在水中生活,水淹可使蜗牛窒息。因此,蜗牛"爱潮恶浸",喜欢在阴暗潮湿、疏松多腐殖质的环境中生活,生长活动最适合的空气相对湿度为 80%～90%,土壤湿度为 30%～40%。

3. 喜暗畏光　蜗牛的视力很差而且反常,在强光下看得较近,只能看到 6 cm 以内的物体,在微弱的光线下看的反而较远,能看到 20 cm 以内的物体。因此,蜗牛最怕阳光直射,对 5～20 lx 的绿光、紫光、红光有趋向性。在饲养过程中,应特别注意饲养室的光线,应用弱光,光照强度既不可过强,也不能完全黑暗。可提供微弱的绿光、红光、紫光或散射光。

4. 昼伏夜行　由于蜗牛害怕直射的阳光,而晚上温差小,空气湿度大,光线暗,不宜损失体内的水分,所以在夜晚活动和采食。一般下午 6 点左右开始活动,8～12 点活动达到高峰,12 点以后活动量逐渐减弱,直到次日早 8 点左右又基本完全停止活动,开始休息。在饲养过程中投喂饲料的时间应在下午 5～6 点。

5.钻土栖息　蜗牛适宜 pH 为 5～7，在生长发育的过程中需要钻土，一般在饲养设施底部放置 pH 值 6.5～7.5 的饲养土，一是从土壤中汲取腐殖质、有机质、钙等营养物质；二是调节湿度；三是抵御敌害；四是产卵。

6.休眠性　休眠是蜗牛抵抗逆境，得以自保，从而维持生命的习性。蜗牛遇到高温、低温、缺食、短水等不利情况时，就会自动分泌黏液结成膜厣，封住壳口，直至逆境解除，就会逐渐苏醒破膜而出，继续活动。蜗牛的休眠期可达 6 个月之久，也就是说蜗牛不吃不动可休眠 6 个月也不会死亡。

7.杂食性　小蜗牛一孵出，就会爬动和取食。一般以采食绿色植物的根、茎、叶、花、果实等为主，如菜叶、瓜果等，不喜欢吃带刺激性的植物，如韭菜、大蒜、葱头、辣椒和盐类食品。此外，还食取少量沙粒和泥土，土中含有腐殖质。幼螺多摄食腐殖质和充分腐熟的植物落叶。为了提高蜗牛的生长速度，在蜗牛的日粮中还应该添加一部分米糠、豆饼、玉米粉、麦麸、骨粉、贝壳粉等精饲料。蜗牛食量一般约为体重的 5%。

8.恋巢性　野生环境中，蜗牛终生一般在固定的巢穴中生存。因此，在饲养过程中一旦更换巢穴，由于环境变化会影响蜗牛的生长繁殖，往往有十多天的适应期。所以蜗牛在引种时应慎重对待，最好是参照蜗牛种苗原先的饲养环境进行（温湿度、饲料），在 1 个月内温湿度尽量控制在原来的水平，并投喂青绿多汁、营养丰富的饲料，以保证其生活环境的平稳过渡。

9.其他习性　当蜗牛受到敌害侵扰时，头和足便缩回壳内，并分泌出黏液将壳口封住；当外壳损害致残时，它能分泌出某些物质修复肉体和外壳。具有很强的忍耐性。蜗牛具有惊人的生存能力，对冷、热、饥饿、干旱有很强的忍耐性。蜗牛在爬行时，还会在地上留下一行黏液，这是它体内分泌出的一种液体，即使走在刀刃上也不会有危险。

蜗牛的寿命一般在 5～6 年，少数长寿的可达 9 年，在不适的生活条件下，会加速蜗牛的死亡，缩短蜗牛的寿命。

任务一　蜗牛的繁殖技术

一、繁殖生理特点

1.发情求偶　蜗牛是低等动物，雌雄同体，异体交配。每只蜗牛体内都有雌雄生殖器，异体交配后，不分公母，个个产卵。蜗牛的性成熟一般为 4～6 月龄，体重 40 g 以上，由于种类不同及条件限制，有的种类性成熟需要 8 个月左右，有的长达 1 年之余。

蜗牛性成熟以后，其活动十分频繁，有发情求偶的兴奋状态，表现为颈部膨大，在右大触角后有白色突出物在伸缩活动，同时会不断排出黏液以湿润生殖孔周围，这就是发情的特征，也是求偶的表现。

2. 交配受精 两个发情蜗牛相遇的时候，互相用触角接触，然后头和头相对，将身体前部相互结合在一起，它们各自用石灰质的恋矢刺入对方生殖孔内，恋矢在交配完后断掉，并能重新长出复原。

在交配过程中经过反复地互刺，阴茎插入对方的阴道内射精，精子贮存在贮精囊中。这时的卵子并不立刻排出受精，而在交配后雌性生殖细胞才逐渐成熟，这时贮存在贮精囊中的精子才逐渐遇到卵子，而使卵子受精。

蜗牛的交配活动一般在黄昏、黎明，少数在白天，交配时间一般为 2～4 h，有的长达 8～10 h，少数交配时有休眠现象，长达 1～2 天之久。

3. 产卵 蜗牛从交配到受精卵排出体外的时间因蜗牛种类不同而不等，一般在配后 10～15 天，停止采食，选择产卵地点，造穴产卵。产卵前，蜗牛选好地点后先爬在土层上不动，将腹部插入松软的土中，头颈部插入土层 1～6 cm，然后挖一个 5～8 cm 大的洞穴，把卵产在洞穴内。产卵一般需要数个小时，有的需要 1～2 天时间。

蜗牛卵似绿豆大小，外面包着一层发亮的保护膜。产卵的多少、大小与蜗牛的大小和营养有关，总的规律是产卵的日龄越晚，卵的体重越大。

一般说来，蜗牛每年可产卵 4～6 次，每次产卵 150～300 粒，最高可达 300～400 粒。一只性成熟的蜗牛在饲养管理良好的条件下，每年可产卵 600～1 200 粒。产卵高峰期为 2 年左右；每年产卵高峰期在 4～6 月份和 9～10 月份。冬季虽也会产卵，但产卵量少，气温降至 20℃以下时停止产卵。

二、种蜗牛选择

选择野生或人工选育的蜗牛留种，要具备以下条件：

(1)种蜗牛应该是非近亲，成熟蜗牛，外形完整、无病、无伤残、无畸变。

(2)外表的褐云色彩鲜艳，贝壳色泽光洁，螺壳条纹清晰，肉色细嫩。

(3)行动敏捷，活动旺盛，生长边宽带有乳白色。

(4)饲养 4 个月以上，体重 50 g 以上。

(5)健壮肥满，黏液多，无病态。

选择自己饲养的蜗牛，要逐步择优选育，一般要分三次选择，合格者留作种用。

三、配种繁殖

种蜗牛 4～6 月龄达到性成熟后，其头部右大触角后方就会出现一个白色的突出物，生殖孔显露，颈部膨大，螺体兴奋活跃，开始发情、求偶、交配。交配时要注意环境的安定，防止异常光线以及动物的触碰惊扰，更不可以拆散它们，以免受伤；也不能在此时喷淋洒水，防止对性行为造成刺激，使受精中止，造成交配失败。

交配后 10～15 天产卵。蜗牛在壳口领部有一较大的呼吸孔，当孔张开窥见其内薄膜后面有许多黄色或白色卵粒时，说明该蜗牛将要临产了。临产蜗牛会自己寻找场所挖坑，以每分钟排卵两粒的速度经生殖孔排出体外，一次排卵要持续 1～2 h。蜗牛卵为黄白色，绿豆大小。蜗牛的产卵是十分消耗体力的，因此产卵时不要惊扰它。

四、采卵孵化

在蜗牛养殖场，一般每隔一天采卵一次。采卵时，要注意在种蜗牛离开后再进行，以免惊动，影响产卵。采集蜗牛卵粒可与投喂食料、清除饲养箱内垃圾同时进行。方法是：沿箱壁四周刨一圈，发现卵粒，用小汤匙将卵粒轻轻舀起，轻放在盛有养殖土的孵化箱里，切勿弄破。卵粒不能用水擦洗和直接洒水，也不能将卵粒放在阳光下曝晒或火炉旁烘烤。

孵化箱可用高 5～9 cm 的木箱或盆，也可以用大口玻璃瓶或废弃的罐头瓶孵化。在孵化箱底部先放一层 3～5 cm 的孵化土（菜园土∶沙＝2∶1），而后将卵均匀地放在土表面，卵上盖一层湿纱布或 1 cm 的孵化土。

控制室内温度在 20～25℃，空气湿度在 90%～95%，土表湿度在 25%～30%。每天视其湿度灵活的少量喷水，保持纱布和泥土潮湿，经过 8～12 天，幼蜗牛就会破壳而出。

五、幼龄蜗牛养育

幼蜗牛孵出 2～3 天后即可移入饲养盆内。幼牛壳嫩易碎，取蜗牛时要用菜叶或湿布放于沙土表面，待幼蜗牛爬上后一块移入饲养盆内。放置度要由密到稀，温度、湿度要保持稳定。喷水时不要直接喷在幼蜗牛身上。幼蜗牛饲料以鲜嫩多汁的菜叶、瓜果为佳。1 个月后可添加少量的麦麸、钙粉等精料和酵母粉。

任务二 蜗牛的饲养管理

一、饲养准备工作

1. 场室准备 饲养室最好建成南北走向，东西留窗。如果有现成房室，则可在 2 m 高处用塑料布吊顶，同时四壁用塑料布再从里贴墙包围。如果需新建，则宜建成东西宽 4.3 m，南北长 5 m(一间房)，也可根据实际情况增加长度，高 2 m，内部四壁用塑料布贴墙包严，塑料布的交接处，要用塑料带胶粘牢。用塑料布包的目的是为了防止墙壁吸收室内的温湿度，以保持室内小环境的平衡。

2. 饲养土的准备 蜗牛对养殖土的要求是，潮湿、疏松、含有较丰富的腐殖质和一定的有机质，没有被化肥、农药等有毒有害物质污染，酸碱度为中性，不易粘上贝壳为宜。

(1)复合菜园土 未污染的田园土 30%、沙土 30%、黄沙 20%、煤渣灰 15%、石粉 5%，混合粉碎，经太阳曝晒 3～5 天消毒、杀虫后，过筛，然后加水使湿度在 40%左右，即一捏成团，一击就散。盆内土厚度为：成蜗牛 10 cm，生长蜗牛 7 cm，幼蜗牛 3 cm，饲养 1—2 月更换 1 次。

(2)海绵替代法 在池、箱等底部铺 1 层 5 cm 的海绵，并保持 4 倍于本身重量的水分即可。每天清理残食，每 3 天清理 1 次粪便。

饲养土在使用前应先过筛去掉杂质，然后进行消毒处理。消毒的方法有日光暴晒、铁锅大火炒至热气沸腾、沸水加盖烫泡一夜、0.3%高锰酸钾溶液搅拌等四种。

3. 饲料的准备 蜗牛食性广泛，但又不喜食酸、碱度高和刺激味较浓的植物。常用的青饲料有白菜、油菜、莴苣叶、南瓜叶、西瓜叶、地瓜叶、生菜及各种树叶。多汁饲料主要包括瓜果、农作物的块根、块茎，如：地瓜、马铃薯、胡萝卜、西瓜皮、黄瓜等。松脆可口易于消化。精饲料主要有米糠、麸皮、玉米粉、豆腐渣、豆粉、鱼粉、酵母粉、芝麻酱渣等。矿物质饲料主要有骨粉、贝壳粉、蛋壳粉、石粉磷酸氢钙等。精料配方如米糠 50%、贝壳 40%、酵母粉 8%、其他 2%。

4. 其他设备的准备 保温设备、温度计、喷水器等。

5. 引种准备 引种时一定要到正规的单位购种，特别是自己无销路，当地没有饮食蜗牛习惯的一定要看引种单位有无回收能力，有无深加工项目，这是引种的关键。

二、饲养方式

1. 露天养殖法 可利用农田，翻耕将土整细，周围植上阔叶树遮阳，四周用网栏住防止蜗牛外逃。也可利用平顶房的屋顶，垫上10 cm以上松土，周围种葡萄，搭架遮阳，四周照样用网拦住，具体样式参见图6-4。此种养殖方式的好处在于，空气新鲜，湿度好，蜗牛生长快，发病少。要注意天旱时应及时洒水，保持土壤湿润。雨水多时要及时排水。注意天敌与野兽的危害，家中养犬、猫的更应注意。

图6-4 蜗牛露天养殖法

2. *室内养殖法* 分平面养殖与立体养殖。

(1)容器养殖法 选用约25 cm高的缸、盆、桶等容器，在底部铺上饲养土，盖子可用玻璃、编织袋、塑料薄膜制作，用来防止蜗牛外逃。用容器养殖易行、轻巧、管理方便，适用于初期引种和城市小规模养殖，缺点是占地大，空间利用少，土壤湿度较难控制。

(2)木箱养殖法 用1～1.5 cm厚的木板制成高30 cm、宽40 cm、长60 cm的木箱，在木箱的顶部或一侧用纱窗或编织袋制成活动门，便于通风、透光、观察、投食和清扫。木箱可重叠放置，以便充分利用空间。

(3)砖池养殖法 用砖头、水泥和石灰砌成高25 cm左右的池子，一般长为1 m，宽为0.5 m。池底部铺放饲养土，顶部盖厚5 cm、长1 m、宽0.5 m的水泥板，池侧可安装活动窗。活动窗可用木框钉上塑料薄膜、纱窗、编织袋制作而成，以便通风保湿。此池可重叠立体建造，一般6～8层为宜。此法投资少，空间利用率高，操作方便，是目前采用最广的一种饲养方式。

3. *塑料大棚养殖法* 选择长30 m、宽6 m的空地，先翻耕一次。周围砌成30 cm高的墙，上面开造弓形大棚，前后开门。将棚内翻耕的土整平整细后即可养殖。这种饲养方式的好处是便于温度的调节与预防天敌。但应注意的是，高温季节要增加遮阳设备，保持土壤湿润与空气对流，以便及时排出二氧化碳。

三、饲喂方法

一般先将青绿饲料冲洗，去掉残余农药和污物，洒上精饲料拌匀。投料前，先喷一次水，激发蜗牛采食。各种青饲料应轮换投喂，避免营养单一。

精饲料粉碎后入锅炒热、搅拌均匀，若加入1%的白糖，效果更佳。刚孵化出的幼蜗牛多以土中的腐殖质及鲜嫩草叶为食。生长蜗牛除青料外，要多投精料，并添加微量元素和添加剂。投料时间一般在下午5～6时，投食约为体重的

6%～8%。

饲料应放入食架或食盆，以便清理残渣。5～6 个月后，壳高 4 cm，体重 40 g 以上时即可采收。

四、管理方法

1. 保持合适的温度　蜗牛本身无调节体温的能力，依赖环境温度维持生存。因此，在饲养中应注意调节温度，控制在 23～35℃之间，昼夜温差以不超过 5℃为宜。夏季可采取加强通风、遮阴、增加湿度、勤洒水等措施进行降温；冬季可采用暖气、火炉、灯泡、电炉、地火、火墙等设施加以保温。

2. 保持合适的湿度　适宜的土壤湿度要求是 30%～40%，空气相对湿度 80%～90%。空气湿度过大时，可增加空气流量，加强通风；湿度过低时，可在喂养室地面、墙壁喷水，冬季还可用水蒸气法增加湿度。土壤湿度过高，可添放干土或换土；湿度过低，可向地面喷水或用水蒸气增加湿度。喷水时，要注意量少、次多、均匀，要用晒过两天的净化水，切忌喷洒在蜗牛身上，更不可用冷水浸泡蜗牛。观察湿度的一般经验是：蜗壳滴水为湿度过大，蜗壳发白是湿度过低；蜗牛群集箱壁不愿觅食为饲养土积水，蜗壳结膜封口是缺水。

3. 保持通风换气　但要防止干风、冷气直接吹进，进口应采取双门、挂布、挡风板。坚决控制有异味的气体进入饲养场地。

4. 保证饲养土品质　饲养土必须控制在 pH 6.5～7.5，切忌使用施过农药、化学物质的污染沙土。

5. 保持饲养箱的清洁卫生　养殖容器一定要具有很好的透水性和透气性。喂养过程中，一般每隔 2～3 天应清除一次蜗牛的粪便、残食及污染物，防止粪便和食物残料霉烂变质，污染环境。发现伤残病蜗牛要及时隔离；发现蜗牛壳口无膜，肉体内缩不动，干瘪或积水变色则为死牛应及时剔除。

6. 注意光照　不工作时不要强光照射，阴暗最好，夜间采用 15 W 红色灯泡照明，这样能刺激产卵。

7. 防止天敌侵害　必须灭鼠、灭蚁、灭螨虫。螨虫是蜗牛最大的天敌之一，要定时用 1/1000 的敌百虫溶液喷洒，定期用过氧乙酸稀释液进行场所消毒，杀灭病源微生物。

8. 保持合理的密度，防止拥挤　放养密度可根据气温、个体大小等及时调整，坚持大小分养原则。幼蜗牛放养密度可以高些，种蜗牛放养密度可以低些，气温低时密度可以高些，气温高时密度可以低些。大体标准是：幼蜗牛 2 000～3 000 只/m^2，生长期 600～800 只/m^2，种蜗牛 350～400 只/m^2。

9.合理投喂饲料　蜗牛可采食各种植物的花、叶、果实、块根、块茎，但要避免有刺激味以及化肥、农药的污染。青饲料用量可占蜗牛日粮的90%～95%，精饲料5%～10%，外加少量的钙质物(占精饲料的2%～3%)。常见的精饲料种类有麦麸、米糖、玉米粉、豆粕、淡鱼粉、贝壳粉、骨粉、酵母粉等。蜗牛的日食量一般为体重的5%，投喂饲料应定时定量，每天下午6时左右投喂一次即可。投喂饲料前，应先向喂养池内喷水，促使蜗牛采食。

【知识与技能测试】

一、名词解释：

孵化期，幼螺期，成螺期，种螺期

二、填空：

1.目前养殖的蜗牛种类主要有欧洲的(　　)、(　　)、(　　)；非洲的(　　)；亚洲的(　　)。

2.蜗牛是一种(　　)的陆生软体动物。

3.蜗牛的饲养方式主要有(　　)和(　　)两种。

4.蜗牛性成熟的年龄一般为(　　)月龄。

5.蜗牛的寿命一般为(　　)年。

三、选择：

1.食用蜗牛的养殖起源于(　)。

A.亚洲　B.非洲　C.欧洲　D.美洲

2.蜗牛饲养土的湿度保持在(　)比较合适。

A.5%～10%　B.10%～20%　C.30%～40%　D.80%～90%

3.蜗牛为(　)动物

A.草食性　B.肉食性　C.杂食性

4.蜗牛在爬行时，还会在地上留下一行(　)。

A.尿液　B.黏液　C.唾液

5.蜗牛(　)休眠性。

A.有　B.没有

四、简答：

1.蜗牛的经济价值。

2.如何进行种牛的选择？

3.蜗牛具有哪些生物学特性？

4.蜗牛的繁殖过程。

5.如何进行蜗牛的管理？

参考文献

[1] 白庆余,等. 实用经济动物养殖学. 长春:吉林科学技术出版社,1992.

[2] 张恒业,等. 毛皮动物饲养技术手册. 郑州:中原农民出版社,2004.

[3] 向前,等. 新编药用动物饲养技术手册. 郑州:中原农民出版社,2004.

[4] 马丽娟,等. 经济动物生产学. 长春:吉林科学技术出版社,1999.

[5] 张恒业,等. 鹿高效饲养指南. 郑州:中原农民出版社,1999.

[6] 宾冬梅. 果子狸养殖与利用技术. 北京:中国林业出版社,2007.

[7] 张志明,等. 实用水貂养殖技术. 北京:金盾出版社,2001.

[8] 张恒业,等. 兔健康高产养殖手册. 郑州:河南科技出版社,2010.

[9] 韩占兵,等. 雉鸡的繁殖规律与繁殖方法,中国家禽,2007(17):47.

[10] 韩占兵,等. 肉种鸽品种退化原因及提纯复壮措施,中国家禽,2004(26).

[11] 肖玉英,等. 白玉蜗牛养殖新技术. 现代农业科技,2009(04).

[12] 雷亚玲,等. 蟾蜍的人工养殖及蟾酥蟾衣的采集技术. 西昌农专学报,2001(01). 31-32.

[13] 丁建发. 人工养殖状态下牛蛙的生物学习性. 宁德师专学报(自然科学版),2007(04). 362-363.

[14] 张满隆,何小慧. 牛蛙繁殖及养殖试验报告. 河北渔业,2002(04). 37-39.

[15] 仇如自,李苹. 蛇及蛇的养殖技术. 当代畜禽养殖业,1998(04). 21-23.

[16] 丁宇晶,等. 我国人工养麝研究进展及养麝效益问题. 生命科学研究,2009(06). 558-562.

[17] 吴玉梅. 肉用鹧鸪饲养技术. 现代农业科技,2009(08). 192,195.

[18] 俞志成,等. 特种野猪的价值与提纯复壮的方法. 农村科技开发,2002(08). 28.

[19] 李鹏翔. 人工养殖蜈蚣. 养殖与饲料, 2002(02). 48-49.

[20] 王科斌,佘洛萍. 麝鼠人工养殖技术.现代种业,2005(06).43,37.
[21] 李宝唐,等. 麝鼠香分泌规律及影响因素的研究. 野生动物,1993(02).40-45.
[22] 李宝唐. 提高麝鼠香腺泌香量的措施. 毛皮动物饲养,1993(02).28-29.
[23] 宋东亮,等. 鹌鹑的种类、分布、特征及价值. 安徽农业科学,2008(34).15010-15012.
[24] 卜柱,等.中国肉鸽主要品种资源与育种现状. 中国畜牧兽医,2010(06).116-118.